동물병원 코디네이터

김수연 · 김향미 · 김지수 · 황다설

박영story

안녕하세요.

동물병원에서의 코디네이터 역할에 대해 교육하면서 자료의 필요성을 느껴 2년여간 준비해온 이 책이 드디어 세상에 나오게 되어 매우 기쁩니다.

동물병원은 반려동물과 함께 살아가는 사람들에게 중요한 역할을 합니다. 동물병원에서의 경험은 반려동물의 건강과 삶의 질을 결정짓는 중요한 요소입니다. 이러한 환경 속에서 동물병원코디네이터는 보호자와 반려동물, 그리고 의료진 사이의 원활한 소통과 병원의 효율적 운영을 책임지는 핵심적인 역할을 담당합니다.

동물병원코디네이터는 단순한 업무 보조를 넘어 보호자와 반려동물의 요구를 이해하고, 최상의 서비스를 제공하는 데 중점을 둡니다. 동물병원 외에도 반려동물 산업에 함께하는 모든 분에게 도움이 되도록 반려동물 관리와 상담기술, 마케팅 전략 등 요구되는 지식을 최대한 담아보았습니다.

책의 내용을 통해 동물병원코디네이터의 역할과 중요성을 이해하고, 병원의 이미지 관리와 고객 상담 기술을 향상시킬 수 있습니다. 또한, 반려동물의 행동과 질병에 대한 이해를 높이고, 영양 관리를 통해 고객과 깊은 공감을 할 수 있습니다. 효율적인 원무행정을 수행하고 철저한 위생 관리와 기본 간호 방법을 익혀 병원의 신뢰성을 강화하며, 마케팅 전략과 취업 준비를 통해 경력 개발에 도움이 되는 유용한 정보를 얻을 수 있습니다.

동물병원코디네이터로서의 경력을 시작하는 분들뿐만 아니라, 이미 현장에서 일하고 있는 전문가들에게도 유익한 참고서가 되기를 바랍니다.

함께해 주셔서 감사합니다.

대표 저자 김수연

PART 01

🐾 **Chapter 1** **동물병원코디네이터 개론** 3

Section 01 반려동물산업과 동물의료서비스 4

Section 02 동물병원코디네이터의 정의 26

Section 03 동물병원코디네이터의 직무 31

Section 04 동물병원코디네이터의 전망 39

🐾 **Chapter 2** **동물병원 이미지** 43

Section 01 이미지 44

Section 02 동물병원과 코디네이터의 이미지 52

🐾 **Chapter 3** **고객상담** 79

Section 01 고객과 서비스 80

Section 02 비대면 고객응대 93

Section 03 의사소통 102

PART 02

🐾 **Chapter 4** **반려동물의 행동**   113

Section 01   반려동물의 생애주기와 행동 기초상식 114

Section 02   행동의 분류와 이해..130

Section 03   보호자 교육 안내 167

🐾 **Chapter 5** **반려동물의 질병**   189

Section 01   반려동물의 질병과 생리학적 상태 측정 190

Section 02   기관별 해부생리와 주요 질병 198

Section 03   응급 질환과 처치 275

🐾 **Chapter 6** **반려동물의 영양**   285

Section 01   반려동물 영양 기초..286

Section 02   6대 영양소 293

Section 03   펫푸드와 반려동물 영양관리 331

Section 04   질환맞춤영양관리..345

PART 03

🐾 **Chapter 7** **원무행정 고객관리**   371

Section 01   접수와 결제...372

Chapter 8   동물병원 환경관리   415

Section 01   환경위생관리 416

Section 02   의료폐기물 관리 431

Section 03   물품관리 441

Chapter 9   반려동물의 기본 간호   447

Section 01   동물병원안전 448

Section 02   보정(Restraint) 453

Chapter 10   마케팅   493

Section 01   동물병원 마케팅 494

Section 02   비대면 마케팅전략 508

Section 03   대면 마케팅(고객감동) 520

Chapter 11   취업 준비   529

Section 01   취업 준비와 커리어 관리 530

Section 02   이력서 539

Section 03   자기소개서 542

Section 04   면접 549

PART 01

제1장 　동물병원코디네이터 개론

제2장 　동물병원 이미지

제3장 　고객 상담

동물병원
코디네이터 개론

SECTION 01

반려동물산업과 동물의료서비스

Ⅰ. 반려동물산업의 성장

1 동물과 사람

역사 초기에 반려동물은 인간의 자원이 될 식량을 함께 사냥하고 즐기면서 상호 도움을 주는 관계였다. 이후에는 대륙, 지역과 역할에 따라 그 형태가 조금씩 변화하였다. 가축화된 동물들 중에서 개는 인류와 함께한 역사가 가장 길고 또한 가장 친한 동물이면서도 사냥, 경비, 이동을 위한 노동력을 제공하였다. 고양이도 마찬가지로 인간에게 도움을 주는 역할을 통해 주거 환경에 정착하기 시작하였는데, 인류가 본격적으로 농경 생활을 시작하면서부터 함께하게 되었다. 농작을 통해 수확한 곡식을 창고에 비축할 때 고양이는 그곳에 침입한 쥐를 퇴치하는 역할을 수행하면서 인간에게 도움을 주게 되었는데, 이것이 고양이를 사육하기 시작한 계기가 된다. 그러나 현대 사회에 이르러서 반려동물은 특정한 목적을 위해 사육되기보다도 가족 구성원으로서 인간과 정서적으로 교감하는 역할이 주가 되었고 이로써 과거보다 더 중요한 존재로 인식되고 있다.

(1) 야생동물의 가축화

가축화는 야생동물에서 인간의 생활에 유익한 특성을 지닌 개체를 선별하여 길들이거나, 동물이 인간과 더불어 살기 위해 스스로 가축화(self-domestication) 되어 인간과 공생할 수 있도록 한 과정을 말한다. 길들여진 야생동물은 중국, 그리고 메소아메리카를 포함한 세계의 몇몇 지역에서 기원전 10,000년에서 8,000년 사이에 독립적으로 출현하였는데, 이러한 변화는 인간이 정착하고 안정적인 공동체를 형성할 수 있게 된 농업의 발전과도 일치한다. 유목생활을 하던 인류가 농작물을 경작하고 가축을 기르고 어느 한 지역에 정착하면서, 야생동물들은 가축화 과정에 의해 여러 세대에 걸쳐 선택적 번식을 하게 되었다. 주로 친화력과 온순함 및 높은 생산성과 같은 특성을 나타내는 동물들을 선별하여 사육하기 시작하였는데, 이 과정을 통해 돼지, 염소, 양, 닭을 포함하여 많은 종들의 가축화가 이루어졌다. 야생동물의 가축화를 통해 인간은 식량과 노동력을 안정적으로 공급받을 수 있게 되었다.

가축들은 인간의 생존에 꼭 필요한 음식과 섬유의 재료가 되었으며, 노동력을 동원하여 농작물의 경작 및 운송, 비료의 원천으로 사용되기도 하였다. 따라서 가축화된 동물들은 농업 기술을 더욱더 향상시키는 것에 사용되었다. 인간이 농작물을 경작하고 가축을 기르기 시작하면서 동물을 길들이는 것에 대한 이점을 깨닫기 시작했는데, 길들여진 동물들은 농경생활에서 경작과 운송을 위한 노동력을 제공할 뿐만 아니라 고기와 젖, 알을 통해서 식량의 안정적인 공급원이 되기도 하였다. 이를 통해 높은 생산성, 온순함, 그리고 질병에 대한 저항력과 같은 바람직한 특성을 가진 동물들로 변화되었다.

또한, 동물의 길들이기는 인간의 환경과 문화에도 깊은 영향을 주었는데, 인간이 사냥과 채집에 덜 의존할 수 있게 해주었고, 저장 및 거래가 가능한 잉여 식량을 생산할 수 있게 해주었다. 이러한 변화는 이후에도 순차적으로 도시, 무역, 문화적, 기술적 발전에 영향을 주게 된다. 하지만, 동물을 길들이는 것은 긍정적인 효과만 존재하는 것은 아니었다. 그로 인한 부정적인 영향도 존재하게 되는데, 천연두와 인플루엔자와 같이 동물에서 인간으로 확산되는 인수공통 전염병의 전파와 방목지에 공용자원을 남용하게 되면서 여러 가지 문제들이 제기되어 왔다. 게다가, 특정한 특성을 강화하기 위해 동물을 선택적으로 번식시키는 것은 가축화된 종의 유전적 다양성의 손실로 이어졌고, 선택적 번식을 통해 개량된 개체들은 질병과 환경적 스트레스에 더 취약하게 되었다.

전반적으로, 동물의 길들이기는 인류의 역사와 문화, 특히 농업의 발전과 인간사회의 형성에 중요한 역할을 했다. 그것이 긍정적인 영향과 부정적인 영향을 모두 미쳤지만, 길들여진 동물들의 이점은 오늘날에도 계속해서 인간사회에 도움을 주는 형태로 관계를 형성하고 있다.

그림 1 가축화된 동물의 예시

역사를 통틀어 많은 다양한 동물들이 인간에 의해 길들여졌지만, 가장 일반적으로 길들여진 동물들 중 일부는 다음과 같다.

- **소**: 소는 가축화된 가장 초기의 동물 중 하나, 현재는 고기, 우유, 가죽, 노동에 사용되는 형태로 활용
- **양**: 주로 양모를 얻기 위해 사육하지만 고기와 우유를 얻기도 함.
- **돼지**: 고기를 얻기 위해 사육하며 피부, 뼈, 그리고 다른 부산물도 사용
- **닭**: 주로 알과 고기를 얻기 위해 사육
- **말**: 운송과 노동, 스포츠와 레크리에이션에 활용
- **개**: 정서적 교감, 그리고 일(수렵, 경비, 수색, 운반 등)하는 동물로 길들여졌고, 이제는 봉사 동물, 간혹 사냥, 그리고 반려를 포함하여 다양한 목적을 위해 활용됨.
- **고양이**: 설치류 및 해충들을 통제하는 능력 때문에 길들여졌으며, 지금은 주로 반려동물의 역할로 존재
- **염소**: 주로 우유와 고기, 양모를 활용, 또한 일하는 동물
- **낙타**: 우유, 고기, 양모뿐만 아니라 운송을 위한 노동력 활용

(2) 반려동물로서의 개

개의 기원과 역사는 복잡하고 다면적이다. 개는 인간에게 수천 년 동안 길들여져 왔으며 인류 문명에서 중요한 역할을 했었다는 증거가 있다. 개의 정확한 기원은 여전히 연구자들 사이에서 논의되고 있지만, 개들의 진화 역사를 밝히는 몇 가지 이론과 고고학적 발견이 발표되고 있다.

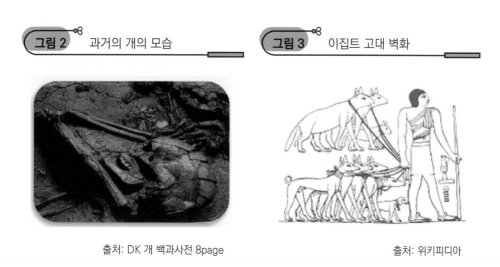

| 그림 2 | 과거의 개의 모습 |
| 그림 3 | 이집트 고대 벽화 |

출처: DK 개 백과사전 8page　　　　　　　출처: 위키피디아

가장 널리 받아들여지는 이론은 수렵채집인이었던 15,000~40,000년 전부터 늑대를 길들이기 시작했다는 연구 결과로, 개가 늑대의 후손이라는 것이다. 고고학적 증거는 수만 년 전으로 거슬러 올라가는 인간 매장지와 고고학 유적지에서 고대 개가 발견되면서 개 가축화 이론을 뒷받침한다.

이스라엘에서 발견된 사람 옆의 개의 유골은 12,000년 전 개와 사람의 긴밀한 관계를 알려주었다. 그러나 이후 2011년 학술지 PLOS One에 실린 '시베리아 알타이산맥에서 온 33,000년 된 초기의 개(A 33,000-Year-Old Incipient Dog from the Altai Mountains of Siberia)[1]'에서는 후기 빙하기에 사육되고 있는 개의 뼈를 발견했다는 연구를 발표했다. 이후 학술지 Natur Communications에서도 같은 맥락의 연구 결과가 실렸다. 중국의 연구진들이 회색늑대 4마리와 중국 토종견 3마리, 기타 품종견 4마리의 게놈을 비교 분석하였는데 이에 따르면 늑대에서 개가 분리되어 나온 시기가

1　A 33,000-Year-Old Incipient Dog from the Altai Mountains of Siberia: Evidence of the Earliest Domestication Disrupted by the Last Glacial Maximum.

32,000년 전이라는 것이다. 이러한 연구의 발표에 따르면 개가 사람과 함께 생활하기 시작한 것은 3만년이 훨씬 넘었다는 이야기이다.

늑대는 음식물 쓰레기의 가용성과 인간의 사냥 활동에서 수집할 수 있는 기회 때문에 인간 정착지에 매력을 느꼈을 가능성이 크다. 시간이 지남에 따라 사냥 지원을 제공하는 늑대와 음식과 보호를 제공하는 초기 인간은 함께 상호 유익한 관계를 형성하였을 것이다.

자연 선택과 인간이 주도하는 선택적 번식을 통해 이러한 초기 인간 – 늑대 파트너십은 늑대를 점진적으로 길들여 최초의 길들인 개로 만들게 되었다. 그 당시의 인간은 보호, 목축, 사냥과 같은 특정 작업에 대한 온순함, 충성도, 유용성과 같은 특성을 가진 늑대를 선택했을 가능성이 높으며, 이로 인해 특화된 특성을 가진 다양한 개 품종이 출현하게 되었다.

인간이 수렵 채집 사회에서 농업 사회로 이행함에 따라 개는 인류 문명에서 계속해서 중요한 역할을 담당하였다. 그들은 가축을 몰고 보호하는 일을 도왔고, 해충으로부터 농작물을 보호하고, 교우 관계를 제공하고, 다양한 작업을 위해 일하는 동물이었다. 개는 또한 전쟁과 사냥에 사용되었으며 이러한 역할 수행을 향상시키기 위해 인간은 그들의 능력을 선택적으로 사육하였다.

인간과 개의 관계는 시간이 지남에 따라 계속 진화했고, 19세기에 이르러서는 개 사육이 보다 체계화되어 현대적인 개 품종의 발달로 이어졌다. 최초의 도그 쇼는 19세기 중반 영국에서 열렸고, 각 품종의 이상적인 특성을 정의하기 위해 품종 표준이 제정되었다. 오늘날에는 다양한 외모, 기질, 능력을 지닌 수백 종의 개가 길들여져 존재하고 있다.

수천 년 동안 개는 인간사회에서 필수적인 역할을 수행해 왔으며, 반려동물 역할을 하고, 노동력을 제공하며 심지어 고유한 품종의 개발을 통해 인간 문화에 참여했다. 인간과 개 사이의 관계는 계속 번성하고 있으며 개는 지구상에서 가장 사랑받고 소중한 동물 중 하나로 남아 있다.

(3) 반려동물로서의 고양이

고양이의 기원과 역사는 복잡하고 다양한 증거가 있다. 고양이는 인간과 함께 사는 동물로, 그 기원에 대한 연구는 아직 완전하게 해명되지 않은 부분이 있다. 하지만 다양한 연구와 발견이 고양이의 기원과 역사에 대한 직접적인 제공을 하고 있다.

고양이는 약 9,000년 전에 인간과 함께 생활하기 시작했을 것이라 추정된다. 인류가 농경과 축산을 전개하던 시기에는 사람들이 곡물을 저장하고 모아두던 창고 주변에 고양이들이 모여 들었다고 보고되었다. 인간과 함께 생활하면서 사람들에게 편리한 동물 역할을 하면서, 고양이들은 사람들에게 무해하게 접근하고 쥐를 먹는 등의 행동을 통해 서로에게 이점을 얻었다.

고양이는 인간과의 관계를 통해 다양한 역할을 했다. 고대 시대에는 고양이가 벌레와 쥐를 퇴치하는 데 도움이 되었고, 이후 시대의 유럽에서는 고양이 종이 엄청난 쥐 사냥을 담당하는 '쥐 찾기' 역할을 했다. 현대에는 고양이가 사람들에게 위로와 회복을 주는 반려동물로서의 역할을 주로 하고 있다.

2 경제적 특성

(1) 동물의 경제적 특징

생산적 자원

동물들은 농업과 다른 산업에서 생산적인 자원으로 사용될 수 있다.

동물들은 고기, 우유, 달걀, 양모, 가죽과 같은 다양한 제품들을 제공하는 농업 산업에서 필수적인 자원이다. 젖소는 우유를 제공하는데, 우유는 치즈, 요구르트, 그리고 아이스크림과 같은 다양한 유제품으로 가공될 수 있다. 미국농무부(USDA)에 따르면, 유제품 산업은 2019년 미국 경제에 직간접적인 영향을 포함하여 6,200억 달러를 기여했다.

직접적인 기여 외에도, 동물들은 비료를 위한 비료를 제공하고 자연적인 형태의 해충 방제 역할을 함으로써 농부들을 도울 수 있다. USDA에 따르면 2019년 미국 농업의 총 생산량은 4,157억 달러이며, 이 중 축산물과 축산물이 1,818억 달러를 차지하고 있다.

또 다른 예는 육류 제품 생산에 동물을 사용하는 것이다. 소, 돼지, 그리고 닭은 가장 일반적으로 사육되는 고기 동물 중 하나이며, 육류 산업은 세계 경제에 중요한 역할을 하고 있다. 미국축산협회(NCBA)의 보고서[2]에 따르면, 2019년 미국 쇠고기 산업

2   2019 Beef Industry Annual Report published by the National Cattlemen's Beef

에서만 800억 달러가 경제적 기여를 하고 있다.

- 보완재(補完財, complementary good): 가죽, 양모, 실크와 같은 일부 동물 제품은 패션과 섬유 산업에서 보완재로 대체
- 노동: 동물들은 농업과 운송에서 노동에 사용(말과 소는 현대 기계가 등장하기 전에 일반적으로 경작하고 물건을 운반하는 데 사용되었다.)
- 엔터테인먼트: 동물들은 또한 동물원, 수족관, 그리고 동물 쇼와 같은 오락 목적으로 사용되기도 함(동물원과 수족관은 매년 수백만 명의 방문객을 끌어모으며 관광 산업에 상당한 수익을 창출한다. 또한 경마 등의 다른 형태의 동물 기반 오락 또한 경제에 기여하고 있다.)
- 반려동물 산업: 반려동물과 관련된 식품, 장난감, 동물 보호와 같은 반려동물과 관련된 다양한 제품과 서비스를 포괄하는 성장하는 경제 분야
- 환경 영향: 자연적인 해충 구제를 위해 사용될 수 있지만, 다른 동물들은 농작물이나 생태계에 피해를 주기도 함.

반려동물 산업은 사람들이 매년 수십억 달러를 반려동물 관련 제품과 서비스에 사용하면서 빠르게 성장하는 분야이다. 미국에서만 67%의 가정이 적어도 한 마리의 반려동물을 소유하고 있는 것으로 추정한다. 미국반려동물산업협회(APPA)의 보고서에 따르면, 미국 반려동물 보호자들은 2020년에 그들의 반려동물을 위해 1,036억 달러를 썼고, 앞으로 몇 년 동안 계속해서 지출이 증가할 것으로 예상한다. 반려동물과 함께하는 사람들은 매년 수십억 달러를 사료와 간식, 장난감, 미용, 그리고 동물 보호를 포함한 반려동물 관련 제품과 서비스에 사용한다. APPA는 미국 반려동물 산업이 2020년에 총 2,810억 달러의 경제적 영향을 미쳤으며, 향후 몇 년 동안 지출이 계속 증가할 것으로 보고하였다.

전반적으로, 동물들은 어떻게 사용되고 관리되는지에 따라 경제와 다양한 경제 활동에 상당한 영향을 미칠 수 있다.

Association.

(2) 국내 반려동물산업의 경제적 특징

 그림 4 애완동물 관련시장 동향과 전망

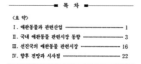

애완동물 관련시장 동향과 전망

━ 목 차 ━

〈요 약〉

Ⅰ. 애완동물과 관련산업 ·············· 1

Ⅱ. 국내 애완동물 관련시장 동향 ·············· 3

Ⅲ. 선진국의 애완동물 관련시장 ·············· 16

Ⅳ. 향후 전망과 시사점 ·············· 22

□ 우리나라 애완동물 관련산업 시장은 2020년까지 약 6조 원(현재의 5~6배) 수준 성장이 전망되고 새로운 시장과 일자리를 창출할 것으로 보임

○ 애완동물의 사육의향 증가와 반려동물화, 실내사육 증가로 애완동물 관련시장은 다양화 고급화될 전망

○ 애완동물의 건강관리 및 질병치료 등 수의진료 시장이 발전하면서 동물보험시장도 새롭게 성장할 전망

○ 애완동물 관련용품을 생산·유통하는 업체와 서비스 업체들이 점차 대형화·전문화·체인화될 전망

○ 애완동물 훈련학교 모델 에이전시, 미용업 등의 서비스 분야가 세분화되고 전문화 될 전망

애완동물 관련 시장 동향과 전망' 보고서 내용

출처: 농협경제연구소(2013)

2016년 정부는 '반려동물 보호 및 관련 산업'을 신산업 육성을 위한 신경제전략으로 선정하였으며, 농협경제연구소의 애완동물 관련 시장 동향과 전망(2013) 보고서에 따르면 2020년에는 시장규모가 6조 원에 이를 것으로 예상하였으나 2022년 10월 4.5조원으로 예측하였다. 2023년 반려동물 산업의 성장률과 시장의 규모를 예측하는 2027년 6조 전망은 2017년 이후 연구의 업데이트가 되고 있지 않아 정확하지는 않지만 현재의 성장률을 보면 충분히 가능한 수치로 전문가들은 판단하고 있다.

반려동물과 관련한 직업의 종류가 이전보다 많아졌고[3] 기존의 수의대와 동물자원학과를 비롯하여 동물보건학과, 반려동물산업학과, 반려동물케어과, 반려동물관리과, 펫토탈케어과 등 대학에 개설된 반려동물 관련 학과도 이전보다 다양해졌다. 또한 동물병원들은 소비자의 욕구와 필요를 충족하기 위해 이전에 없던 반려동물 관련 제품들을 시장에 내놓고 있다.

---

3 반려동물 관련 직업으로는 반려동물관리사, 반려동물미용사, 펫시터, 펫유치원교사, 반려동물패션디자이너, 반려동물사진작가(펫스튜디오), 반려동물 식품관리사, 반려동물 장례지도사, 반려동물 행동교정 전문가, 동물매개치료사 등이 있다.

표 1 코로나19 확산 전후 업종별 매장 수 상승률 Top 10

순위	업종	2019년 10월 매장 수(개)	2021년 10월 매장 수(개)	2년간 상승률(%)
1	애견/애완/동물	8,556	11,464	34.0
2	다방/커피숍/카페	83,506	105,466	26.3
3	고시원	2,154	2,700	25.3
4	개인/가정용품수리	8,501	10,508	23.6
5	세탁/가사서비스	21,446	26,231	22.3
6	사진관	6,267	7,618	21.6
7	골프연습장	6,940	8,354	20.4
8	일식	23,671	28,440	20.1
9	학원-보습교습입시	43,575	52,117	19.6
10	반찬/식료품판매점	36,586	43,560	19.1

　반려동물 산업이 성장하는 이유는 여러 가지가 있다. 첫 번째로 언택트(Untact) 문화의 확산이 있다. 코로나19 팬데믹으로 인한 언택트 문화의 확산은 반려동물 산업의 성장에 큰 영향을 미쳤다. 재택근무, 온라인 원격수업, 격리 생활 장기화 등과 정부의 고강도 거리두기 정책 등으로 외부와 접촉을 차단하고 집에서 보내는 시간이 많아지면서 집에서 반려동물과 시간을 보내는 보호자들이 증가하였다.

　두번째로 반려동물의 가족으로 생각하는 트렌드가 확산되고 있다. 반려가구의 증가와 더불어 반려동물을 가족의 일원으로 여기는 펫휴머나이제이션(Pet+Humanizaion) 트렌드 현상[4]은 코로나19로 반려동물과 함께하는 시간이 늘어나면서 반려동물에 대한 긍정적 인식과 가족 구성원으로 여기는 문화가 형성·확대된 깃으로 풀이된다.

　세 번째로 MZ세대(1980년대 초부터 2000년대 초 사이에 출생한 자)가 최근 반려동물 문화를 이끌고 소비의 주체가 되면서 전 세계적으로 반려동물 산업은 무서운 성장 추세에 있다. MZ세대를 중심으로 애완동물을 그저 동물이 아닌 가족으로 인식하는 인식이 확산 중이다. 디지털 소통 채널을 기반으로 다양한 경험으로 가치를 얻을 수 있는 자기 판단의 기준이 소비의 중심이 되고 있는 MZ세대가 반려동물 시장에서 소비 주체

4　한국반려동물신문(http://www.pet-news.or.kr) [2022 펫코노미 시대를 넘어].

로 부상하면서 더욱더 반려동물 산업 성장은 가속화될 것이다.

　마지막으로 인구 구조가 고령화되고 출산율이 저하되면서 반려동물을 키우는 가정이 증가하고 있다. 출산을 하는 대신 반려동물들을 자식과 같이 돌봄으로써 양질의 서비스를 요구하고 있으며, 이에 따른 서비스(펫택시, 애견유치원, 반려동물전용호텔 등)가 함께 성장하고 반려동물을 위한 의료 연구 역시 활발하게 진행되고 있다.

 Ⅱ. 반려동물산업의 현황

　'펫팸(pet+family)족'이라는 단어에서도 유추할 수 있듯이 동물과 함께 가족처럼 함께 생활하는 사람들이 늘어가고 있다. 이러한 변화로 인해 반려동물의 산업은 빠른 성장을 보였다. 특히 2020년부터 코로나19로 인해 전 세계적으로 팬데믹을 마주하여 경제가 불황이었음에도 반려동물산업은 지속적으로 성장세를 보이는 산업이었다.

그림 5　세계 반려동물시장의 변화 그래프

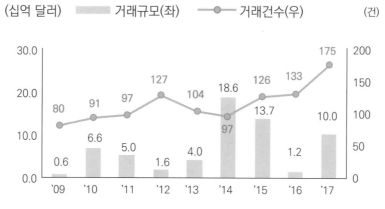

출처: 펫 산업 관련 인수합병(M&A) 추이, 삼정 KPMG 경제연구원 Issue Monitor 제39호

1 반려동물 산업의 최신 동향

● **반려동물 등록 증가:** 미국 반려동물용품 협회에 따르면, 미국 가정의 약 67%가 반려동물과 함께하고 있으며, 개와 고양이가 가장 인기 있는 반려동물이다. 반려동물이 증가하는 추세는 앞으로도 계속될 것으로 예상된다.

● **반려동물 소비 증가:** 반려동물 산업은 매년 반려동물 제품과 서비스에 대한 지출이 증가하는 수십억 달러 규모의 산업이다. 2020년에 미국인들은 반려동물에 1,030억 달러 이상을 지출했으며, 그 지출의 대부분은 식량, 동물 관리 및 공급품에 사용된다.

● **프리미엄 제품으로의 전환:** 반려동물 소유자들은 점점 더 자신들의 반려동물을 위한 프리미엄과 고품질의 제품을 찾고 있다. 이는 반려동물 복지에 대한 니즈가 증가하고, 더 건강하고 지속 가능한 반려동물 제품에 대한 욕구가 반영된 것이다.

● **새로운 반려동물 제품의 등장:** 반려동물 산업은 끊임없이 진화하고 있으며, 반려동물과 함께하는 사람들의 요구를 충족시키기 위해 새로운 제품과 서비스가 개발되고 있다. 예를 들어 스마트 반려동물 기술, 식물에 기반을 둔 반려동물 사료, 그리고 친환경적인 반려동물 제품이 포함된다.

그림 6 고양이 행동분석 스마트목걸이

출처: 온힐

전반적으로 반려동물 산업은 반려동물과 함께하는 인구가 증가하고 고품질의 반려동물 제품 및 서비스에 대한 수요가 증가함에 따라 역동적으로 성장하는 추세이다.

2 반려동물 산업의 성장요인

● **인간과 동물의 유대:** 반려동물은 가족의 동반자이자 구성원으로 많은 사람들이 그들의 반려동물과 깊은 유대감을 갖는다. 결과적으로, 반려동물의 보호자는 그들의 행복과 행복을 보장하기 위해 그들의 반려동물에게 지출을 아끼지 않는다.

그림 7 반려동물과 함께하게 된 계기는? 반려동물 관련 인식 조사

동물을 좋아해서	59.4
또 하나의 친구·가족을 갖고 싶어서	41.1
가족구성원이 원해서	36.8
외로움을 달래기 위해서	23.9
자녀들의 정서 함양을 위해서	21.2
지인의 권유로	17.9
색다른 경험이 될 수 있을 것 같아서	17.2
가족 분위기가 썰렁해서	15.3
전에 키우던 반려동물을 잊지 못해서	10.0
집을 지키게 하기 위해서	8.6
자녀들의 책임감을 키워주기 위해서	7.8
주위에서 많이들 키우고 있어서	6.7

출처: 엠브레인 트렌드모니터 2016

● **사회적 태도 변화:** 반려동물은 단순히 기능적인 동물로 보이지 않고, 사람들의 삶의 중요한 부분을 차지한다. 사람들은 반려동물에게 시간, 돈, 그리고 간정적인 에너지를 투자한다.

● **기술 발전:** 새롭고 혁신적인 제품과 서비스를 만들기 위해 기술 발전을 활용할 수 있다. 예를 들어, 반려동물을 위한 웨어러블 기술과 스마트 기기는 점점 더 인기를 끌고 있다.

- 활동 추적기는 반려동물의 목걸이에 부착되어 걸음 수, 칼로리 소모량, 활동 시간 등을 추적한다. 일부는 GPS 추적 기능이 제공되므로 반려동물의 움직임의 방향이 측정 가능하다.
- LED 목걸이는 반려동물이 밤에 잘 보이도록 돕는다. 선택할 수 있는 다양한 디자인과 색상이 있으므로 반려동물의 성격에 맞는 것을 찾을 수 있다.
- 반려견 웨어러블 IoT(사물인터넷) 스타트업 '케어식스'에서 개발한 'Sense 1'과 'Sense 1 Pro'는 반려견의 맥박, 호흡, 체온, 활동량 등 생체신호와 임상 신호 등을 통해 반려견 건강 상태를 추적 정리 후 보호자에게 주기적으로 제공하는 기능을 갖추고 있다. 고양이 iot 스타트업 '펄송'에서 개발한 라비태그와 라비박스는 체중과 대소변, 수면, 활동량 등 생활데이터의 변화 등을 측정하고 ai를 통해 이상 신호를 감지하는 기능을 갖추고 있다.

● 관련 연구: 반려동물의 스트레스 감소와 정신건강을 향상시키는 연구, 동물과 유대관계를 통한 사람의 건강증진에 관한 연구 등을 통해 반려동물의 행복과 건강에 투자하고 있다.

이러한 요소들의 조합은 반려동물 주인들과 그들이 사랑하는 동물 동반자들의 요구를 충족시키는 데 초점을 맞춘 견고한 산업으로 성장 가능하게 한다.

코로나19로 사람 간 교류가 단절됐던 지난 2020년, 각자 집에 고립된 사람들에게 가장 가까운 곳에서 따뜻한 위로를 전해주는 반려동물 입양이 크게 증가했다. UAE 내 유기동물센터(Stray Dogs Centre UAQ)에 따르면, 코로나19가 한창이던 2020년 유기 동물 입양이 평소에 비해 2배가량 증가했다고 한다.[5]

---

5 반려동물도 내 가족처럼! UAE 반려동물 시장 [Kotra해외시장뉴스].

3 국내 산업의 현황

반려동물과 함께하는 인구가 1,000만에 육박할 정도로 관심이 높아지고 있다.

그림 8 최근 반려동물 영업장·영업자 수 현황 및 주요 영업장 수 변화

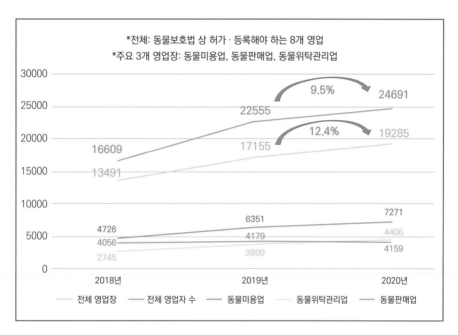

출처: 데일리벳

4 고객의 의식변화

최근 몇 년 동안, 우리나라에서도 반려동물에 대한 인식이 바뀌고 있다. 전통적으로, 반려동물은 가족 구성원으로 고려되지 않았고 사냥이나 경비 임무와 같은 실용적인 목적으로 종종 길러졌다. 하지만, 많은 사람이 반려동물을 동반자로 키우기 시작하면서 반려동물을 가족구성원으로 인식하게 되었고, 반려동물 산업도 급격하게 성장하였다.

이러한 인식의 변화는 한국 사회의 다양한 측면에서 볼 수 있다. 동물 출입 가능 카페, 식당, 공원과 같은 반려동물 친화적인 시설이 더 많아졌고, 반려동물과 관련된 행사와 축제의 수가 늘어났다. 반려동물복지와 동물권리에 대한 관심이 증가하고 있고,

동물들의 권리를 옹호하기 위한 많은 동물복지 단체들도 설립되고 있다. 정부는 반려동물을 학대와 방치로부터 보호하기 위해 엄격한 동물학대법을 시행하고 동물생산·판매업 허가·등록제를 시행하여 반려동물 산업을 규제하면서 학대와 방치로부터 반려동물을 보호하기 위해 노력하고 있다.

> 2023년 5월에는 1,200여 마리의 개와 고양이를 굶겨 죽인 혐의로 구속기소 된 60대가 동물학대 범죄 관련 법정 최고형인 징역 3년을 선고받는 사례가 나왔다.

전반적으로, 국내의 반려동물에 대한 인식은 반려동물을 가족의 중요한 구성원으로서 사랑과 생명존중을 통해 반려하는 문화로 바뀌고 있다.

국내의 이러한 인식의 변화는 세계적으로 동물에 대한 태도의 변화를 반영한다. 사람들은 반려동물과 함께하는 것을 통해 정서적, 사회적 이점을 더 많이 인식하고 중요한 구성원으로 대하고 있다.

(1) 반려동물에 관한 인식과 산업

그림 9　반려동물과 함께하면 좋은 점은? 반려동물 관련 인식 조사

가족 분위기가 활기차졌다. **32.1**

본인/가족에게 책임감을 가질 수 있게 해준 것 같다. **27.6**

성격이 전보다 온화해진 것 같은 느낌이 들었다. **26.8**

아이들의 정서함양에 **22.1** 좋은 것 같다.

63.8 또 하나의 친구/가족이 생긴 것 같다.

43.6 웃을 일이 많아졌다.

35.6 외로움을 달래준다.

출처: 엠브레인 트렌드모니터 2016

아래의 사례들과 연구 논문들은 한국에서 반려동물에 대한 인식의 변화가 실질적인 증거와 학술적인 연구 모두에 의해 뒷받침된다는 것을 보여준다.

2017년 수의학 저널에 게재된 한 연구 논문은 반려동물을 소유하는 것이 한국 청

소년들의 정신 건강과 사회적 지지에 긍정적인 영향을 미칠 수 있다는 것을 발견하였다. 이 연구에서는 반려동물을 소유하는 것이 우울증과 불안의 위험 감소와 관련이 있음을 밝혔다.

2020년 한국애완동물산업협회 조사에 따르면 국내 반려동물 산업은 전년 대비 8.5% 성장해 전체 시장 규모가 3조 5,000억 원(약 30억 달러)에 달한다. 이러한 성장은 반려동물 사료, 반려동물 용품, 그리고 동물 서비스와 같은 반려동물 관련 제품과 서비스에 대한 수요의 증가로 이어졌다.

한국동물복지학회가 2019년에 실시한 연구에 따르면 한국의 반려동물 친화적인 카페와 식당의 수가 전년보다 33% 증가하였다. 이 연구는 또한 반려동물 보호자의 64%가 그들의 반려동물을 가족 구성원으로 생각한다는 것을 확인하였다.

2022년에 정부는 동물 학대와 방임에 대한 더 엄격한 처벌을 포함하도록 동물보호법을 전면 개정하였다. 개정된 법은 반려동물의 영업자와 소유자의 의무를 강화하고 구조와 보호에 관한 제도적 여건을 개선하며, 실험 관리 체계를 강화하도록 요구하고 있다.

그림 10 2022년 동물보호법개정안

27일부터 시행되는 개정 '동물보호법'

01 반려동물 영업자 준수사항 및 불법영업 처벌 강화
> 반려동물 수입 · 판매 · 장묘업 등록제 ➡ 허가제
> 무허가 영업장 500만원 이하 벌금 ➡ 2년 이하 징역/2,000만원 이하 벌금

02 소유자 의무 강화
> 외출 시 목줄 · 가슴줄 또는 잠금장치 있는 이동장치 사용
> 맹견 출입금지 지역 확대
> 줄로 묶어 기르는 경우 2m 이상의 줄 사용

03 동물 구조 · 보호 조치 제도적 여건 개선
> 피학대동물 소유자와 격리기간 3일 이상 ➡ 5일 이상
> 학대행위자에 대한 치료프로그램 이수명령 등 제도 도입

04 동물실험 관리체계 강화
> 실험동물 전임수의사제 도입
> 동물실험윤리위원회 권한 강화

그림 11 농림축산식품부 자료

(2) 반려동물 의료에 관한 요구

고객들은 반려동물을 위한 예방적 건강관리에 점점 더 집중하고 있다. 반려동물의 잠재적인 건강 문제를 조기에 발견하기 위해 정기적인 검진, 예방 접종의 중요성을 이해한다. 반려동물 건강관리에 대한 포괄적인 접근법을 제공하는 웰니스 프로그램과 예방 관리 패키지에 대한 수요가 증가하며, 전통적인 수의학과 함께, 반려동물을 위한 대안적이고 보완적인 건강관리 프로그램을 찾고 있다. 침술, 한약, 카이로프랙틱 치료, 물리 치료를 포함하며, 건강 문제를 해결하고 반려동물과 사람이 함께 전반적인 행복을 향상시키기 위한 방법을 요구한다. 또한 개체별 요구를 충족시키는 맞춤형 건강관리 솔루션을 원한다. 나이, 품종, 크기, 그리고 특정 건강 상태에 따른 맞춤형 치료 계획과 영양식에 대한 요구는 개인화된 수의학 서비스와 맞춤형 동물 사료 선택에 대한 수요를 증가시키고 있다.

기술의 발전으로 반려동물을 위한 디지털 건강과 원격의료 서비스가 등장하였다. 고객들은 가상 상담, 원격 모니터링 및 수의학적 조언을 제공하는 온라인 플랫폼과 모바일 앱을 수용하고 있다. 이러한 추세는 반려동물 건강관리를 위한 원격의료의 편리성과 접근성이 부각되어 코로나19 대유행을 기점으로 더욱 가속화되고 있다.

뿐만 아니라 반려동물의 정신적, 정서적 안녕의 중요성을 점점 더 인식하고 있다.

동물들이 갖는 불안, 스트레스, 행동 문제를 해결하는 제품과 서비스에 대한 수요 증가로 이를 확인할 수 있다. 진정제, 상호작용 장난감, 행동 훈련 프로그램, 그리고 반려동물의 안정과 휴식이 포함된다.

전반적으로 동물의료 서비스에 대한 고객의 요구는 예방적이고 전체적이며 개인화된 접근 방식으로 전환되고 있다. 고객들은 자신의 반려동물의 신체적, 정신적, 정서적 건강을 포함하여 행복을 우선시하는 포괄적인 해결책을 모색하고 있다.

 ## Ⅲ. 동물의료서비스

1 국내 동물병원 현황

반려동물 관련 국내시장의 구성은 사료 33%, 의료 31%, 용품 20%, 서비스 10%, 기타 6%로 조사되었다.[6] 국내 반려동물 의료시장의 규모는 2019년 1조 1,851억 원이며, 2023년 1조 9,767억 원, 2027년 3조 2,969억 원 수준으로 측정되었다.[7] 국내의 동물병원 현황을 살펴보면 대한수의사회가 공식 집계한 동물병원 수는 2014년 12월 총 3,979개였던 것이 2018년 11월 총 4,506개로 4년 새 527개가 늘어나며 13% 증가했다. 이 중 반려동물병원은 2,792개였던 것이 3,260개로 468개(17%)가 늘어나며 전체 동물병원 증가 폭의 89%를 차지했다. 2020년 2월 기준 동물병원 수는 총 4,604개로 이 중 반려동물병원이 3,567개(77.5%)로 가장 많았다. 뒤를 이어 농장동물 765개(16.6%), 혼합진료 272개(5.9%) 순으로 조사되었다. 2023년 6월 기준 동물보호관리 시스템에 등록된 동물병원 업체정보의 동물병원 수는 총 5,234개로 확인되고 있다.[8]

---

6 반려동물 관련 국내 시장 구성(2012).

7 통계청, 연도별 서비스업조사를 바탕으로 국회예산정책처 작성_부가가치세법 일부개정법률안 발췌.

8 국가동물보호정보시스템 https://www.animal.go.kr.

2 동물병원조직의 이해

(1) 동물병원의 목적

국내의 동물병원은 '사육 동물의 진료업무를 하는 시설'로 명시하여 사람을 제외한 모든 동물을 진료하고 있다. 동물병원의 목적은 국내 및 야생 동물 모두에게 의료 및 치료를 제공하는 것이다. 동물병원은 수의사, 동물보건사, 동물병원코디네이터 등 동물의 건강과 의학을 전문으로 하는 훈련된 전문가들로 구성되어 있다.

- **질병 진단 및 치료**: 동물병원은 질병이나 부상을 입은 동물에게 의료 서비스를 제공한다. 동물 질병의 근본 원인을 식별하기 위해 혈액 검사, 엑스레이 및 초음파와 같은 진단 서비스를 제공하며 질병이나 상처로부터 빠르게 회복할 수 있도록 약물, 수술 및 재활과 같은 치료를 제공한다.
- **질병 예방**: 동물병원은 바이러스 등의 질병이 전염되는 것을 막는 데 중요한 역할을 한다. 또한 동물의 건강을 유지하도록 접종 및 기생충 예방, 치과 치료와 같은 예방 치료 서비스를 제공한다.
- **응급 치료**: 동물병원은 교통사고, 기도 폐색, 중증 질병에서의 응급상황 등 생명을 위협하는 상황에 즉각적인 치료가 필요한 동물에게 응급처치를 수행한다.
- **동물 수술**: 일상적인 중성화 수술을 비롯하여 복잡한 정형외과 수술, 생활의 질을 높이는 백내장 수술에 이르기까지 동물의료서비스를 제공한다.
- **보호자 교육**: 영양, 운동 및 예방 관리를 포함하여 동물을 적절하게 관리하는 방법에 대해 보호자를 교육한다. 특정 의학적 상태와 이를 관리하는 방법에 대한 정보도 제공할 수 있다.

전반적으로 동물병원의 목적은 동물에게 고품질 의료 서비스를 제공하고 전반적인 건강과 복지를 증진하는 것이다.

(2) 동물병원의 유형

미국의 동물병원은 다양한 형태로 운영되고 있다. 뉴욕에 위치한 AMC(Animal Medical Center)는 세계에서 제일 큰 비영리 동물병원이며 수의사 전문의를 양성하는 교육기관이다. 이 병원에서는 100여 명의 수의사가 20개 이상의 전문 분야의 의료 서

비스를 제공하며, 임상 연구 등을 통해 수의학 지식을 향상시킨다.[9]

또한, 미국에서는 수의사의 처방권과 진단권이 잘 보장되며, 수의테크니션이 동물병원의 중추적인 허리 역할을 하며, 보호자 상담, 약물 교육, IV, 주사 등을 담당하기 때문에, 수의테크니션이 잘 훈련되어 있고 협력이 잘 되면 수의사 한 명이 많은 진료를 담당할 수 있는 시스템이다. 전문 매니저들이 고객을 응대하고 경영에 참여하여 동물병원에서 중요한 역할을 담당하고 있다.

이 외에도 개인 동물병원, 예방의학 중심 동물병원, 응급의학전문 동물병원, 기업형 동물병원 등 다양한 형태의 동물병원이 운영되고 있다.

일본의 동물병원은 다양한 형태로 운영되고 있다. 일본에서는 국가 공인 전문의 제도가 없지만, 여러 수의 관련 학회들이 나름대로 기준을 만들어 '전문의' 자격을 주고 있다. 일본의 동물병원 중에는 사람 병원처럼 내과, 외과, 신경과, 행동진료과, 병리과, 화상진단과 등 모두 11개 과로 나눠져 있는 '종합동물병원'의 형태로 동물진료 서비스를 제공한다.

일본에서는 2019년 6월에 '애완동물간호사법(愛玩動物看護師法)'을 의원 입법으로 제정하여 애완동물간호사 제도가 도입되었다. 이 제도는 동물병원 임상 현장의 고도화와 전문화를 이루기 위해 만들어졌다.

표 2 세분화된 동물병원

유형	진료내용에 따른 병원유형
전문동물병원	안과 동물병원, 치과 동물병원, 정형외과 · 신경외과 동물병원, 암센터, 영상센터, 한방 동물병원, 특수 동물병원, 요양병원 등
일반동물병원	특수병원 이외의 병원들

국내의 동물병원은 일반적으로 개와 고양이를 위주로 진료를 한다. 그러나 지방의 소도시나 읍/면 지역에서는 가축병원이라는 이름으로 소, 말, 돼지 등의 산업 동물을

---

9   https://m.blog.naver.com/animalscoop/221805911004.

위한 병원이 운영된다. 그 외에는 특수 동물병원이 있다. 이곳에서는 도마뱀과 같은 파충류나 페럿, 토끼, 앵무새, 병아리 등을 비롯한 비주류 반려동물을 다룬다. 또한 최근에는 세분화된 전문진료의 요구가 높아져 수도권과 부산, 대구를 중심으로 전문화가 이루어지면서 전문 동물병원이 운영되고 있다.

(3) 동물병원의 경영환경과 조직구성

동물병원의 경영환경을 살펴보기 앞서 동물의료와 관련된 법의 제정을 살펴보면 1999년 '동물의료수가제'가 폐지되었다. 동물의료수가제의 폐지는 각 동물병원의 부동산과 의료기기 등의 투자에 따라 진료수가 조정을 가능하게 했다. 2011년부터는 동물의료서비스에 부가가치세를 10% 부가했다. 2021년 5월 농림축산식품부 보도자료에 따르면 반려동물 소유자 등은 진료 항목과 진료비를 사전에 알기 어려웠다. 이에 동물병원 진료와 관련한 불만이 증가함에 따라 2022년 7월부터 수술 등 중대 진료를 하는 경우 사전에 동물보호자에게 진단명, 해당 중대 진료의 필요성, 전형적으로 발생이 예상되는 후유증이나 부작용, 소유자 준수사항을 설명해야 한다. 그리고 이를 서면으로 동의를 받아야 한다. 일부 동물병원에서 자율적으로 시행해 온 수술과 마취동의서가 법적 의무로 강화되었다. 사전설명이나 서면동의를 받지 않은 경우 100만 원 이하의 과태료가 부과된다.

동물병원은 일반적으로 한 명 이상의 수의사가 소유하고 운영한다. 동물 서비스 시장은 지역 반려동물 인구, 반려동물 소유율, 경제적 조건과 같은 요인에 따라 달라질 수 있다. 경쟁의 수준도 위치와 시장 포화도에 따라 달라질 수 있다. 동물병원은 적절한 시설, 장비, 기록 등을 갖추고 보관하여 규제와 허가 요건을 준수해야 한다. 또한 동물 보호와 복지와 관련된 구체적인 지침과 법을 준수할 필요가 있다.

개인이 운영하는 기업이 대부분인 국내의 동물병원에서는 내부조직운영과 마케팅, 경영방침이 동물병원 서비스에 중요한 영향을 준다. 동물병원의 효율적인 조직운영을 통해 발전 방향과 부합하는 조직의 역할 및 기능 등의 체계를 구축해야 한다. 성과 창출 단위의 명확화, 시스템 중심의 조직운영체계 구축, 인력의 전문화, 공정한 평가시스템 수립 등 동물병원경영의 효율화를 위한 서비스를 고민해야 한다. 최근 동물병원은 각 병원의 시스템에 따라 조직이 구성되고 변화하고 있다.

동물병원에는 수의사, 동물보건사, 동물간호보조인력, 행정 직원 등 다양한 전문가

팀이 있다. 직원의 규모는 병원의 규모와 제공되는 서비스에 따라 달라질 수 있다. 전문 병원에서는 종양 전문의나 외과 수의사와 같은 수의학 전공자를 고용할 수도 있다.

동물병원의 업무별 분류

- 접수: 예약, 고객 인사 및 서류 관리를 담당하는 직원
- 동물의료서비스: 동물의료를 제공하고, 질병을 진단하고, 수술을 수행하고, 치료를 시행하는 수의사와 동물보건사 또는 그 역할을 하는 직원
- 검사실 및 진단: 검사, 검체 분석 및 결과 해석을 담당하는 직원
- 약국: 의약품의 조제 및 관리를 담당하는 직원
- 이동 및 미용(선택 사항): 반려동물 이동 및 미용 서비스를 제공하는 시설
- 매니지먼트 관리: 청구, 회계, 인사 및 일반 관리 업무에 관련된 직원
- 고객 관리 및 서비스(전자차트 활용): 정기 검진, 예방 접종, 예방 관리, 응급 치료, 수술 절차, 치과 치료, 재활 치료 등과 원내 프로모션 활용

수의사 1인으로 구성된 동물병원들의 경우 모든 서비스를 적은 인원이 수행하므로 동물의료에 관한 다양한 지식과 고객 상담 능력을 요구한다.

빠르게 변화하는 반려동물산업의 추세에 대응해 가면서, 고객을 만족시키기 위한 진료서비스를 효율적으로 제공하기 위해 전문적인 마케팅을 통해 고객의 욕구를 만족시켜야 한다. 위치, 전문화, 규모 및 사업 모델과 같은 요소들은 동물병원의 운영방식에 상당한 영향을 준다. 그러므로 사업환경과 조직의 구체적인 내용은 동물병원마다 다를 수 있다는 점에 유의해야 한다.

SECTION 02

동물병원코디네이터의 정의

Ⅰ. 동물병원코디네이터의 역할

일반적으로 병원 코디네이터는 자원 관리, 직원 배치, 환자 관리 및 성과 모니터링을 포함하여 병원 운영의 다양한 측면을 감독하고 조정하는 의료 전문가이다. 그들은 의사와 간호사와 같은 다른 의료 전문가들과 긴밀히 협력하여 병원이 원활하게 운영되고 환자가 양질의 치료를 받을 수 있도록 한다. 병원 코디네이터는 특정 책임과 운영 관리자, 임상 코디네이터 또는 환자 치료 코디네이터와 같이 근무하는 병원에 따라 다른 직책을 가질 수 있다. 전반적으로 이들의 역할은 병원 운영의 효율성과 효과를 유지하고 환자가 최상의 치료를 받을 수 있도록 보장하는 것이다.

동물병원코디네이터(Animal Hospital Coordinator)의 역할과 업무는 동물병원의 규모와 특성에 따라 달라질 수 있다. 소규모의 동물병원에서는 진료를 제외한 모든 부분의 역할을 동물병원코디네이터가 담당한다. 동물병원의 규모가 크거나 특수한 경우 업무가 세분화되어 있어 여러 명의 동물병원코디네이터가 각자 맡은 분야에서 전문적인 역할을 한다. 업무를 중심으로 구분하면 리셉션 코디네이터, 서비스 코디네이터, 진료 코디네이터, 상담 코디네이터(동물행동/품종별/용품미용 등), 마케팅 코디네이터, 재무 코디네이터 등 다양하게 구분할 수 있다.

동물병원에서 제공하는 서비스 품질관리는 동물병원코디네이터의 중요한 역할이다. 서비스 품질관리를 위해 동물병원의료서비스 개선시키고 동물병원의 이미지를 확립한다. 이에 부합하는 직원 친절 서비스 교육과 수납과 예약 업무의 신속정확성, 전화 상담과 고객응대, 사후관리, 진료계획 수립, 불만고객 처리 등이 중요 업무이다. 또한 직원 간 관계 조정 역할, 동물병원 내의 경영개선을 위한 마케팅 기획, 동물병원 재무 관리를 통한 경영 안정화에 힘쓴다.

1 동물병원코디네이터의 도입

2019년 조사에 의하면 수의사 2만 명이 배출되었고 이 중 임상수의사가 35%로 5년 전과 비교해 동물병원 수는 13.7%(547개소), 임상수의사 수는 23.6%(1,354명) 증가한 것으로 나타났다.[10]

국내에서도 동물병원의 증가와 더불어, 기존의 수의사를 돕고 수의테크니션(veterinary technician)이라 불리며 수의보조의 역할을 하는 인력들이 2021년 8월 '동물보건사' 국가자격제도가 도입되면서 동물의료 전문화의 한 부분을 차지하고 있다. 이러한 시대적 변화에 대처하기 위해 일반 경영의 마케팅과 서비스 개념이 병원에 도입되고 있으며, 고객의 만족을 추구하면서 고객과 동물의료진 사이의 새로운 관계 조명이 필요하게 되었다. 지금의 동물병원에서는 양질의 서비스를 제공하기 위해 수의사 외의 전문인력을 절실히 필요로 하고 있으며 이러한 시대적 상황에 맞추어 동물병원코디네이터가 등장하고 있다. 동물병원의 분업화와 스텝들이 전문인력으로 양성됨에 따라 고객을 응대하고 관리하는 동물병원코디네이터의 역할은 매우 중요하다.

2 동물병원코디네이터의 정의

코디네이터(coordinator)란 코니네이션(coordination)을 전문적으로 하는 사람으로, 코디네이션은 의상, 화장, 액세서리, 구두 따위를 전체적으로 조화롭게 갖추어 꾸미는 일을 말한다(표준국어대사전, 2018). 동물병원 내에서는 동물병원의 고객과 동물병원의 관계, 고객과 직원의 관계, 직원과 직원의 관계를 적절하게 '통합하다', '조정하다', '조화시키다'라는 의미를 가질 수 있다.

코디네이터(coordinator)란 조정자의 의미로 병원에서 의사와 환자, 환자와 직원, 의사와 직원의 관계를 원활하게 조정하고 최적의 시너지 효과가 나도록 윤활유 역할을 한다. 이를 사람의 의료에서는 병원 코디네이터(Hospital Coordinator) 라고 부른다. 동물병원에서는 고객의 입장과 동물의 상태, 동물병원의 상황을 모두 알고 있으면서 서로에게 도움이 되는 방향으로 이들 사이를 매끄럽게 연결해 주는 사람이 필요하다. 이는

---

10 [2019 수의사 및 동물병원 현황] 대한수의사회[167호] 승인 2020.01.09 09:00.

동물의 진료서비스품질과 동물병원의 의료외적 서비스 품질을 높이는 동물병원 서비스 전문가라고 할 수 있다.

> 동물병원과 고객의 관계, 고객과 직원의 관계, 직원과 직원의 관계를 적절하게 통합·조정·조화를 이룰 수 있게 하여 동물진료 서비스품질을 높이는 동물병원 서비스전문가

마케팅 관점에서 볼 때, 동물병원코디네이터는 다른 동물병원과의 차별화를 위해서는 필요한 인력이다. 하지만 현재는 전문 인력의 수급을 통해서 이루어져야 할 서비스가 마땅한 인력 없이 내부 인력의 로테이션을 통해 이루어져 전시적인 효과만 보이고 있다. 고객의 입장에서 볼 때, 고객과 동물의 편의를 돕기 위해 존재하고 있는 동물병원 로비의 상담원, 안내원, 원무과 직원들은 수월하고 편안하게 진료를 받고 돌아갈 수 있는 도우미 역할을 한다. 그러나 어떠한 진료가 진행되는지, 얼마나 기다려야 하는지 불안한 고객과 동물의 안정을 돕고 안내하는 전문 서비스 교육조차 시행되고 있지 않은 것이 현실이다.

동물병원코디네이터는 기존의 부족하고 형식 없는 고객안내 업무를 보다 체계적으로 수행하고 고객입장에서의 진료 외적인 서비스로도 중요한 역할을 할 것이다. 또한 동물병원의 입장에서는 진료를 보다 원활하게 하고 고객의 불만을 줄이기 위한 효과를 노리는 측면이 더 크다고 할 수 있다. 따라서 동물병원을 찾아오는 모든 고객들이 '이 동물병원은 진심으로 동물을 사랑하고 고객을 생각하고 있구나!'라는 느낌을 받을 수 있도록 현재보다 향상된 서비스를 제공하는 역할을 할 것이다. 결국 동물의 진료서비스의 질을 높이는 데 기여하고 고객의 만족도를 한 단계 높이게 된다.

동물병원코디네이터가 양질의 동물진료업무에 힘을 쏟는 수의사와 동물보건사들이 챙기기 힘든 부분을 맡아 고객에 대한 상담, 사후 관리를 하며, 직원에 대한 기본 예절교육과 이미지관리, 고객경험에 대한 전문교육을 하는 등 동물병원 관련 모든 업무를 원활하게 조정하며 병원의 이미지를 개선하는 전문직으로 발전되기를 기대해 본다.

동물병원코디네이터는 동물병원의 서비스 관리자로서 원내 근무 분위기 조성과 차별화된 서비스의 제공으로 고객, 즉 동물을 데려오는 보호자와의 유대를 통하여 신뢰감을 구축하고 동물병원의 이미지 홍보에 일익을 담당한다. 또한 접수, 수납 및 동물병원의 예약관리, 고객과 동물병원 간의 친밀함을 더하여 밝은 분위기를 연출하고 실내·외 환경조성 및 분위기를 자연스럽게 유도, 고객과 동물로 하여금 동물병원을 편

히 찾을 수 있는 마음을 갖게 하는 동물산업의 전문직종으로 발전할 수 있다.

3 동물병원코디네이터의 장점

동물병원코디네이터는 동물병원의 운영을 원활하게 하고, 동물 및 동물의 보호자에게 최상의 서비스를 제공하기 위해 다양한 업무를 관리하는 중요한 역할을 한다. 이는 기존의 수의사 중심의 동물병원 서비스 환경에서 고객 중심의 서비스로 전향하는 데 필수적인 요소이다.

동물병원코디네이터의 역할은 병원 운영의 효율성을 높이고, 의료 서비스의 질을 개선하며, 고객 및 직원의 만족도를 증가시키는 데 중요한 역할을 한다. 이러한 이점은 동물병원의 성공적인 운영과 지속 가능한 성장에 기여한다.

① 효율적 운영: 예약, 고객 서비스, 의료 기록 관리 등의 업무를 처리하여 병원의 일상적인 운영을 효율적으로 진행할 수 있도록 한다. 이는 동물병원이 더 많은 환자를 효과적으로 관리하고 서비스의 질을 높일 수 있도록 한다.

② 고객 만족도 향상: 동물병원코디네이터는 고객의 첫 접점이며, 친절하고 전문적인 서비스를 제공함으로써 고객 만족도를 높인다. 기존 고객의 충성도를 높이고 입소문을 통한 새로운 고객 유치에 기여한다.

③ 의료팀의 업무 부담 경감: 동물병원코디네이터가 관리 및 행정 업무를 담당함으로써 수의사 및 동물보건사는 의료 서비스에 더 집중할 수 있도록 한다.

④ 소통의 개선: 고객과 의료팀 간의 중요한 소통 창구 역할을 한다. 이들은 의료 정보를 적절하게 전달하고, 고객의 질문이나 우려에 응답하여 의료팀과 고객 간의 이해도를 높일 수 있다.

⑤ 재정 관리와 효율성: 청구서 작성, 결제 처리 등 재정 관련 업무를 관리할 수 있으며, 이는 병원의 재정적 효율성을 높일 수 있다.

⑥ 사례 관리: 동물의 치료 과정에서 발생할 수 있는 다양한 사례를 관리하며, 필요한 경우 예약 조정, 후속 조치 계획 등을 수행한다. 이는 환자 관리의 질을 높일 수 있다.

⑦ 위기 대응: 긴급 상황이나 예기치 않은 상황에서 동물병원코디네이터는 중요한 역할을 하며, 위기 상황을 관리하고 적절한 대응과 조치를 취할 수 있다.

⑧ 팀 분위기와 사기 향상: 팀 내에서 긍정적인 분위기를 조성하고, 효율적인 커뮤니케이션을 유지하는 데 중요한 역할을 한다. 이는 전체 팀의 사기와 성과를 높일 수 있다.

▶ 수의사의 역량 극대화
  • 사전 상담을 통한 시간 단축
  • 진료업무 집중

▶ 동물병원 서비스 강화
  • 고객응대서비스
  • 진료지원
  • 고객상담 및 관리
  • CS 관리
  • 재무관리
  • 서비스 기획 및 마케팅
  • 경영지원

그림 12 동물병원코디네이터의 모습

SECTION 03 동물병원코디네이터의 직무

Ⅰ. 동물병원코디네이터의 업무

고객만족 경영의 중요성이 높아지면서 펫 산업의 대표적 서비스기업인 동물병원에서는 서비스가 경쟁력의 원천이 되었다. 이러한 동물병원에 수의사와 고객, 고객과 동물보건사, 수의사와 동물보건사의 관계를 원활하게 조정하여 최적의 시너지효과를 내고 서비스발전에 있어 견인차 역할을 하는 사람을 동물병원코디네이터라 할 수 있다.

1 동물병원코디네이터의 기능

동물병원코디네이터는 동물병원 내에서 다음과 같은 주요 기능을 담당한다.

첫째, 원내의 밝은 분위기 조성과 직원관리 및 교육을 통해 차별화된 서비스 제공으로 고객과의 유대를 통하여 신뢰감을 구축한다.

둘째, 병원 이미지 홍보를 담당한다.

셋째, 접수, 수납 및 병원의 예약관리와 진료상담을 한다.

넷째, 고객과 병원 간의 친밀감을 더하여 충성고객을 확보하고 고객만족경영에 이바지한다.

이러한 동물병원코디네이터는 동물의료뿐만 아니라 동물병원 자체의 서비스 품질을 높이기 위한 '동물병원 서비스 품질 전문가'라고 할 수 있다.

그림 13   동물병원코디네이터의 기능

동물병원과 고객 간의 조화를 이루어내는 사람

양질의 의료서비스 제공   차별화된 고객관리

팀워크의 연결   동물병원 경영 컨설턴트

2   동물병원코디네이터의 직무

동물병원코디네이터는 동물병원에서 제일 먼저 고객과 만나고 그들의 말을 경청하고 필요한 경우 서비스 개선을 통해 동물병원의 이미지까지 변화시키는 역할을 제공한다. 고객과의 상담과 서비스를 원활히 제공하기 위해 진료와 업무에 대한 전체적인 흐름파악을 할 수 있어야 하고, 고객과 동물이 갖는 두려움을 제거하고 동물병원에 대한 신뢰감을 형성한다. 고객관계관리와 사후관리를 통해 차별화된 서비스를 제공하고, 동물병원 내 서비스 개선을 통해 동물병원 이미지 개선 및 확립에 기여해야 한다. 수의사와 동물보건사와 직원들 사이, 수의사와 고객사이의 원활한 의사소통을 통해 더 좋은 진료서비스를 제공하고 직원들의 팀워크를 향상시킨다. 동물병원의 수납과 예약업무 등 실무에서 원활한 업무 관리를 통해 생동감 넘치는 동물병원 문화를 창출해야 한다. 이는 우리가 알고 있는 병원코디네이터의 직무와 비교할 때 크게 다르지 않다. 다만 동물을 진료하는 특수한 환경을 이해하고, 동물에 관한 지식과 동물을 다루는 방법을 습득한다면 동물병원문화를 창의적으로 주도해 나갈 새로운 전문직종이 될 것이다.

고객관리(Customer Relationship Management: CRM)

고객관리는 우리나라 말로 옮기면서 관계(Relationship)가 생략됐다. 고객과의 '관계'를 관리하는 것이 CRM이다. '관계'를 뺀 관리는 기업이 일방적으로 고객 정보를 정리하거나 나름대로 메시지를 전하게 된다. 상호관계가 아닌 일방적인 관리에 머무는 셈이다. 고객과의 관계는 '나'의 입장뿐만 아니라 '상대·고객'의 입장도 동등한 비중을 두고 정립해야 한다. 이런 상호관계에서 가장 중요한 것은 바로 신뢰다. 동물병원은 고객으로부터 신뢰를 얻어야 하고 신뢰를 제공하여야 한다.

CRM은 고객과의 관계를 관리하고 육성하는 데 초점을 맞춘 비즈니스 전략 및 접근 방식이다. CRM의 목표는 고객의 요구와 기대를 이해하고 충족시킴으로써 고객 만족도, 충성도 및 수익성을 향상시키는 것이다. 이를 통해 동물병원은 고객과의 상호작용을 최적화하고, 고객 충성도를 개선하며, 지속 가능한 비즈니스 성장을 추진할 수 있다. 고객의 요구를 효과적으로 이해하고 충족함으로써 조직은 경쟁이 치열한 오늘날의 시장에서 경쟁 우위를 확보한다.

CRM의 개념은 비즈니스 및 경영 분야의 수많은 전문가와 사고 리더들에 의해 논의되어 왔다. 그중 하버드 경영대학원의 유명 교수이자 경쟁 전략의 선도적 권위자인 마이클 포터는 'CRM'이라는 용어를 구체적으로 만들지는 않았지만, 경쟁 우위와 가치 창출에 관한 연구에서 고객 관계의 중요성을 강조했다. 1990년대와 2000년대 초에 주로 기술의 발전과 고객 중심의 비즈니스 접근 방식의 부상에 의해 상당한 관심과 인기를 얻었다. 이후 기본적인 비즈니스 전략으로 발전하여 마케팅, 영업, 고객 서비스를 포함한 다양한 분야에 걸쳐 학계, 업계 전문가, 실무자들에 의해 광범위하게 논의되었다. 오늘날 CRM은 고객 데이터 관리, 영업 인력 자동화, 마케팅 자동화 및 고객 서비스 관리를 포함한 다양한 활동과 시스템이다. CRM은 고객과의 관계를 관리하고 육성하는 데 초점을 맞춘 비즈니스 전략이다. 고객을 이해하고 상호작용을 개선하며 궁극적으로 고객 만족도와 충성도를 향상시키는 것을 목표로 하는 다양한 프로세스와 기술을 포함한다.

① 고객 중심 접근 방식: 고객을 비즈니스 운영 및 의사 결정의 중심에 둔다. 비즈니스 성공을 위해서는 고객과의 강력하고 지속적인 관계 구축이 필수적이다.
② 고객 데이터 관리: 고객 데이터의 수집, 구성 및 분석을 포함한다. 여기에는 인구 통계 정보, 구매 내역, 회사와의 상호 작용 및 기타 관련 데이터가 포함된다. 효과적인 CRM 시스템을 통해 동물병원은 고객 선호도와 행동에 대한 통찰력을 얻어 개인화된 상호 작용과 목표 마케팅 노력을 촉진할 수 있다.
③ 관계 구축: 고객과의 의미 있고 상호 이익이 되는 관계의 개발을 강조한다. 고객과의 신뢰를 높이고, 그들의 요구를 이해하고, 모든 접점에서 탁월한 경험을 제공한다.

④ 부서 간 통합: 영업 또는 마케팅 부서에만 국한되지 않는다. 이를 위해서는 마케팅, 영업, 고객서비스, 운영 등 다양한 부서 간 협업과 정보 공유가 필요하다. 이러한 통합은 모든 접점에서 체계적이고 일관된 상호작용을 보여준다.

⑤ 자동화 및 기술: 기술, 소프트웨어 애플리케이션 및 자동화 도구를 활용하여 고객 관련 프로세스를 간소화하고 자동화한다. 여기에는 고객 데이터 관리, 상호작용 조사, 마케팅 자동화 및 고객서비스 촉진이 포함된다.

⑥ 개별서비스 제공: 고객의 선호도, 필요성 및 행동에 따라 고객에게 개인화된 경험을 제공한다. 제품, 서비스 및 마케팅 메시지를 특정 고객을 분류하고, 효과적인 참여를 제공한다.

⑦ 고객 life cycle 관리: 가망 고객 발굴부터 보존 및 충성도에 이르기까지 전체 고객 라이프사이클을 포괄한다. 잠재 고객을 발굴하고 공략해 구매자로 전환하고, 고객 평생 가치를 극대화할 수 있도록 장기적인 관계를 육성한다.

⑧ 지속적인 개선: 지속적인 모니터링, 평가 및 개선이 필요한 지속적인 프로세스이다. 동물병원은 피드백을 수집하고, 고객 만족도를 측정하며, 고객 통찰력을 기반으로 전략과 관행에 필요한 조정을 해야 한다.

 사후관리

사후관리는 고객 관계 관리(CRM)의 필수적인 부분이며, 초기 상호작용 또는 동물병원 방문 후에도 고객과 연락을 유지하는 것을 의미한다. 고객에게 연락하여 피드백을 수집하고, 문제를 해결하며, 지원을 제공하고, 지속적인 관계를 형성하는 것을 포함한다. 효과적인 사후관리는 고객 충성도, 만족도 및 장기적인 비즈니스 성공을 구축하는 데 중요한 역할을 한다.

사후관리는 비즈니스에서 널리 인정받는 관행이지만, 고객서비스 및 관계 관리 분야의 다양한 전문가와 사고 리더들에 의해 논의되고 강조되었다. "In Search of Excellence: Lessons from America's Best-Run Companies: 탁월함을 찾아서: 미국 최고의 기업에서 얻은 교훈" Robert H. Waterman Jr.와 공동저자인 Peters는 미국의 가장 잘 운영되는 회사로부터 얻은 교훈을 통해 최초 거래 이후에도 고객과 연결을 유지하는 것의 중요성을 강조하였다. 이들은 기업의 우수성을 측정하는 진정한 척도는 시간이 지남에 따라 고객과의 관계를 구축하고 유지할 수 있는 능력에 있다고 주장하였다. 피터스는 기업이 단순한 고객 만족을 넘어 지속적이고 사전 예방적인 후속 조치를 통해 고객 만족을 위해 노력해야 할 필요성을 강조한다.

오늘날의 디지털 시대에 사후관리는 커뮤니케이션의 용이성과 소셜 미디어의 힘으로 인해 더욱 중요해졌다. 고객은 이전보다 더 큰 목소리를 내고, 그들의 피드백과 경험을 광범위한 고객과 즉시 공유할 수 있다. 이는 모든 문제를 해결하고 문제를 해결하며 긍정적인 경험을 강화하기 위한 시기적절하고 의미 있는 후속 조치의 중요성을 강조한다. 사후관리는 고객의 선호도에 맞는 방법을 사용함으로써 고객의 경험에 가치를 더하는 커뮤니케이션의 기회를 마련한다.

① 이메일: 이메일을 보내 동물병원 서비스이용에 대한 감사를 표시하거나 양육 등의 기본상담 또는 서비스 업데이트를 제공하거나 피드백을 요청한다. 고객의 취향과 동물의 개체에 따른 필요서비스 또는 상호작용에 따라 콘텐츠를 맞춤화한다.

② 전화: 전화를 걸어 고객에게 예약이나 진료 후의 동물의 상태를 확인하고, 고객이 가진 문제나 질문을 해결하고, 만족도를 확인한다. 개인적인 대화는 친밀감과 신뢰를 쌓는 데 큰 도움이 될 수 있다.

③ 설문조사: 고객 만족도 설문조사를 보내 고객의 경험에 대한 피드백을 수집한다. 이를 통해 개선해야 할 부분을 파악하고 고객의 선호도와 요구에 대한 통찰력을 제공할 수 있다. 설문조사를 간결하고 쉽게 작성한다.

④ 소셜 미디어 참여: 소셜 미디어 플랫폼에서 고객이 언급, 의견 또는 직접 메시지를 모니터링한다. 신속하게 응답하고, 고객의 질문에 답변하며, 고객의 참여를 중요하게 생각한다는 것을 느끼도록 응대한다.

⑤ 감사 메모 또는 카드: 고객에게 감사를 표시하기 위해 손으로 쓴 감사 메모 또는 카드를 보낸다. 메시지는 고객별로 발송하고 향후 구매 시 할인과 같은 작은 감사를 포함하면 좋다.

⑥ 해피콜 또는 메시지: 방문 직후 고객에게 연락하여 진료 또는 서비스에 만족하는지 확인한다. 이를 통해 모든 문제를 해결하거나, 진료 연계 등 추가 지원서비스를 제공할 수 있다.

⑦ 뉴스레터 또는 업데이트: 정기적인 뉴스레터 또는 업데이트를 보내 고객에게 신제품, 프로모션 또는 반려동물정보와 소식을 계속 알려준다. 이는 고객과 지속적인 연결로 이어질 수 있다.

⑧ 로열티 프로그램: 반복 방문(서비스이용) 또는 추천을 보상하는 고객 충성도 프로그램을 구현한다. 등록된 고객과 정기적으로 연락하여 로열티 포인트, 독점 제공 또는 향후 보상에 대한 업데이트를 제공한다.

⑨ 맞춤형 제안 또는 권장 사항: 고객 데이터를 분석하여 고객의 과거 구매 또는 선호도에 따라 맞춤형 권장 사항 또는 독점적인 제안을 제공한다. 동물병원에서는 고객별 요구를 이해하고 이에 따른 맞춤 서비스를 제공한다는 것을 보여준다.

⑩ 직접 미팅 또는 이벤트: 직접 미팅을 준비하거나 직접 대화할 수 있는 이벤트에 고객을 초대한다. 이는 고객과 관계를 강화하고, 피드백을 모으고, 기억에 남는 경험을 만들 수 있다.

(1) 동물병원 서비스 품질관리

동물병원에서 서비스 품질을 관리하는 것은 고객 만족도를 보장하고, 우수한 환자 관리를 제공하며, 긍정적인 평판을 형성하기 위해 매우 중요하다.

- **직원 교육 및 개발**: 수의사, 동물보건사 및 행정 직원을 포함한 모든 직원을 위한 종합적인 교육 프로그램을 진행한다. 교육은 고객 서비스 기술, 효과적인 의사소통, 고객과 동물 환자에 대한 이해, 그리고 기본적인 수의학 지식을 포함한다. 전문적인 개발 기회를 지속적으로 제공하고 최신 정보를 습득할 수 있어야 한다.
- **표준 운영 절차**(SOP_Standard Operating Procedure): 예약 일정에서 환자 관리 프로토콜에 이르기까지 동물병원 운영의 모든 측면에 대한 명확하고 상세한 SOP를 수립한다. SOP는 서비스 제공의 일관성을 보장하고 오류를 최소화하며 품질 표준을 유지한다. SOP를 정기적으로 검토하고 업데이트하여 모범 사례 또는 규정의 변경 사항을 반영한다.
- **고객 커뮤니케이션**: 효과적인 커뮤니케이션은 서비스 품질을 관리하는 데 필수적이다. 직원들이 동물의 상태, 치료 및 관련 비용에 대한 정보를 제공하면서 다양한 커뮤니케이션 채널을 사용하여 고객의 질문과 우려 사항을 신속하게 해결할 수 있어야 한다.
- **환자 관리 프로토콜**: 표준화된 환자 관리 프로토콜을 구현하여 모든 동물을 일관되고 고품질의 동물의료 서비스를 제공한다. 여기에는 적절한 보정, 예방의학, 영양관리, 마취 및 수술 전후 관리 방법안내 등이 포함된다.
- **모니터링 및 피드백**: 서비스 품질을 모니터링하고 고객의 피드백을 수집한다. 고객 만족도 조사, 온라인 리뷰 및 평가 모니터링, 방문 중 및 방문 후 적극적으로 피드백을 구하는 작업이 포함된다. 피드백 데이터를 분석하여 개선해야 할 부분을 파악하고 부족한 부분을 적극적으로 해결하려는 노력이 필요하다.
- **지속적인 품질 개선**: 동물병원 내에서 지속적인 품질 개선 문화를 구현한다. 직원들이 서비스 품질, 효율성 및 환자 결과를 개선하기 위한 아이디어를 공유하도록 장려하고, 성과 지표, 임상 결과 및 고객 피드백을 정기적으로 검토하여 개선 기회를 식별하고 그에 따른 개선방안을 모색한다.
- **청결 및 위생관리**: 동물병원 전체적으로 청결하고 위생적인 환경을 유지한다. 검

사실, 수술실, 입원실 및 대기 구역을 포함한 모든 구역을 정기적으로 소독하여야 한다. 적절한 감염 관리 프로토콜을 준수하여 질병의 확산을 방지하고 환자와 직원 모두를 위한 안전한 환경을 유지한다.

- **전원(refer)과 소개:** 타 동물병원과의 협업 및 파트너십을 촉진한다. 이를 통해 복잡한 사례를 원활하게 소개할 수 있어 고객이 최상의 치료를 받을 수 있다. 원활한 진료 전환과 지속성을 보장하기 위해 소개 파트너와 개방적인 커뮤니케이션을 유지한다.

이러한 전략을 시행함으로써, 동물병원은 서비스 품질을 효과적으로 관리하고, 고객 만족도를 향상하여, 동물 환자들에게 우수한 치료를 제공할 수 있다.

(2) 동물병원의 조정자 역할

동물병원코디네이터는 동물병원의 구체적인 요구와 역학에 맞춰져야 한다. 고객의 피드백과 변화하는 상황에 기초한 정기적인 평가와 조정은 동물병원코디네이터로서 중요한 역할이 될 것이다.

- **동물병원 운영 이해:** 병원의 조직 구조, 부서 및 기능, 원내 서비스, 정책 및 절차, 직원과 부서의 역할과 책임
- **내부 소통 채널 설정:** 수의사, 동물보건사, 관리 직원 및 지원 인력을 포함한 병원 내 주요 이해 관계자를 식별, 효과적인 정보 흐름을 위해 정기적인 의사소통 채널을 설정, 운영과 당면 과제 및 개선사항 논의를 위한 회의 주관
- **예약관리:** 예약, 수술 및 기타 서비스를 위한 예약 시스템을 개발하고 유지, 진료 부서의 일정을 조율하여 효율적 예약, 응급진료 및 인력 변동을 수용하기 위해 일정을 모니터링하고 조정
- **부서 간 협업:** 원활한 환자 관리를 위해 팀워크와 공동 책임의 문화를 육성, 부서 간의 지식과 조정을 강화하기 위해 정기적인 회의 또는 교육 세션을 구성
- **고객 서비스 관리:** 예약 및 관리, 프론트 데스크 운영 및 접수, 고객 문의 및 커뮤니케이션(전화, 이메일, 직접 방문), 고객 기록 및 정보 관리 유지, 고객불만 처리 및 충돌 해결, 고객 교육 및 커뮤니케이션 자료(브로셔, 뉴스레터 등)
- **고객 상담 관리:** 고객 만족도를 높이고 긍정적인 관계를 유지하기 위한 전략개발,

고객이 약속, 절차 및 사후 관리에 관한 정보를 적시에 정확하게 받을 수 있도록 보장, 고객 문의, 불만 및 피드백을 처리하기 위한 프로토콜을 구현

● **긍정적인 작업 환경 조성**: 팀워크, 존중, 열린 의사소통을 중시하는 긍정적이고 포괄적인 업무 문화를 촉진, 직원의 기여와 성과를 인정하고 감사하는 문화 수립, 팀 내의 모든 갈등이나 문제를 신속하고 전문적으로 해결

(3) 경영/행정업무 지원

경영과 행정업무는 진료외의 중요한 부분을 차지하고 있으나 많은 동물병원들이 제대로 수행하지 못하는 경우가 많다. 이는 운영의 효율적인 관리를 보장하기 위해 관리 기술, 조직 능력 및 비즈니스 통찰력의 조합이 필요하다. 동물병원의 규모와 복잡성에 따라 일부 업무를 전문인력에게 위임하거나 외부 서비스 제공업체에 아웃소싱할 수 있다.

● **재무 관리**: 예산 및 재무 계획, 비용 관리 및 비용 관리, 청구 및 송장 발행, 외상매출금 및 외상매출금, 재무 보고 및 분석 등

● **인적 자원**: 직원 채용, 채용 및 배치, 급여관리, 직원 일정 및 시간 관리, 성과 평가 및 전문성 개발, 근로자급여관리, 갈등 해결 및 직원 관계 등

● **시설 관리**: 물리적 시설의 유지관리 및 유지보수, 장비 조달 및 유지관리, 의약품 및 기타 소모품의 재고 관리, 안전 및 보안 프로토콜 등

● **IT 및 기술**: 전자 의료 기록(EMR) 시스템 관리, IT 인프라 관리 및 유지보수, 소프트웨어 구현 및 업데이트, 데이터 보안 및 개인 정보 보호 조치, 웹 사이트 및 온라인 상태 관리, 디지털 마케팅 및 소셜 미디어 관리 등

● **규정 준수**: 수의학 가이드라인 및 법률의 의무 준수, 규제 보고 및 문서화, 환자 데이터 보호, 의약품 및 통제 물질 모니터링 및 보고, 작업장 안전 등

● **마케팅 및 비즈니스 개발**: 마케팅 전략의 개발 및 구현, 광고 및 홍보 활동, 지역사회 지원 및 관계 구축, 조회 프로그램 관리, 시장 조사 및 경쟁 분석, 지역 반려동물 관련 기업 및 단체와의 협업 등

● **전략적 계획**: 병원의 목표 및 목표 설정, 장기적인 비즈니스 계획, 성장 기회 및 새로운 서비스 제공, 재무 분석 및 예측, 시장 동향 및 경쟁력 평가, 산업 발전 및 모범 사례 모니터링 등

동물병원코디네이터의 전망

Ⅰ. 동물병원코디네이터의 방향

1 동물병원코디네이터의 적성과 역량

일반 병원의 코디네이터는 미국 등 선진국의 경우 병원에 1~2명의 전문 코디네이터가 있을 정도로 보편화되어 있지만 한국에서는 1994년 처음으로 도입되었다. 현재 중국에도 병원 코디네이터 직업 교육을 한국에서 실시하여 전파하고 있으며, 일본과 미국의 몇몇 병원에도 한국의 교육 프로그램을 도입하고자 시도하고 있다. 치과, 성형외과, 한의원, 피부과, 안과, 비만클리닉 등을 중심으로 정착되어 가고 있고, 현재는 그 외의 타과에서도 빠르게 보급되고 있다.

동물병원의 경우에도 이와 다르지 않다. 동물병원에서 진료를 보는 수의사들이 많이 배출되고 동물병원의 경쟁이 치열해지면서, 가만히 기다려서 동물을 진료하는 시대는 지났다. 사람의 병원에서도 강압적이고 딱딱한 태도로는 환자를 유치할 수 없으며 진정한 의미의 치료 또한 어려운 상황이다. 반려동물을 환자로 대해야 하는 동물병원에서는 고객의 선택이 동물 진료에 대한 만족도를 포함하여 고객상담 및 안내 등의 인적자원에 대한 필수적인 만족도 요소가 되었다. 이러한 고객의 요구에 동물병원서비스가 한층 향상되고 있는 가운데, 동물병원코디네이터의 업무는 더욱 전문성을 요구하고 있다.

동물병원코디네이터 역할에 적합한 사람은 일반적으로 조직, 의사소통 및 동물 관리 기술을 모두 갖추고 있다. 동물병원코디네이터의 주요 자질과 자격은 다음과 같다.

● **수의학**(동물보건학) **지식**: 동물병원의 절차, 의학 용어, 동물 건강에 대한 확실한 이해는 중요하다. 이러한 지식을 통해 코디네이터는 수의사와 효과적으로 의사소통하고 치료 중인 동물의 필요성을 이해할 수 있다.

● **조직 및 멀티태스킹**: 동물병원코디네이터는 고도로 조직화되어 여러 업무를 동시에 처리할 수 있어야 한다. 시간 관리 기술을 가지고 효과적으로 우선순위를 정하고, 빠른 속도의 환경에서 원활한 운영을 보장해야 한다.

● **의사소통 기술**: 구두 및 서면 의사소통 기술은 동물병원코디네이터에게 매우 중요하다. 그들은 고객, 동물병원직원, 그리고 다른 이해관계자들과 상호작용하므로, 명확한 안내와 공감하는 지원, 그리고 정확한 정보를 제공할 수 있어야 한다.

● **서비스마인드**: 동물병원코디네이터는 고객들이 가장 먼저 마주하는 사람이므로, 뛰어난 고객 서비스 기술이 중요하다. 인내심이 있어야 하고, 동정심이 있어야 하며, 감정이입과 전문성으로 민감하거나 스트레스가 많은 상황을 다룰 수 있어야 한다.

● **문제 해결 능력**: 동물병원코디네이터는 적극적인 문제 해결사가 되어야 한다. 그들은 동물들의 안녕과 고객들의 만족도를 염두에 두면서, 충돌이나 긴급 상황과 같은 예상치 못한 상황을 처리하고 효율적인 해결책을 찾아야 할 수도 있다.

● **세심함과 꼼꼼함**: 정확성과 꼼꼼한 업무처리 능력은 의료 기록 관리, 예약 및 적절한 문서화를 보장하는 데 매우 중요하다. 실수는 심각한 결과를 초래할 수 있기에 동물병원코디네이터는 일을 꼼꼼하게 해야 한다.

● **프로그램 활용 능력**: 전자차트와 의료기기 소프트웨어, 스케줄링 시스템 및 기타 관련 컴퓨터 응용 프로그램을 사용하는 숙련도는 필수이다. 전자 의료 기록 작업과 디지털 플랫폼에서 관리 업무를 수행하는 것이 어렵지 않아야 한다.

● **대인관계 기술**: 동물병원코디네이터는 팀에서 잘 일할 수 있는 능력이 중요하다. 내부의 직원들과 원활한 협업이 가능하고, 대인관계 능력과 긍정적인 업무 환경을 조성할 수 있는 역량이 중요하다.

● **공감과 인내**: 아프거나 다친 동물들과 그들의 보호자를 응대하는 것은 공감과 인내를 필요로 한다. 동물에 대한 진정한 사랑이 있어야 하며, 보호자가 느끼는 감정에 공감을 표시해야 하며, 스트레스를 받는 상황에서 침착하여야 한다.

● **유연성과 적응성**: 동물병원코디네이터는 변화하는 상황에 적응하고 일정에 유연해야 한다. 동물 관리는 예측 불가능할 수 있으며, 일상적인 작업 흐름에서 긴급한 사례나 조정을 기꺼이 수용해야 한다.

2 고객에 대한 동물병원코디네이터의 마음가짐

고객은 대부분 동물병원에 방문하게 되면 동물의 질병에 대한 불안감을 느끼거나, 궁금한 사항을 정리하여 질문하려고 준비한다. 하지만 수의사들이 묻는 말에 대답하거나 지시하는 대로 순응하느라 자신이 가진 생각이나 고민을 해결하지 못한 채 진료실을 나오는 경우가 많이 있다. 고객은 자신이 가진 문제를 충분히 설명하지 못하고, 수의사는 고객의 불편함을 해소해 주지 않게 되면 서비스의 질은 낮아지는 것이다.

동물병원코디네이터란 단어 그대로 동물병원 내의 조정자의 역할을 의미한다. 문제를 인식하고 불만과 어려움을 들어주는 것만으로도 충분히 만족감을 전달해 줄 수 있을 것이다. 이것이 동물병원코디네이터가 가져야 할 모습이다.

성장세인 반려동물 산업에서는 동물을 대상으로 하는 의료서비스가 중요한 부분을 차지하고 있다. 동물병원 서비스는 '제공하는 자'와 '제공받는 사람과 동물'이 필요하다. 서비스는 앞서 이야기한 것과 더불어 시장(market)과 선택(choice), 만족(satisfaction) 요소가 함께한다.

고객이 요구하는 동물병원의 대표적인 서비스

- 고객이 소유한 동물의 건강을 증진하고 질병 문제를 해결할 수 있도록 돕는 것
- 고객의 심리상태를 헤아리고 편안하게 서비스 제공받을 수 있도록 돕는 것

기본적인 고객의 마음을 헤아린다면, 동물병원코디네이터가 가지는 마음가짐과 수행하는 책임이 명확하게 정리가 된다. 전반적으로 동물병원코디네이터의 목표는 탁월한 고객 서비스를 제공하고 신뢰를 구축하며 고객과 반려동물에게 긍정적인 경험을 만들어주는 것이다. 동물병원코디네이터는 고객의 요구를 해결하고 명확한 의사소통을 보장하며 공감을 표시함으로써 고객 만족에 기여하고 장기적인 관계를 형성하는 것이다.

🔘 고객 환영의 마음

코디네이터는 고객이 동물병원에 도착할 때 따뜻하게 맞이해야 한다. 그들은 고객들이 편안함과 가치를 느끼도록 하면서 친근하고 매력적인 분위기를 만들어야 한다.

◉ 명확하고 정확한 정보를 제공하려는 노력

고객 문의에 답변하고, 제공되는 서비스에 대한 정보를 제공하며, 모든 우려 사항을 해결해야 한다. 고객들이 정확하고 유용한 정보를 받을 수 있도록 절차, 비용 및 정책에 대해 숙지하고 있어야 한다.

◉ 예약 약속의 효율적 관리의 태도

약속 일정을 효율적으로 관리해야 한다. 적절한 시간 간격을 찾고 긴급성을 고려해야 하며 고객의 특정 요구사항이나 요청을 수용해야 한다.

◉ 실시간으로 환자의 상태를 전달하려는 노력

코디네이터는 치료나 시술 중에 고객에게 환자의 경과를 계속 알려주어야 한다. 최신 정보를 제공하고 수의사나 동물보건사의 메시지를 전달하며 모든 우려 사항이나 질문을 신속하게 처리한다.

◉ 절차 및 지침을 상세하고 친절하게 설명

치료 또는 수술 전후에 고객에게 사후 관리 지침을 명확하게 설명해야 한다. 약물 투여, 급여제한, 후속 예약, 그리고 필요한 모든 가정 내 관리에 대한 사항을 제공하려는 태도를 갖는다.

◉ 청구 및 결제 처리의 정확성

청구비용은 정확하게 계산하고, 고객에게 상세하게 설명하고, 청구 과정을 명확하게 처리한다. 청구 문의나 불일치 사항을 처리하고 정확한 결제를 하는 노력이 필요하다.

◉ 공감과 동정심

반려동물 보호자들의 고민과 감정을 공감해야 한다. 특히 고객이 예민하게 반응하거나 민감한 상황에서 고객과 교류할 때 친절, 동정심, 인내심을 보여야 한다.

◉ 피드백 요청 및 수집의 노력

고객의 만족도를 이해하고 개선해야 할 부분을 파악하기 위해 고객의 피드백을 적극적으로 구해야 한다. 고객의 소리를 취합하기 위해 피드백 양식, 설문 조사 또는 비공식 대화를 사용할 수 있다.

◉ 고객불만 사항 적극적 해결의 의지

고객이 불만 사항이나 불만 사항이 있는 경우 주의 깊게 경청하고 공감을 표시하며 문제를 해결하기 위해 적절한 조치를 한다. 필요할 시 관리자 또는 담당 수의사에게 문제를 전달하여 고객의 문제가 신속하게 해결될 수 있도록 노력한다.

동물병원 이미지

SECTION 01

이미지

Ⅰ. 이미지 개념

1. 이미지의 정의

'이미지(image)'란 말은 우리의 평상시 생활뿐만 아니라 여러 학문 분야에서 광범위하게 사용하고 있으나 이것을 명료하게 정의하기엔 쉽지 않다. 보통 '이미지'란 마음속에 떠오르는 사물에 대한 감각적인 영상이나 심상을 의미한다. 감각에 의해 얻어진 현상이 마음속에서 재생된 것이기 때문에 개인차가 크고 상황에 따른 변동성이 있다. 또한 언어 이상으로 범위가 넓기에 직접적인 방법으로 호소하는 힘을 가지고 있다. 시각적인 요소 이외의 수많은 감각에 의한 이미지도 포함되며 오감을 자극하는 감각적, 신체적인 것으로도 말할 수 있으며, 이미지는 학습이나 정보에 의해 변용되고 하나의 이미지가 형성된다는 것은 시각적인 형상과 모습과 같은 가시적인 요소에서부터 개념과 느낌, 분위기, 연상처럼 관념적인 요소까지 어우러져 형성된 의미라 할 수 있다. 이미지는 원래 라틴어인 'imago'에서부터 유래되어 '모방하다'라는 뜻을 가진 라틴어 'imitari'에서 파생하였다.

이미지에 대한 학술적 정의를 보면 인지적 측면에서 주관적 지식(subjective knowledge)[1]을 강조한다.

---

1 볼딩은 이미지를 주관적인 지식(subjective knowledge)으로 정의했다(Boulding 1956, 5~6).

주관적 지식(subjective knowledge)

　　개인적인 경험, 신념, 의견, 관점, 해석에 기초한 지식을 말한다. 그것은 개인의 주관적인 인식, 감정, 그리고 개인적인 맥락에 의해 영향을 받는 지식이다. 주관적인 지식은 본질적으로 개인적이며 사람마다 다를 수 있다.

　　사실, 증거, 검증 가능한 정보를 기반으로 하는 객관적 지식과 달리 주관적 지식은 해석에 더 개방적이며 편견, 감정, 문화적 배경, 개인의 관점에 의해 영향을 받을 수 있다. 그것은 종종 개인적인 경험, 직관, 가치관, 그리고 개인적인 추론에 의해 형성된다.

　　주관적 지식의 예로는 예술, 문학, 음악 또는 영화에 대한 개인적 의견뿐만 아니라 도덕성, 영성, 개인적 가치에 대한 믿음을 포함할 수 있다. 그것은 또한 사건, 기억, 감정에 대한 개인적인 해석을 포함할 수 있다.

　　주관적 지식은 인간 이해의 중요한 측면이며 개인의 정체성, 세계관, 의사결정 과정에 기여한다. 그러나 주관적 지식은 본질적으로 주관적이며 반드시 객관적 현실과 일치하거나 보편적으로 타당하지 않을 수 있음을 인식하는 것이 필수적이다.

　　쉽게 말해 이미지는 한 개인의 감정적인 요소와 지각적인 요소가 결합되어 나타나는 이미지는 객관적이라기보단 주관적이라고 할 수 있고, 무형적인 것이기 때문에 기대했던 부분을 현실적으로 경험하는 순간 또는 어떠한 자극 내용을 다르게 인식하며 형성되는 것이기 때문에 직접적인 경험이 없어도 형성되며, 이미지는 개개인이나 조직 내의 행동이나 언어, 사고방식과 태도 등의 시각적인 요소 외에도 많은 감각에 의한 이미지까지 포함한다.

2 이미지의 분류

이미지는 외면적인 측면과 내면의 모습으로 나누어진다. 이것은 Appearance(모습, 외모)와 Personality(성격, 인격, 개성 등)라는 두 가지 주요 차원을 통해 이해할 수 있다.

> **그림 1** 이미지(Image) = 외적 이미지(Appearance) + 내적 이미지(Personality)

이 두 가지 차원은 종종 상호작용하며 통합적인 이미지를 만들어 낸다. 외모가 초기 인상을 형성하고 사람들을 끌어들이는 데 도움을 주지만, 내면적인 성격과 개성은 오랜 기간 동안 지속되면서 진정한 관계 형성에 영향을 준다. 각각의 요소들은 다양한 상황과 목적에 따라 다르게 강조되기도 하며, 종합적으로 사람이나 조직의 이미지를 형성한다.

(1) Appearance(외모, 모습)

- 시각적 특성: 외모는 주로 겉모습, 옷차림, 몸짓, 헤어스타일 등 시각적 특징을 다룬다.
- 대외적 이미지(Public Image): 외모는 타인에게 노출되는 이미지를 형성하여 사회적 상호작용에서 중요한 역할을 하고 첫인상에 영향을 미친다.
- 마케팅 및 브랜드: 비즈니스 및 마케팅에서 외모는 제품, 브랜드 또는 조직의 외적 특징을 표현하는 데 활용된다.

(2) Personality(성격, 인격, 개성)

● 내적 특성: 주로 성격, 가치관, 커뮤니케이션 스타일 등을 포함한 내적 특성 및 행동 패턴과 관련이 있다.

● 개인적 특징: 성격은 개인의 고유한 특성과 속성을 반영하여 자신을 독특한 방식으로 표현하는 데 사용된다.

● 관계 형성: 정서적 연결에 영향을 미치고 지속적인 타인과의 상호작용을 결정하는 것과 관계 형성에 중요한 역할을 한다.

Ⅱ. 이미지의 형성과정

1 동물병원 선택요인

그림 2 단정한 동물병원코디네이터의 모습

단정하고 정돈된 코디네이터를 마주한다면 첫 방문 시에도 신뢰감을 느끼면서 전문적인 곳이라고 생각하게 된다. 개인의 이미지는 곧 동물병원의 이미지로 부각되기도 한다. 고객이 갖게 되는 동물병원의 이미지가 코디네이터 개인이 가진 따듯함, 친근감, 신뢰감, 전문적인 모습들로 동일시하게 된다. 동물병원의 코디네이터는 병원 서비스의 수요자인 동물과 보호자를 제일 먼저 만나 동물병원의 이미지를 가장 먼저 전달하기 때문이다. 또한 동물병원의 안내자이자 상담자로서 친근한 이미지와 함께 동물전문가로서의 이미지를 함께 가져야 한다. 이때 우리는 동물병원에 방문하는 고객이 어떤 이미지를 생각할 것인지 고민해야 한다. 우선 동물병원 병원코디네이터의 이미지를 먼저 떠올려보자. 생명을 돌보고 의료기기를 취급하는 장소인 만큼 위생적이고 깔끔하고 단정한 모습, 전문적인 지식인의 인상을 주어야 한다. 또한 동물병원을 찾는 환자와 보호자에게 친절하고, 신뢰감을 줄 수 있어야 한다.

그림 3 동물병원 선택 요인

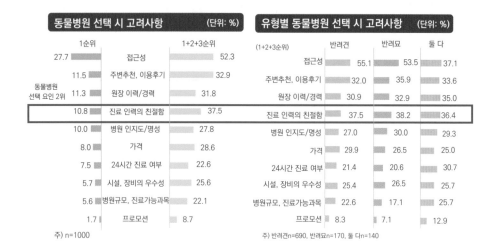

동물병원 선택 시 고려하는 기준

- 의료서비스의 질: 수의사의 전문성, 경험 및 자격, 그리고 진료와 치료의 수준
- 고객 서비스: 친절하고 도움이 되는 직원, 효율적인 예약시스템, 고객의 질문과 우려에 대한 신속하고 정확한 응답
- 위치 및 접근성: 특히 응급 상황에서 중요. 쉽게 찾아갈 수 있고 주차가 편리한 위치는 고객들의 선호도를 높임
- 가격: 치료 비용은 많은 동물 소유자들에게 중요한 고려사항임. 합리적인 가격과 투명한 요금 체계는 고객들이 병원을 선택하는 데 있어 중요한 요소임.
- 시설과 장비: 현대적이고 잘 갖춰진 시설, 최신 의료 장비 및 청결한 환경으로부터 신뢰감 형성
- 평판과 추천: 다른 고객들의 추천과 리뷰, 동물병원의 평판은 새로운 고객모집의 주요 요소

- 제공되는 서비스 범위: 일반적인 진료부터 전문적인 치료, 예방접종, 수술, 응급 서비스 등
- 대기시간: 진료를 기다리는 시간이 짧은 병원은 바쁜 고객들에게 선호됨
- 동물에 대한 태도: 직원들이 동물에 대해 보여주는 애정과 관심

일반 병원의 코디네이터와 동물병원의 코디네이터는 업무는 비슷하나, 사람과는 다른 고객을 응대하며 다양한 기대 역할을 수행해야 한다는 차이점이 있다. 동물환자와 보호자를 함께 응대해야 되기 때문에 외형적으로는 동물보건사의 일반적인 외형적 이미지와 거의 같다고 할 수 있는데, 동물 환자를 맞이하거나 동물을 데리고 온 보호자를 돕는 일, 환경관리 업무도 같이 해야 하기 때문에 동물병원 스텝들과 소속감을 줄 수 있는 통일되고 활동성이 좋은 복장을 착용하는 것이 좋다. 서비스 접점에 대한 문제파악과 대응능력이 뛰어나야 업무가 가능하기 때문에 보호자 응대에 필요한 지식과 능력을 겸비하고 남다른 서비스마인드와 공감능력, 봉사정신이 몸에 배어있어야 한다. 이런 요소들이 내형적 이미지로 드러나야 하고 동물병원에 첫인상이 될 수 있으므로 호감을 줄 수 있는 외형적 이미지 함께 갖추어야 한다.

직업상이든 사회적 교류든 보이는 이미지가 중요한 우리 사회에서 자주 쓰이는 말로 TPO라는 말이 있다. 시간(time)과 장소(place) 그리고 상황(occasion)을 나타내는 단어이다. 옷을 입을 때의 기본 원칙을 나타내는 말인데 옷은 즉 시간, 장소, 상황에 맞게 착용을 해야 한다는 것을 강조하기 위해서 나온 말이다.

잠을 잘 땐 잠옷을 입고 장례식장을 갈 땐 어두운 톤의 정장을 입듯이 자신이 있어야 하는 곳의 자리와 위치, 상황 등에 맞는 옷차림을 말하는 것이다.

그래서 상황에 따라서 옷을 달리 입곤 하는데 이럴 때 티피오를 고려해서 옷을 입으라는 말을 하곤 한다. 그렇다면 동물병원에서 왜 코디네이터의 이미지가 중요할까?

바로 병원의 이미지가 되기 때문이다. 고객에게 친절하고 좋은 이미지를 보여야 충성고객을 만들 수 있기 때문이다. 코디네이터의 말솜씨, 응대, 외적이미지와 같은 모든 것들이 병원의 매출과 연관이 되기 때문이다.

그림 4 정돈된 스타일의 전문가

2 이미지 각인

동물병원코디네이터의 개인적인 이미지는 동물병원 전체의 인상과 밀접한 관련이 있다. 동물병원코디네이터의 따뜻함, 친근감, 신뢰감, 그리고 전문성은 결국 동물병원 자체의 이미지로 반영된다. 동물병원코디네이터는 동물과 보호자, 즉 동물병원 서비스의 수요자와의 첫 만남에서 동물병원의 이미지를 가장 먼저 전달하는 역할을 수행하는 것이다.

동물병원코디네이터는 고객에게 처음으로 소개되는 안내자 및 상담자로서, 친근한 이미지뿐만 아니라 전문가로서의 이미지도 함께 구축해야 한다. 동물병원 방문 고객이 기대하는 이미지를 고려할 때, 생명을 돌보고 책임지는 전문가들과 함께하는 동물병원의 대표적인 이미지를 포함해야 한다. 또한, 환자와 보호자에게 친절하게 대응하고 동물병원에 대한 높은 신뢰감을 전달할 수 있어야 한다.

이러한 다양한 요소들이 모여 동물병원코디네이터의 이미지가 동물병원의 전반적인 이미지 형성에 큰 영향을 준다. 이는 동물병원의 첫인상과 고객의 경험에 큰 영향을 미치게 되며, 전반적으로 동물병원의 긍정적인 이미지를 강화할 수 있다.

동물병원에서 이미지를 만들어 내는 과정은 다양한 상호작용과 경험을 포함하며, 이를 통해 고객에게 긍정적이고 신뢰할 만한 이미지를 전달한다.

다음은 고객에게 동물병원의 이미지를 각인시키기 위한 예시를 담은 과정이다. 이러한 다양한 과정을 통해 동물병원은 고객들에게 긍정적이고 신뢰할 만한 이미지를 구축하고, 이를 유지하기 위해 끊임없이 노력해야 한다.

온라인 및 오프라인 마케팅 → 친절한 서비스와 환영 분위기 조성 → 편리하고 깨끗한 시설 →
돌봄에 대한 교육과 정보 제공 → 문제 해결 및 소통 → 고객 피드백 수집 및 개선 → 고객 리뷰 및
추천 활용 → 이벤트 및 홍보 활동

- 온라인 및 오프라인 마케팅: 동물병원은 자사의 서비스와 전문성을 강조하는 마케팅을 수행한다. 웹사이트, 소셜 미디어, 지역 사회 활동 등을 통해 고객에게 정보를 전달하고, 동물병원의 미션과 가치를 강조한다.
- 친절한 서비스와 환영 분위기 조성: 환자 및 보호자를 반갑게 맞이하고, 친절하게 대우하는 것이 중요하다. 동물병원코디네이터 및 진료진은 고객들과의 상호작용에서 긍정적이고 환영받는 분위기를 조성한다.
- 편리하고 깨끗한 시설: 동물병원의 시설은 청결하고 편리해야 한다. 깨끗한 환경과 체계적인 시설은 고객에게 전문성과 신뢰감을 전달한다.
- 돌봄에 대한 교육과 정보 제공: 보호자에게 돌봄에 대한 교육과 정보를 제공한다. 이를 통해 동물의 건강에 대한 책임감과 전문성을 강조할 수 있다.
- 문제 해결 및 소통: 발생할 수 있는 문제에 신속하게 대응하고, 고객들과의 효과적인 소통을 유지한다. 문제에 대한 해결과 원활한 의사소통은 신뢰를 쌓는 데 중요한 요소다.
- 고객 피드백 수집 및 개선: 고객 피드백을 수시로 수집하고, 이를 통해 서비스를 지속적으로 개선한다. 고객들의 의견을 경청하고 반영함으로써 동물병원의 이미지를 상승시킬 수 있다.
- 고객 리뷰 및 추천 활용: 긍정적인 고객 리뷰를 활용하여 동물병원의 신뢰도를 높이고, 이를 통해 새로운 고객들에게 신뢰를 전달한다. 추천 프로그램이나 할인 혜택 등을 통해 기존 고객들을 통한 추천을 유도할 수 있다.
- 이벤트 및 홍보 활동: 동물병원은 지역 사회와의 상호작용을 강화하기 위해 이벤트나 홍보 활동에 참여한다. 이를 통해 지역 사회에서 긍정적인 이미지를 형성할 수 있다.

SECTION 02
동물병원과 코디네이터의 이미지

Ⅰ. 동물병원 이미지의 중요성

1 동물병원 이미지

병원의 이미지는 '병원이 제공하는 의료서비스나 의료상품에 대한 장·단점을 통해 환자들이 병원에 대해 전반적으로 가지고 있는 느낌과 인상'으로 정의되어 있다.[2]

동물병원 이미지는 병원에 대해 환자들이 태도와 의지라는 관점으로 접근하여 의료소비자가 동물병원이라는 대상이 갖는 여러 가지 속성들의 평가를 통해서 표출되는 신념이고, 고객들은 동물병원에 대한 정보와 경험을 근거하며 동물병원 이미지를 구성하기 때문에 동물병원이 갖는 이미지는 진료 서비스에 경험에 대한 고객의 신뢰와 동물병원을 방문하려는 고객의 기호 경향을 증가시켜 줄 수 있고, 장기간에 걸쳐 형성되는 이미지는 경쟁 동물병원과 차별화 전략이며 잠재적인 동물병원 역량으로서 만족스러운 목표를 달성하는 데 유용하다.[3] 동물병원 이미지는 고객들의 재방문 의도 혹은 동물환자나 보호자 주변 사람이 해당 동물병원에 갖게 되는 인식이 큰 영향을 미치기 때문에 동물산업의 성장과 발전에 대한 잠재력을 결정하게 되는 중요한 것이 된다. 따라서 동물병원에 대한 이미지에 영향을 주는 것들을 파악하는 것이 바로 신규 고객이 동물병원을 선택하는 데 중요한 역할을 한다.

---

2   Javalgi, R. et .al.(1992).

3   유동근& 박노현, 1998; 박현숙, 2012; 김미녀 외, 2009.

🦴2 신뢰도와 고객만족

동물병원 이미지는 여러 가지 측면에서 동물의 치료 및 관리와 관련이 깊다. 긍정적 이미지를 형성하여 보호자의 신뢰도와 순응도를 높이고, 이를 통해 효과적인 치료와 관리를 수행할 수 있다.

신뢰 구축은 동물병원이 환자와 보호자들로부터 신뢰를 얻어내어 긍정적인 이미지를 형성하는 과정이다. 이는 동물의 건강과 복지에 대한 책임감 있는 서비스를 제공하는 것과 관련이 있다. 신뢰도를 상승시키기 위해서는 전문적이고 경험이 풍부한 의료진을 보유하여야 한다. 이들이 함께 환자에게 최상의 치료를 제공하는 모습은 신뢰를 구축하는 기초가 된다. 또한 의료시설과 장비의 품질, 최신 기술과 설비를 도입하고 유지하는 것, 서비스에 대한 투명성 제공(치료 계획, 비용, 진단 등의 정보를 명확하게 전달하고 설명)도 신뢰도 상승에 영향을 준다. 동물병원 환경의 청결과 안전, 친절하고 소통능력이 뛰어난 직원, 환자 중심의 서비스 제공과 윤리적 가치와 도덕성 등도 신뢰도와 밀접한 관련이 있다.

긍정적인 이미지는 고객들에게 높은 만족도를 제공하며, 이는 동물의 치료와 복원력에 긍정적인 영향을 준다. 만족한 고객(보호자)은 빠른 회복과 치료에 도움을 줄 수 있다. 고객만족도 증진은 지속적인 관리와 향상을 요구하는 과정이며, 이를 위해 동물병원은 고객 중심의 접근과 팀워크를 강조하여 서비스를 지속적으로 개선해 나가야 한다.

① 적극적이고 개별화된 치료 계획: 환자에 따라 다양한 특성과 상태를 고려하여 개별화된 치료 계획을 수립한다. 치료 계획의 명확한 설명과 환자에 대한 적극적인 관리는 고객의 만족도를 높인다.

② 정기적이고 철저한 의료환경 관리: 환자의 건강 상태를 정기적으로 모니터링하고, 믿음을 주는 환경 관리와 시스템을 고객에게 전달하여 진단의 정확성과 치료의 효과를 증진한다. 철저한 환자의 관리와 환경의 관리는 고객에게 안심을 준다.

그림 5 깨끗하게 관리되는 동물병원의 모습

③ 효과적인 의사소통과 정보 제공: 효과적인 의사소통을 유지하고, 고객이 궁금해하는 환자의 상태와 진단, 치료 방법, 그리고 예방책 등에 대한 정보를 명확하게 제공함으로써 고객이 환자에게 제공되는 치료 과정을 이해하고 참여할 수 있도록 돕는다. 또한 동물병원 직원들은 고객 서비스와 소통능력을 강화해야 한다. 고객들과의 상호작용에서 친절함과 이해심을 보여주는 것은 동물병원을 긍정적으로 경험하게 하는 데 중요한 요소다.

그림 6 환자의 치료상태를 고객에게 전달

④ 편안한 환경 제공: 동물병원은 고객뿐만 아니라 동물들에게 편안하고 안전한 환경을 제공해야 한다. 이는 병원 내의 시설과 환경의 청결, 친화적인 직원들의 태도, 그리고 환자들 간의 격리 등을 포함한다.

 그림 7 보호자 동반 입원실

⑤ 치료 중·치료 후의 관리 및 지원: 치료 중 및 치료 후에도 적절한 관리와 지원이 제공되어야 한다. 이는 치료 과정 동안 발생할 수 있는 문제에 대한 대응과 치료 완료 후의 상태를 확인하고 후속적인 안내를 할 수 있도록 한다.

그림 8   수술 후 안내문

마취, 수술 후 주의 사항

다음 내용은 마취, 수술에 대해 가장 흔히 하시는 질문과 궁금증에 대해 정리한 것입니다.
잘 읽어 보시고, 문의 사항이 있으시면 언제든지 병원으로 전화 주세요~!

1.	마취에 대한 반응	<u>마취에 대한 회복시간이 다 다르기 때문에</u> 길게는 24시간이 걸리는 경우도 있습니다. <u>회복되는 과정에서 몸을 떨거나 구토, 침을 흘리는 경우도</u> 드물게 나타날 수 있으니 집에서도 잘 지켜보셔야 합니다.
2.	출혈	<u>수술 부위에서 약간의 출혈</u>이 있을 수 있습니다. 또한 절개 부위를 중심으로 그 주변부위에 멍이 든 것처럼 시퍼렇게 피부가 변할 수 있습니다. 이는 피하의 작은 실핏줄에서 혈액이 새어 나오는 경우이거나 고여 있던 피로 인한 증상입니다. 시간이 지나면(보통 1-2주) 자가치유로 좋아지므로 걱정하지 않으셔도 됩니다. <u>만약 출혈이 24시간 이상 지속된다면 병원으로 바로 연락주세요.</u>
3.	통증	사람과 같이 동물들도 통증을 느끼기 때문에 통증관리를 위해 수술 전후 진통제를 쓰기는 하지만 <u>잘 움직이지 않거나, 웅크리고 있고, 식욕도 떨어지고, 만지면 아파하면서 싫어한다면 통증이 있을 수 있습니다.</u> 시간이 흐르면 원래의 상태로 회복될 것이니 너무 걱정하지 마시고 편안한 상태를 유지시켜 주세요.
4.	수술 부위를 핥는 행위	수술 부위에 약간의 통증이 있거나 자극을 느끼는 경우, 또는 <u>수술 부위가 아물어 가는 과정에서 가려움을 느껴서 자꾸 핥거나 발로 긁을 수 있습니다.</u> 가끔 이런 문제로 봉합 부위에 문제(염증 등)를 일으키는 경우도 있으므로 주의를 해야 하며, <u>넥칼라는 필히 착용해 주셔야 합니다.</u>
5.	식이 급여	갑자기 많이 먹으면 구토가 유발될 수 있으므로 <u>마취, 수술 당일에는 물을 소량 급여해 보시고, 구토를 하지 않는다면 평상 시 먹는 양의 1/2정도만 주세요.</u>
6.	지혈 테이프, 목욕	수액 맞던 자리에 지혈하느라 테이프로 감아 두었으니 퇴원 후 집에 가서 1-2시간 이내에 제거해주시면 됩니다. 목욕은 수술 부위가 충분히 치유된 후 실시합니다. <u>보통 실밥을 제거한 후 하루 정도 이후가 좋습니다.</u>

다음 내원일			발사 예정일 (실밥제거)

3 고객 유치 및 유지

고객 유치 및 유지는 동물병원이 새로운 고객을 유치하고, 기존 고객을 계속해서 유지하는 과정을 의미한다. 이는 동물병원의 성장과 안정적인 운영을 위해 중요한 부분이다. 동물병원의 긍정적인 이미지는 새로운 고객들을 유치하고, 동시에 기존 고객들을 유지하도록 돕는다. 이미지가 좋을수록 고객들이 계속해서 해당 병원을 선택할 가능성은 높아진다. 신규고객을 도입하기 위해서는 마케팅 기법을 적극 활용할 수도 있지만, 기존의 고객들이 유지되면 자연스럽게 입소문을 통해 만족스러운 부분을 홍보하는 것이 가장 효과적인 방법이다. 이를 위해서는 품질높은 의료서비스를 제공하고, 의료진의 전문성을 알리고, 고객에 대한 교육과 커뮤니케이션을 강화하는 방법을 사용할수 있다. 또한 효율적인 예약시스템을 활용하여 대기시간을 최소화하고, 고객의 의견을 적극적으로 수용하여 이를 통한 추가 서비스나 프로그램을 만들수도 있다. 이러한 활동을 마케팅과 광고에 활용한다면 고객들과의 긍정적 상호작용의 효과를 나타낼 수 있다.

고객 유치 및 유지는 지속적인 노력과 향상을 요구하는 과정이며, 동물병원은 고객 중심의 다양한 전략을 통해 고객들과의 긍정적인 관계를 구축하고 유지해야 한다.

4 지역 사회에서의 입지 강화

긍정적인 이미지는 지역 사회에서 해당 동물병원의 입지를 강화할 수 있다. 고객들이 동물병원을 선택하는 주된 이유는 집에서의 거리이다. 연구결과에 따르면 지역 사회 내에서 신뢰받고 존경받는 동물병원으로 인식되는 것은 지속적인 활동과 발전에 긍정적인 영향을 준다. 이는 동물병원이 지역 사회에 더 나은 서비스를 제공하고, 지역 사회의 지지를 받아들이며, 상호 혜택을 창출할 수 있는 기회를 의미한다.

① 지역사회 참여 및 행사 지원: 동물병원은 지역사회의 행사와 행사에 참여하고 지원함으로써 지역사회와의 유대감을 증진시킬 수 있다. 지역 축제, 기부 행사, 동물 관련 이벤트 등에 적극적으로 참여하면서 지역 주민들과의 소통을 활발하게 하여 지역 안에서 긍정적 이미지를 구축한다.

② 교육 및 예방 캠페인 주도: 동물 관리에 대한 교육과 예방 캠페인을 주도할 수 있다. 동물의 건강과 안전에 대한 정보를 제공하고, 예방적인 접근을 통해 지역사회의 동물 친화적 환경을 촉진할 수 있다.

③ 지역사회 기관과의 협력 강화:동물병원은 지역사회 내 다양한 기관과 협력 관계를 구축하고 강화할 수 있다. 지역 동물 보호 단체, 지역 정부, 학교, 비영리 기관 등과의 파트너십을 통해 지역사회에 동물 복지와 관련된 다양한 활동을 한다.

④ 저소득층 및 돕기 위한 프로그램 운영: 동물병원은 저소득층 가정을 지원하고 돕기 위한 프로그램을 운영할 수 있다. 무료 예방접종 캠페인, 저렴한 치료 서비스 제공 등을 통해 지역사회의 경제적 어려움을 겪는 가정에게 도움을 주는 것이 가능하다.

⑤ 지역 매체와의 협력: 지역사회에 대한 정보를 전달하고, 동물 관련 이슈에 대한 가시성을 높일 수 있다. 지역광고, 온라인 매체 등을 활용하여 동물병원의 소식과 이벤트를 홍보한다.

⑥ 지역사회 피드백 수용: 동물병원은 지역사회로부터 피드백을 수용하고 반영하는 것이 중요합니다. 지속적인 소통을 통해 지역사회의 의견에 귀 기울이고, 서비스나 프로그램을 조정하여 지역사회의 기대에 부응할 수 있다.

지역사회와 긍정적인 이미지를 형성하고 유지하는 것은 동물병원이 더 나은 서비스를 제공하고, 지역사회에 기여하는 것뿐만 아니라, 상호 혜택을 창출하여 지속적인 성장을 이룰 수 있는 기반이 된다.

그림 9 지역 축제에 참여 중인 동물병원

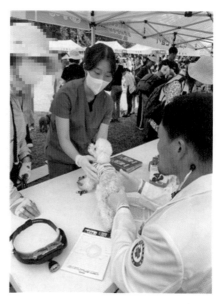

그림 10 2023년 한국 반려동물보고서

동물병원 선택 기준 (1+2+3순위, 단위: %)

	전체	반려견	반려묘	둘 다
		반려동물 유형별		
가격	53.1	55.1	51.7	42.9
접근성	51.6	51.6	55.7	41.8
의사/직원의 친절함	33.9	36.2	29.1	29.6
원장(의사) 이력/경력	32.0	31.7	32.2	33.7
주변추천/이용후기	31.0	28.7	36.5	33.7
시설, 장비의 우수성	26.0	26.0	21.7	35.7
병원규모/진료과목	23.6	24.3	20.0	27.6
24시간 진료 여부	19.7	17.9	25.2	19.4

출처: KB경영 연구소

Ⅱ. 동물병원코디네이터의 이미지

1 동물병원코디네이터 이미지의 중요성

일반 병원의 코디네이터와 동물병원의 코디네이터는 비슷한듯하지만 업무의 역할에 차이가 있다. 외형적으로는 동물보건사의 일반적인 이미지와 거의 같다고 할 수 있지만, 동물병원코디네이터는 동물과 보호자를 함께 응대하여야 한다. 환자를 맞이하거나 동물을 데리고 온 보호자를 돕는 일, 환경관리 업무도 같이 진행하기 때문에 동물병원 소속임을 반영하는 통일되고 활동성이 좋은 복장을 착용하는 것이 좋다. 다만 서비스 접점에 대한 문제파악과 대응능력이 뛰어나야 동물병원코디네이터의 업무가 가능하기에 보호자 응대에 필요한 지식과 능력을 겸비하고 남다른 서비스 마인드와 공감 능력, 봉사 정신 등의 요소들을 내형적 이미지로 함양하여야 하고, 동물병원 이미지를 만드는 첫인상이 될 수 있으므로 호감을 줄 수 있는 외형적 이미지도 가지고 있어야 한다.

동물병원에서 요구되는 이미지는 전문적이며 단정하고 청결함이 우선시 되어야 한다.

옷은 날개란 말이 있다. 우리가 어떠한 옷을 입느냐에 따라서 몸가짐과 마음가짐 또한 달라지게 되니 날개 이상의 의미가 있다고 볼 수 있다. 옷차림은 그 사람의 인품과 성격까지 평가할 수 있는 요소이다.

예를 들어 정치인들의 선거를 보면 치열하게 유세 활동과 더불어 이미지 메이킹을 하는데, 이미지 메이킹을 위한 코디법은 굉장히 중요한 전략요소 중 하나다. 그만큼 이미지는 사람들에게 인기를 얻을 수 있는 중요한 요소다. 스티븐 잡스[4]는 검정 터틀넥에 청바지만 고집하며 성실, 근면의 이미지를 대표하는 의상으로 모든 근로자 및 창업주, CEO에게 많은 점을 시사했다. 항상 동일한 복장으로 그만이 고집하는 관념과 뚜렷한 주관을 패션으로 나타내며, 이는 스티븐 잡스를 나타내는 상징적인 이미지가 되었다.

---

4 스티븐 폴 잡스(Steven Paul Jobs)는 미국의 기업인이었으며 애플의 전 CEO이자 공동 창립자

🦴2 이미지의 세분화

동물병원에서 전문성을 나타내는 이미지를 구축하는 것은 신뢰도 향상을 위해 중요한 작업이다. 동물병원코디네이터에게 요구되는 이미지를 만들기 위해서는 이미지 세분화 과정을 적용할 수 있다.

그림 11 이미지 세분화

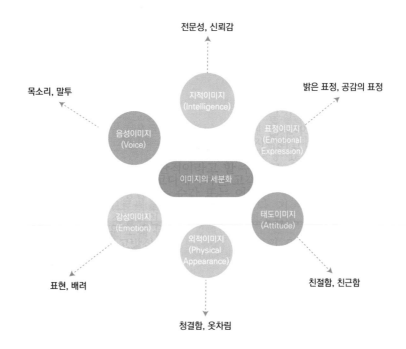

🦴3 지적 이미지(Intelligence Image)

일반적으로 개인이나 조직의 지적 능력 및 지식수준에 대한 인식 및 평가를 나타내는 개념이다. 지적 이미지는 특정 문맥에서 상당히 주관적이며, 다른 사람들의 인식과 평가에 따라 변할 수 있다. 이것은 사회적 평판 및 신뢰를 형성하는 데 중요한 역할을 할 수 있으며, 개인이나 조직 또는 제품의 성공에 영향을 미칠 수 있다.

① 개인 또는 전문가의 인식: 다른 사람들이 개인이나 전문가의 학문적 또는 지적 능력을 어떻게 인식하고 평가하는지를 나타낸다. 예를 들어, 어떤 사람은 특정

개인을 지적으로 뛰어나다고 평가할 수 있으며, 이것이 그 개인의 "지적 이미지"를 형성한다.

② 조직 또는 기관의 지능과 역량: 기업, 대학, 연구 기관 등의 조직 또는 기관이 자신들의 지적 역량과 지능을 공개적으로 표현하고, 다른 이해관계자들에게 어떻게 인식되고 평가되는지를 나타내는 개념이다. 이것은 조직의 평판과 신뢰도에 영향을 미칠 수 있다.

③ 지식 또는 브랜딩: 어떤 분야에서 뛰어난 지식과 전문성을 가진 사람, 기관, 또는 제품을 나타내는 데 사용될 수 있다. 이것은 해당 분야에서의 명성을 구축하고, 다른 사람들의 신뢰를 얻는 데 도움이 된다.

④ 지적 자산: 조직이 보유하고 있는 지적 자산의 가치를 나타내며, 이는 특허, 상표, 브랜드, 연구 역량 등을 포함할 수 있다. 이러한 지적 자산은 조직의 경쟁 우위를 구축하는 데 중요한 요소이다.

4. 표정 이미지(Emotional Expression Image)

표정 이미지(Emotional Expression Image)란 얼굴의 표정을 통해 특정한 감정, 감정 상태, 또는 정서적 표현을 나타내는 이미지를 의미한다. 사람의 얼굴은 감정을 표현하고 전달하는 데 매우 효과적인 수단 중 하나이며, 표정 이미지는 이러한 감정을 시각적으로 나타내는 역할을 한다. 사람들 간의 감정 전달과 이해를 용이하게 하며, 소통과 상호작용에 중요한 역할을 한다. 사람의 심성과 함께 감정의 작용을 받고, 개인의 생각이나 욕구에 영향을 준다. 말과 행동이 동반되며, 외모와 자세에도 영향을 준다. 경직된 표정, 불만이 가득한 표정, 무덤덤한 표정은 좋은 이미지를 심어주기 어렵다. 이러한 표정 이미지는 고객과 상호작용에서 중요한 역할을 하며, 전문가의 이미지 메이킹과 고객과의 관계 구축에 영향을 받는다.

표 1 표정으로 나타내는 감정 표현

기쁨(Happiness)	웃는 얼굴, 밝은 미소, 반짝이는 눈동자 등
슬픔(Sadness)	눈물, 우는 얼굴, 무표정 등
분노(Anger)	억지로 땀을 내는 얼굴, 찡그린 표정, 붉은 얼굴 등

놀람(Surprise)	눈을 크게 뜬 얼굴, 입을 크게 벌린 표정 등
공포(Fear)	눈을 휘둥그레 뜨고 어둡게 보이는 표정, 입이 벌어진 표정 등
혐오(Disgust)	입술을 동그랗게 오므리는 표정, 코를 찡그리는 표정 등

① 친절한 미소: 친근하고 따뜻한 미소는 환자에게 안정감을 주고 긍정적인 상호작용을 유도할 수 있다.
② 이해와 공감의 표정: 고객의 어려움과 불안을 이해하고 공감하는 표정은 환자에게 이해받는다는 느낌을 주고 더 편안함을 느끼게 할 수 있다.
③ 평정한 표정: 긴박한 상황에서도 전문가는 평정과 안정한 표정을 유지하여 고객의 불안을 완화하고 치료 과정을 원활하게 진행할 수 있도록 도울 수 있다.
④ 전문적인 표정: 전문성과 자신감을 나타내는 표정은 환자에게 신뢰를 줄 수 있다.
⑤ 존중과 적절한 경계를 지닌 표정: 환자의 개인 정보를 존중하고 적절한 경계를 유지하기 위한 표정도 중요하다.

표 2 표정 표현 방법

호감을 주는 시선 처리	피해야 할 눈의 표정
1. 대화 시 상대방과 부드럽게 자연스러운 시선으로 눈을 맞춘다. 2. 자연스런 눈 맞춤을 위해서는 상대의 눈을 맞추던 시선을 이동시켜 미간 콧등이나 눈 사이를 번갈아 본다. 3. 대화의 상황에 따라 눈의 크기를 크거나 작게 조절한다.	1. 두리번거리거나 침착하지 못한 시선 2. 눈을 너무 자주 깜빡이는 것 3. 상대방을 아래위로 훑어보는 시선 4. 곁눈질하는 시선 5. 상대방을 뚫어지게 응시하는 시선 6. 위로 치켜뜨거나 아래로 뜨는 시선

피해야 할 눈의 표정은 고객들에게 오해를 줄 수 있는 부분이다. 두리번거리거나 자주 깜빡지는 등의 시선 처리는 불안감을 표현하며 대화에 집중하지 못하는 것으로 보인다. 상대방을 아래위로 훑어보거나 곁눈질을 하는 것은 거부감이나 불만을 표하는 것으로 느껴진다. 장시간 뚫어지게 응시하면 무안함과 동시에 불편함을 느낄 수 있으며, 위로 치켜뜨거나 아래로 내리까는 시선은 무시하거나 깔보는 것처럼 보인다.

5. 태도 이미지(Attitude Image)

태도 이미지는 개인 또는 조직의 태도, 태도 변화, 행동 및 관계와 관련된 이미지다. 이것은 개인이나 조직이 특정 상황 또는 환경에서 나타내는 자세, 태도, 행동의 모습으로 정의한다. 사람의 감정이나 개인 욕구의 작용을 받게 되고, 심성과 습관에 영향을 준다. 태도 이미지는 개인, 직장, 조직 또는 브랜드의 신뢰성, 신뢰도 및 평판을 형성하는 데 중요한 역할을 한다. 긍정적인 태도 이미지는 동물병원의 고객서비스, 직원 만족도, 환경 적응력, 사회적 상호작용에 긍정적인 영향을 미칠 수 있다. 따라서 개인과 조직은 태도 이미지를 관리하고 개선하기 위해 노력하여야 한다.

① 감정적 태도: 개인 또는 조직의 감정적인 상태와 태도를 나타낸다. 예를 들어, 긍정적인 감정과 태도는 개방적이고 협력적인 이미지를 만들 수 있다.

② 전문성과 업무 태도: 개인 또는 조직의 업무에 대한 전문성과 태도를 나타낸다. 전문적인 태도는 신뢰를 구축하고, 업무 효율성을 향상할 수 있다.

③ 고객서비스 태도: 고객서비스와 관련된 환경에서의 태도를 표현한다. 고객을 배려하고 존중하는 태도는 긍정적인 고객 경험을 제공할 수 있다.

그림12 고객의 편의를 위해 문을 열어주는 모습

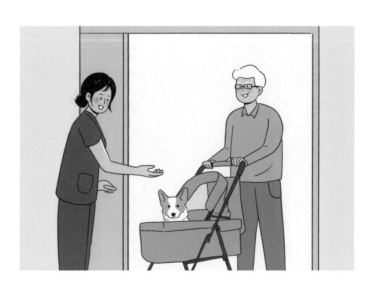

④ 대인 관계 태도: 타인과의 상호작용에서 나타나는 태도와 행동을 나타낸다. 존중, 이해, 공감과 같은 긍정적인 대인 관계 태도는 사회적 상호작용에서 중요한 요소이다.

⑤ 문제 해결과 유연성: 문제 해결 능력과 유연성을 나타내는 태도 이미지는 조직의 성과 및 적응력을 반영한다.

🦴 6 외적 이미지(Physical Appearance)

때와 장소와 분위기에 맞는 외적 이미지는 고객에게 호감을 준다. 외적 이미지는 복장과 용포를 포함한 외형적인 느낌과 더불어 개인의 내면적인 성향과 소양의 표현도 함께 나타난다.

① 첫인상: 고객이 마주하는 사람의 신체적인 외모는 기업 이미지의 최초 기준이다. 동물병원코디네이터는 단정하고 깨끗해야 하며, 동물병원의 긍정적 이미지와 함께 기억에 남을 만한 첫인상을 만들어주는 것이 중요하다.

첫인상의 중요성

• 사회적 상호작용과 신속한 결정
첫인상은 사회적 상호작용에서 중요한 역할을 한다. 처음 만난 사람에 대한 첫인상은 상호작용의 시작점을 결정하며, 상대방에 대한 기본적인 정보를 제공한다. 이 정보를 토대로 우리는 상대방을 어떻게 대해야 할지, 어떤 반응을 보여야 할지 결정하게 된다.

• 정보 처리의 효율성
인간 두뇌는 정보를 처리하는 데 한정된 용량을 가지고 있다. 첫인상은 이 한정된 용량 내에서 다양한 정보를 신속하게 처리하고 의사결정을 내리는 데 도움이 된다. 예를 들어, 누군가가 위협적으로 보일 경우, 빠르게 대비할 수 있게 한다.

• 인간의 진화적 측면
첫인상은 인간의 진화적 측면과 관련이 있다. 과거에는 다른 사람들의 동기와 의도를 빠르게 파악하는 것이 생존에 중요했으며, 첫인상은 이러한 능력을 강화하는 데 도움을 주었다.

• 심리학 연구
첫인상에 대한 연구는 심리학에서 널리 진행되어왔다. 소셜 심리학 및 인지 심리학의 연구자들이 첫인상의 형성 및 영향을 연구하였다. 예를 들어, 소셜 심리학자 솔로몬 아슐이 『첫인상: 마지막 기회』라는 책에서 이 주제를 다루었다

• 뇌과학 및 뇌 영상 연구
뇌과학 연구에서도 첫인상 형성과 관련된 뇌 활동을 연구하고 있다. 뇌 영상 연구를 통해 어떤 부분이 첫인상 형성에 관여하고 있는지를 밝히고 있다.

• 비언어 의사소통
첫인상은 비언어적인 의사소통의 일부다. 신체 언어, 표정, 목소리의 음조 등이 첫인상에 큰 영향을 미친다.

② 전문성: 기업을 표현하는 유니폼이나 동물병원의 고유 복장과 용모에서는 전문성을 전달할 수 있다. 이것은 자신의 일을 진지하게 생각한다는 것을 알려주고, 동물병원 환경에 대한 신뢰도를 높일 수 있다.

그림 13 전문성을 나타내는 복장

그림 14　깔끔하고 통일된 동물병원 구성원의 복장

출처: VIP동물한방재활의학센터 by Dr.신사경

③ 브랜드 일관성: 개인의 외적 이미지가 동물병원의 메시지와 가치관과 일치해야
한다. 동물병원이 가진 일반적인 목표와 가치인 동물 생명 존중과 편안한 진료
등과 더불어 기업의 개별적 목표 가치와 부합하도록 일관성을 갖는 외적 이미지
를 반영한다.

④ 자신감과 자존감: 신체적 외모에 대해 좋은 감정을 느끼는 것은 자신감과 자존
감을 높일 수 있다. 자신감을 발산할 때, 개인에게 나타나는 브랜드 메시지에 더
수용적이게 만들 수 있다.

그림 15　용모의 정돈이 필요한 부분

용모 체크리스트

1. 머리는 단정한가?
2. 얼굴은 생기있는가?
3. 옷은 깨끗한가?
4. 신발은 안전하고 단정한가?
5. 위험한 장신구
6. 청결하지 못한 손과 손톱
7. 불쾌한 냄새 또는 강한 향기

용모와 복장은 동물을 관리하고 보호자를 응대하는 데에 있어 안전하고 원활하여야 하며 신뢰감을 형성할 수 있는 단정함이 필요하며 동물병원의 위생적 관리를 위하여 다음을 따라야 한다.

- 머리를 묶어 단정히 유지하고 남성의 경우 깔끔한 헤어스타일로 관리한다.
- 과도한 염색과 부스스한 머리칼은 신뢰감을 떨어트린다.
- 복장은 동물병원 내에서만 입는 업무용 복장(유니폼)으로 늘 깨끗하게 유지한다.

다른 동물의 각질과 털이 붙어있는 복장으로 새로운 환자와 보호자를 맞이한다면 위생상 위해할 뿐 아니라 전문성을 떨어뜨리게 된다.

화려한 귀걸이나 반지, 팔찌 액세서리는 자칫 사고를 발생시킬 수 있으며 비위생적인 손과 손톱 화려한 네일아트 등에서 바이러스를 옮기거나 세균 번식이 일어나 개인 위생관리에도 문제를 야기한다.

신체의 움직임이 많은 업무를 수행하므로 편안한 신발을 착용하되 앞이 막힌 신발을 신어 안전사고를 예방한다.

그림 16   복장 점검

⑤ 차별화: 고객에게 차별화된 서비스를 제공함을 나타내고, 다른 동물병원과 구별하여 돋보이게 만드는 외적 이미지를 형성한다. 다양한 느낌을 주는 유니폼을 착용하여 고객에게 강렬한 인상을 제공한다.

그림 17   동물 그림이 있는 유니폼

⑥ 비언어적 의사소통: 개인의 몸짓 언어, 옷차림, 위생관리 및 전반적인 외모가 주는 인상은 비언어적 신호로 전달된다. 이러한 신호들은 유능함, 접근성, 그리고 호감

도를 어떻게 지각하는지에 영향을 미칠 수 있다.

⑦ 영향력: 내면의 자질과 기술이 중요하지만, 신체적 외모는 지속적인 인상을 남길 수 있다. 시간이 지난 뒤에도 긍정적 상호작용이 된 외적 이미지를 기억할 수 있고, 이것은 브랜드에 대한 고객의 인식에 영향을 미칠 수 있다.

7 감성 이미지(Emotional Image)

감성 지능 또는 감성 이미지는 외적 이미지에서 중요한 요소다. 고객과의 상호작용과 더불어 개인의 인성 및 사회적 능력을 포함하여 브랜드의 이미지를 결정하기도 한다. 동물병원에서 감정적 이미지를 활용하기 위해서는 개인의 행동과 메시지가 고객들에게 감정적으로 어떤 영향을 미치는지에 대해 진실하게 공감하며 인식하는 것이 중요하다.

① 인간관계: 고객은 감정적인 차원에서 공감할 수 있는 개인에게 끌린다. 고객과 감정적인 관계를 형성하는 것은 신뢰, 충성심, 소속감을 기를 수 있다. 긍정적인 감정을 불러일으킬 때 더 강한 관계와 지속적인 관계로 이어질 수 있다.

② 기억력: 감정은 강력한 기억 유발 요인이다. 개인의 행동이나 이미지가 특정한 감정을 끌어낼 때, 고객은 그러한 감정을 느끼도록 만든 개인이나 브랜드를 기억한다.

③ 신뢰와 진정성: 동물병원에서 감정 지능을 보여주는 것은 진정성과 공감을 의미한다. 고객의 필요와 관심에 공감과 이해, 진정한 보살핌을 표현할 때 신뢰와 믿음을 형성할 수 있다.

④ 긍정적인 평판: 지속적으로 긍정적인 감정을 전달하면 시간이 지남에 따라 긍정적인 평판을 쌓을 수 있다. 제공되는 동물병원의 서비스를 더 높게 평가할 가능성이 있고, 이는 기회와 추천으로 연결된다.

8 음성 이미지(Voice Image)

음성 이미지 또는 말하는 방식으로도 알려져 있으며 외적 이미지에 중요한 요소다. 말투, 음정, 운율, 그리고 선택한 단어를 포함하여 언어적으로 의사소통하는 방법을 나타낸다. 음성 이미지를 최적화하기 위해서는 연습과 자기 인식이 필요하다. 방식에 주의를 기울이고 지속적으로 의사소통 기술을 익힌다면 외적 이미지에서 긍정적 효과를 향상할 수 있다.

① 진정성: 목소리는 진정성을 전달하는 강력한 도구다. 언어적 의사소통이 개인의 가치와 신념과 일치할 때, 진정성과 진실성을 나타낼 수 있다.

② 첫인상: 개인이 말하는 방법, 특히 말투는 개인과 동물병원 등에 대해 갖는 첫인상이다. 자신감 있고 진실한 목소리 이미지는 긍정적이고 기억에 남을 만한 첫인상을 만들 수 있다.

③ 의사소통의 효과: 효과적인 의사소통은 외적 이미지의 초석이다. 선명하고 자신감 있는 목소리 이미지는 메시지를 더 효과적으로 전달하고 고객이 요점을 이해하도록 도움을 준다.

④ 감정적 연결: 목소리는 감정과 공감을 전달할 수 있어 청중과 깊은 수준에서 쉽게 연결될 수 있다. 고객은 목소리를 통해 공감과 이해를 표현하는 사람들과 더 관계를 맺을 가능성이 있다.

⑤ 영향력과 설득력: 음성 이미지는 고객에게 영향을 미치고 설득할 수 있다. 자신감 있고 설득력 있는 목소리 이미지는 협상과 설득 등 고객에게 영향을 미칠 필요가 있는 상황에서 더 효과적으로 만들어 준다.

⑥ 전문성: 맑고 명확한 음성 이미지는 전문성과 연관이 있다. 고객에게 신뢰성을 높이고 전문적인 이미지를 만들 수 있다.

 Ⅲ. 이미지 메이킹

1 이미지 메이킹 요소

(1) 이미지 메이킹의 일반적 요소

이미지 메이킹(Image Making)은 개인이나 조직의 긍정적인 이미지를 형성하고 관리하기 위해 사용되는 전략적인 프로세스다. 이 과정은 다양한 요소들로 이루어져 있으며, 각 요소는 전체 이미지에 전반적인 영향을 준다.

① 시각적 요소(Visual Elements): 로고, 색상, 디자인, 복장, 포장 등과 같은 시각적 요소들은 이미지를 형성하는 데 있어 중요한 역할을 한다. 이러한 요소들은 첫

인상을 결정하고, 브랜드의 개성과 가치를 전달하는 역할을 한다.

② 커뮤니케이션(Communication): 언어적 표현, 비언어적 표현(제스처, 몸짓), 대화 방식, 광고, 소셜 미디어 콘텐츠, 공식 성명 등 커뮤니케이션 방식도 이미지를 형성하는 데 핵심적인 역할을 한다. 이때 조직에서 제공하는 메시지의 일관성과 진정성이 중요하다.

③ 행동과 태도(Behavior and Attitude): 개인이나 조직의 행동과 태도는 외부에 대한 인상을 크게 좌우한다. 신뢰성, 전문성, 친절함, 사회적 책임감 등이 포함된다.

④ 소셜 미디어와 온라인 존재감(Social Media and Online Presence): 현대사회에서 이미지 메이킹은 소셜 미디어와 온라인 플랫폼이 매우 중요한 역할을 한다. 온라인 콘텐츠, 반응, 피드백의 관리가 포함된다.

⑤ 대중 매체와 PR(Public Relations): 언론 보도, 인터뷰, 보도 자료, 이벤트 등을 통한 대중 매체와의 관계도 이미지에 영향을 준다. 긍정적인 미디어 노출을 통해 이미지를 강화할 수 있다.

⑥ 네트워킹과 관계 구축(Networking and Relationship Building): 다양한 이해관계자들과의 관계 구축과 네트워킹 또한 이미지를 형성하고 유지하는 데 중요한 역할을 한다. 이는 신뢰와 지지를 구축하는 데 도움이 된다.

⑦ 브랜드 아이덴티티(Brand Identity): 브랜드의 고유한 특성과 가치, 비전, 미션 등이 일관되게 전달되어야 한다. 고객이 브랜드를 인식하고 기억하는 데 중요한 역할을 가진다.

⑧ 체험 및 이벤트(Experiences and Events): 고객이나 대중이 참여할 수 있는 이벤트나 활동을 통해 긍정적인 경험을 제공한다. 개인의 경험을 통해 유대감과 긍정적인 이미지를 강화할 수 있다.

(2) 동물병원의 이미지 메이킹 요소

① 전문성(Professionalism): 직원들의 교육 수준, 자격증, 지속적인 학습 및 전문 지식의 활동 영역 노출이 필요하다. 고객은 자신의 반려동물을 신뢰할 수 있는 전문가에게 맡기고 싶어 한다.

② 의사소통 능력(Communication Skills): 명확하고, 친절하며, 공감적인 의사소통은 고객과의 신뢰 관계를 구축하는 데 매우 중요한 요소이다. 고객과 그들의 반려동

물에 대한 깊은 이해와 관심을 보여줄 수 있는 능력이 필요하다.

③ 외모와 복장(Appearance and Attire): 깔끔하고 전문적인 외모와 복장은 좋은 첫인상을 주며, 직원과 동물병원의 전반적인 이미지에 긍정적인 영향을 미친다. 유니폼이나 복장 규정은 전문성을 강조하고 팀워크를 상징할 수 있다.

④ 태도와 행동(Attitude and Behavior): 고객과 반려동물에 대한 친절함, 인내심, 그리고 전문적인 태도가 중요하다. 직원들의 긍정적인 태도와 행동은 고객 만족도와 충성도를 높일 수 있다.

⑤ 고객 서비스(Customer Service): 고객 문의에 대한 신속하고 효율적인 대응, 문제해결 능력, 그리고 추가적인 지원 제공 등은 우수한 고객 서비스요소이다. 이러한 서비스는 고객이 동물병원을 다시 찾게 만드는 이유가 된다.

⑥ 팀워크(Teamwork): 직원 간의 협력과 지원은 원활한 병원 운영을 위해 필수 요소이다. 팀워크는 직원들 사이의 긍정적인 분위기를 조성하고, 병원 내외부에 긍정적인 이미지를 전달한다.

⑦ 개인 및 온라인 이미지(Personal and Online Image): 직원들의 온라인 행동과 소셜미디어 활동도 동물병원의 이미지에 영향을 준다. 전문적이고 긍정적인 온라인 이미지 유지와 관리가 필요하다.

⑧ 지속적인 개선과 자기 발전(Continuous Improvement and Self-Development): 직원들의 지속적인 교육과 개인적 성장은 동물병원 서비스의 질을 향상시킨다. 이는 전문성을 강화하고, 최신 동물 의학 발전에 대응할 수 있는 능력을 키울 수 있다.

(3) 동물병원 구성원의 이미지 메이킹 요소

동물병원 직원의 이미지 메이킹은 동물병원 직원이 환자, 거래처, 동료 등에게 동물병원과 동물병원코디네이터의 역할을 어떻게 표현하는지에 초점을 맞춘다.

① 전문성을 나타내는 외모: 동물병원코디네이터의 역할과 전문성을 나타내는 유니폼이나 특정한 복장을 입는다. 단정하고 깨끗한 외모를 유지하는 것은 긍정적인 이미지를 투영하는 데 중요하다. 여기에는 단정하고 소속감을 주는 유니폼을 입고, 청결함을 준수한다.

② 의사소통 기술: 효과적인 의사소통은 동물병원 직원들이 신뢰를 구축하고 환자 및 고객과 신뢰 관계를 구축하는 데 필수적이다. 언어적으로나 비언어적으로나 명확하고 공감적인 의사소통은 전문성, 보살핌, 공감을 전달하는 데 도움이 된

다. 적극적인 경청, 적절한 바디 랭귀지 사용 및 환자의 필요에 따라 의사소통 방법을 활용하는 것은 동물병원서비스를 제공하는 환경에서 동물병원의 이미지를 만드는 데 중요한 기술이다.

③ 역량 및 전문 지식: 고객과 그 가족들은 동물병원 직원들의 전문성을 신뢰한다. 동물의료 지식, 진료 및 치료절차에 대한 역량을 보여주는 것은 이미지 메이킹에 중요한 역할을 한다. 교육을 계속하고, 연구 및 임상 사례에 대한 최신 정보를 유지하며, 동물병원 내부구성원의 능력에 대한 자신감을 보이는 것이 동물병원코디네이터 역량에 대한 긍정적인 인식에 기여한다.

④ 환자 중심 관리: 환자 중심 관리를 제공하는 것은 의료에서 이미지 형성의 중요한 구성 요소이다. 여기에는 동물의 개체별 특징, 질병에 대한 안내를 고려하여 각 환자를 개별로 관리할 수 있어야 한다. 시간을 내어 고객의 소리에 경청하고, 의사결정에 참여시키고, 공감하는 모습을 보여주는 것은 신뢰를 키워주고 동물병원 직원들에 대한 긍정적인 이미지를 만들어준다.

⑤ 팀워크 및 협업: 동물병원 서비스는 협력적인 분야이며, 양질의 동물의료서비스를 제공하기 위해서는 효과적인 팀워크가 필수적이다. 효과적인 의사소통, 존중, 협력과 같은 팀워크 능력을 보여주는 직원들은 전체 의료팀의 긍정적인 이미지를 만들 수 있다. 협력적인 노력과 동물 복지에 대한 자세는 동물병원의 전문성에 대한 신뢰를 줄 수 있다.

⑥ 감성 지능(Emotional Intelligence): 동물병원에 근무하는 직원들은 종종 감정적인 상황을 마주할 수 있다. 자신의 감정을 이해하고 관리하며 다른 사람들과 공감하는 감정 지능은 동물병원의 이미지를 만드는 데 매우 중요하다. 감정지능을 발휘하는 직원들은 스트레스를 받는 상황을 침착하게 처리할 수 있고, 환자와 고객에게 도움을 줄 수 있으며, 편안하고 안심되는 분위기를 조성할 수 있다.

⑦ 윤리적 행동: 윤리적 기준을 유지하는 것은 동물복지에서 가장 중요하다. 동물복지에 관련하여 직업 윤리적인 행동과 전문적인 윤리 강령을 준수하는 것은 직원과 동물병원 전체에 대해 긍정적인 이미지를 만든다.

⑧ 지속적인 개선: 지속적인 개선을 위해 노력하는 것은 이미지 제작의 핵심 요소이다. 고객의 니즈에 귀 기울이고, 그들이 참여하고 피드백을 구하며, 서비스품질 개선에 적극적으로 참여하는 내부직원들이 있다면 최상의 진료와 의료서비스를 제공하겠다는 긍정적인 인식을 나타낼 수 있다.

2 동물병원 이미지 항목

　동물병원 환경에서 이미지를 만드는 과정은 환경에 맞춘 특정 고려사항과 단계가 포함되어야 한다. 우선 동물병원 내에서 이미지를 만들 수 있는 도구들을 조사하여야 한다. 교육 자료, 환자 정보, 홍보 자료 또는 내부 커뮤니케이션을 사용할 수도 있다. 어떠한 이미지를 전달할 것인지에 대한 목표가 정확하면 전체 이미지 작성 프로세스를 만드는 데 도움이 된다. 체계적인 동물의료 절차를 구성, 청결하고 깨끗한 동물병원의 환경, 진료 전후의 환자 케이스를 보여주는 등 해당 동물병원에서 사용할 수 있는 방법을 찾는다.

　수의사, 동물보건사 및 동물병원코디네이터를 포함한 내부직원과 협력하여 이미지 생성 프로세스에 참여하도록 한다. 절차에 따라 필요한 승인과 권한을 얻고 이미지의 비전과 목표를 전달하여 협업 분위기를 조성한다.

　동물병원의 이미지를 구성하기 위해 다음의 항목을 활용할 수 있다.

① 감염 관리: 동물병원 환경에서 환자 안전 및 감염 관리는 매우 중요하다. 안전하고 멸균된 환경을 유지하기 위해 필요한 절차를 만든다. 손 위생, 개인 보호 장비(PPE) 및 제한 구역과 같은 병원 정책 및 지침을 준수하도록 한다.

② 마케팅 활용: 환자와 고객의 경험에 대한 민감성, 공감, 존중을 유지하면서 동물병원의 역할을 정확하게 표현하는 데 초점을 둔다.

③ 법적 사항 준수: 개인 정보 보호 법률, 동의서 및 지적 재산권을 포함하여 이미지 사용 및 배포와 관련된 법적 및 규제 요구 사항을 확인한다. 이미지 사용, 저작권 및 브랜딩에 대한 동물의료와 복지에 관한 정책을 준수한다.

④ 평가 및 반복: 의도한 이미지의 효과를 평가한다. 고객과 직원들에게 끊임없이 피드백을 받는다. 피드백을 기반으로 이미지를 반복하고 세분화하여 이미지의 영향과 부적절한 부분을 개선한다.

⑤ 홍보 및 교육: 동물병원 웹 사이트, 교육 자료, 소셜 미디어 또는 구전과 같은 이미지 배포를 위한 적절한 채널을 결정한다. 구성된 이미지가 동물병원의 브랜드 및 메시지와 일치하는지 확인한다. 필요한 경우 상황 및 교육 정보를 제공하여 이해와 참여도를 높여준다.

3 직장매너(내부 고객 이미지 관리)

(1) 직장매너란

어디에나 기본적으로 지켜야 할 규칙이 존재한다. 그리고 강제성은 없지만, 서로 간의 원활한 관계를 위해 지켜야 할 예절도 있다. 직장에서도 마찬가지다. 인사나 호칭등 직장인으로서 지켜야 할 기본 매너는 동료, 상사와의 관계를 신뢰로 이어줄 뿐만 아니라 대인관계를 위한 인성과 센스 등의 평가 기준에도 중요하게 작용한다. 때문에 필수적으로 상황별로 기본적으로 지켜야 할 매너 중 하나이다.

1) 출근할 때

먼저 업무를 위한 준비가 충분히 이루어질 수 있도록 적어도 업무 시작 15분 전까지는 직장에 출근하는 것이 좋다. 사무실이나 책상 등 주변 정비를 하고, 동료들과 인사하며 여유롭게 업무를 시작할 수 있어야 하기 때문이다.

만약 불가피한 상황으로 지각을 하게 됐다면, 반드시 직장에 빠르게 연락을 해 사과를 한 뒤 사유와 출근 예정 시간을 보고해야 하며, 출근 전에 예정된 일정이 있을 때는 다른 동료에게 내용을 알리고 협조를 구하는 것도 중요하다. 또, 사정상 결근을 해야할 때는 상사에게 직접 전화로 설명하는 것이 가장 좋다. "거의 다 왔어요." 혹은 "곧 도착합니다." 하는 식의 모호한 보고가 아닌, "10분 뒤 도착 예정입니다"라고 정확한 시간을 말해야 한다.

2) 인사

시선이 마주치면 직급에 관계없이 인사는 먼저 해야 한다. 또한 인사를 받게 되면 반드시 답례인사를 한다. 시선을 상대의 눈에 맞춘 다음 고개를 숙여 인사하고 눈을 마주친 상태로 빤히 쳐다보면서 인사하거나, 눈을 마주쳤는데 쳐다보기만 하는 것은 금물이다.

인사말은 바르고 정확한 발음으로 끝까지 해야 한다.

- 상사나 동료를 만났을 때

처음 만날 때는 정중하면서도 밝게 인사하고, 다시 또 만날 때는 밝은 표정과 함께 가볍게 목례를 한다.

타 부서 사람일 때 예의 바른 인사는 절대로 손해 보는 일이 없으므로 잘 모르는 타 부서 사람이 먼저 인사를 하는 경우에도 같이 답례인사를 갖추는 것이 좋다.

출근을 하는 중 병원 건물에서 원장님의 뒷모습을 보았다. 나를 못 본 것 같은데, 인사를 해야 할까?

3) 전화를 받거나 걸 때

매일같이 사용하는 전화이지만, 직장에서는 그렇게 어렵고 힘든 대상이 아닐 수 없다. 사내에 업무적으로 걸려오는 전화에도 매너가 있기 때문이다. 전화를 받을 때는 전화벨이 세 번 울리기 전에 받는 것이 좋으며, 주변에 부재중인 자리의 전화가 울릴 때는 대신 당겨 받아야 한다. 그리고 벨이 울리면 먼저 메모할 종이와 펜을 준비하고, 전화를 받아 소속과 이름을 밝힌 후 용건을 물어야 한다.

만약 회사에 정해진 '전화 받기 멘트'가 있다면, 차분히 말하도록 해야 하며, 상대의 말을 잘 못 알아들었을 때는 예의를 갖춰 다시 묻고, 애매한 부분은 맞는지 반드시 '더블체크'를 해야 한다.

또한 누군가를 찾는 전화일 때는 "잠시 기다려 주시겠습니까?", "전화 연결해드리겠습니다"라고 미리 알려주고, 용무가 끝나도 되도록 상대보다 전화를 먼저 끊지 않도록 해야 한다. 반대로 전화를 걸 때는 메모로 용건을 적어 통화 중 놓치는 일이 없도록 하고, 또박또박 발음하고 정중하게 통화하는 것이 좋다.

4) 미팅할 때

내부 회의나 타 비즈니스와 미팅을 할 때 사회 초년생은 자리에 참석한 그 누구보다 떨릴 수밖에 없을 것이다. 미팅을 할 때도 지켜야 할 직장 매너가 있으니 미리 숙지해 두어야 한다.

먼저 악수를 할 때는 여성이 남성에게, 높은 사람이 낮은 사람에게 먼저 청하는 것이 일반적인 예의이다. 그리고 왼손잡이라고 해도 오른손으로 악수하는 것이 매너라고 할 수 있다.

명함을 주고받을 때는 낮은 사람이 높은 사람에게, 또는 외부 방문자가 먼저 두 손으로 건네고, 받은 명함을 바로 주머니나 지갑에 넣지 않고 미팅을 하는 동안 책상 위에 올려 두는 것이 좋다. 자리에 앉을 때는 연장자, 직급 순으로 출입구 반대편 오른쪽 상석에 먼저 앉을 수 있도록 안내하는 것이 예의이다.

5) 외출할 때

근무 중 자리를 비울 때는 이를 반드시 상사나 동료에게 사유와 시간을 전해야 한다. 작업하던 서류는 말끔히 정리해 책상 위에는 노출된 서류가 없도록 하는 것이 중요하고, 외출 후에 직장으로 돌아와서도 반드시 보고해야 한다.

6) 퇴근할 때

퇴근할 때는 미처 마치지 못한 당일 업무를 먼저 상사에게 보고한 후, 중요한 파일이나 서류의 보안에 유의하며, 사용한 컴퓨터의 전원을 끄고 책상 주변을 정리한 후 자리를 뜨는 것이 좋다.

동료들이 잔업으로 바빠 보여도 소리 없이 슬쩍 귀가하지 않고 "고생하셨습니다", "내일 뵙겠습니다", "먼저 나가 보겠습니다" 등의 인사를 하는 것이 좋다.

7) 호감을 주는 시선 처리

치켜뜨는 시선은 상대에 대한 거부감이나 항의적인 표시로 비치게 되며, 상대방을 보지 않는 경우 대화에 집중하지 못하는 것처럼 보일 수 있다. 상대방을 곁눈질로 보는 경우 불만을 표하는 것처럼 보일 수 있다. 고객과 마주할 때는 눈을 위로 치켜뜨거나 아래위로 훑어보는 시선은 피하는 것이 좋다.

신체언어는 의미를 전달하기 위해 몸짓, 자세, 움직임의 사용을 포함한다. 예를 들어 팔짱을 끼면 방어력이나 저항을 나타낼 수 있고, 개방적이고 이완된 자세는 열린 마음과 편안함을 나타낼 수 있다. 손가락질, 끄덕임 또는 악수와 같은 제스처도 언어적 의사소통을 보완할 수 있다. 신체언어 중 자연스러운 터치는 다양한 감정과 의도를 전달할 수 있다. 위로가 되는 등의 쓰다듬기, 악수 또는 포옹은 따뜻함, 공감 또는 축하를 전달할 수 있다. 그러나 개인에 따라 경계나 민감성이 다를 수 있기 때문에 접촉에 관한 문화적 규범과 개인의 선호도를 고려하는 것이 중요하다.

CHAPTER

3

고객상담

SECTION
01

고객과 서비스

Ⅰ. 고객에 대한 이해

1 고객이란?

영어로는 보통 Customer라고 하고 한자로 고객은 顧(돌아볼 고) 客(손 객), 기업의 입장에서 볼 때 다시 서비스를 이용해 주었으면 하는 사람들이다. 흔히 '손님'이란 용어로 표현되기도 한다.

일반적인 고객의 정의로는 상품과 서비스를 제공받는 사람들로서, 광의의 해석에서 고객은 기업의 상품을 습관적으로 구매하는 소비자뿐만 아니라 해당기업과 직접적, 간접적으로 거래하고 관계를 맺는 모든 사람들을 뜻한다.

고객은 다양한 욕구를 가지고 있으며, 많이 구매하거나 서비스 이용도가 높은 고객일수록 요구 사항이나 바라는 점이 많다. 하지만 여러 이유로 한 번 마음이 떠난 고객이 다시 돌아오기는 굉장히 어렵지만 불만을 잘 관리하면 단골이 될 수 있다.

좁은 의미로서의 고객은 단순히 우리의 서비스와 상품을 구매하며 이용하는 손님을 지칭하는데, 넓은 의미로서의 고객은 상품을 생산하기도 하고 이용을 하며 서비스를 제공하는 일련의 과정에 관계된 자신 이외의 모든 사람을 말한다. 대가를 지불하는지 어떤지는 문제가 없다. 소비자도 당연히 고객이다. 이 두 가지의 차이점은 소비자는 그 물건을 가공하기도 하고 부가가치를 붙인 다음 판매하지 못하고 자기 스스로 사용한다는 것이다. 물론 고객의 개념 중 이미 그 상품이나 서비스를 구입하고 사용하는 사람 이외에도 앞으로 상품이나 서비스를 구입하고 사용할 가능성이 있는 잠재고객이나 기대고객도 고객에 포함된다.

즉, 우리사회에서는 나 자신을 제외하고 모두가 고객인 셈이라고 할 수 있다.

2 고객의 가치

고객은 모든 기업에 필수적인 존재이다. 고객은 기업으로부터 상품이나 서비스를 구매하는 개인이나 조직을 말한다. 그러나 고객의 의미와 중요성은 단순한 거래 관계를 넘어선다.

고객은 구매를 통해 비즈니스가 자체적으로 운영, 성장 및 유지하는 데 필요한 재정적 자원을 제공한다. 고객은 기업의 주요 수익이라고 할 수 있다.

또한 고객은 기업의 제품 또는 서비스의 실행 가능성을 검증한다. 동물병원에서는 진료 또는 기타 서비스를 위해 방문하고, 이후 재방문을 선택하는 것은 고객의 요구와 기대를 충족하고 있다는 것으로 나타난다. 이러한 검증을 통해 기업은 제품 및 시장 포지션(position)에 대한 자신감을 얻을 수 있다.

만족한 고객은 종종 반복적인 고객이 되고 동물병원의 옹호자가 된다. 긍정적인 피드백을 제공하거나 다른 사람을 언급하거나 온라인 리뷰를 남김으로써 고객층의 성장과 확장에 기여하여 기업의 서비스가 새로운 고객에게도 제공될 수 있도록 돕는다. 고객은 진료와 전반적인 고객 경험에 대한 귀중한 피드백을 제공한다. 이러한 피드백은 동물병원이 개선해야 할 부분을 파악하고, 서비스를 개선하며, 고객만족도를 높이는 데 도움이 된다. 고객의 요구와 선호에 귀를 기울임으로써, 변화하는 시장 요구에 적응할 수 있다. 강력한 고객-동물병원의 관계는 충성도와 신뢰도를 높이게 된다. 고객 서비스와 참여를 우선시하는 기업의 생각은 긍정적인 고객 경험을 창출하여 고객 유지율을 높이고 서비스제공을 반복할 가능성을 높이게 된다. 충성고객은 기업에 경쟁 우위를 제공할 수 있다. 고객이 동물병원과 정서적으로 연결되면 경쟁업체로 전환할 가능성이 줄어든다. 충성고객 기반은 안정성을 제공하고 일회성 또는 산발적인 고객에 대한 의존도를 줄일 수 있다. 동물병원에 대한 고객의 인식과 경험은 평판에 상당한 영향을 미칠 수 있다. 만족한 고객들은 동물병원의 홍보대사가 되어 긍정적인 입소문을 퍼뜨리고 다른 사람들의 의견에 영향을 미친다. 반면에, 불만족스러운 고객들은 그들의 부정적인 경험이 널리 공유될 경우 기업의 명성을 손상할 수 있다.

요약하자면, 고객은 비즈니스의 생명선이다. 그들은 수익, 시장 검증, 성장 기회, 피드백, 그리고 강력한 관계와 긍정적인 평판을 구축할 수 있는 기회를 제공한다. 고객의 요구를 이해하고 충족시키는 것은 비즈니스 성공과 지속 가능성을 위해 매우 중요하다.

기업에서의 고객

- 고객은 우리에게 급여를 주는 사람이다.
- 우리에게 고객이 의존하는 것이 아닌, 우리가 고객에게 의존하는 것이다.
- 고객은 우리가 하는 일을 중단시키는 존재가 아니라 바로 고객들을 위해서 우리가 존재하는 것이다.
- 우리가 고객에게 서비스로써 호의를 베푸는 것만이 아니라 고객들이 우리에게 서비스를 제공할 기회를 줌으로써 결국 고객이 우리에게 호의를 베푸는 것이다.
- 고객들은 우리에게 고객이 원하는 것을 해주기 바라는 사람이다.
- 고객과 서비스 제공자 모두에게 이익이 되고 손해가 없도록 고객들이 원하는 것을 해주는 것이다.

🦴 3 고객의 분류

(1) 판매 측면

① 구매자: 상품에 대한 대금을 구매하고 지불하는 사람

② 소비자: 상품과 서비스를 소비하거나 사용하는 사람

③ 소개자: 상품과 서비스의 존재 자체만 소개해 주는 사람

④ 추천자: 좋은 상품과 서비스라고 권장하며 추천하는 사람

⑤ 판매자: 유통경로의 대리점이나 소매점에서 판매하는 사람

⑥ 결정자: 회사 및 상품 구매 시 의사결정 과정에 있는 사람

(2) 우호도 측면

① 우호형: 이미 예전부터 이용했던 경험의 결과로 기업에 협력적이고 우호적인 고객

② 반대형: 브랜드나 판매점, 서비스종사원에 대하여 비판적이거나 무관심하고 부정적인 고객

③ 중립형: 한쪽으로 치우치는 의견을 갖고 있지 않고, 상황이나 필요에 따라서 의견을 다르게 하는 고객

(3) 동물병원에서의 고객 분류

그림 1 내부고객과 외부고객

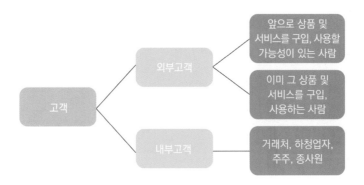

고객은 다양한 욕구를 가지고 있으며, 많이 구매한 고객일수록 요구사항이나 바라는 것이 많다. 소비자는 구매하는 사람과, 사용하는 사람, 구매를 결정하는 사람의 역할을 각각 하기도 하고 혹은 동시에 수행하기도 한다. 즉 내부고객 사이에서 그들의 요구를 100% 충족시키지 않으면 외부고객의 요구 또한 당연히 100% 충족될 수 없다. 외부고객은 제품의 개별구매자, 대리점, 정부기관, 소매업자, 구매 담당자와 같이 제품을 생산하는 기업의 종사자가 아닌 해당 제품이나 해당 서비스를 구매해 이용하는 고객을 말하고 내부고객은 해당기업의 한 부분이 되면서 기업 내부 활동에 의해서 영향을 받는 사람이란 의미로 제품에 대한 생산이나 서비스를 제공하는 종사자를 의미한다. 종합적으로 보면 외부고객은 품질을 정의하고 내부고객은 이것을 생산한다. 내부고객은 기업의 상품을 습관적으로 구매하는 소비자뿐만 아니라 직접적이고 간접적으로 거래하고 기업과 관계를 맺는 모든 소비자들이다.

내부고객은 동물병원 내의 직원, 용품, 약품거래처 등으로 볼 수 있다. 그렇다면 우리의 주 고객인 반려동물은 어떤 고객에 속할까?

OO병원에 다니는 시츄 오월이는 병원을 좋아하고 내부고객인 수의사, 동물보건사, 리셉셔니스트 선생님들까지 항상 꼬리를 치며 와서 부비적대고 인사를 한다. 심지어 산책가는 길에도 병원 문 앞을 긁으며 들어오고 싶어 항상 안달이 나있다. 그만큼 모든 스탭들에게 사랑도 많이 받고 있다. 그런데 어느 날 오월이 보호자가 우리병원에서 먼 곳으로 이사를 가서 다른 병원으로 옮기게 되었는데, 얼마 안 가 다시 오월이의 모습을 볼 수 있었다. "우리 오월이가 OO동물병원을 너무 좋아해서 멀지만 차타고 다시 왔어요"라는 보호자의 말에 오월이 덕분에 한 보호자를 잃지도 않고, 오월이를 다시 볼 수 있게 되었다.

반려동물을 대하는 직업은 특히 동물이 나에게 호감이 있느냐 없느냐에 따라 보호자가 느끼는 감정이 크다. 이렇게 우리의 주 고객인 반려동물도 마찬가지로 외부고객이라고 할 수 있다.

Ⅱ. 고객의 심리

그림 2 고객의 심리

고객의 기본 심리

- ✓ 환영 기대 심리
- ✓ 보상 심리
- ✓ 독점 심리
- ✓ 자기 본위적 심리
- ✓ 우월 심리
- ✓ 존중 기대 심리
- ✓ 모방 심리

① 환영 기대 심리란 고객은 언제나 환영받기를 원한다는 뜻이다. 항상 밝은 미소와 말투로 맞이해야 한다. 또한 고객은 자신을 마냥 왕으로 대접해 주기를 바라는 것이 아닌 진심으로 반갑게 환영해 주었으면 하는 바람을 가지고 있다.

② 독점 심리란 고객이 모든 서비스이용에 대하여 본인만 독점하고자 하는 심리이다.

고객마다 이러한 독점 심리를 만족시키다 보면 같은 서비스를 받지 못한 다른 고객의 불만을 초래할 수 있기 때문에 모든 고객에게 보다 공정한 서비스를 제공해야 한다.

③ 우월 심리란 고객이 서비스를 제공하는 직원보다 본인이 우월하다는 심리이다.

서비스를 제공하는 직원은 서비스 의식을 가지고 고객의 자존심을 인정하며 자신을 낮추는 겸손한 자세가 필요하다.

④ 상황에 따라 유명배우 A가 사용하는 화장품, 이번 달 최다 판매된 원피스 등을 따라하고 싶은 모방심리를 활용한 메시지로 고객의 서비스 구매를 설득할 수 있다.

외부의 압력 없이 스스로 변하는 것은 인간의 모방심리 때문이다. 인간은 유행에 민감해야 고립되지 않을 것이라고 생각하기 때문이다.

⑤ 보상심리란 고객이 자신이 비용을 지불한 만큼 그에 맞는 서비스를 기대하는 것이다. 다른 고객과 비교했을 때 자신이 손해를 보고 싶지 않은 심리를 갖고 있다.

⑥ 자기 본위적 심리란 고객은 각자 자신의 가치 기준을 가지고 있고, 항상 자신 위주로 모든 상황을 판단하려는 심리이다.

⑦ 존중 기대 심리란 내가 중요한 사람으로 인식되고, 기억해 주기를 바라는 심리다. 타인들로부터 자신의 가치를 인정받고 싶은 욕구, VIP고객, 우대 등 자신의 존재감과 가치를 인정받게 되면 설득이 쉬워진다. 최고의 제품을 사면 본인이 최고가 된다는 착각에 빠지는 경우도 이런 현상이다.

(1) 고객의 분류와 특성

표 1 고객의 분류

잠재고객	해당기업의 제품을 구매하지 않은 사람들 중, 향후 고객이 될 수 있는 잠재력을 가진 고객이나 아직 기업에 관심이 없는 고객
가망고객	해당기업에 관심을 가져 신규고객이 될 가능성이 있는 고객
신규고객	처음 거래를 시작한 고객
기존고객	2회 이상 반복적으로 상품구매를 한 고객으로 안정화 단계에 들어간 고객
충성고객	제품이나 서비스를 반복적으로 구매하고 해당기업과 강한 유대관계가 형성된 고객

잠재고객이란 해당기업에 대하여 인지하고 있지 않고 인지하고 있어도 특별한 관심이 없는 고객으로 구매경험은 없지만 향후 고객이 될 잠재력이 있는 고객이다.

가망고객이란 현재 기업에 대해 인지하고 있고 관심을 보이며 신규고객이 될 가능성이 있는 고객이다.

신규고객이란 처음 기업과 거래를 시작하는 고객이다. 쉽게 말하면 동물병원에 처음 내원한 환자와 보호자로 예를 들 수 있다.

기존고객이란 현재 기억에서 2회 이상 반복 구매를 하며 어느 정도의 고객정보가 쌓여 효율적 마케팅이 가능하여 향후 다시 구매가 이루어질 수 있는 고객이다.

충성고객이란 기업에서 가장 희망하는 고객으로 기업에 대한 충성도가 높아 제품이나 서비스를 반복적으로 구매하고 강한 유대관계를 형성하고 있어 별도의 커뮤니케이션 없이도 구매가 이루어지는 고객이자 입소문을 내주는 고객이다.

그레고리 스톤(Gregory Stone)의 고객 분류를 보면 대표적으로 고객 유형이 1) 경제적 고객, 2) 윤리적 고객, 3) 개인적 고객, 4) 편의적 고객, 4가지의 분류유형으로 나뉘어진다.

① 경제적 고객은 절약형 고객이라고도 불린다. 가령 A동물병원과 B동물병원에서 예방접종을 했을 때 받을 수 있는 서비스를 비교한다. 한마디로 자신이 투자한 노력, 시간, 돈에 대해 최대의 서비스를 얻으려는 고객이다.

② 윤리적 고객은 동물병원이니까 당연히 동물에 대한 봉사활동을 하고 기부활동을 하는 곳이 진정한 동물을 사랑한다고 생각 하는 것이다. 구매의사 결정에 있어 해당기업의 윤리성이 서비스 이용 시 가장 큰 비중을 차지하는 것이다.

③ 개인적 고객은 상급자 또는 힘이 있어 보이는 직원과 상담을 원하는 보호자 또는 친절한 태도를 중시하는 고객이다. 모두에게나 일괄된 서비스보다 한 사람 한 사람 인정해주는 맞춤형 서비스를 원한다.

④ 편의적 고객 서비스를 이용하고 받는 데 있어서 편의성을 가장 중요시하는 고객이다. 이런 고객은 자신의 편의를 위해서라면 추가비용까지 지불할 의사가 있다. 예를 들어 동물병원에서 사료를 사야 하는데 보호자 사정상 퀵이나 택배로 받아 보고 싶어 하는 경우를 들 수 있다.

실무자들은 고객을 잘 알아야 하고 특히 신규고객을 얻으려면 고객에 대해 더 깊게 알아야 한다. 고객의 특성을 보면 고객은 자기중심적이며 이기적이다. 고객은 합리적이기도 하지만 편향적이다. 고객은 현재 받는 서비스보다 더 많은 이상적인 서비스를 원하며 이에 대한 기대수준도 높다. 고객은 자기 자신의 습관적인 차별적 대우를 원하고 오직 자신에 대한 관심과 정성만 있다. 때문에 반드시 이러한 고객의 특성과 심리를 잘 이해해야 하고 고객의 입장에서 생각하고 판단해야 고객의 특성을 잘 이해할 수 있다. 고객의 특성에 대해 잘 이해하고 개개인에게 대처하는 그 능력을 길러야 바로 신규고객 개척의 첫 번째 단추를 여는 길이 된다.

또한 고객은 자신이 처해진 문제 해결에만 관심이 있을 뿐이다. 담당자의 부재 사유나 제품이 입고되지 않는 이유, 직원의 개인사정(부친상, 사별, 이별, 이혼 등), 종업원의 응대 태도에 기분 나쁜 고객은 그 종업원이 신입사원이라 교육을 잘못 받아서 그런지 등 오로지 자신의 기분 나쁜 사실만 머리에 기록한다는 사실을 명심해야 한다. 이런저런 개인적인 서비스직원의 사정이나 회사사정을 이야기하며 고객을 설득하다 보면 고객과 논쟁이나 싸움이 일어날 수도 있다.

서비스에 있어 고객이란 대상은 함께 논쟁을 하거나 시시비비를 겨룰 수 있는 대상이 아니다. 어느 서비스직원도 고객과의 논쟁에서는 이길 수 없다. 설령 그 자리에서는 이겼다한들 그 고객이 "정말 훌륭하십니다" 하고 종업원을 높이 평가하고 계속 거래를 할까? 고객이 떠나면 논쟁에선 이겼지만 결국은 진 것이다. 때문에 고객과의 논쟁 또는 설득은 피하는 것이 좋다.

> 휴대폰이 고장나서 수리하러 갔더니 부품이 없다고 한다. 고객의 입장에서 바로 무슨 말이 튀어 나올까? 부품회사가 파업 중이라 부품 조달이 안 되는지, 핸드폰 기종이 오래된 기종이라 부품을 생산하지 않는지, 그 부품이 국산품인지 수입품인지 등 회사의 내부사정은 고객이 알려고도 하지 않으며 알려주려고 해도 관심도 없고 듣기 싫어할 뿐이다. 고객은 빨리 휴대폰을 고쳐서 내가 당장 쓸 수 있는 것에만 관심이 있을 뿐이다.

 ## Ⅲ. 서비스란?

"서비스란 무엇인가?"라고 묻는다면, 대부분 친절함, 봉사라고 대답한다.

서비스라는 말이 갖는 뉘앙스가 그다지 명예롭지 못하다는 인식이 있었던 것도 사실이었다. 서비스(service)의 사전적 의미를 살펴보면, 서비스는 생산된 재화를 운반하고 배급하거나 생산과 소비에 필요한 노무를 제공함 또는 개인적으로 남을 위하여 돕거나 시중을 드는 등으로 정의된다. 이제는 상품의 가치를 전달하는 사람들의 판매자의 태도, 실내 장식 같은 서비스의 물리적 환경, 포장이나 신속도, 품질에 대한 보증, 이미지와 호감의 정도처럼 무형적이고 서비스적인 요소들의 중요성이 날이 갈수록 부각되고 있다.

인간은 누구나 대접받기를 원하며 이러한 성향은 신분사회가 붕괴되고 경제적 풍요를 경험하면서 널리 확산되었다. 이에 서비스 마인드를 갖추는 것은 현대를 살아가는 필수적인 요소가 되었으며 대인관계의 구축에 있어서 중요한 수단이다.

그렇다면 진정한 의미의 서비스란 무엇일까?

'서비스'란 손님이 ① 원하는 서비스를 ② 제시간에 ③ 원하는 방법으로 제공하여 만족을 주는 것이다. 아무리 정성을 다 쏟아서 손님에게 제공한 것이라 할지라도 손님이 만족하지 않으면 서비스라고 할 수 없다. 현대 사회는 과잉생산의 시대이다. 공짜여도 필요없는 물건은 오히려 귀찮게 생각하는 시대가 됐다. 가격이 싸거나 그냥 주는 공짜보다 손님의 욕구가 맞는 것인지 아닌지가 더 중요한 것이다.

🦴 1 서비스에 대해 잘못 알고 있는 몇 가지

(1) 공짜, 할인, 덤으로 생각하는 것이 일반적이다.

① 공짜: 예를 들어 누군가에게 만년필을 선물하기 위해 물건을 사면서 가게에 "포장해주시나요?"라고 물었는데 "저희 가게에서 포장은 서비스로 해드립니다"라고 대답했다면, 이는 잘못된 대답이다. 포장이 무료, 즉 공짜라고 얘기해야지 서비스라고 말하는 것은 맞지 않다.

② 할인: 물건을 많이 산 손님이 "많이 샀으니까, 조금 깎아주세요"라고 했을 때 "네, 서비스로 만원 깎아드리겠습니다"라고 대답하는 것도 잘못이다. 이때는 할인을 해 준 것이지 서비스를 해 준 것이 아니다.

③ 덤: 원피스를 한 벌 사면 스카프를, 핸드백을 하나 사면 카드지갑을 하나 주면서 종업원이 "이것은 서비스로 드리는 것입니다"라고 흔히 말하는데, 이 또한 덤이라는 뜻이다. 즉 덧붙여준다는 의미지 서비스라고는 할 수 없다.

2 매너

'매너가 좋다' 혹은 '매너가 별로다'라는 말은 우리가 주변에서 흔히 듣는 얘기다.

여기서 말하는 '매너'란 무엇일까? 매너는 사람마다 가지고 있는 행동방식으로, 어떤 행동이나 일에 대한 태도, 버릇, 몸가짐 등을 의미한다. 매너의 어원은 'Manuarius'로 '손'을 의미하는 'Manus'와 '방식'을 의미하는 'Aris'가 합쳐진 말로 우리가 생활을 하며 만나게 되는 주변사람들에게 바르고 우아한 느낌을 줄 수 있는 행동이나 습관을 의미하며, 타인에 대한 배려심을 기본적으로 포함한다.

예를 들어 차 문을 미리 열어주거나, 의자를 미리 빼서 상대방이 앉을 수 있도록 배려하거나, 지하철에서 노약자를 위해 자리를 양보하는 행위 등 마음에서 우러나오는 행동을 의미한다. 꼭 지켜야 하는 것은 아니지만 내가 하지 않으면 타인이 불편해질 수 있는 상황에 놓이게 되는 것이 '매너'이다. 매너는 상대를 인식하고 행동하는 것으로 서비스의 기본을 이룬다고 할 수 있다.

3 서비스의 3단계

(1) 사전서비스(before service)

사전서비스는 서비스를 판매하기 전에 제공되는 서비스로서 판매의 가능성을 증진시키고 촉진하는 것이라고 할 수 있다. 현장에서 서비스가 이루어지기전 예약서비스 제공하거나. 백화점이나 쇼핑몰 주차 시 주차유도원 등을 예를 들 수 있다. 고객들에게 제공하려는 서비스의 내용을 미리 소개하고, 소비를 촉진시키기 위해 사전에 잠재 고객들과 상담 등을 통해 예약을 받는 등 고객의 의견을 통하여 조절을 하고, 내방한 고객들을 위해 상품을 진열하는 등 준비하는 단계의 서비스이다.

가령, 어떤 건물에 업무를 보러 간 고객이 해당 사무실을 찾기가 어려웠다거나 주차장을 알리는 안내판이 없어 곤란을 겪는다면 이것은 사전서비스가 엉망이라고 할 수 있다.

(2) 현장서비스(on service)

현장서비스는 서비스 제공자와 고객 사이에 직접적으로 거래가 이루어지는 서비스의 본질이다.

은행의 현장서비스는 고객이 은행에 들어선 순간부터, 음식적은 식당 문을 열고 들어가는 순간부터, 항공사는 고객이 비행기에 타는 순간부터 시작된다. 현장서비스는 대체적으로 한정된 인원으로 정해진 시간 내에 한정된 공간과 시스템하에서 이루어지기 때문에 서비스를 제공하는 자의 태도와 서비스를 처리하는 처리 절차와 과정의 신속성 시스템의 편리성, 나아가 서비스를 제공하는 내용의 정확성이 현장 서비스의 품질을 평가하는 중요한 요소가 된다.

- 고객이 매장에 들어서는 순간부터 시작된다.
- 거래 시 모든 요소들은 고객들에게 제품을 전달하는 데 있어 직접적으로 관련된 것들이다.
- 서비스 제공자와 고객이 일대일인 경우(세무상담), 고객은 한 명이고 서비스 제공자는 여러 명인 경우(호텔), 서비스 제공자는 한명이나 고객이 여러 명인 경우(교수) 등 여러 유형의 서비스가 있다.

(3) 사후서비스(afrer sales service)

현장서비스가 종료된 시점 이후로 발생하는 유지서비스로, 단골고객과 고정고객의 확보를 위해서는 사후서비스가 중요하다. 서비스의 특성상 생산과 소비가 동시에 발생하므로 현장 서비스가 종료되면 그 후에는 아무 일도 없는 것처럼 보이지만, 만일 고객이 구매한 제품이 고장이나 사후서비스를 신청했을 때, 사후서비스의 정확성 및 처리속도, 서비스 직원의 태도는 고객의 서비스이용을 유지시키고 잠재고객을 확보하는 차원에서 굉장히 중요하다고 볼 수 있다. 문제가 있는 제품이나 서비스로부터 소비자를 보호하고 반품서비스, 소비자 불만과 클레임처리 등이 사후서비스에 해당된다.

예를 들어, TV가 고장이 났다. 먼저 고객이 전화해서 TV의 고장내용을 접수하면, 해당 기업에서는 A/S부서를 연결해 수리내용, 수리기사 등을 배정하여 고객과의 적절한 방문 일정을 이야기한다. 서비스센터 직원은 예약당일 방문하기 전에 한 번 더 전화연락을 통해 예약시간에 방문해도 괜찮은지, 고객의 집까지 얼마 정도의 시간이 소요되는지를 미리 알려준다. 이것이 사전서비스이다.

그 후 현장에 도착하면 고객이 최대한 불편하지 않도록 배려하며 TV를 고친다.

수리하는 동안 무엇으로 인해 문제가 발생되었는지, 어떤 방법으로 수리를 하는 건지, 어떤 부품이 필요하며 부품의 가격은 얼마인지 고객에게 이러한 부분들에 대해 인지시켜가며 TV를 고친다.

TV를 다 고쳤다면 제대로 수리가 되었는지 작동시켜 이상 없음을 확인시켜 주고, 배정된 수리직원의 명함을 건네면 방문 서비스가 종료된다. 여기까지가 현장서비스이다.

서비스가 끝났음이 기업에 보고되면, 해당기업에서는 담당수리직원이 제공한 서비스가 고객의 마음에 들었는지, 혹시 예약된 시간보다 방문이 지체되진 않았는지, 방문부터 수리하는 모든 서비스제공 과정에서 조금이라도 불만족한 부분이 있었는지를 확인해서 사후서비스를 이용한 고객의 해당서비스 만족도를 평가한다. 이것이 사후서비스이다. 물론 예시로 든 전 과정이 제품의 생산과 판매의 시점에서 본다면 사후서비스라고 할 수 있다.

4 서비스의 특징

(1) 무형성(intangibility)

서비스는 시각적으로 제품처럼 만지거나 눈으로 볼 수 없고, 단지 가시성만 갖는다. 즉 청각, 시각, 후각, 미각, 촉각 등을 이용해서 느낄 수 있다. 예를 들어 셔츠는 눈으로 보고 만질 수 있지만, 셔츠를 판매하는 서비스직원의 말투, 목소리, 제품설명 능력, 고객에 대한 배려 등은 무형적인 것들로 구성되어 있기 때문에 실제로 만지거나 볼 수 없다는 뜻이다.

이러한 서비스는 저장하거나 진열할 수도 없고 가격설정도 명확하지 않고, 어떠한 가시적인 제품처럼 품질비교나 성능비교 등의 논리적인 광고 전략 추구조차 어렵다. 그렇더라도 서비스의 무형적인 부분을 최대한 실체적으로 보여주는 것이 중요한데, 예를 들어 헤어샵을 찾은 고객에게 헤어스타일을 말로써 설명하는 것 보다는 유형별로 다양한 머리스타일을 담은 카탈로그를 보여주고 고객으로부터 선호하는 헤어스타일을 직접 선택하게끔 하는 것은 무형적인 서비스를 유형화시킬 수 있는 좋은 예이다.

(2) 이질성(heterogeneity)

품질은 항상 고르거나 일정하지 않다. 직업의식이 투철한 서비스종사자라면 자신의 감정을 조절하고 통제할 수 있어야 하지만, 서비스 제공자의 기분이 늘 한결같을 수는 없는 법이기 때문에 서비스는 이용자와 제공자 사이의 누가, 언제, 어디서 제공하는지 환경과 조건에 따라서도 항상 변하며 기계를 사용하는 능력에 따라서도 품질이 달라질 수 있다.

가령, 동물병원에서 70대 어르신인 보호자에게 진료예약 안내를 해야 하는 상황에서 문자로 보내는 원내 방식 대신 음성통화로 서비스를 제공할 수 있다. 이러한 이유로 인해 고객의 각각 다른 이질적 요구를 충족시켜 주기 위해서 고객 개개인별로 개별화 시키는 것과 서비스를 일정 수준 이상의 균일한 품질로 만들려는 노력이 중요하다.

(3) 비분리성(inseparability)

생산과 소비가 분리된 상태가 아닌 동시에 일어난다. 셔츠는 생산과정을 거쳐서 판매점에 납품되고, 일정기간 판매대에 진열된 상태에서 소비자가 구매하여 착용할 때까지 긴 기간이 소요되지만 셔츠를 판매하는 판매직원의 서비스는 고객과 눈을 맞추고 마주보는 즉시 고객에게 영향을 미치게 된다. 때문에 서비스는 생산과 동시에 같이 소비되기 때문에 고객이 서비스 공급에 참여하는 경우가 많다. 성형외과에서 특정 연예인의 눈, 코처럼 만들어달라고 요청하거나, 미용실에 원하는 스타일의 사진을 가져가 특정 스타일을 요구하는 것처럼 실제로 서비스 행위에 있어서 소비자가 관여하는 경우가 많다.

(4) 소멸성(perishability)

서비스는 판매 시까지 저장할 수 없으며, 제공시점에 소비되지 않으면 소멸한다.

가시적인 제품은 한 번 구입하면 몇 번이라도 재사용할 수 있지만, 서비스는 생산과 동시에 소멸되기 때문에 일회성으로 서비스의 편익은 사라지게 된다. 예를 들면, 비행기나 기차의 표는 예매가 이루어지지 못해 남겨진 빈 좌석은 재판매하지 못하고 그대로 소멸되는 것이다. 이처럼 서비스는 제품처럼 저장해두거나 재고관리를 할 수 없다.

비대면 고객응대

Ⅰ. 비대면 VoC

1 VoC란?

VoC를 학습하기 앞서 VoC의 뜻을 먼저 이해해야 한다.

VoC는 Voice of Customer 약어로서 말 그대로 고객이 제품, 비즈니스 또는 서비스에 대해 우리에게 들려주는 소리를 뜻한다.

고객의 소리(VoC)는 서비스 또는 제품에 대한 고객의 이용경험과 기대치에 대한 고객의 피드백을 설명하는 용어이자, 고객의 기대와 요구, 이해 및 서비스를 제공한 제품 개선에 초점을 맞추는 것이다.

VoC의 정의

> **VoV** = 서비스의 **고객**이 + 서비스에서 경험한 **불편함**을 + 접수채널을 통해 **남긴 내역**

기업은 고객의 소리에 귀를 기울임으로써 고객들의 기대와 요구를 더 잘 이해하고 충족시킬 수 있고, 제공하는 서비스와 제품을 그에 따라 개선할 수 있다. 고객의 소리를 통한 프로그램은 고객의 선호도와 제품이나 서비스에 대한 문제 및 불만사항에 대한 인사이트를 제공한다.

이러한 VoC 프로그램은 고객의 소리를 파악할 수 있고 그에 따라 적절히 대응함으로써 고객 만족도와 고객충성도를 향상시킨다. 각종 커뮤니케이션 수단들을 통해 수집되는 고객들의 자발적인 의사표현으로서 ~했으면 좋겠어, ~는 좀 고쳤으면 좋겠어처럼 고객이 기관이나 기업의 경영활동에 있어서 말할 수 있는 각종 불만, 문의, 칭찬, 제안 등의 정보가 이에 해당한다.

즉, 고객불만사항을 그 즉시 접수하고 처리를 하는 동안 처리 상황을 관리하고 과정을 지표화하여 관리하고 평가함으로써 고객이 받는 체감 서비스를 높이는 고객 관리 시스템이다. 불만 고객은 꼼꼼하고 예민한 고객이 아니라 우리에게 관심과 애증이 있는 고객이다. VoC를 하기 위해서는 우리가 잘하고 있는 부분과 고객의 불만이 무엇인지 정확하게 알기 위해서는 좋은 점과 불편한 점 모두 같이 관리해야 한다.

특히 칭찬 VoC는 고객들이 어느 부분에서 감동을 받고, 좋아하는지 알아야 유지하고 서비스를 발전시킬 수 있다. 불만의견을 예방하는 것도 중요하지만 칭찬 의견관리를 통해 감동 포인트를 인지하고 있는 것도 VoC를 이끌어 내기 위해 필요하다.

고객은 늘 우리에게 무한한 아이디어를 제공해 주는 원천이며, 이러한 고객의 소리를 통해서 항상 고객들의 욕구를 파악하여 잘못된 점을 개선하려는 자세를 취해야한다.

① VoC관리는 고객만족경영을 위한 하나의 수단이다.

② VoC관리는 고객의 불만을 원활하게 처리하는 데 초점을 두는 경우가 많지만, 불만뿐만 아니라 기업의 제품이나 서비스 등을 개선할 수 있는 목적도 동시에 가지고 있다.

③ 고객불만관리는 VoC관리의 일부분을 구성하고 있다고 할 수 있다.

🦴2 VoC의 필수 역량

① 지식: VoC담당자는 기업의 제품, 서비스제공 상황 등 기본 지식을 확실히 갖춘 사람이어야 한다. 가령, 동물병원에서 판매하는 영양제의 성분에 대해 물어보는 경우 대답을 할 수 있는 것과 못하는 것에 대한 보호자의 판매욕구와 이 병원에 전문성에 대한 점을 의심하게 되는 것을 예로 들 수 있다.

② 마인드: VoC담당자라면 웬만한 VoC는 개선이 가능하며 해결할 수 있다는 마인드를 가져야 한다.

③ 경청: 고객의 의견 위주로만 상황을 보는 것이 아닌, 내부직원의 의견과 해당현장의 이야기도 귀를 기울여야 한다.

VoC가 잘 운영되려면 서비스직원들이 행복하고 즐거워야 가능하기 때문이다.

서비스직원 경험 관리가 되어야만 고객경험관리도 원활히 가능해진다.

고객은 방방곡곡 어디에나 우리 주변에 있다. 고객을 구분할 때에 가장 일반적인 구분방법은 내부 고객과 외부 고객의 구분이다. 예전에는 서비스를 이용하는 외부 고객만 관심을 두었으나 현재는 외부 고객 못지않게 내부 고객에 대한 중요성 또한 매우 강조되고 있다. 미국 경제지 〈포춘〉은 매년 서비스직원이 함께 일하고 싶은 기업에 대한 순위를 발표하는데, 서비스직원이 일을 하고 싶다는 의미는 곧 기업 내에서 내부 고객의 만족도가 높다는 말이다. 내부 고객인 서비스직원이 불만족스러우면 만족스러운 고객 서비스를 할 수 없는 것은 당연하다.

 ## Ⅱ. VoC의 중요성

서비스시장에서 경쟁이 점점 심화되고 소비자의 요구수준은 그에 따라 높아져 기업들은 소비자 중심적인 경영활동을 하고 있다. 기업의 소비자 중심 경영에는 고객의 소리(VoC)가 중요한 역할을 하고 있으며, 많은 기업들이 통합VoC시스템을 구축하여 소비자의 의견을 수집, 저장, 가공하여 기업의 경영자산으로 적극 활용하고 있다(한국소비자원, 2016). 기업이나 기관을 이끌어가는 모든 구성원이 고객이 전하는 생생한 의견에 귀를 기울이고, 체계적인 관리를 통한 경영환경에 신속적, 적극적으로 반영시켜 요구사항을 파악한다면 고객만족 경영이라는 목표달성은 이미 절반은 성공한 셈이다.

이와 같이 고객정의 핵심 요구사항을 파악하기 위해서는 VoC를 경청하여 획득한 정보뿐만 아니라 다양하게 분포되어 있는 정보의 원천에서 필요정보를 수집하여야 하고 필수 고객은 면밀하게 조사하여 고객이 원하는 핵심 요구사항을 구체화시켜야한다. VoC의 체계적인 분석을 지속적으로 추진한다면 단순히 고객의 불만사항을 처리해 주는 것과 더불어 현재 서비스를 이용하는 고객이 무엇을 원하는지, 고객이 앞으로 무엇을 어떻게 원할 것인지를 미리 예측해 낼 수 있기 때문에 앞으로의 동향 및 발생 가능한 문제점들에 대한 효율적인 대처가 가능해 그 의미가 크다고 볼 수 있다.

이제 더 이상 "제품만 좋으면 고객들은 언제든지 모이게 되어 있다"는 말은 사실이 아니다. 제품이 매우 귀하던 시절에나 통하던 얘기일 뿐이다. 기술의 발전으로 품질의 평준화가 이루어진 요즘에는 고객들이 단순히 제품 자체에 대해 느끼는 불만은 생각보다 크지 않다. 고객불만의 대부분은 서비스이기 때문이다. 불만의 시작은 고객과 직접 만나는 고객접점의 순간에서 이루어진다.

1. 고객만족도의 향상

① VoC관리는 고객들이 주로 원하는 것과 불만스러운 점, 아쉬운 점이 무엇인지
등에 대한 정보를 제공받아 잘 활용할 수 있어야 한다.
② 방어적인 측면에서 불만이나 클레임을 제기한 고객들의 문제를 적극적으로 해
결 할 수 있다.

2. 고객 인사이트의 확보

VoC를 고객에게 혁신적인 가치를 제공하는 데 필요한 고객에 대한 통찰력을 확보
하기 위한 적극적인 수단으로 활용할 수 있다.

그림 3 VoC의 중요성

VoC듣기는 듣기에서 끝나는 것이 아니라 고객의 불만사항을 잘 해결해주고 불만
고객의 요구를 빠르게 파악해서 우리 회사 서비스에 반영해야 하는 것이 키포인트다.
VoC는 단순히 고객불만이나 문의사항이 아니다. 관련 부서로 전달되면 그 즉시 데

이터화되어 관리되며 작게는 개선사항에서부터 크게는 제품 서비스 마케팅에 전반적인 영향을 줄 수 있다.

디지털환경이 보편화되고 인터넷, 모바일 환경 등이 활성화됨으로써, 소비자들이 보다 적극적인 의사 표현을 하고 있다. 특히 서비스 사용자의 블로그, 커뮤니티 같은 온라인 소셜을 통해 적극적으로 소비자로서의 의사표현을 하는 프로슈머가 등장했고 이들은 본인 의견을 다른 사용자들과 적극 공유하고 기업경영에 영향력을 행사하고 있기 때문이다.

 Ⅲ. 효과적인 VoC전략

1 비대면 보호자 응대

우리는 어떠한 정보를 얻으려고 어떻게 하는가? 예를 들어 이 식당이 맛있는지, 친절한지, 영업시간은 몇 시까진지 주로 인터넷에서 검색을 하게 된다. 마찬가지로 동물병원을 처음 선택할 때 인터넷에서 검색한 내용이 중요한 고려사항이 되고 있기 때문에 대부분 익명성이 보장된 상태에서 공유되는 병원에 대한 정보를 부정적인 내용이 없도록 잘 관리하여야 한다. 그기 위해서는 불만 고객 관리가 중요한데 보호자의 불만사항이 인터넷 등을 통하여 전달되는 과정에서 처음의 불만족도에 입소문이 더해지면서 불만사항과 그 처리 과정의 불만족도가 눈덩이처럼 불어나, 잠재 보호자에게 매우 부정적인 영향력을 행사하기 때문이다. 매우 적은 수의 불만 보호자가 발생한다 해도 매우 많은 수의 잠재 보호자가 영향을 받을 수 있다는 것을 항상 염두해두어야 한다. 위생을 중요시 생각하는 보호자로 예를 들어 보면 친절하고 진료를 잘 보지만 병원 환경은 노후되고 좋지 않은 것 같다는 후기를 보게 된다면, 이 보호자는 위생이 깨끗한 다른 동물병원을 알아볼 것이다. 때문에 인터넷 검색만을 통하여 동물병원의 정보를 알고 처음 연결하는 보호자가 많은 것을 염두해야 하고 처음 연결되는 직원의 응대가 동물병원 매출과 직접적인 연관이 있다는 것을 명심해야 한다.

Check point

1. 보호자의 요구를 파악하기 위하여 보호자의 성향 및 기대치를 파악한다.
2. 진료 상담 내용의 확인 및 치료 방법의 결정을 돕기 위하여 진료 내용 및 동물과 보호자의 상태를 항상 파악하고 있어야 한다.
3. 전화 상담만으로 우리 동물병원의 장점 및 차별화를 보여줄 수 있도록 전문적인 지식을 가지고 자세하지만 보호자의 눈높이에 맞게 상담한다.
4. 내원율을 높일 수 있도록 보호자와 친밀도를 유지하며 상담한다.
5. 온라인 상담 및 답변 관리도 병행하여야 한다.

VoC의 변화

VOC 1.0 고객의 이야기에 귀를 기울이다

VOC 2.0 근본적인 원인을 해결하다

VOC 3.0 말하지 않는 불만까지 찾아내다

VOC 4.0 생각지도 못한 니즈를 읽다

1.0~4.0에 대한 변화는 VoC뿐만 아니라 의료, 교육, 경영 등에서도 자주 나오는 이야기다. 이런 변화에 대한 흐름을 읽지 못한다면 조직 내에서 운영 시스템을 구축하거나 개발을 할 때 좋은 통찰력을 얻을 수 없다.

병원의 현재, 현 상황에 맞춰 정확한 분석을 통해서 필요한 부분에 대해 기반을 잡고 적극적으로 VoC를 처리하는 과정을 겪으면 조직은 성장한다. 과거에는 현장에서 당장 닥치는 일만 해결하면 끝나는 경우가 많았다면 이제는 일이 발생하면 처리과정과 함께 해결하는 것에 중점을 둔다.

그림 4   VoC전략

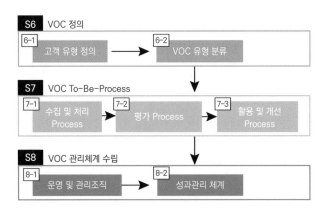

출처: 한국능률협회 컨설팅 KMAC

VoC전략은 파트, 부서별 정해놓은 목표에서부터 해당기업 전체의 장기적인 관점에서의 목표를 생각해야 한다. VoC전략을 잘 세워야만 나아가야 할 방향을 보다 쉽게 정할 수 있고 개선사항에 대해서는 명확하게 판단할 수 있기 때문에 이 단계에서는 많은 시간과 노력을 들여야 한다.

2 VoC 사례

그림 5   세스코 VoC

공개형 VoC 게시판의 시초이자 고객의 칭찬부터 제안, 격려, 문의, 상담기능을 빠짐없이 소화해내며 친절한 고객 게시판으로 유명했던 세스코의 VoC 리뷰이다.

한때는 성지순례처럼 게시판을 방문하는 네티즌들도 많았는데 해당 기업을 이용하는 고객이 아니더라도 문의내용에 상세하고 친절한 답변으로 고객과의 소통을 이어가고 있다.

제품 서비스의 VoC뿐만 아니라 고객의 개인적인 상담까지 답변을 주는 모습으로 인해 진심으로 고객을 도와준다는 것이 어필되어 인지도가 상승하고 해충 방제시장의 대표기업으로 확고하게 포지셔닝되었다.

그림 6 VoC의 단계별 변화

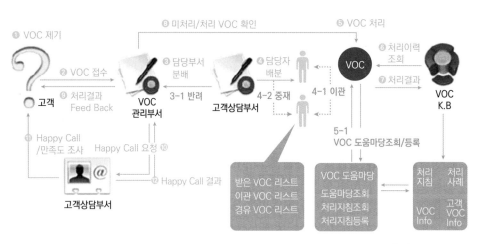

출처: dbguide.net

VoC 처리과정에 가장 정석인 사례이다.

VoC 관리시스템을 도입하여 고객불만사항을 유형별로 분류해서 VoC 발생을 미리 예방하는 사례다. 예를 들어 고객이 집에서만 통화가 자주 끊겨 A사 텔레콤의 고객센터로 전화를 걸어 시정요청을 하고 고객서비스담당자는 VoC 관리시스템에 불만유형 중 '통화품질'을 선택하여 VoC에 대한 접수를 한다. 접수 후 A텔레콤 통화품질처리부서 담당자가 VoC 관리시스템에 접속하여 불만사항이 접수된 것을 확인해 해당 불만사항을 조치예정으로 처리하고 해당 지역의 통화품질 개선을 위한 설비 증설을 요청하는 것이다.

동물병원에서는 내원하는 보호자의 의견을 들을 수 있는 소통창구를 마련해야 한다. 이를 통해 고객이 원하는 요구사항을 한눈에 볼 수 있고 고객 요구 사항을 친화도로 정리하면 체계적으로 고객 가치를 정리할 수 있으며, 서비스의 개선과 동물병원의 발전을 위한 중요한 기초 데이터로 효과적인 운영에 기여하여 유용하게 쓰여질 수 있다.

SECTION 03 의사소통

 Ⅰ. 의사소통의 개념과 중요성

1 의사소통의 개념

의사소통(cornnrrurrication)의 원래 뜻은 '상호공통점을 나누어 갖는다'로 라틴어 'cornnrrurris(공통, 공유)'에서 나온 말이다. 현재 우리들은 본인이 얼마만큼 알고 있는지보다 본인의 생각을 어떻게 표현하고, 상대방의 의견을 얼마나 잘 들어주는지가 중요한 시대가 되었다 해도 과언이 아니다. 의사소통이란 두 사람부터 그 이상의 여러 사람들 사이에서 일어나는 의사전달과 상호교류이다. 이는 어떤 개인이나 집단 사이에 정보, 감정, 사상, 의견 동을 전달하고 상호간에 전달하고자 하는 의미를 정확하게 전달하고 수용하는 과정을 통해 이루어진다. 의사소통은 언어에 의거하며 인간이 사회를 형성할 수 있는 원동력이고 또 인간으로 하여금 사회에서 삶을 영위할 수 있게 하는 방안이기도 하다. 특히 직업생활에 있어서의 의사소통은 공식 조직 안에서 이루어지는 관계 행위이며, 조직의 생산성을 높이고, 사기를 진작시키고, 설득하려는 것이 주된 목표라고 할 수 있다. 의사소통은 언어적인 표현과 비언어적인 표현으로 나눌 수 있다. 언어적 표현의 요소는 말의 내용이며, 비언어적 표현의 요소는 시각적, 청각적 요소라 할 수 있다. 들리고, 보이는 것을 통해 설득된다는 이야기다.

상대방에 대한 인상과 호감을 결정하는 데 있어 언어보다 비언어적 요소인 시각과 청각이 더 큰 영향을 받는다는 연구결과가 있다. 이는 호감을 결정하는 요소 중에 목소리

는 38%, 보디랭귀지는 55%의 영향을 주었지만, 말하는 내용은 7%만 작용하였다.[1]

이는 의사소통에서의 일부인 호감에 관한 연구이지만, 의사소통에 있어 비언어적인 요소가 많은 영향을 미친다는 말이다. 즉 나의 메시지가 상대에게 잘 전달되기 위해서는 눈에 보이는 것과 귀로 들리는 것에 공을 들여야 한다.

시각적 요소에선 표정, 복장, 제스처 가있고 첫인상은 시각적 정보로 인해 굉장히 많은 부분이 결정되기에 호감을 줄 수 있다. 그렇다면 비언어적 요소는 어떤 것이 있을까? 시각적인 부분은 용모, 헤어메이크업, 악세사리, 같은 것과 눈의 시선처리, 얼굴의 표정, 제스처와 같은 행동이 해당된다. 청각적인 부분은 그 사람의 목소리, 말투, 발음의 정확도, 말의 속도, 억양, 사투리나 표준어가 있으며, 언어적 요소는 전달되는 말의 내용을 의미한다. 내용의 논리성, 단어 사용, 표현 방법 등을 말한다.

비언어적 표현은 문화, 개인, 맥락에 따라 달라질 수 있다. 비언어적 신호를 언어적 의사소통과 연계하여 이해하고 해석하는 것은 고객을 이해하고 효과적인 의사소통을 향상시키는 데 도움이 된다.

2 의사소통의 중요성

개인들이 모여 조직이나 팀을 꾸려 활동할 때 그 활동을 가장 효율적으로 수행하기 위해서 구성원 간의 원활한 의사소통은 가장 중요한 일이다. 효과적이고 원활한 의사소통은 조직이나 팀의 핵심적인 요소이고 구성원 간에 정보를 공유하고 각자의 의사결정을 전달하는 중요한 수단이기 때문이다. 인간관계에서 의사소통이 중요시되는 이유는, 첫째, 일상생활에서 필수적인 대인관계의 기본이 되고, 둘째, 직무에 관련된 구성원 사이의 관계가 의사소통을 통해서 이루어지기 때문이며, 셋째, 상호간의 동의와 이해를 얻기 위한 수단이기 때문이다. 때문에 모든 사회의 가정, 학교, 직장에서도 가장 중요한 역할을 하고 있다.

그렇지만 자신들이 누리고 있는 이런 작은 공감과 교감에 대해서 당연하다고 생각하지만, 가령 대통령선거를 치를 때, 나와 친해서 투표를 하는 것도 아니며 잘 알고 있어서 투표를 하는 것도 아니다. 다만 그 사람의 말을 듣고 지지하기 때문에 투표하는 것이다.

즉 사람이 살아가면서 회사동료를 만나고, 친구를 사귀고, 사랑하는 사람에게 표현

1   Albert Mehrabian

할 때, 대부분 바디랭귀지보다는 의사소통으로 이루어진다. 이러한 의사소통을 통해 각각 다른 사람들이 서로에 대한 시각의 차이를 좁히고, 선입견을 줄이거나 제거해 나갈 수 있다. 하지만 개인들은 다양한 사회적 지위와 경험을 토대로 하고 있어, 동일한 내용을 말하더라도 각각 다르게 받아들이고 반응할 수 있다는 것을 주의해야 한다. 우리가 타인에게 일방적으로 문서 또는 언어를 통해 의사를 전달하는 것은 의사소통이라고 할 수 없다. 의사소통이란, 다른 생각과 경험을 가지고 있는 사람들이, 음성언어와 문자언어와 신체언어를 수단으로 활용하여, 서로 공통적으로 공유할 수 있는 의미와 이해를 만들기 위해 노력하는 과정이라는 점을 유념해야 한다. 그렇기 때문에 일방적인 정보 제시나 행동 지시가 아니라 공통된 이해에 도달하는 의사소통이 되기 위해서는 정확한 소통의 목적을 알고, 상호간 의견을 나누는 자세가 필요하다.

3 의사소통의 능력

의사소통능력에는 문서이해능력, 문서작성능력, 경청능력, 의사표현능력 4가지가 있다. 이 4가지는 서로 밀접하게 관련되어 있다. 이 중 잦은 의사소통능력은 문서작성능력이라고 할 수 있는데, 문서작성을 위해서는 먼저 문서이해능력이 선행되어야 한다. 뿐만 아니라 문서작성 전후에 다른 사람과 관련 정보를 검토 교환하거나 토의 토론하는 일이 필요하므로, 경청능력과 함께 의사표현능력이 요구된다.

(1) 문서이해능력과 문서작성능력

문서 의사소통능력은 업무와 관련된 일로 조직의 비전을 실현시키기 위해 문서로 작성된 글이나 그림을 읽고, 내용을 이해하고 요점을 판단하여 활용하는 문서이해능력과, 목적과 상황에 적합하게 아이디어와 정보를 전달하는 문서를 작성하는 능력을 말한다.

이러한 문서 의사소통 능력은 특히 직업생활의 대부분에서 필요한 능력이며, 전화 메모부터 계산서, 주문서, 기안서, 공문이나 보고서까지 다양한 상황에서 요구된다.

다시 말해, 문서이해능력은 직업인으로서 직무에 관련된 문서를 읽고 직무수행에 구체적인 정보를 획득하고 수집하고, 종합하고 활용하는 능력이며, 직업인이라면 반드시 갖추어야 하는 역량이다. 문서의사소통은 음성언어 의사소통보다 권위가 있고, 정확성을 기약하기 쉬우며 전달성이 높고 보존성도 크다.

(2) 의사표현능력

인간의 의사소통에서 가장 오래된 것은 음성언어를 통한 의사소통이다. 사람은 음성언어를 수단으로 하는 의사소통에 공식 비공식에 걸쳐 본인의 일생에 75%의 시간이 쓰인다고 한다. 음성언어 의사소통능력은 경청능력과 의사표현능력으로 나뉜다. 이 두 가지는 상대방의 이야기를 듣고, 의미를 파악하는 것뿐만 아니라 이야기에 적절하게 반응하면서 자신의 의사를 상황과 목적에 맞게 또 설득력 있게 표현하는 능력이며, 이 역시 일상과 직무 수행에서 꼭 필요한 능력이다. 음성언어를 통한 의사소통은 문서를 통한 의사소통보다는 정확성을 기약하기 힘든 단점이 있지만, 대화를 통해서 상대방의 감정이나 반응을 살필 수 있고, 때에 따라 상대방을 설득시킬 수 있는 유동성이 있다.

(3) 대화의 기본자세(경청)

경청능력은 타인의 말을 주의 깊게 듣고, 공감하고, 반응하는 능력이다. 듣는 방법에는 '귀를 기울이다'와 '귀로 듣다'가 있지만 경청은 '귀를 기울이다'의 의미로, 관심을 가지고 상대방의 말을 듣는 것이고, 상대방의 입장에서 상대방의 생각과 감정을 이해하는 것을 말한다.

따라서 경청의 태도로, 상대가 무엇을 느끼고 있는지를 상대의 입장에서 받아들일 수 있는 공감적인 태도가 중요하다. 청자는 자신이 가지고 있는 선입견이나 고정관념을 버리고, 상대의 태도와 관점을 받아들이는 수용의 자세가 필요하다. 또 경청을 하면, 상대를 한 인격체로 존중하게 된다. 상대의 사고, 감정, 행동을 평가하거나 판단 또는 비판하지 않고, 일단 있는 그대로 받아들일 수 있게 한다. 이해와 공감이 촉진되는 것이다. 상대와의 관계에서 느낀 감정과 생각을 긍정적이거나 부정적이어도 있는 그대로 표현할 수 있어야 한다. 성실한 마음은 상대방과의 감정의 교류 및 솔직한 의사소통을 가능하게끔 도와주기 때문이다.

성공한 많은 사람들이 경청의 중요성에 대하여 아래와 같이 강조하고 있다.

"20세기가 말하는 자의 시대였다면, 21세기는 경청하는 리더의 시대가 될 것이다. 경청의 힘은 신비롭기까지 하다. 말하지 않아도, 아니 말하는 것보다 더 매혹적으로 사람의 마음을 사로잡기 때문이다."

(4) 음성, 끊어 읽기, 톤, 억양

- 밝은 목소리, 적당한 속도, 정중함, 적절한 끊어 읽기, 친근감을 주는 톤을 유지하도록 노력한다.
- 항상 밝은 표정과 미소로 대화에 응하도록 한다.
- 음성을 낮추되 적절한 속도, 톤, 명확한 발음으로 말한다.
- 내용에 따라 띄어 말하여 내용의 전달력을 높이도록 한다.
- 말에 진심과 성의를 담아, 차분히 또박또박 부드럽게 말한다.

(5) 경청을 방해하는 요인

가령, 직장에서 회의를 하고 있는 도중에 상사와 얼굴을 마주쳤을 때, 상사가 "OOO씨 생각은 어떤가?" 하고 질문을 던지면 당사자는 얼굴에 냉수를 맞은 듯이 정신이 번쩍 들며 다른 생각을 한 것을 감추기라도 하듯이, "네, 저도 물론 찬성합니다" 하며 종잡을 수 없는 응답을 한다.

위와 같은 상황처럼 무엇이 올바른 경청을 하는 데 방해를 하는지에 대해 5가지의 나쁜 습관을 제시하고자 한다.

① 짐작하기: 상대방의 말을 있는 그대로 믿고 받아들이기보다 자신의 틀에 맞춰 단서들을 찾아 자신의 생각을 확인하는 것
② 대답할 말 준비하기: 상대방이 하는 말을 듣고 곧 자신이 바로 할 말을 생각하기에 바빠 상대방이 말하는 것을 잘 듣지 않는 것
③ 조언하기: 어떤 사람들은 지나치게 다른 사람의 문제를 본인이 해결해 주고자 한다.
④ 비위 맞추기: 비위를 맞추기 위해서 또는 상대방을 위로하기 위해서 너무 빨리 의견에 동의하는 것을 말한다.
⑤ 다른 생각하기: 상대방이 말을 할 때 자꾸 다른 생각을 하게 되며 상대방에게 관심을 기울이는 것이 점차 더 힘들어진다.

호감을 주는 표현

- 인사말 및 공손한 언어
  "좋은 아침/오후/저녁이에요!"
  "안녕하세요?"
  "부탁드립니다.", "감사합니다."

- 방해하거나 주의를 구할 때
  "실례합니다.", "죄송합니다."
  "도와주셔서 감사합니다."

- 긍정적이고 열정적
  "만나서 기쁩니다."
  "정말 환상적으로 들리네요!"
  "저는 이 기회에 정말 흥분됩니다."
  "저는 당신의 업적에 깊은 인상을 받았습니다."

- 적극적인 경청 및 참여
  "당신의 마음을 이해합니다."
  "자세히 설명해 주시겠습니까?"
  "그것은 흥미로운 이야기입니다."
  "무슨 말인지 이해했습니다."

- 공감 및 이해
  "그것은 분명 힘들었을 것입니다."
  "알려주셔서 감사합니다."

- 자신감과 응원
  "저는 OO이가 금방 회복하리라 믿습니다."
  "저희 동물병원은 아이의 회복을 위해 최선을 다합니다."

- 명확하고 간결한 의사소통
  "분명하게 말씀드리면..."
  "요약하자면 다음과 같습니다."
  "제가 제안하는 것은 이렇습니다."
  "결론적으로..."

- 긍정적인 강화 및 칭찬
  "수고했어요."
  "고객님은 훌륭한 일을 하고 있어요."
  "보호자님의 능력을 높이 평가합니다."

- 전문성을 나타내는 말
  "저희는 광범위한 치료 경험을 가지고 있습니다."
  "저희 병원은 ...에 능숙합니다."
  "저희 병원에서는 ...한 케이스에서 성공한 경험이 있습니다."
  "저는 지속적인 학습과 성장에 전념하고 있습니다."

이러한 표현들은 동물병원코디네이터 개인의 성격과 구체적인 상황에 맞추어 진실하고 적절하게 사용하는 것이 중요하다. 적극적인 경청, 공감, 자신감, 그리고 전문성을 보여주는 것은 고객에게 긍정적이고 지속적인 인상을 남기는 데 도움을 줄 수 있다.

PART 02

제4장   반려동물의 행동

제5장   반려동물의 질병

제6장   반려동물의 영양

반려동물의 행동

반려동물의 생애주기와 행동 기초상식

SECTION 01

　동물병원 실무 현장에서는 특정 연령대의 반려동물만 내원하는 것이 아니라 발정기에 있는 암컷의 배란 검사부터 임신 확인, 분만, 출생 직후의 신생 동물, 기초접종을 시작하는 사회화기의 반려동물, 사춘기와 성년기, 그리고 생의 후반전에 들어선 노령기 반려동물까지 다양한 동물환자들을 만나 볼 수 있다. 인의에서는 산부인과, 소아과, 정형외과, 요양병원 등 분과별로 진료 특성이 달라질 수 있는데 반려동물을 주로 치료하는 대다수의 동물병원은 다양한 진료과목을 종합적으로 다루기 때문에 동물의 종(species)이나 품종(breed), 연령대마다 다른 환자들의 행동 및 발달 특성, 생애 주기별로 호발하는 질환이 각기 다름을 이해하고 있어야 원활한 응대와 대처가 가능해진다.

표 1 　동물병원 내원 반려견의 내원 이유 현황 – 내원 이유 나이대별 상위 20위권

(나이대별 비율%)

순위	1살 미만	1-3살	4-6살	7-9살	10-12살	13-15살	16살 이상	총계
1	예방의학 (39)	예방의학 (16. 7)	외이염 (8. 8)	피부염, 습진 (9. 2)	피부염, 습진 (7. 4)	피부염, 습진 (6. 2)	피부염, 습진 (5. 6)	예방의학 (11. 5)
2	설사 (11. 8)	중성화수술 (6. 6)	피부염, 습진 (8. 5)	외이염 (8. 2)	외이염 (5. 6)	외이염 (5. 3)	외이염 (3. 8)	피부염, 습진 (6. 4)
3	구토 (5. 1)	설사 (6. 3)	예방의학 (7. 7)	파행 (4. 5)	파행 (4. 5)	심장질환 (5. 3)	구토 (3. 8)	외이염 (6. 3)
4	건강검진 (4. 4)	구토 (5. 9)	설사 (4. 6)	설사 (4. 5)	구토 (3. 9)	파행 (3. 5)	상부호흡기계 질환(3. 8)	설사 (5. 2)
5	상부호흡기계 질환(3.7)	외이염 (5. 5)	구토 (4. 5)	예방의학 (4. 1)	상부호흡기계 질환 (3. 7)	상부호흡기계 질환(3. 5)	신부전 (3. 8)	구토 (5)

#								
6	파행 (2. 9)	피부염, 습진 (5. 1)	파행 (3. 2)	구토 (3. 9)	건강검진 (3. 3)	호흡기질환 (3)	파행 (3. 5)	중성화수술 (4. 2)
7	식욕부진 (2. 9)	파행 (3. 6)	상처 (2. 9)	치주염 (3. 1)	설사 (3. 1)	건강검진 (3)	설사 (3. 2)	파행 (3. 7)
8	내부기생충 감염 (2. 9)	상부호흡기계 질환(3. 2)	소양증 (2. 9)	말라세치아 감염(2. 8)	예방의학 (2. 8)	구토 (2. 8)	심장질환 (2. 9)	상부호흡기계 질환(2. 9)
9	외상 (2. 2)	외상 (3. 1)	말라세치아 감염(2. 7)	외상 (2. 8)	말라세치아 감염(2. 4)	예방의학 (2. 6)	예방의학 (2. 7)	외상 (2. 7)
10	무기력 (2. 2)	말라세치아 감염(2. 2)	외상 (2. 5)	건강검진 (2. 3)	치주염 (2. 4)	설사 (2. 4)	식욕부진 (2. 7)	말라세치아 감염(2. 3)
11	피부염, 습진 (1. 5)	소양증 (2)	곰팡이성 피 부염 (2. 3)	상부호흡기계 질환(2. 1)	심장질환 (2. 2)	신부전 (2. 4)	유선 종양 (2. 7)	소양증 (2. 1)
12	상처 (1. 5)	곰팡이성 피 부염(2)	중성화수술 (2. 2)	소양증 (2. 1)	곰팡이성 피 부염(2. 1)	농피증 (2. 1)	호흡기질환 (2. 4)	상처 (2)
13	파보장염 (1. 5)	상처 (1. 8)	치주염 (2)	농피증 (1. 9)	소양증 (2)	안와 질환 (2. 1)	안락사 (2. 4)	건강검진 (1. 9)
14	코로나 장염 (1. 5)	이물섭식 (1. 8)	건강검진 (1. 7)	곰팡이성 피 부염(1. 9)	중성화수술 (1. 8)	부신피질기능 항진증(2. 1)	건강검진 (2. 1)	곰팡이성 피 부염(1. 9)
15	외이염 (0.7)	무릎골 탈구 (1. 4)	결막염 (1. 7)	결막염 (1. 9)	상처 (1. 8)	치주염 (2)	부신피질기능 항진증(2. 1)	결막염 (1. 5)
16	말라세치아 감염(0.7)	건강검진 (1. 4)	무릎골 탈구 (1. 7)	무릎 탈구 (1. 7)	유선 종양 (1. 8)	식욕부진 (2)	상처 (1. 8)	이물섭식 (1. 5)
17	소양증 (0.7)	결막염 (1. 4)	상부호흡기계 질환(1. 5)	상처 (1. 6)	각막염 (1. 6)	유선 종양 (1. 8)	안와 질환 (1. 8)	무릎골 탈구 (1. 3)
18	무릎골 탈구 (0.7)	발치 (1. 1)	이물섭식 (1. 5)	중성화수술 (1. 5)	안와 질환 (1. 5)	말라세치아 감염(1. 9)	외상 (1. 5)	치주염 (1. 2)
19	호흡기질환 (0.7)	임신 (1. 1)	임신 (1. 4)	이물섭식 (1. 3)	호흡기질환 (1. 4)	발작 (1. 7)	소양증 (1. 5)	호흡기질환 (1. 2)
20	농피증 (0.7)	귀 소양증 (1)	귀 소양증 (1. 3)	종괴 /결절 (1. 2)	농피증 (1. 4)	소양증 (1. 5)	곰팡이성 피 부염(1. 5)	농피증 (1. 1)
21	기타 (12. 5)	기타 (26. 7)	기타 (34. 3)	기타 (37. 5)	기타 (43. 5)	기타 (42. 7)	기타 (44. 5)	기타 (34. 1)

출처: 농촌진흥청 2018년 보도자료

Ⅰ. 생애주기

동물은 생애주기에 따라 정신적, 신체적 발달과정을 거치게 된다. 사람의 경우를 예로 들면 신생아와 영유아, 어린이와 청소년, 성년과 노인에 이르기까지 생애주기마다 대표적인 특성을 가지며, 특성에 맞춰 교육 방법도 달라질 뿐만 아니라 나이대별 신체 상황에 맞는 건강관리 프로그램에도 차이점이 있다. 사람의 기대수명을 100세까지로 본다면 개의 경우는 평균 15세까지 기대할 수 있다. 개는 사람에 비하여 생체시계가 매우 빠르게 흘러가기 때문에 생애주기별 발달과정과 노화도 급속히 진행될 수밖에 없는데, 사람의 생후 3개월과 개의 생후 3개월은 많은 차이가 있다. 흔히 반려인들은 생후 3개월령의 강아지를 대할 때 100일 된 사람의 아기와 동일시하는 경우를 종종 볼 수 있는데, 동물의 발달과정을 이해하지 못하면 잘못된 의인화와 지나친 과잉보호를 하게 되면서 그 시기에 필요한 경험과 교육을 제대로 하지 못하는 상황을 마주하게 된다. 이는 반려동물의 다양한 문제행동의 발생 원인이 될 수 있다.

그림 1 사람들은 반려동물을 아기라고 생각하는 경향이 있다

1 개(Canine)

(1) 신생기(출생 직후부터 생후 약 2주까지)

출생 직후에는 눈과 귀가 닫혀있다. 어미 개의 초유는 출산 후 약 24~72시간 동안 분비되는데 신생 자견은 이때 분비되는 초유를 통해 모체이행항체를 획득하여 면역을

얻는다. 스스로 체온을 조절하는 능력이 미숙하므로 저체온으로 인한 폐사가 발생하지 않도록 보온에 각별히 신경을 써야 하며 적정 실내 온도는 약 24도 정도를 유지하는 것이 좋다. 이 시기에도 후각과 촉각은 발달되어 있으므로 일상에서 Mild한 Stress나 약한 자극을 주는 것은 생존력 향상에 도움이 되며, 이러한 자극은 성장 후에 사람과의 원활한 사회화나 핸들링에도 영향을 준다.

어미는 자견의 생식기를 그루밍(Grooming)하여 배변과 배뇨를 유도해 주는데, 만약 어미가 돌보지 않는 경우 사람의 적절한 개입이 필요하다. 개는 스스로 생존이 가능하기까지의 시간이 오래 걸리는 만성성 동물이기 때문에 어미의 돌봄이 부족한 경우 인공 포유를 실시하고 수유 후에는 생식기를 부드럽게 자극하여 배뇨와 배변을 인위적으로 유도해 주어야 한다. 그렇지 않은 경우 신생 자견의 생존율은 매우 낮아진다.

(2) 이행기(생후 2~3주)

닫혀있던 눈과 귀가 열리기 시작하면서 희미하게 시력과 청력을 획득한다. 따라서 이 시기에는 행동 신호와 소리신호를 사용하여 의사소통이 가능하며, 어미의 도움 없이 스스로 배변, 배뇨를 하는 능력을 가진다. 한 배에서 같은 날 태어난 형제들 간에 특별한 의미가 없는 놀이 활동을 하기도 한다.

(3) 사회화기(생후 3주~약 12주)

우리는 누군가를 만나면 그 사람의 사회성이 좋다거나, 사회성이 부족하다는 평을 하기도 한다. 반려동물들도 마찬가지로 생활환경에 잘 적응하는 경우와 그렇지 못하고 다양한 행동 문제를 일으키는 경우를 흔히 볼 수 있다. 이런 사례가 증가하면서 최근 방송 매체에서는 동물의 행동 문제를 다루는 프로그램이 다양하게 방영되게 되었고 사람들의 관심도 점점 높아지고 있다. 행동 전문가들은 문제행동을 하는 동물이 과거에 어떤 경험을 했었는지가 매우 중요하며, 개체마다 가지는 선천적인 기질을 이해하고 그에 맞춘 선제적 교육이 필요하다고 입을 모은다. 동물의 생애주기에서 이러한 문제행동 예방 교육의 효과를 가장 극대화할 수 있는 핵심적인 시기가 바로 "사회화 시기"인데 이 사회화 시기는 특히 사회성 및 성격 형성에 있어서 매우 중요한 시기이므로 특별한 노력을 쏟을 필요가 있다. 개의 경우 생후 3주에서 생후 12주까지를 1차 사회화 시기로 보는데 그들이 속한 사회에서 잘 적응하기 위한 규칙을 배우는 결정적인 시기이다. 강아지들은 어미나 반려인을 모방하거나 시행착오를 겪으며 다양한 생존 방법을 학습하게 되는데 무리에서 사회화는 동배 또는 사람과 상호작용을 하면서 행동에 따른 반응과 결과를 경험하며 학습하게 된다. 이때 경험하는 대상 또는 자극에 대하여 긍정적인 경험을 많이 할수록 성장 후에도 원만한 성격을 형성하게 되고, 반대로 부정적인 경험이 많았거나, 자극에 대하여 지나친 공포를 경험한 경우 트라우마로 남게 되어 성장 후에도 지속적으로 영향을 미치게 된다. 부정적인 경험이 많아질수록 소심하고 겁이 많은 성격을 갖게 될 가능성이 높아지는 것이다. 이런 아이들은 자신과 무리를 지키기 위해 위험하다고 판단되는 상황이나 자극을 회피하려 하고 위험한 상황을 무리의 구성원들에게 알리기 위해 경계를 강화하고 과도하게 짖기도 하며 위협적인 대상을 제거하기 위해 공격적인 모습을 보이기도 한다.

(4) 사춘기(생후 약 4개월~12개월) – 견종 또는 개체마다 시기적인 차이는 있을 수 있다.

1차 사회화 시기에 습득한 정보들은 약령기에 경험하게 될 자극에 어떤 반응을 보일 것인지를 판단하는 기준점이 된다. 이 시기에는 과거에 한 번도 경험하지 못했던 자극을 만났을 때 두려워하는 반응을 보이기 때문에 '두려움기'라고도 이야기한다. 점점 몸집이 커지면서 힘이 세지고, 마주한 상황에 대하여 스스로 판단하고 행동을 결정하기 시작하는 시기이므로 나름대로 고집이 생기기 시작한다. 생활환경에서 규칙과 구성원들 간의 규칙을 일관되게 적용하지 않는 경우, 이런 상황은 반려동물에게 큰 혼란을 주게 되고 결국 제멋대로 행동하게 만드는 원인이 될 수 있으며, 이런 행동이 문제행동으로 연결되기도 한다. 동물병원에 근무를 하다 보면 종종 이 시기에 들어선 반려견들을 양육하는 보호자들이 파양에 대한 고민을 하는 경우를 볼 수 있는데, 1차 사회화 시기에 부적절한 경험이 있더라도 사춘기에 교정하는 것이 불가능한 것은 아니므로 행동이 고착화되기 전에 행동 전문가의 상담을 받아보는 것을 추천한다. 반려동물은 평생이 사회화 시기임을 염두해 두고 지속적으로 교육과 강화를 해주어야 하며, 어릴 때 형성된 긍정적인 습관이 소거되지 않고 잘 유지될 수 있도록 칭찬과 보상을 지속하는 노력이 필요하다. 사춘기에도 사회화시기와 마찬가지로 처음 접하는 상황과 자극에 대하여 두렵고 공포스러운 경험이 트라우마가 되지 않도록 순차적으로 적응시키면서 기분 좋은 경험과 연결될 수 있도록 노력을 지속하는 것이 중요하며 복잡한 운동 패턴과 학습이 가능한 시기이므로 학습의 난이도를 서서히 높혀 체계적인 교육이 가능하다. 시기별 적절한 교육은 보호자와 반려견의 유대감과 신뢰를 강화하고 사회

규칙 및 보호자의 신호를 이해하게 되면서 사람과 동물 간의 소통의 문제로 발생하는 대부분의 문제를 예방하는 데 많은 도움을 줄 수 있다.

(5) 성년기(생후 12개월 이후)

대부분의 견종은 이 시기에 신체적인 성장이 끝나게 된다. 이전에 경험을 토대로 행동이 고착화되며, 이 시기 이후로는 행동 교정이 불가능한 것은 아니지만 예전보다 조금 더 많은 시간과 노력이 필요하다. 성견이 되면 나이가 들수록 어릴 때 하던 의미 없는 놀이 행동과 호기심이 점점 감소하게 되고 활동량도 다소 줄어든다. 완전히 성 성숙이 이루어지고 생식능력을 갖추게 된다.

(6) 노령기(7세~10세 이상) - 신체의 크기, 견종이나 개체마다 시기적인 차이가 있다.

신체의 노화가 시작되는 나이로 기관계의 기능 및 운동능력의 저하가 나타난다. 후각, 미각 등의 감각기능이 서서히 저하되어 식욕이 감소하기도 하고 청각이나 시각의 저하는 사물과 자극에 대한 반응 속도를 늦춘다. 종종 인지기능에 문제를 호소하는 경우도 있다. 이 시기에는 노령성 질환이 점차 발생하기 시작하면서 동물병원에 내원하는 일이 잦아지는데 질병이 없더라도 건강검진을 통한 질병 조기 발견과 신속한 치료를 위해서 검진 주기가 점점 좁혀진다.

최근 반려동물과 관련된 연구가 다양해지고 동물의료기술이 발달함에 따라 반려동물의 평균 수명은 점점 늘어나고 있으며 인지기능 장애 치료약물 개발과 인지능력 향상을 위한 재활 운동에 대한 연구 자료들이 발표되면서 반려동물의 수명과 삶의 질을 개선하고자 하는 노력이 계속되고 있다. 노령기에 접어들면 노령성 질병 예방 및 노화 관리 차원에서 세포의 산화 손상을 방지하기 위해 항산화제 등 다양한 기능성 영양제를 급여하게 되는데 동물 의료 전문가의 추천을 통해 체계적으로 관리를 원하는 보호자들의 요구(Needs)가 증가하는 추세이다.

2 고양이(Feline)

(1) 신생기(출생 직후부터 생후 약 1주까지)

출생 직후에는 눈과 귀가 접혀있고 마르지 않은 탯줄이 붙어있다. 탯줄은 이틀 후에는 마르고 4~5일이 경과하면 떨어진다. 어미 고양이의 초유는 출산 후 약 24~72시간 동안 분비되는데 신생 자묘는 이때 분비되는 초유를 통해 모체이행항체를 획득하여 면역을 얻는다. 신생기에 체온은 약 35℃~36℃로 정상체온(38.5℃)보다 낮으며 스스로 체온을 조절하는 능력이 미숙하므로 보온에 각별히 신경을 써야 한다. 일반적으로는 어미가 품어주면서 체온을 유지하지만 어미의 돌봄이 미숙한 경우 실내 온도를 따뜻하게 맞춰준다. 아직 청각과 시각이 발달하지 않았으므로 어미가 내는 Puring(골골송)의 저주파를 감지하여 어미의 위치를 찾는데, 반면 새끼는 우는 소리를 내어 어미에게 자신의 위치를 알린다. 어미 고양이는 후각정보를 통해 새끼를 감지하므로 어미 고양이와 보호자 사이에 아직 깊은 신뢰가 형성되지 않았다면 새끼고양이를 만지지 않도록 한다. 새끼의 몸에 다른 냄새가 묻어 있으면 자기 새끼를 인지하지 못하거나 양육환경이 위험하다고 느끼면서 사람이 찾을 수 없는 곳으로 보금자리를 옮기기도 한다.

(2) 이행기(1주~3주)

출생 직후 새끼 고양이는 빠르면 생후 5일부터, 보통 8일~12일경이 되면 눈을 뜨기 시작한다. 귀는 여전히 접혀 있지만 안쪽 통로는 열리기 시작하고 눈을 뜨기 시작하면 서서히 시력이 발달하게 된다. 생후 약 2주가 지나도 눈을 뜨지 않는다면 눈곱, 발적, 형태 등 눈의 이상 증상을 확인해 보아야 한다. 눈 뜰 시기가 되지 않았을 때 절대로 억지로 눈을 뜨게 해서는 안 된다. 이 시기까지는 주로 잠을 자는 시간이 대부분이다. 약 3주령까지는 어미가 생식기와 항문을 핥아주면서 대소변을 유도하므로 어미의 돌봄이 적절하지 않은 경우 부드러운 티슈로 자극하여 배변 배뇨를 유도해야 한다.

(3) 사회화기(3주~9주)

고양이는 개에 비하여 1차 사회화 시기가 일찍 종료된다. 개의 1차 사회화 시기가 약 12주까지라면 고양이는 9주에 사회화 시기가 종료된다. 따라서 사람과 함께 평생을 살아갈 반려묘로 길들이고자 한다면 사회화를 서둘러야 한다. 평균 생후 3주가 되면 앞니가 먼저 나게 되고 접혀있던 귀가 퍼지기 시작한다. 시각, 청각, 후각이 발달하면서 주변 환경을 인식하고 활동성도 점차 늘어나기 시작한다. 스스로 체온조절이 가능해지지만 완벽하지는 않다. 하지만 위험한 시기는 지났다고 볼 수 있다. 생후 5~6주가 되면 이유식을 시작하도록 한다. 1일 3회 불린 사료나 습식 사료를 급여하고 스스로 마실 수 있는 물을 그릇에 담아 준다. 이 시기에는 스스로 배변이 가능하므로 고양이 화장실을 준비해 주어야 하며 생후 6주령부터는 사냥놀이를 시작하기 때문에 움직이는 물체에 호기심을 가진다. 사람과 상호작용하는 법을 배우고 사람이 주는 음식과 손길에 점차 익숙해질 수 있도록 기분 좋은 Touch를 자주 해주어야 한다. 자칫 사람의 손을 놀잇감으로 인식하면 무는 버릇이 고착화될 수 있으므로 스킨십과 놀이는 명확하게 구분하고 하면 안 되는 행동을 가르친다. 놀이는 장난감을 움직여 유도할 수 있도록 한다. 이 시기에 사람이나 환경, 다양한 사물에 대하여 긍정적인 인상이 형성되어야 하는데 어미의 행동을 관찰하고 모방하는 측면이 있으므로 가정에서 출생한 경우 어떠한 대상을 접촉하였을 때 불쾌한 자극이 주어지는 것이 아니라면 사회화는 어렵지 않다. 다만 사람과 친하지 않은 야생 고양이의 새끼라면 이 시기에 어미를 통해서 사람을 경계는 모습과 독립적인 생존 방법을 학습하게 되면서 이후 반려묘로 키우더라도 손길을 거부하거나 사회성 있는 모습으로 성장하는 것에는 어느 정도는 한계가 있다. 고양이는 사회화 시기에 경험해 보지 못한 것에는 성장 이후 심한 거부 반응을 느끼는 경우가 많아 이 시기에 최대한 다양하지만 긍정적인 경험을 할 수 있도록 의도적으로 노력할 필요가 있다.

(4) 약령기 (9주~12개월) (개: 사춘기)

어미 고양이의 도움 없이 음식을 섭취하며 독립적인 생활이 가능하다. 예방접종이 필요한 시기이므로 본격적으로 이동장 교육을 시작하는 것이 좋다. 고양이는 영역 동물이므로 집이라고 여기는 이동장 안에서 장소를 이동하는 것을 더 편안하게 여긴다. 만약 이동장 없이 외부 공간이나 동물병원에 방문했을 때 낯선 냄새와 소음에 놀라게 되면 갑자기 흥분하여 도망가는 상황이 발생한다. 고양이를 데리고 이동 시에는 잠금장치가 있는 이동장 사용이 필수이며 천 소재의 이동장 또는 외부의 시각적인 자극이 많은 투명한 이동 가방은 부적절하다. 이동 가방의 입구가 지퍼로 개폐되는 경우도 고양이가 내부에서 지퍼에 발톱을 걸어 스스로 열고 나오는 경우가 있어 위험하다. 이동장 뚜껑과 바닥면이 볼트로 체결된 것은 외부에서 쉽게 열기 힘들기 때문에 신속하게 뚜껑을 분리할 수 있도록 조립된 플라스틱 이동장을 사용하는 것이 좋고 진료 시에는 고양이가 이동장 안에서 머무르는 채로 뚜껑만 열어서 진료를 받는다면 자신의 체취가 묻은 공간에 있기 때문에 훨씬 안정감을 느낀다. 생후 5개월령이 되면 성호르몬의 분비가 증가함에 따라 암컷 고양이는 발정기에 접어들면서 짝을 찾는 울음소리를 내기도 하는데 이 시기에는 임신이 가능하더라도 아직 신체의 성장과 완전한 성 성숙이 이루어지지 않았으므로 임신과 출산은 아직 위험할 수 있다. 수컷 고양이는 남성호르몬 분비가 시작되면서 성 성숙에 따라 특정 장소마다 영역표시를 하기도 하는데, 소변을 스프레이하며 마킹을 하기 때문에 실내에서 양육하는 경우 남성호르몬 분비가 활발해지기 전에 중성화수술을 하는 것을 추천한다. 남성호르몬에 영향으로 인해 실내에 여기저기 마킹을 하거나 지나친 공격성을 보이는 것에 대한 문제를 상당 부분 예방할 수 있다. 중성화수술은 각종 생식기 관련 질환을 예방할 뿐만 아니라 각종 문제행동 예방과 가출 예방에도 도움이 되기 때문에 만 5개월령을 전후의 시기에 중성화수술을 하는 것을 권장한다. 생후 7~8개월이 넘어가면 유치 갈이가 거의 마무리되는 시기이며 급성장기가 종료되면서 몸에서 필요한 영양분의 양이 줄어들게 되어 음식 섭취량도 줄어들 수 있는데 비만을 예방하기 위해서 나이와 체형에 맞는 적절한 음식량의 조절이 필요하다.

(5) 성숙기(생후 1년 이후) (개: 성년기)

성장기가 끝나면 성숙기에 접어들면서 어린 시절의 경험을 바탕으로 성격이 정해진다. 생소한 자극에 대해서 더욱 민감하게 반응할 수 있는데, 이 시기에는 형성된 성격이나 습관을 바꾸기가 쉽지 않다. 많은 고양이 보호자들은 고양이가 예전에 섭취해 본 적이 없는 음식이나 사료는 절대로 먹지 않는다고 이야기를 하는데, 사용해보지 않았던 모래에 대한 거부 반응도 크다고 한다.

(6) 노령기(7세~10세 이상)

고양이가 약 7세에서 10세가 되면 고령기에 접어든다. 미각, 후각, 시력, 식욕이 감소하고 노화로 인한 인지 기능 장애 증상을 보이기도 한다. 신체 노화가 진행됨에 따라 여러 가지 질병이 나타날 수 있는데, 질병의 조기 발견과 관리를 위해서 주기적인 건강검진이 필요하다. 많은 노령의 고양이들이 퇴행성 관절염 증상을 보인다. 관절 통증으로 인해 활동량이 현저히 줄어들고 보호자와의 스킨십을 거부하거나 놀이에 대한 반응이 별로 없을 수도 있다. 거의 대부분의 시간을 잠을 자거나 창밖을 바라보며 휴식을 취한다.

Ⅱ. 행동 기초 상식

1 반려동물의 유기

반려동물 유기(pet abandonment)는 사람들이 자신이 키우던 반려동물을 더 이상 돌보지 않고 내버려 두는 행위를 의미한다. 이러한 행위는 경제적 어려움이나 생활 변화, 행동 문제, 책임 회피 등으로 발생할 수 있으며, 반려동물에게 배고픔, 질병, 부상, 심리적 스트레스 등을 유발하며, 사회적으로도 문제를 발생시킨다.

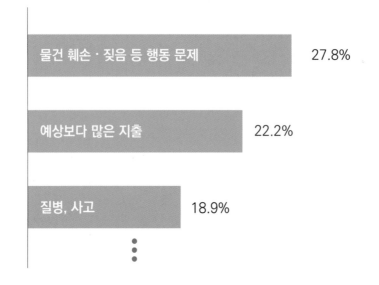

물건 훼손 · 짖음 등 행동 문제   27.8%

예상보다 많은 지출   22.2%

질병, 사고   18.9%

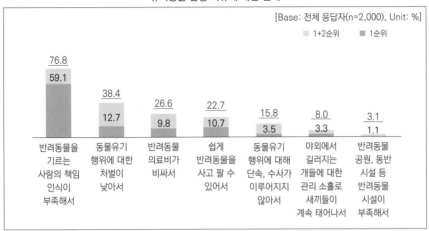

유기동물 발생 이유에 대한 견해

[Base: 전체 응답자(n=2,000), Unit: %]

출처: 동물복지문제연구소

실제 동물복지에 대한 국민 인식 조사 결과를 살펴보면 국민들은 유기 동물 발생 원인에 대하여 양육자의 책임 인식 부족이 가장 높은 수치로 집계되었다.

그렇다면 사람들은 반려동물을 입양할 때 어떠한 마음으로 입양을 결정하게 되는 걸까? 반려동물은 숨을 쉬고 스스로 움직이며, 질병에 걸리기도 하고 통증을 느끼기도 하는 동물로서, 스스로 생각하고 판단하며, 다양한 감정을 가지고 있다. 이들은 우리와 같은 생명체이다. 반려동물을 입양하는 일은 새로운 생명을 가족으로 맞이하는 일이며, 나의 자원과 거주환경을 나누어 주어야만 함께 살기가 가능하다. 동물의 종(Species)이 가진 고유한 습성은 존중하되 사람의 거주환경에 들어와 함께 생활하기 때문에 야생과 다른 환경에 적응해 가는 과정을 필요로 한다. 동물이 타고난 본능대로만 행동하지 않도록 사람 사회의 규칙을 알려주면서 교육을 통해 많은 부분 본능적인 행동을 통제해야만 하는데, 반려동물 입양자들은 그러한 기본적인 교육을 소홀히 하여 양육이 힘들어짐에 따라 동물을 유기하는 상황으로까지 연결된다. 동물 유기 발생 원인을 개인이 운영하는 동물병원과 정당한 치료비용 청구에 대한 부담 때문이라고 평가하는 것은 무리수가 있다고 보여지며, 반려동물의 기초 행동 교육이 이루어지지 않으면 통제되지 않은 본능적인 행동으로 인해 과도한 짖음과 울음소리로 인한 소음 문제, 개 물림 사고, 이웃 간의 분쟁, 집안의 기물 파손 등 현실로 다양한 문제들이 나타

나게 된다. 하지만 그보다 더한 문제는 보호자의 관리 소홀로 인해 반려동물이 섭취해
서는 안 되는 이물, 약물, 음식물 등에 의해서 반려동물의 건강에 치명적인 문제가 발
생하기도 한다는 것이다. 실제로 동물병원에 내원하는 환자들 중 다수는 보호자의 관
리 부재로 인해 발생하는 다양한 사고를 경험하게 된다. 명절이 되면 꼬치의 나무 막
대나 LA 갈비뼈를 삼키고 온 이물 섭취 환자, 기름기가 많은 튀김이나 전을 섭취해서
췌장염에 걸린 환자, 포도나 양파를 먹었거나 보호자의 가방 속에 있는 자일리톨 껌을
섭취한 환자, 보호자가 외출한 사이 약통이나 초콜릿 통을 엎어서 노즈 워크를 열심히
한 환자, 리드 줄 미착용으로 인한 교통사고나 교상 환자, 낙상으로 인한 골절환자까
지 다양한 케이스를 만날 수가 있는데 이러한 경우를 보면, 과연 동물병원의 의료 수
가가 보호자들의 동물유기에 직접적인 영향을 크게 미치는지 쉽게 판단해 볼 수 있다.
반려동물의 기본적인 양육 상식이 없는 상태에서 그저 귀엽다고 무분별하게 입양이
가능한 우리나라의 시스템과 현재 반려동물 문화가 더 큰 문제는 아닐까?

　　반려동물을 입양할 때는 내가 입양하고자 하는 반려동물이 가진 태생적인 성향과
습성을 알아야 하며, 사람과는 다른 의사소통 방법을 가진다는 것을 잘 이해해야 한
다. 또한 거주환경으로 인해 반려동물이 스트레스를 받지 않도록 환경조성 방법에 대
해 미리 숙지하여야 하며, 보호자의 거주환경과 생활패턴이 입양하고자 하는 반려동
물을 키우기에 적합한지 신중하게 고민해 볼 필요가 있다. 예를 들어 소형 아파트에
거주하고 산책할 시간이 전혀 없는 바쁜 보호자가 실내 주거환경에서 말라뮤트를 키
운다거나 몹시 추운 도시에 사는 활동적인 보호자가 매일 반려견과 산책을 함께하기
위해 치와와를 입양한다면 과연 동물복지를 고려한 건강한 반려생활이 가능한 것일

까? 사람과 동물이 함께 행복할 수 있는 방법을 찾는 것이 가장 최선의 선택이 아닐까 한다. 그리고 반려동물 입양에서 가장 중요한 마음가짐은 나와 정을 나누고 행복을 주었던 반려동물이 혹시 말썽을 피우고 몸과 마음이 아프거나, 나이가 들어 생명이 다하는 날이 오더라도 끝까지 책임지겠다는 마음가짐이 가장 중요한 것이 아닐지 생각해 본다.

2 동물의 행동과 학습 방법

(1) 생득적 행동(선천적)

동물은 출생 직후 선천적인(생득적) 행동양식이 주를 이룬다. 예를 들면 출생 직후 모유를 섭취하기 위해 입으로 빠는 행동, 앞발로 어미의 가슴을 누르는 행동, 따뜻한 곳을 찾아 어미 품을 파고드는 행동은 학습하지 않아도 생존을 위해 저절로 하게 되는 본능적인 행동이다.

반면 출생 후에 어미를 따라다니며 어미의 행동을 관찰하고 모방하게 되는데 그 결과로 따라오는 후속 자극이 자신에게 득이 된다면 그 행동의 횟수는 증가하게 되고, 해로운 결과가 따라오면 자극을 주는 대상을 기피하게 되거나 행동이 감소하게 된다. 이렇게 목표 행동 후에 어떠한 자극이 따라오는지 경험의 빈도에 따라 시행착오를 겪으면서 취해야 할 행동양식이 결정되는데, 그러한 자극이 있을 때 같이 부여되었던 다른 요소들은 연관성을 가지게 되며 학습의 결과물에 영향을 주게 된다. 이러한 경험이 누적되어 행동이 고착화되면 그것은 습관으로 자리 잡는다.

(2) 습득적 행동(학습행동/습득행동)

반려동물이 이행기에 들어서면서부터 연합과 조건화, 관찰과 모방, 시행착오 등을 거치며 후천적인 학습을 통해 행동양식이 결정된다. 이렇게 후천적 학습이 반복되면 습관으로 자리 잡게 되는데 이러한 과정을 통해 앞으로 어떠한 일들을 겪게 되었을 때 스스로 어떤 반응을 보일지에 대한 판단 기준이 되고 개체의 성격으로 형성될 뿐만 아니라 생존 방법을 터득하고 개체가 속한 사회에 적응하게 된다.

우리는 이러한 학습 원리를 이해하면 의도적인 긍정적 경험을 지속적으로 반복하여 반려동물을 교육할 수 있다. 반려동물의 본능적인 행동을 효과적으로 통제하고 사람 사회의 규칙을 익히게 하는 것은 동물과 함께하는 행복한 삶을 위해 필수적이다.

(3) 학습원리(동물의 학습)

1) 정적 / 부적

자극을 더 해주는 것을 정적, 자극을 빼주는 것을 부적이라 한다.
여기서 자극은 긍정적 자극 또는 부정적 자극이 모두 해당된다.

2) 강화 / 처벌

자극 뒤에 따라오는 행동이 증가하면 강화, 자극 뒤에 따라오는 행동이 감소하면 처
벌이라 한다. 행동학에서 처벌이라는 말은 우리가 일상적으로 사용하는 것처럼 형벌
을 주거나 혼낸다는 뜻이 아니라 행동의 감소를 말하며 반려동물이 어떠한 행동을 한
후에 긍정적인 자극이 주어지면 그 행동은 증가(강화)하고 부정적인 자극이 주어지면
감소(처벌)한다.

3) 예시

- 정적 강화: 목표 행동 직후 자극(긍정적 or 부정적)을 더 해주어 목표 행동의 빈도수
  가 증가하는 것
  - 강아지가 앉아서 기다릴 때 먹이를 주었더니 앉아서 기다리는 행동이 증가하였다.
  - 강아지가 짖을 때 안아주었더니 짖는 행동이 증가하였다.
  - 강아지가 앞발로 나를 긁는 행동을 할 때마다 음식을 주었더니 앞발로 긁는 행
    동이 늘어났다.
  - 고양이가 손가락을 무는 행동을 할 때 장난감으로 놀아주었더니 무는 행동이
    증가하였다.
  - 고양이가 새벽에 울 때마다 밥을 주었더니 새벽마다 우는 일이 늘었다.

- 부적 강화: 목표 행동 직후 자극을 제거하여 목표 행동의 빈도수가 증가하는 것
  - 낯선 방문객을 보고 강아지가 짖었더니 방문객이 돌아갔고 이후 짖는 빈도수가
    증가하였다.
  - 고양이를 양치질할 때 보호자의 손을 물었더니 귀찮은 손이 제거되었고 이후
    입으로 공격하는 빈도수가 증가하였다.

- 목줄을 씹었더니 목에 채워져 있던 줄이 제거되었고 이후 목줄을 씹는 횟수가 증가하였다.

◉ 정적 처벌: 특정 행동 직후 자극을 더 해주어 행동의 빈도수가 감소하는 것
- 강아지가 물 때 크게 소리를 질렀더니 무는 행동이 감소하였다.
- 고양이가 이동장에 들어갈 때마다 병원에 갔더니 이동장에 들어가려고 하지 않았다.
- 평소 잘 먹던 사료에 가루약을 섞어 주었더니 더 이상 그 사료를 먹지 않게 되었다.

◉ 부적 처벌: 특정 행동 직후 자극을 제거하여 행동의 빈도수가 감소하는 것
- 반려견이 뛰어오를 때마다 등을 돌리고 관심을 주지 않았더니 뛰어오르는 행동이 감소하였다.
- 놀이 중에 손을 깨물어서 놀이를 중단하고 가버렸더니 손을 깨무는 행동이 감소하였다.
- 먹이를 달라고 조르는 행동을 할 때 관심을 주지 않았더니 조르는 행동이 감소하였다.

SECTION 02 행동의 분류와 이해

 I. 행동의 분류와 이해

1 정상행동

동물의 정상행동이란 동물의 종(種)이 생존과 후대에 번식 및 적응에 유리하도록 주어진 환경변화에 적응된 보편적인 행동을 말한다.

2 이상행동

동물의 종(種)으로서 본래 가지고 있지 않은 행동이 발현되는 것으로 비정상적인 행동을 보일 때 이상행동으로 분류한다.

3 문제행동

동물의 종(種)에 따른 정상적인 행동양식(Repertory)에 속하지만 행동의 빈도가 너무 많거나 적어서 인간사회와 협조되지 않는 행동을 말한다. 누군가는 문제를 인식하는 주체가 있다면 문제행동에 속한다. 비정상적인 행동이더라도 동물 스스로에게 해가 되지 않거나 인간사회에서 문제라고 인식하지 않는다면 문제행동으로 정의하지 않는다. 또한 이상행동을 보이거나 누군가에 의해 문제로 인식된다면 문제행동의 범주에 포함될 수 있다.

Ⅱ. 개의 의사소통

개들은 언어를 통한 의사 표현을 하지 않는다. 개들은 크게 3가지 방식으로 의사소통을 할 수 있는데 청각신호, 시각신호, 후각신호로 나눌 수 있다. 서로 가까이 있는 경우 눈으로 볼 수 있는 시각신호로써 행동으로 표현하여 의사전달을 하고 상대가 멀리 있는 경우는 소리를 내어 신호를 주고받거나 냄새를 통해서 서로를 인식하기도 한다. 사람과 개는 의사소통 방식이 달라 서로 소통이 잘 되지 않으면 서로 의도를 오해하기도 하는데, 동물들과 잘 소통하기 위해서는 사람이 동물의 언어를 배워서 이해하고 우리의 방식도 알려줄 필요가 있다. 개들의 의사소통 방법을 알아보자.

1 시각신호(Body language)

만약 우리가 해외에 갔다고 가정했을 때 현지인의 언어를 잘 모른다면 몸짓을 이용하여 소통을 시도한다. 몸짓으로 표현을 했을 때 상대는 눈으로 받아들인 정보를 바탕으로 내가 어떤 것을 표현하고 싶은지 어느 정도는 이해할 수가 있는데, 이러한 의사전달 방법을 Body language라고 부른다. 문화적 차이에 따라서 동일한 행동이라도 일부 국가에서는 다른 뜻으로 통용되는 경우가 있는데, 이러한 경우 전달하고자 하는 의미를 상대가 오인하여 오해가 생기기도 한다.

Body Language

최고/칭찬: 대부분의 국가들
숫자 1: 프랑스, 독일, 헝가리
거절/무례함: 호주

예를 들면 엄지를 하늘로 치켜든 손짓은 대부분의 국가에서 칭찬의 의미를 담고 있지만 프랑스, 독일, 헝가리에서는 숫자 1을 나타내는 의미를 가지고, 또 호주에서는 거절한다는 뜻, 또는 무례한 표현일 수 있다. 이렇게 국가에 따라 같은 행동이라도 다른 뜻을 가지고 있는 것처럼 동물들도 종(種)마다 다른 표현 방법과 의미를 가질 수 있는

데 특히 사람과 개는 다른 종(種)이기 때문에 사람이 그들의 언어를 이해하기 위해서 노력해야 한다. 동물병원에서 근무를 하다보면 스스로 말을 하지 못하는 동물환자들의 불편함을 찾아 돌봐야 하는 경우가 많은데, 간혹 보호자님들도 평소와는 다르게 행동하는 반려견의 상태를 이해하지 못하는 경우가 있기 때문에 동물병원코디네이터가 최대한 정확하게 파악하여 중재자의 역할을 해야 할 필요가 있다.

동물의 행동 시그널은 신체의 한 부위만 보고 그 의미를 판단하는 것이 아니라 몸 전체를 보고 파악해야 한다. 행동을 관찰할 때는 나무를 보는 것이 아니라 숲을 봐야 한다는 의미다. 예를 들어 개가 꼬리를 치고 있다고 해서 무조건 기분이 좋은 상태라고 섣불리 판단해서는 안 되며, 귀와 수염의 방향, 몸의 무게중심, 입과 혀의 모양, 눈의 모양, 털의 모양까지 전체적으로 정보를 수집하여 판단하여야 한다. 개가 꼬리를 치고 있지만 때로는 사냥감을 발견하였거나 상대를 공격하기 직전의 신호로 파악될 수도 있는데, 이때는 빠른 판단을 통해서 사고를 방지하고 동물환자를 좀 더 안전하고 협조적으로 진료를 받을 수 있도록 해야 하기 때문에 정확한 이해가 필요하다.

(1) 공격 전 자세

전투가 필요한 순간에는 상대에 대해서 최대한 많은 정보를 받아들여야 하기 때문에 귀가 앞으로 향하고 있다. 언제든지 앞으로 달려 나가기 위해서 신체의 무게중심이 앞쪽으로 쏠려있으며 상대에게 덩치가 커 보이고 자신감 있어 보이기 위해 등에 털이 세워져 있고 꼬리도 하늘을 향해 꼿꼿이 세워져 있다. 그런데 이때 상대가 눈을 피하거나 고개를 돌리지 않으면 싸움이 시작될 수 있다. 견체의 특성상 귀가 아래로 쳐져 있거나 태생적으로 밥 테일(Bob tail)인 경우, 단미를 하는 견종은 정확한 Body signal을 파악하기가 어렵다. 동물들끼리 이러한 자세로 마주보고 있다면 싸움이 발생할 수 있으므로 누군가 상황을 중재하여야 한다. 대기공간을 분리해서 접촉을 막거나 사람이 동물 가운데 끼어들어 시각 정보를 차단하여 싸움을 중재한다. 간혹 사람에게 이러한 모습을 보이는 경우가 있는데 사회화 교육의 부재, 보호자의 리더십 결여로 인해 이러한 행동을 보인다. 무리와 외출했을 때, 또는 가정에서 스스로 우위에 있다고 인지하고 있는 반려견에서 이러한 행동을 볼 수 있다. 보호자보다 앞에 나서서 낯선 사람이나 동물에 대한 경계심을 보이며 공격적인 모습으로 힘의 우위를 과시하기도 한다. 보호자에게 리드줄을 놓치지 않도록 주의를 주고 필요시 입마개와 같은 보호장구를 착용시킬 수 있도록 하여 위험 요소를 차단한다. 이런 반려견들은 강제로 제압하려고 하는 경우 생존에 대한 위협을 느끼기 때문에 매우 심하게 저항하기도 하고, 독립심이 강한 성격일수록 행동을 컨트롤하기가 쉽지 않다. 중성화되지 않은 수컷은 남성 호르몬의 영향으로 이러한 경향이 나타날 가능성이 높아진다.

(2) 두려운 자세

두려워하거나 경계를 할 때 몸을 낮추고 최대한 웅크리면서 꼬리를 뒷다리 사이로 말아 넣는다. 꼬리가 짧은 견종이나 단미가 되어 있는 경우 쉽게 확인이 어렵기 때문에 가장 빨리 알아차릴 수 있는 시그널은 눈동자의 위치이다.

몸을 낮추고 시선을 상대에게 향하고 있을 때 눈동자 아래에 흰자가 보이면서 눈을 위로 치켜뜬 모습을 고래눈(Whale eye)이라 부른다. 어딘가에 몸을 숨기고 있거나 보호자에게 몸을 의지하고 있을 때는 눈의 모양이 이렇다면 어느 순간 공격성을 보일 수 있으므로 섣불리 다가가지 않도록 한다. 특히 귀가 완전히 뒤로 젖혀져 있지 않고 나를 향하고 있는 모습을 보이는 반려견들은 동물병원 대기실이나 입원실에서 흔히 볼 수 있다. 아직 경고신호나 공격성을 보이지 않았다면 진정신호(카밍시그널)를 보여주고 경계심이 풀어지는지 관찰하는 것이 좋다. 상황에 따라 불가피하게 바로 처치가 필요한 환자라면 손을 큰 타월에 숨기고 반려견의 몸 뒤쪽으로 건네받아 안도록 한다. 겁에 질려있는 경우가 많으므로 동물환자를 최대한 달래며 안심시켜 준다. 갑자기 놀라거나 통증이 느껴지면 반사적으로 공격성을 보일 수 있으므로 가급적 안전장구(넥칼라, 입마개) 착용 후 보정하는 것을 추천한다.

(3) 수동적 공격 - 사전경고

동물은 두려운 감정이 들면 그 자리에 얼어버리거나 그 상황을 회피하려고 한다. 스트레스 상황에서 더 이상 도망갈 방법이 없다면 '궁지에 몰린 쥐가 고양이를 무는 것'처럼 투쟁하는 방법을 선택하게 되는데 이때는 위협적인 상대에게 '더 가까이 다가오면 공격하겠다'는 경고의 메시지를 보낸다. 지금 당장 공격할 의사는 없지만 이 상태가 지속된다면 언제라도 공격할 수 있는 상태이며 겁이 많은 개들에게서 주로 볼 수 있는 행동이다.

이런 개들은 윗입술을 들어 이빨을 드러내면서 콧주름을 만들고 '으르릉' 하는 소리를 낸다. 가장 큰 특징은 혀가 앞니 사이로 나와 있다. 만약 이런 상태에서 무는 행동을 한다면 자신의 혀가 앞니에 다칠 수 있다. 따라서 즉시 공격할 가능성이 낮다고 판단 할 수 있는데 바로 공격할 개들은 이렇게 혀가 이빨 사이로 나와 있지 않은 편이다. 그러나 상황이 여의치 않다면 언제든지 공격할 수 있으므로 우리는 교상이 발생하지 않도록 긴장하고 주의를 기울여야 한다. 이런 동물환자에게는 '우리가 너를 해치지 않는다.'는 진정 시그널(Calming signal)을 보여주면서 스스로 다가올 때까지 기다려주는 것이 가장 좋은데, 서둘러서 강압적으로 다가간다면 동물환자에게 트라우마를 남길 수 있고, 다음 내원 시에 더 큰 스트레스를 받게 된다. 환자의 상태에 따라 긴급한 처치가 불가피한 응급한 상황이라면 수의사의 처방에 따라 화학적 보정을 고려해 볼 수도 있다. 동물환자는 언제든지 공격 태세로 바뀔 수 있으므로 환자와 보호자, 스텝의 안전을 고려하여 안전 장구를 최대한 활용하는 보정이 필요하다. 수동적 공격성은 동물병원에서 흔히 볼 수 있는 동물환자의 모습이며, 어릴 때부터 지속적으로 사회화 교육이 이루어지지 않았다면 동물병원 환경과 스텝에 대한 두려움을 크게 느낀다. 따라서 이런 행동을 보일 수밖에 없음을 이해해야 한다. 또한 동물은 보호자의 행동과 감정에 크게 영향을 받기 때문에 보호자가 반려견에게 불안한 모습을 보이지 않도록 하고 의료진은 보호자에게 동물환자의 불안감 완화를 위해 편안한 제스쳐를 취할 수 있도록 안내를 하는 것이 필요하다.

(4) 사냥 전 자세

입을 다물고 무언가를 정면으로 응시하고 있는 경우 사냥 전 자세일 가능성이 높다. (무조건적인 것은 아니므로 전후 상황을 면밀히 따져 시그널을 파악하는 것이 중요하다.) 편안한 상태라면 입을 약간 벌리고 있는 경우가 많은데 그렇지 않다면 무언가에 집중하고 있는 것이 아닌지 살펴보아야 한다. 평소 산책할 때 작은 고양이를 쫓아가는 습관이 있는지, 다른 동물들과 잘 어울려 지내는지 보호자에게 확인이 필요하다. 이러한 모습을 보이는 동물의 크기가 크다면 사소한 접촉에도 작은 동물들에게 큰 상처를 입힐 수 있으므로 대기실 상황을 정리하는 것이 좋다. 특히 동물병원에 상주하는 고양이나 강아지가 돌아다니고 있거나 어린아이가 대기실에 함께 있는 상황은 자칫 큰 사고로 이어질 수 있으므로 주의 깊게 관찰하고 상황을 통제해야 한다.

2 청각신호

　사람들은 주로 언어를 사용한 의사소통을 하기 때문에 반려동물의 행동신호를 섬세하게 감지하는 것이 익숙하지 않다. 반려동물이 짖거나 우는 소리를 내지 않으면 보호자의 주의를 끌기가 쉽지 않은데, 결국 행동신호보다는 더 쉽게 알아차릴 수 있는 청각신호를 많이 사용하게 된다. 그러나 야생 환경에서는 성장이 끝난 동물들은 청각신호를 거의 사용하지 않는다고 한다. 반려동물이 청각신호를 더 많이 사용하는 이유는 사람에 의해 학습되었을 가능성이 높은 것이다. 특히 요구성 짖음이 잦은 반려견들을 관찰해보면 조르는 행동을 할 때 보호자를 향해 짖거나 낑낑거리는 소리를 많이 내는데, 낯선 곳에 혼자 남겨진 경우는 하울링을 하면서 가족들을 찾기도 한다. 하울링은 무리에게 자신의 위치를 알리는 것에 목적이 있다. 청각신호의 전달 방식은 소리 내는 방법에 따라 장거리, 중거리, 단거리 신호로 구분되는데 전달하는 내용에 따라 시각적 소통 방식을 함께 사용하기도 한다. 그리고 일부 품종견들은 활용 목적에 따라 더 잘 짖도록 개량되어 선천적으로 목소리가 큰 견종이 있는데, 수렵활동을 하던 견종들이 대표적이다. 사냥 시 먼 수풀 사이에 떨어진 사냥감을 찾았을 때 사냥꾼에게 표적물의 위치를 짖어서 알리는 역할을 했었다. 만약 나의 반려견의 목소리가 유달리 크고 많이 짖는다면 어떤 목적으로 개량되었는지 알아보고 선천적인 기질과 특징을 이해할 필요가 있다.

　개들은 우리가 사는 곳에 낯선 소리가 들리면 위험한 상황이라 인지하고 가족들에게 알리는 행동을 한다. 낯선 이가 영역을 침범하는 것은 위험한 상황이므로 이를 무리에 알리는 것은 개들의 생득적인 행동인데, 주거지역에서는 이러한 행동을 지나치게 하는 경우 이웃들 간에 분쟁이 발생한다. 종종 밀집된 주거지역에서 한 집의 개가 크게 짖었을 때 그 주변에 사는 다른집 개들도 따라 짖는 것을 경험한 적이 있을 것이다. 개들이 서로 멀리 있을 때는 이렇게 청각신호로 소통을 하게 되는데, 우리 집 근처에서 들리는 오토바이 소리, 자동차 소리, 발자국 소리, 초인종 소리는 모두 반려견에게 전달되는 청각신호가 된다. 낯선 소리에 이상함이나 위험함을 느낀다면 짖는 소리를 내어 가족과 주변에 알려준다.

그런데 문제는 일상적인 소리를 낯선 소리로 인지하면서 더 자주 짖는 상황이 발생할 수 있다. 이렇게 자주 짖게 되면 이웃들이 소음으로 인해 고통받게 되는데, 이런 문제를 방지하기 위해서는 반려견의 사회화기 교육이 무척 중요하다. 보호자는 1차 사회화기일 때부터 우리 주변에서 들을 수 있는 다양한 소리를 반려견에게 경험시키고 익숙해지도록 교육하는 것이 중요한데, 주변에서 다양한 소리가 들리더라도 반려견이 불안하거나 위험하다고 느끼지 않는다면 일상적으로 받아들이고 보호자에게 알리기 위한 행동을 하지 않을 것이다. 또한 보호자의 리더십이 잘 형성되어 있다면 보호자가 위험 상황을 이미 알고 있고 통제할 수 있다는 것을 느끼게 함으로써 더 이상 반려견이 나서지 않아도 된다고 가르칠 수 있다. 청각신호가 감지되면 반려견들은 귀를 쫑긋 세우거나 소리 나는 쪽으로 주의를 기울이는 행동을 보이게 되는데 이러한 행동이 시작될 때 보호자가 소리 나는 쪽의 상황을 살피고 반려견을 안심시켜 주도록 한다. 반려견은 이런 경험을 반복적으로 하게 되면서 보호자를 신뢰하게 되고, 위험을 알리기 위해 스스로 나서거나 짖는 행동을 할 필요가 없게 된다. 따라서 헛짖음 문제를 상당히 예방할 수 있다.

청각신호는 시각신호에 비해 비교적 먼 거리까지 전달되기 때문에 비록 짖는 행동은 개라는 종(種)에서 보일 수 있는 정상행동에 속하더라도 소리의 크기나 횟수가 일상생활이 힘들 정도로 지나치다면 누군가 문제시하는 사람이 나타나게 되면서, 이것은 문제행동으로 여겨질 수 있다. 이를 예방하기 위해서 적절한 교육과 보호자의 노력이 필요하다.

3 후각신호

사람보다 후각이 매우 발달한 동물들은 체취를 통해 신호를 주고받을 수 있다. 산책을 하다 길가에 묻은 다른 동물의 소변 냄새를 맡기도 하는데 후각신호를 통해 개체를 식별한다. 상대의 크기나 성별, 생식능력 상태 등을 파악하기도 하고 그곳에 자신의 대소변 냄새를 남겨 이곳에 다녀갔다는 방문 기록을 남기기도 한다. 또한 특정 장소에 자신의 체취를 남기는 것은 영역을 표시하기 위해 하는 행동인데 만약 지나치게 냄새를 맡고 대소변을 남기는 행동을 보인다면 자기 영역을 지키려고 하는 방호성이나 소유욕에 의한 집착적인 행동일 수가 있다. 이런 행동을 보인다면 다른 동물에 대한 지나친 경계심으로 인한 스트레스를 받고 있다고 볼 수 있다. 보통은 중성화되지 않은 수컷에서 이런 행동이 더 많이 나타나지만 개체의 성격에 따라 중성화된 개체나 암컷에서도 보인다. 동물병원은 특성상 많은 동물들이 다녀가게 되는데 실내 환경에 대소변을 보는 경우 깨끗이 닦는다고 하더라도 냄새의 흔적이 남게 된다. 냄새가 남은 자리는 다른 동물이 대소변을 보는 일이 반복되어 일어날 수 있어 소취제를 사용하여 냄새가 남지 않도록 깨끗이 관리하는 것이 중요한데, 간혹 스트레스를 많이 받은 동물들의 대소변에는 불안한 감정 상태를 담은 페로몬이 포함되어 있다. 따라서 다른 동물들에게도 불안한 감정을 전염시킬 수 있는 것이다. 따라서 동물병원에는 최대한 냄새가 남지 않도록 철저한 환경관리가 필요하다.

4 시각신호와 진정신호(Calming signal)

동물이 상호 의사소통을 위해 특정 행동을 보여주는 것은 시각적 신호전달 방식이다. 이런 시각신호 중 동물병원에서 동물환자를 다룰 때 특히 주의 깊게 관찰해야 할 행동 시그널이 있다. 불안한 자신과 상대에게 보내는 진정신호(Calming signal)인데 서로의 긴장감을 풀어주고 진정시키기 위한 의미의 행동 언어이다. 실제로 보호자와 상담을 하다 보면 반려견이 손만 대면 이유 없이 공격한다는 이야기를 들을 때가 있다. 신체 검사상 특별히 질병의 징후나 통증 반응이 없는데 그런 행동을 보인다면 무언가 다른 이유 때문일 수 있다. 보호자가 주는 어떠한 자극 때문에 불편함을 느꼈을 때 반려견은 진정신호를 보내 불편함을 표현한다. 그러나 보호자가 이를 인지하지 못하면 계속해서 불편한 자극을 주었을 것이다. 반려견은 보호자에게 진정신호를 보냈지만 상황이 해결되지 않는다는 것을 경험하게 되면 더 강한 경고를 하게 된다. 이빨을 드러내며 으르렁거리고 위협을 하게 되는데, 이마저도 통하지 않으면 결국 물리적으로 공격하는 상황이 발생하고 마는 것이다. 반려견이 물었을 때 보호자가 깜짝 놀라 불편한 자극을 멈추게 되고 이것은 무는 행동에 대한 보상으로 작용하게 된다(부적강화). 이런 경험이 반복될수록 진정시그널을 보내거나 사전경고를 하지 않고 공격성을 보이는 것으로 상황을 빨리 해결하려고 한다. 사전경고 없이 무는 개들이 이렇게 만들어지는 것이다.

동물들은 이렇게 불필요한 충돌과 분쟁을 방지하고 상대의 공격을 차단하며, 서로의 긴장을 완화하고 갈등을 중재하기 위해서 여러 가지 진정신호를 사용하게 되는데 개들의 행동 언어 양식은 사람과 다르기 때문에 보호자가 그 뜻을 오인하는 경우가 많다. 예를 들어 불편한 상황에서 하품을 하거나 눈을 게슴츠레 뜨는 반려견의 모습을 보고 진정시그널이라고 판단하기보다 졸려서 그런 행동을 한다고 생각한다. 동물의 진정신호는 이것뿐만 아니라 굉장히 다양한데, 특히 동물병원에서 흔히 볼 수 있는 대표적인 몇 가지 진정신호를 소개하고자 한다. 행동 신호를 알고 나면 어떠한 상황에서 그렇게 행동하는지 쉽게 관찰할 수 있는데 단순히 행동만으로 뜻을 해석하기보다 행동의 전후 상황을 파악하여 정확한 뜻을 판단하고 상황에 따른 차이를 구분할 수 있어야 한다. 카밍시그널은 한 가지 행동만 보일 수도 있지만 여러 가지 신호가 한꺼번에 나타나기도 하는데, 시각신호를 읽는 것이 익숙해지면 그들이 보내는 의미가 무엇인지 좀 더 쉽게 파악할 수 있는 능력을 가질 수 있다.

(1) 하품하기(Yawning)

반려견이 정말 졸려서 하품을 하는 경우도 있지만 상황에 따라 의미가 달라진다.

상대를 진정시키는 능동적 카밍시그널, 스스로의 긴장을 완화하는 수동적 카밍시그널이다.

감정이 격해지고 흥분한 상대를 진정시키거나 충돌이 발생할 것 같은 상황이 진정되길 원할 때 나타나는 행동이다.

(2) 코 핥기(Licking the Nose)

불안한 상황을 만나거나 심리적으로 긴장될 때 자신의 코를 핥아서 스스로 스트레스를 완화한다. 대기실에서 낯선 이가 다가오거나 진료실에서 무섭고 긴장될 때, 심리적으로 불편한 다양한 상황에서 입을 쩝쩝거리면서 코를 핥는 모습을 볼 수 있다.

(3) 앉기(Sit down), 고개 돌리기(Head turning)

상대가 갑자기 다가오거나 정면으로 시선을 응시할 때 싸울 의사가 없음을 표현함과 동시에 상대를 진정시키기 위해 행동한다. 보호자가 무서운 목소리로 혼을 내거나, 위협적인 상황이라 인식될 때 등을 보이며 앉는다. 행동 신호를 잘 사용할 줄 아는 개들은 낯선 상대를 만났을 때 서로 등을 보이며 앉는데 서로 충돌을 피하기 위한 카밍 시그널이다. 간혹 보호자는 시그널을 이해하지 못하고 동물들끼리 친해지길 바라는 마음에 정면으로 마주보도록 유도하기도 하는데, 개들은 상대가 갑자기 정면으로 다가오는 것에 대해 굉장히 무례하게 느끼므로 자칫 충돌이 발생할 수 있다. 한편 우리가 동물환자를 만났을 때 카밍시그널로서 이런 행동을 흉내 낼 수가 있는데, 우리를 낯설어하는 개를 만났을 때 조심스럽게 자리에 앉아서 고개를 돌리면 겁을 내다가도 스스로 다가와 나의 냄새를 맡고 꼬리치는 모습을 볼 수가 있다. 반가운 마음에 갑자기 다가가서 손을 뻗는 것보다는 훨씬 부드럽고 효과적인 접근법이다. 개의 이런 행동 신호는 찰나의 순간 지나가기 때문에 평소 유심히 관찰하여 시그널을 잘 파악하는 능력을 기르는 것이 좋은데 고개를 돌리는 행동은 아주 잠깐일 수도 있고 제법 긴 시간일 수도 있다.

(4) 냄새 맡기(Sniffing)

상황에 따라 실제로 냄새를 맡기 위한 목적보다는 냄새를 맡으면서 그 대상이 사라지거나 불편한 상황이 끝나기를 바라면서 상대의 관심을 다른 쪽으로 유도하기 위해 표현하는 행동 신호이다. 사람이 냄새 맡기 행동을 표현하려면 그들과 똑같이 하기보다는 자리에 쭈그려 앉아서 손가락으로 땅을 파는 행동을 보이면 된다. 반려견들이 보기에 같은 뜻으로 받아들일 수 있다.

(5) 한쪽 앞다리 들기(Lifting Paw)

동물병원에 처음 방문하여 낯설고 불안해하는 개들이 한쪽 앞다리를 들고 주위를 살피는 모습을 보인다. 새로운 환경에 도착했을 때 낯설고 당혹스러움을 표현하는 행동 시그널이다. 꼬리를 뒷다리 사이로 말아 넣거나 입을 쩝쩝거리며 코를 핥는 등 다른 행동 신호와 함께 관찰되기도 한다. 환경에 익숙해지도록 조금 시간을 두고 적응할 수 있게 배려하는 것이 좋다.

(6) 느릿느릿 걷거나 동작을 멈춤(Using Slow Movement or Stopping)

　상대의 긴장을 완화시키려는 강력한 능동적 시그널이다. 상대를 자극하지 않고 진정시키려고 하는 행동이다. 사람도 겁에 질린 개를 대할 때 이러한 시각신호를 활용할 수 있다. 큰 목소리를 내거나 빠른 동작, 갑작스러운 움직임을 피하고 천천히 움직이다가 잠깐 자리에 멈추었다가 다시 천천히 접근하는 방법으로 다가간다. 다른 진정 시그널을 함께 사용하면 효과적이다.

(7) 둘러가기(Cuving)

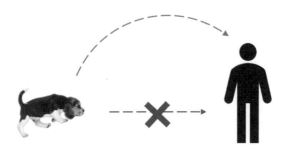

　상대에게 접근할 때 안전거리를 유지하며 옆으로 빙 둘러 돌아서 다가가는 것은 '나는 공격하거나 위협할 의사가 전혀 없으니 안심하세요.'라는 뜻을 가진다. 우리가 낯선 사람을 만났을 때 갑자기 정면으로 다가오면 위협적이라 느끼는 것과 같이 반려견들도 직선거리를 따라 정면으로 갑자기 다가가면 안전거리를 침범당했다고 느끼고 불안해하며 긴장한다. 보통 사회화가 이루어지지 않은 어린 강아지들이 다 자란 개에게 직선거리로 뛰어가서 달려들었다가 혼이 나는 모습을 볼 수 있는데 상대에게 매너 있게 다가가서 정중하게 인사하는 방법을 보호자가 가르쳐주어야 한다. 안전거리를 유지하며 다가갈 때는 정면을 응시하며 접근하기보다 바닥에 냄새를 맡으며 천천히 다가가거나 꼬리를 치며 고개를 살짝 옆으로 돌리는 등의 다른 카밍시그널과 친화행동을 함께 보이기도 한다.

(8) 앞가슴 내리기 or 놀이 인사(Play Bow)

반려견이 앞가슴을 내리고 마치 기지개를 켜듯 상체를 숙인 자세는 자신의 긴장과 스트레스를 완화하기 위한 행동이다. 또 낯선 개를 만났을 때 자신의 덩치가 작아 보이도록 하여 상대가 두려워하거나 긴장하지 않도록 하는 능동적 카밍시그널이 될 수도 있다. 예를 들면 치와와와 보더콜리가 만났을 때 긴장한 작은 치와와 앞에서 덩치가 큰 보더콜리가 몸을 낮추어 카밍시그널을 보내면 치와와가 긴장을 풀고 천천히 다가와 친해질 수 있다. 만약 사람이 이와 같은 표현을 하려면 기지개를 켜면서 하품을 하는 모습을 보여주면 된다.

이 자세는 움직임에 따라 다른 의미를 가지기도 하는데 앞가슴을 내리고 앞다리로 바닥을 치면서 양옆으로 활발하게 움직이는 행동을 보인다면 놀이 인사를 하는 것이다. 플레이보우 자세라 부른다. 엉덩이를 치켜들고 꼬리를 활발하게 치면서 상대에게 함께 놀이를 하자고 유도한다. 이러한 행동을 할 때, 사람도 비슷한 행동을 보여주면서 같은 의미를 전달할 수 있다. 다리를 벌리고 상체를 숙인 채 양옆으로 몸을 움직이면서 호응해주면 신나게 놀 생각에 즐거워하는 반려견의 모습을 볼 수 있다.

(9) 끼어들기(중재적 카밍시그널)

개 두 마리가 함께 놀이를 하던 중 장난의 정도가 지나쳐 분위기가 험악해질 때가 있다. 이럴 때 다른 한 마리가 나타나서 둘 사이를 파고들어 끼어드는 행동을 하는데, 이런 행동은 개들 사이에 충돌을 방지하고 평화를 지키기 위한 중재적 카밍시그널이다. 끼어드는 개는 고개를 돌리거나 하품을 하는 등 다른 진정신호를 함께 표현한다. 간혹 사람들끼리 언성이 높아지는 경우, 또는 어린아이들끼리 심한 몸 장난을 치거나 다툴 때도 반려견이 나타나 끼어들기 행동을 한다. 간혹 엄마가 신생아를 안고 토닥이는 모습을 보고 상황을 오해해서 엄마와 아기의 몸 사이에 끼어들기도 한다.

 Tip!　●●●

진정신호(Calming signal)를 잘 알고 파악할 수 있다면 반려견의 심리적인 긴장과 두려움을 완화하기 위해서 다양하게 응용할 수 있다. 반려견은 보호자의 행동에 많은 영향을 받기 때문에 보호자가 능동적 Calming signal을 보여준다면 반려견의 긴장감 완화에 도움이 된다. 또한 동물병원을 두려워하는 경우 긴장감이 높은 상태라고 하더라도 보호자가 '앉아, 엎드려, 기다려'를 지시하고 편안한 자세를 만들어 줄 수 있다면, 안정적일 때 할 수 있는 자세를 인위적으로 취하게 함으로써 심리적인 긴장 완화를 유도할 수가 있다. 반려견은 언제 어디서나 보호자의 지시를 따를 수 있도록 평소 다양한 장소와 상황 속에서 일반화 교육을 미리 해 둘 필요가 있다.

Ⅲ. 고양이의 의사소통

1 청각신호

고양이는 다양한 청각신호를 통해 여러 가지 감정과 메시지를 전달할 수 있다. 고양이는 주위 상황과 자신의 기분에 따라 다양한 소리를 내는데, 흔히들 '야옹' 하고 소리를 낸다고 생각하지만 훨씬 많은 종류의 울음소리가 있다. 고양이도 소리 내는 방법에 따라 단거리, 중거리, 장거리 커뮤니케이션이 가능하다. 때로는 전달하고자 하는 내용에 따라 시각신호가 더해지기도 하는데 소리와 행동을 함께 관찰하면 그 의미를 더 정확하게 파악할 수 있다. 고양이는 무리생활보다는 독립적인 생활을 하고 고양이들끼리 소리로 소통하는 일이 거의 없다. 특히 성묘가 되면 소리를 거의 내지 않는데 묘종(猫種)에 따라 선천적으로 수다스러운 고양이도 있다. 예를 들면 샤미즈가 대표적이다. 또한 사람과 함께 생활하면서 보호자의 양육 방법에 따라 후천적으로 청각신호를 더 많이 사용하도록 학습되기도 하는데, 고양이가 울 때마다 간식을 주거나 요구를 들어주는 등 보상이 제공되었다면 이러한 학습의 결과로 강화된다. 고양이들의 다양한 청각신호 중 대표적인 몇 가지를 살펴보기로 한다.

(1) 골골송 / 고로롱고로롱(Purring)

흔히 고양이의 골골송이라 표현하는 진동이 느껴지는 이 소리는 고양이가 기분이 좋고 편안한 상황에서 자주 들을 수 있다. 출산 직후 어미 고양이가 골골 소리를 내면 눈과 귀의 기능을 하지 못하는 신생기의 고양이가 어미의 위치를 정확히 찾아낼 수 있도록 돕는다. 골골 소리를 내는 고양이는 마치 새끼고양이가 어미 고양이의 옆에 있는 것처럼 편안하고 안정감이 느껴지고 긴장이 완화된 심리 상태라는 것을 알 수 있다. 그러나 몸이 아파 보이는 고양이가 골골 소리를 낸다면 이때는 편안해서 내는 소리가 아니라 불편한 몸을 스스로 회복하기 위해 내는 소리라고 볼 수 있는데 골골송은 25hz의 진동이 울리는데 이것은 사람에게 뼈나 근육조직의 재생을 돕는 효과가 있는 것으로 연구 결과가 밝혀졌으며 고양이 스스로도 신체 조직을 치유할 수 있는 효과가 있기 때문에 아픈 고양이가 골골 소리를 내며 스스로 회복하려는 노력을 하고 있다고 보여진다.

(2) 트릴링 / 우르르르(Trilling)

고양이들이 친해지고 싶거나 인사할 때, 행복한 놀이를 할 때, 좋아하는 보호자에게 인사하여 관심을 끌 때 내는 소리다. 무언가 흥미로운 대상을 찾았을 때 즐거운 마음으로 인사를 할 때 이런 소리를 내기도 한다. 고양이가 목소리를 낼 때 혀를 부드럽게 굴려 내는 소리로 짧게 "이르르르", "우르르르" 라고 들리는 소리를 낸다. 다양한 음율과 함께 또르르르 구르는 듯한 소리가 난다.

(3) 으르렁(Glowling)

고양이가 누군가에게 위협을 느껴 공격성을 나타낼 때 낮은 음으로 거칠게 으르렁 거리는 소리를 낸다. 적에게 경고를 하거나 겁을 주려고 할 때, 두려움을 느끼는 상황에서 더 이상 도망칠 수 없어 궁지에 몰린 느낌이 들 때 이런 소리를 내는데 흔히 동물 병원에서는 이동장 안에서 웅크리고 있는 겁에 질린 고양이에게서 쉽게 들을 수 있다.

(4) 하악(Hissing)

상대에게 경고하거나 겁을 줄 때 윗입술을 들어 이빨을 드러내고 입천장을 둥글게 만들어 공기가 입천장에 강하게 접촉되면서 나는 소리다. 위협적인 상황을 마주하면 방어적인 태도로 경고음을 날리는데 "가까이 오지마!"라는 뜻을 가진다. 동물병원에 내원한 고양이를 이동장 안에서 꺼낼 때, 또는 입원실에서 흔히 보이는 모습이다. 이런 소리를 낼 때 보통은 귀를 뒤로 접고 꼬리를 몸 쪽으로 말아 넣어 웅크린 상태에서 몸의 무게중심이 뒤쪽을 향해 있다. 겁에 질린 고양이는 입에서 공기를 내뱉으며 '하악!' 하고 소리를 내는데 상대가 경고를 받아들이지 않고 계속해서 접근한다면 공격을 할 수도 있다는 뜻이다.

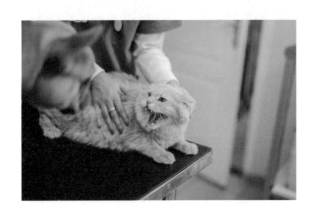

(5) 캭(Spiting)

고양이가 깜짝 놀라는 상황이나 잔뜩 겁을 먹은 상태에서 내는 소리이며 짧게 터지 듯 '캭!' 하고 소리를 내뱉는다. 캭 소리를 낼 때는 동시에 순간 앞다리로 바닥을 치기도 하고 연이어 '하악!' 소리를 함께 내기도 한다. '하악질'과 마찬가지로 상대에게 경고를 날리는 행위이므로 계속해서 접근한다면 공격성을 보일 수 있다. 고양이들끼리 싸움이 나기 직전에 이런 소리를 들을 수 있다. 마지막 경고라는 의미의 분노 메시지이다.

(6) 채터링(Chattering)

고양이가 창가에 앉아 밖을 바라보면서 새나 벌레가 날아다니는 것을 보고 이빨을 빠르게 부딪치며 "캭캭캭캭" 하는 소리를 낼 때가 있다. 고양이는 먹잇감을 발견했을 때 새나 곤충 소리를 모방한다. 장난감을 가지고 놀 때도 놀잇감이 닿을 수 없는 곳에 있다면 몹시 잡고 싶은 욕구가 생기는데 이럴 때도 채터링을 한다. 일각에서는 고양이가 움직이는 사냥감을 입에 넣고 송곳니로 숨통을 끊는 것을 상상하면서 턱을 빠르게 움직이며 내는 소리라는 설도 있다. 어린 시기에 어미가 하는 것을 보고 학습하지 못한 경우 평생 채터링을 하지 않는 경우도 있다.

2 후각신호

(1) 마킹(Marking)

고양이는 마킹(Marking)을 통해 특정 장소에 자신의 냄새를 묻혀 후각신호를 전달할 수 있다. 중성화되지 않은 수컷 고양이가 오줌을 뿌리는 스프레이 행위는 의사소통과 영역표시에 있어서 가장 적극적인 표현방식이다. 만약 중성화수술을 한 고양이가 스프레이를 한다면 이는 영역이 위험에 처했거나 불안을 느꼈을 때 감정조절을 하기 위한 수단이다. 집 밖에 낯선 고양이에게 불안을 느끼고 있다면 문이나 창가에 스프레이를 하기도 하며 새로 구입한 물건에서 낯선 냄새가 날 때 자신의 체취를 묻히기 위해서도 이러한 행동을 한다. 스프레이를 할 때 분사되는 배뇨는 일반적인 배뇨와는 다르게 소변이 더 높은 위치까지 넓게 분사되는 특징이 있다. 소변 냄새가 남아있는 자리는 반복적으로 마킹 행위를 할 가능성이 높기 때문에 냄새 및 흔적이 남지 않도록 깨끗하게 닦아야 한다.

(2) 페로몬(Pheromone)

옆 볼과 턱, 이마, 발바닥 볼록살과 항문 주변, 미근(尾根)부에서는 '페로몬'이 분비되는데 자신의 기분 상태, 성별, 생식능력과 신체 사이즈 등 다양한 정보를 전달하고 무리와 동료를 인식하는 수단이 되기도 한다. 고양이가 몸을 늘리면서 앞발로 스크래치를 하는 행위는 발톱자국을 남겨 시각적인 신호전달을 하기도 하지만 발바닥 볼록살 주변에서 분비되는 페로몬을 그 자리에 묻히기 위한 목적도 있다. 발톱 스크래치는 자신의 영역을 표시할 목적으로 하는데, 체구가 크고 강한 동물이 다녀갔다는 정보를 남기기 위해 최대한 몸을 길게 늘려 높은 곳에 발톱 자국과 페로몬 흔적을 남겨 시각신호와 후각신호를 함께 남긴다. 또한 페로몬을 통해 무리와 동료를 인식하기도 하는데 자신과 함께 지내며 한 무리를 이루는 고양이들은 몸을 비비면서 서로의 페로몬을 몸에 묻히며 친근함을 표시한다. 고양이는 아는 고양이를 만나면 코와 코를 맞대고 인사를 한 후 항문 주변에 냄새를 맡으며 서로를 식별하는데, 간혹 고양이를 여러 마리를 키우는 경우 한 마리만 목욕을 했을 때 샴푸나 보습제의 냄새 때문에 서로를 알아보지 못하는 것을 볼 수 있다. 경우에 따라 서로 분리되어 오랫동안 떨어져 지냈다면 체취가 달라지면서 마치 처음 만나는 사이처럼 낯설어하며 경계심을 표현한다. 이렇게 고양이가 후각에 예민하고 서로의 영역에 예민하기 때문에 동물병원에 내원했을 때 낯선 환경으로 인한 스트레스를 최소화하기 위해 진료실 환경과 보정 도구, 그리고 스텝의 몸과 손에서 다른 개체의 냄새가 나지 않도록 최대한 신경 써서 관리하는 것이 매우 중요하다.

(3) 셀프 그루밍(Self grooming)

타고난 사냥꾼인 고양이는 자신의 몸에 나는 냄새를 지우기 위해 틈틈이 그루밍을 하는데 고양이의 침은 냄새를 중화시키는 역할을 한다. 때문에 특히 식사를 마친 후에는 털에 묻은 음식 냄새를 지우기 위해 그루밍을 하는 모습을 볼 수 있다. 고양이의 그루밍은 털에 묻은 냄새를 제거하는 것뿐만 아니라 몸에 묻은 이물질과 빠진 털, 기생충을 제거하고 기름기와 잔여물을 처리하여 몸을 깨끗하게 관리한다. 만약 고양이가 그루밍을 열심히 하지 않는다면 구강질환에 의한 통증이 있는지 컨디션이 좋지 않은지 확인이 필요하며 너무 과한 그루밍을 하는 경우에도 고양이가 느끼는 불안함이 있는지, 최근 스트레스가 심해졌는지 살펴볼 필요가 있다. 간혹 특정 신체부위를 지나치게 핥아서 국소적으로 탈모가 생기거나 피부에 상처를 입는 경우도 있다. 고양이에게서 그루밍이란 매우 정상적인 행동이지만 행동의 빈도가 많고 적음에 따라 건강 상태를 유추해 볼 수도 있으므로 그루밍을 하는 빈도가 지나치게 달라졌다면 컨디션을 주의 깊게 관찰해야 한다.

3 시각신호와 의사소통

고양이들은 그들만의 신체언어를 사용하여 시각신호를 통한 의사소통을 하는데 개들의 행동언어와 비슷한 경우도 있지만 완전히 다른 의미를 가지는 경우도 있다. 동물의 종(種)마다 다른 소통방식을 사용하므로 고양이가 사용하는 몸짓언어를 익혀두면 그들과 친해지는 데 많은 도움이 된다.

(1) 코 맞대기(Nose touch)

반가운 상대를 만나면 코를 맞대고 인사를 한다.

(2) 머리 받기(Head bunting) & 알로러빙(Allorubbing)

　고양이가 보호자나 동료에게 머리를 부딪히거나 머리부터 꼬리까지 몸을 스치며 지나가는 것은 자신의 이마나 옆 볼, 꼬리에서 분비되는 페로몬을 묻혀 같은 냄새를 공유하는 행위이다. 이는 친근함과 유대감을 표시하는 친화행동이다. 아는 고양이를 만났을 때 이마를 부딪히거나 몸의 옆구리를 스치듯 비빈다. 고양이는 외출을 하고 돌아온 보호자의 양다리 사이를 이리저리 지나다니며 자신의 페로몬을 묻히기도 하고 머리를 부딪히며 반가움과 애정을 표시한다. 마치 강아지가 반가울 때 격하게 꼬리를 치는 것처럼 고양이는 그들의 표현방식으로 친근함을 표시하는 것이다.

(3) 알로그루밍(Allogrooming)

고양이가 서로 털을 핥아주는 것을 알로그루밍(Allogrooming)이라 하는데 특별한 애정표현이라 할 수 있다. 같은 무리에 있는 고양이들끼리 유대감을 표시하고 체취를 공유하며 현재의 평화로운 분위기를 유지하기 위한 행동이다. 일반적으로는 동물이 상대의 털을 골라주는 행동은 서열이 낮은 개체가 자신보다 우위에 있는 동물에게 정치적인 목적을 가지고 사회적 행동으로 한다고 알려져 있지만 고양이만큼은 그 반대의 의미를 가진다. 어미 고양이가 새끼고양이를 핥아주는 것도 같은 의미인데 일부 모성이 강한 고양이들은 보호자가 어리다고 느끼는 경우 새끼고양이를 돌보듯 얼굴이나 몸을 핥아주기도 한다. 때때로 힘이 비슷한 고양이들끼리 서로 핥아주다가 갑자기 공격성을 보이는 경우가 있는데 한 마리가 우위에 있다면 상대의 털 고르기 행위가 불쾌하게 느껴질 수 있다. 물론 모든 고양이가 다 똑같지는 않으므로 평소 함께 생활하는 모습과 그들 사이의 행동을 면밀히 관찰하여 판단하는 것이 좋다.

(4) 몸 맞대기(Physical contact)

여러 마리의 고양이를 키운다면 서로 몸을 맞대고 자는 것을 볼 수 있는데 서로를 자신의 신체 일부인 것처럼 친근하게 여기고 신뢰한다는 뜻이다. 보호자와 몸을 맞대고 휴식을 취하거나 잠을 자기도 한다면 마찬가지로 깊은 신뢰가 형성되어 있으므로 가능한 행동이며 자신의 사적인 영역을 공유하여도 위험하지 않다고 여기며 깊은 숙면을 취하기도 한다.

(5) 꼬리 형태에 따른 의사소통(Communication by shape of tail)

고양이들은 그들이 느끼는 감정에 따라 다양한 꼬리의 형태와 움직임을 보여주는데, 우리는 고양이의 꼬리를 잘 관찰하면 그들의 생각을 어느 정도는 읽을 수 있다. 동물의 신체언어는 한 부위만 보고 섣불리 판단해서는 안 되지만 고양이의 행동을 유심히 관찰하면 친밀함을 표현할 때와 거리를 두고 싶어 할 때, 공격성을 보일 때 어떻게 눈과 귀, 수염의 방향과 몸의 무게중심이 달라지는지, 꼬리의 모양과 위치가 어떻게 변하는지 알아차릴 수 있게 된다. 신체 언어를 이해할 때는 동물이 처한 상황과 동물의 반응을 연결 지어 관찰하면 더 쉽게 의미를 파악할 수 있다. 고양이의 꼬리가 위로 곧게 세워져 있고 꼬리 끝이 몸의 앞쪽 방향을 향하고 있다면 반갑고 친숙한 누군가를 만났다는 의미이다. 반대로 상대가 잘 식별되지 않아 낯설게 느껴진다면 꼬리의 끝이 몸 뒤쪽 방향을 향하고 있을 가능성이 많다. 낯선 공간을 탐색할 때도 이런 모양의 꼬리를 하고 있다.

고양이의 꼬리털이 힘껏 부풀려져 하늘을 향해 위로 곧게 세워져 있다면 자신의 영역에 침입자가 나타났다고 인지하여 상대에게 덩치가 커 보이기 위한 행동이다.

또한 꼬리가 지면과 수평한 상태로 있다면 무언가 눈치를 살피고 있는 상황일 가능성이 높다. 그리고 꼬리를 휙휙 휘두르고 있다면 무언가 불안하고 긴장감이 느껴진다는 의미이다. 실내에 사는 고양이가 사냥놀이를 하거나 창밖에 새나 벌레를 보다가 이런 모습을 보인다면 사냥에 대한 긴장감과 초조함을 해소하기 위한 행동일 수 있다. 만약 보호자가 쓰다듬고 있을 때 고양이가 꼬리를 빠르게 휘두른다면 짜증을 내거나 공격성을 보일 수도 있으므로 쓰다듬기를 멈추어야 한다.

고양이가 온몸에 털을 세우고 등을 구부린 채 꼬리의 뿌리만 세워 측면을 보인 자세로 서있는 모습은 "더 이상 다가오지마!"라고 말하는 것과 같다. 얼굴 표정은 겁에 질린 것처럼 동공이 확장되고 귀가 납작하게 눕혀져 있다. 이것은 수동적 공격 자세이므로 좀 더 가까이 다가간다면 공격을 할 수도 있다. 같은 자세에서 몸에 털을 세우지 않았고 얼굴에 긴장감이 없는 편안한 표정이라면 의미는 달라진다. 이렇게 등을 구부리고 옆으로 선 자세에서 통통 뛰어다닌다면 편안한 분위기에서 상대에게 놀이를 청하는 행동이다.

(6) 얼굴 표정

고양이가 귀를 뒤쪽으로 바짝 눕히고 있다면 불안함과 공포를 느끼고 있다는 뜻이다. 몸의 무게중심이 뒤쪽을 향해있고 수염이 뒤로 목을 향해 눕혀져 있으면서 동공이 크게 확장되어 있다면 겁에 질려 방어적인 공격성을 보일 수도 있다. 하지만 더 이상 도피할 곳이 없다고 느껴지면 언제든지 적극적인 공격성을 보일 수 있으므로 다가가지 않도록 해야 한다.

 ## Ⅳ. 고양이 환경조성

동물병원에는 소변을 잘 보지 못하는 증상으로 내원하는 고양이 환자를 자주 만나게 된다. 화장실을 자주 드나들지만 감자의 크기가 작다거나 화장실에 들어가서 비명에 가까운 울음소리를 내기도 하고 증상이 심한 경우 찔끔거리는 혈뇨를 본다거나 구토와 식욕부진 증상을 보이기도 한다. 이렇게 내원한 환자들은 여러 가지 검사를 통해 하부 요로기계질환(FLUTD)으로 진단되는 경우가 종종 있는데, 특히 이 질환은 고양이의 스트레스가 여러 가지 발병 요인 중 하나가 될 수 있으므로 행동학적인 관점에서 보호자가 고양이에 대하여 얼마나 잘 이해하고 있는지를 확인해 볼 필요가 있다. 고양이는 영역 동물이므로 생활하는 환경조성에 따라 조건이 적절하지 않은 경우 굉장히 스트레스를 받는다. 또한 고양이는 습관의 동물이므로 평소와 다른 미묘한 변화에도 민감하게 반응하기 때문에 환경에서 오는 스트레스는 질병을 일으키거나 여러 가지 문제행동으로 나타나게 된다. 이러한 문제 예방을 위해 사회화기에 여러 가지 경험을 통해 민감하지 않은 개체로 성장시킬 수 있다면 가장 좋겠지만 선천적인 기질의 문제나 이미 사회화기를 넘긴 고양이를 입양했을 경우 소심하고 예민하게 형성된 개체의 성격을 바꾸기는 매우 어렵다.

고양이의 사회화는 사람의 주거환경에 잘 적응하고 자극이나 환경변화에 스트레스를 최소화할 수 있도록 개체의 예민함을 줄이는 것에 목적을 둔다. 특히 고양이는 영역 동물이기 때문에 환경에서 오는 스트레스에 굉장히 민감하다.

반려묘가 사람의 주거 공간에서 함께 생활하기 전에는 야생 환경에 적응하고 살아왔었다. 야생 환경과는 달리 한정된 공간과 자극에서 비롯되는 무기력증이나 비정상적인 행동을 예방하기 위해서 다양한 자극과 변화를 주는 것이 중요한데 반려동물이 사람과 조화롭게 함께 살기 위해서는 사람의 주거 공간에 고양이의 태생적인 습성을 고려한 여러 가지 환경설정이 필요하다. 사람의 개입으로 야생과 비슷한 환경을 제공하는 것이다. 그 동물의 종(種)이 가진 고유한 행동을 표현할 수 있도록 배려하지 않으면 스트레스로 인한 문제행동이 나타나고 심한 경우 질병으로 이어질 수 있다. 따라서 동물병원코디네이터는 고양이의 생활환경 조성을 최소한 어떻게 하는 것이 좋은지 학습하고 거주환경으로 인한 스트레스를 줄일 수 있도록 보호자 교육에 활용하도록 한다.

(1) 화장실(리터박스)

고양이는 대소변을 본 후 배설물을 흙이나 모래로 덮는 습성이 있다. 고양이의 본능적인 행동이므로 특별히 배변 교육을 하지 않아도 대부분 잘 가리는 경우가 많지만 모든 개체가 그런 것은 아니기 때문에 특정 장소에서 실수가 잦다면 환경조성을 통해 실패의 기회를 줄여주고 성공했을 때 강화물을 제공하여 올바른 습관을 형성해 주는 것이 좋다. 만약 고양이가 대소변을 잘 가리다가 갑자기 실수가 잦아지는 경우는 화장실 환경설정이나 위생에 문제가 없는지 살펴보아야 하는데 그렇지 않다면 소화기나 비뇨기 건강에 문제가 없는지도 확인해 볼 필요가 있다.

화장실의 종류는 뚜껑의 존재 여부에 따라 개방형과 후드형이 있는데 개체마다 선호하는 형태가 다르다. 개방형화장실은 뚜껑을 열고 들어가야 하는 부담감이 적어 드나들기가 쉽고 세척이 간편하며 고양이의 크기에 따른 용량 제한이 크지 않다. 단점으로는 응고형 모래를 사용하는 경우 고양이가 용변을 파묻을 때 모래가 화장실 밖으로 많이 튈 수가 있고 구석지고 은밀한 곳에 숨어서 용변을 보는 고양이의 습성상 개방감이 있는 화장실 사용에 스트레스를 받을 수 있다. 또한 배변 냄새가 차단되지 않는 단점이 있다.

폐쇄형 화장실은 배변 냄새가 확산되는 것을 어느 정도 차단할 수 있고 화장실 밖으로 모래가 튀는 정도가 덜하다. 단점으로는 세척 시 번거로움과 뚜껑으로 인해 내부 공간의 제한이 있어 고양이의 체형에 따라 불편함을 느낄 수가 있다. 화장실의 크기는 고양이의 몸길이에서 1.5배 정도의 크기가 적당하며 내부에서 몸을 돌릴 수 있어야 한다. 화장실이 불편하면 용변을 다른 곳에 보는 실수를 할 수 있으므로 화장실을 선택할 때 반려묘의 성향과 체형을 고려하는 것이 좋다. 고양이는 청결하지 않은 화장실 (리터박스)을 싫어한다. 모래 청소를 자주 해주지 않으면 다른 장소에 배뇨를 하기도 한다. 오줌으로 덩어리진 모래와 배설물은 모래삽을 이용해 수시로 정리해 주고 남은 모래가 얼마 남지 않았다면 최소한 3cm 이상이 되도록 보충해 준다. 사용하던 모래는 1주일에 한 번씩 전체 모래 갈이를 해주는 것이 좋다.

고양이 보호자들은 소변으로 뭉쳐진 모래 덩어리를 '감자', 모래가 묻은 배변을 '맛동산'이라고 표현한다. 매일 감자를 캐지 않으면 고양이의 비뇨기 문제를 조기에 발견하기 어렵다. 심한 경우 배뇨장애로 인한 수신증(Hydronephrosis)과 방광파열(Bladder rupture)의 위험이 증가한다. 감자의 크기가 현저히 작아졌거나 크게 뭉쳐지지 않고 작은 방울방울로 흩어져 있다면 배뇨에 문제가 생긴 것이 아닌지 자세히 살펴보고 신속히 동물병원을 방문하여야 한다.

(2) 모래

시중에는 다양한 종류의 고양이 모래가 판매되고 있다. 고양이의 성향에 따라 특별히 가리지 않는 경우도 있지만 기존에 사용하던 모래와 향과 제형이 다른 경우 화장실 사용을 거부하는 경우도 있다. 모래를 다른 종류로 바꿔보고 싶다면 기존의 모래와 새로운 모래를 조금씩 섞어가며 고양이의 반응을 살피면서 천천히 교체하는 것이 좋다. 모래는 종류에 따라 소변이 묻으면 뭉쳐지는 응고형과 모래에 소변이 흡수되는 흡수형으로 나눠진다.

① 벤토나이트(응고형): 소변을 보면 모래가 단단하게 뭉쳐져 응고된다. 부분적으로 응고된 모래만 제거(감자 캐기)할 수 있어 청소가 간편하다. 한편 입자가 작아 고양이가 출입할 때 발에 묻혀 나오는 경우가 있어 주거 공간이 사막화될 수 있으며 무게가 무겁다. 화장실 바닥에 모래의 양이 부족할 경우 응고력이 떨어져 화장실 표면이나 털에 달라붙어 오염될 수 있으므로 넉넉하게 부어놓는 것이 좋다.

・펠릿   ・두부모래   ・벤토나이트   ・크리스탈(실리카젤)

② 두부모래(응고형): 흡수가 빠르고 응고력이 뛰어나다. 호기심이 많은 어린 고양이
는 모래를 먹어보기도 하는데 섭취해도 문제가 없다. 두부모래 특유의 향이 있어
탈취 효과가 있다. 두부모래는 입자가 굵은 편이라서 촉감이 고운 벤토나이트 모
래를 사용하다가 두부모래로 바꾸는 경우 고양이가 적응하지 못하는 경우가 있
다. 보관을 잘못하면 벌레나 곰팡이가 생길 수 있어 유의하여야 한다.

③ 크리스탈(흡수형): 수분 흡수력이 좋은 실리카젤을 소재로 하여 소변을 흡수하는
기능과 탈취 효과가 우수하다. 가루 날림이 적어 몸에 묻혀 나오는 일이 적다. 단
장시간 사용 시 흡수력이 떨어지고 잘 응고되지 않아 고양이의 소변양과 횟수를
쉽게 확인하기가 어렵다. 따라서 음수량과 비뇨기계와 관련된 질병을 확인하기
가 쉽지 않은 단점이 있다.

④ 우드 펠렛(흡수형): 벤토나이트 모래보다 가볍고 나무의 천연 향이 있어 탈취 효과
가 있다. 흡수형이기 때문에 소변이 닿으면 가루 형태로 부스러지면서 분해된다.
따라서 부스러기가 고양이의 털에 붙기 쉽다. 가격에 따라 품질의 차이가 있다.

(3) 화장실의 적정 개수와 위치

고양이는 주로 배설물을 통해 자신의 영역을 표시한다. 자신이 생활하는 영역의 경
계 자리에 마킹하여 다른 개체의 침범이나 불필요한 충돌을 방지하고자 하는데, 실내
에 사는 고양이들은 한 집에 여러 마리가 함께 생활하는 경우 사이가 좋아 보이는 고
양이들이라고 하더라도 개체마다 선호하는 구역이 나누어져 있고 함께 생활하는 공용

공간이 있다. 따라서 고양이 화장실은 마릿수보다 한두 개 더 필요하다. 고양이는 화장실이 밥그릇과 물그릇에 가까이 있으면 음식물이 오염될 수 있음을 본능적으로 알기 때문에 선호하지 않는다. 최대한 밥그릇과 떨어진 장소를 선택하고 개체마다 선호하는 공간마다 구석 자리에 하나씩 배치한다. 그리고 공용공간에 함께 쓰는 화장실을 하나 더 배치하는 것이 좋다. 간혹 한 공간에 화장실을 여러 개 배치하는 경우가 있는데 그것은 고양이의 입장에서 하나의 화장실에 변기가 여러 개 있는 것과 같은 느낌을 주기 때문에 결국 화장실은 한 개인 것으로 인식하여 여러 가지 문제가 발생할 수 있다.

(4) 스크래칭

고양이의 발톱 갈기는 본능적인 행동이다. 오래된 외피를 제거하여 발톱 건강을 유지하고 자신의 주거환경에서 잘 보이는 물체에 발톱 자국을 남김으로써 상대에게 안전한 거리 밖에서도 자신이 남긴 표시를 볼 수 있도록 하여 영역 다툼으로 인한 몸싸움을 방지한다. 본능적으로 충분한 먹이가 확보되고 안전하게 숨을 수 있는 곳에 발톱 자국을 남기는데, 발바닥에 있는 발 볼록살에서 페로몬이 분비되어 자신의 체취를 남김으로써 후각신호도 함께 전달하여 의사소통의 기능도 함께 한다. 스크래치는 발톱 자국과 후각신호를 통해 상대에게 이곳이 자신의 영토임을 확고히 하는 것이 목적이며 기분을 표현하기도 한다. 고양이가 흥분했을 때 스트레스 해소, 긴장 완화, 짜증난 감정을 해소하기도 하고 기쁜 감정을 표출하기도 한다. 스크래쳐는 고양이의 신체적, 정신적 건강에 반드시 필요한 요소이다.

고양이 스크래쳐는 다양한 재질과 모양이 있는데 고양이마다 좋아하는 재질이 다르다. 고양이는 거칠거칠한 스크래쳐에 발톱을 갈면서 발톱의 외피를 벗겨내고 몸을 스트레칭하기 때문에 벽에 붙이는 타입이나 기둥으로 된 형태는 고양이가 충분히 몸을 늘릴 수 있을 만큼의 길이가 좋고 체중을 실어도 넘어지지 않을 정도로 견고하고 튼튼하게 고정되어 있어야 한다. 바닥에 놓는 형태의 스크래쳐도 마찬가지로 발톱을 긁을 때 들썩거리거나 많이 움직인다면 불안정함이 혐오자극으로 작용하여 잘 사용하지 않게 된다. 따라서 기본적으로 스크래쳐는 사용 시 움직이지 않도록 바닥에 잘 고정하여 설치하도록 한다. 스크래쳐 표면은 충분히 거칠어야 하는데 골판지 소재는 내구성이 약하기 때문에 자주 교체가 필요하고 밧줄이 감겨있거나 헝겊 재질로 만들어진 것도 있다. 스크래쳐는 영구히 사용하는 것이 아니라 소모품이기 때문에 손상이 심하면 교체해 주어야 하며 고양이마다 선호하는 재질이 다르기 때문에 여러 가지를 시도해보는 것이 좋고 다묘가정인 경우 한 마리당 하나씩 배치하는 것이 권장된다.

손상이 심한 스크래쳐를 새 제품으로 바꿔 줄 때는 고양이의 체취가 묻은 오래된 제품을 갑자기 치워버렸을 때 굉장한 스트레스를 받기 때문에 새 제품을 기존에 사용하던 것과 함께 두고 두 가지 제품을 모두 잘 사용할 때 기존의 것을 천천히 치워주면 된다. 스크래쳐는 발톱자국을 통해 시각신호를 전달하는 목적을 가지기 때문에 충분히 잘 보이는 곳에 설치해 놓는 것이 좋고 구석이나 눈에 띄지 않는 곳에 설치한다면 고양이가 잘 사용하지 않거나 눈에 띄는 자리에 설치된 소파나 가구를 긁어놓을 수 있으므로 주의하여야 한다.

(5) 놀이

야생에서 고양이는 타고난 사냥꾼이다. 실내 생활을 하면서 사냥의 기회가 줄었지만 본능적으로 빠르게 움직이는 쥐나 새, 벌레를 사냥하는 것을 좋아한다. 고양이는 사냥에 성공함으로써 성취감을 느끼고 운동량을 채울 수 있다. 그러나 실내에 생활하는 고양이는 사냥 활동을 경험할 기회가 없기 때문에 사냥감을 대신할 놀잇감을 제공해 주어야 한다.

고양이의 위(Gastro)는 쥐 한 마리나 작은 새 한 마리를 잡아먹을 수 있을 정도의 작은 용적을 가진다. 따라서 한 번에 많은 식사를 하기보다 소량씩 섭취를 하는데 체중

이 늘어나 몸이 무거워지면 그마저도 사냥에 성공하기가 힘들어진다. 반면 실내에 거주하는 반려묘들은 특별한 노력 없이도 보호자에게 식사를 제공받기 때문에 사냥으로 소모하는 에너지가 없다. 고양이의 원래 습성을 이해한다면 식사를 제공하기 전에 보호자와 신나게 사냥놀이를 하고 충분한 에너지를 소비한 다음 사료를 제공한다면 고양이에게 성취감과 만족감을 주면서 건강도 챙길 수 있는 장점이 있다.

동체시력이 발달한 고양이는 움직이지 않는 장난감에는 별다른 흥미를 가지지 않는다. 따라서 아무리 많은 장난감을 주어도 움직임이 없다면 바닥에 놓인 장애물일 뿐이다. 낚싯대를 이용한 놀이는 장난감을 빠르게 움직일 수 있어서 고양이의 호기심을 유도하고 보호자와 상호작용을 할 수 있는 좋은 놀이 방법이다. 또한 레이저 포인트를 활용한 놀이 방법도 있는데, 이는 보호자가 놀이를 위해 큰 에너지를 들이지 않을 수 있다는 장점은 있지만 사냥감에 대한 형체가 없기 때문에 고양이에게 사냥에 대한 포획감을 줄 수 없어 허탈함을 준다. 레이저 불빛에 지나치게 집착하다 보면 강박증세가 나타날 수 있고 다른 불빛에도 과민하게 반응한다. 예를 들면 인덕션이나 가전제품의 불빛을 보고 흥분하거나 예민하게 반응하게 되는 경우도 있다. 그럼에도 레이저 포인트를 활용하여 놀아준다면 놀이의 마지막에는 형체가 있는 장난감에 레이저를 겨냥하여 고양이가 사냥감을 잡을 수 있도록 하는 것이 좋다.

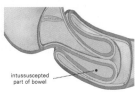

intussuscepted
part of bowel

고양이에게 절대 주어서는 안 되는 장난감이 있다면 긴 줄로 된 형태이다. 일부 보호자들은 고양이에게 털실로 된 공 장난감을 주는 경우가 있는데, 고양이는 구강 구조상 한번 입에 들어간 선형 이물을 다시 뱉어내기가 쉽지 않다. 선형 이물을 삼켜서 장으로 들어갔을 때 장 중첩증을 유발할 위험이 있다. 이는 장폐색을 일으키고 중첩된 장은 시간이 경과 할수록 조직에 혈액순환이 되지 않아 괴사가 생긴다. 결국 장을 절제해야 하는 최악의 상황이 생길 수 있으므로 고양이에게 선형 장난감은 절대 주어서는 안 된다.

(6) 캣타워

고양이는 수직운동을 좋아하는 동물이다. 독립적인 활동을 하는 고양이들은 높은 곳에 올라가서 관망하는 것을 좋아한다. 고양이와 개를 함께 키우는 경우 훌륭한 은신처로 사용될 수 있다. 사냥꾼의 기질을 가진 고양이는 창가에서 날아다니는 새나 벌레를 관찰하며 사냥하는 기분을 즐기기 때문에 캣타워의 위치는 밖을 볼 수 있는 창가에 설치하는 것이 좋다. 따라서 창이 없는 공간이나 벽 옆에 설치한 캣타워는 제 기능을 하기가 어렵다. 창가에 설치한 경우 사냥감을 보고 흥분하여 창문을 열고 뛰어내리는 경우가 있다. 낙상 사고가 발생할 수 있으므로 창문이 열리지 않도록 잠금장치를 설치해야 한다.

(7) 크레이트(이동장) 교육

고양이는 자신의 영역을 벗어나는 것에 많은 스트레스를 받는다. 실제로 진료를 예약해 두었다가 고양이를 이동장에 넣을 수 없어서 예약을 취소하는 일들이 빈번한데 가정에서부터 크레이트 교육이 잘 되어 있다면 이동에 대한 스트레스를 줄일 수 있다. 고양이가 크레이트에 들어갔을 때 쾌자극이 있어야 그것과 크레이트를 연결시켜 좋아하게 되는데 현실적으로는 크레이트에 들어가기만 하면 동물병원에 가서 주사를 맞는 일, 즉 혐오자극으로 연결되는 일이 많다. 따라서 크레이트만 보면 부정적인 기억이 떠오르면서 크레이트에 들어가지 않으려고 도망 다니기 바쁘다. 교육을 통해 크레이트를 고양이의 은신처로 사용하게 되면 자신의 체취가 묻어있는 집이라고 여기는 곳에서 장소를 이동할 수 있어 그나마 안정감을 줄 수 있다. 크레이트 교육은 뒷장에서 다시 다루기로 한다.

SECTION 03

보호자 교육 안내

I. 동물병원 사회화

동물의 생애주기에서 1차 사회화기는 모체이행항체가 서서히 감소하기 시작하는 시기이다. 따라서 인공능동면역을 형성하기 위해 동물병원에 방문하여 기초접종을 경험하는 시기이기도 하다. 동물병원에서 반려동물의 1차 사회화기에 집중해야 하는 이유는 이 시기에 경험한 동물병원의 느낌이 어땠는지에 따라 개체가 평생 가지고 갈 동물병원에 대한 이미지가 결정되기 때문이다. 대부분 이 시기에 동물병원에 방문하는 이유는 기초 예방접종이나 강아지의 경우 배냇 미용인 경우가 많은데, 이러한 경험을 하는 과정에서 반려동물이 느낀 통증이나 공포감, 두려움이 매우 컸다면, 결과적으로 부정적인 인상을 갖게 되고, 심하면 트라우마로 남을 수 있으며 앞으로도 동물병원을 몹시 두려워하게 된다. 따라서 이 시기에 들어선 반려동물에게는 최대한 기분 좋은 자극, 긍정적인 경험을 많이 할 수 있도록 배려하는 것이 매우 중요하다.

동물병원의 낯선 환경(타일 바닥, 체중계, 진료대, 미용대)과 기구(청진기, 체온계, 검이경, 클리퍼, 가위 등), 스크럽복을 입은 사람에게 부정적인 조건화가 형성되지 않도록 친근하고 조심스럽게 응대하는 것이 중요한데 의료진은 보호자와 친한 사람이라는 인상을 심어주고 동물의 몸에 직접적으로 접촉하는 기구들은 동물이 미리 탐색할 수 있도록 시간을 주어 무서워할 필요가 없다는 인식을 심어줄 수 있다. 필요하다면 먹이와 장난감을 활용하여 긍정적인 분위기를 유도하고, 어쩔 수 없는 부정적인 상황을 겪더라도 이후 긍정적인 보상과 연결하여 동물병원을 나서는 순간만큼은 기분 좋은 감정이 남도록 하여 긍정적인 인상을 심어주는 것이 좋다.

동물환자의 긍정적인 반응은 보호자가 느끼는 동물의료서비스 만족도에 영향을 미칠 뿐만 아니라 동물의료서비스 상황에서도 동물을 보정하고 처치하는 과정을 좀 더 협조적이고 원활하게 이끌어 갈 수가 있다. 또한 동물환자를 직접적으로 다루는 의료진의 안전과도 연결되며, 협조적인 동물환자에게는 처치가 가능한 범위에 대하여 제한 사항이 현저히 줄어들기 때문에, 질병 치료에 있어서 긍정적인 예후와 성과를 기대할 수 있다. 1차 사회화 시기의 동물환자는 앞으로 우리 병원을 장기적이고 지속적으로 이용하게 될 고객임을 명심하고 상호 기분 좋은 의료서비스 환경을 이끌어 갈 수 있도록 조금 더 세심하게 다루는 기술이 필요하다.

1 동물병원이 좋아요

반려동물들이 동물병원을 좋아하도록 하려면 쾌자극을 최대한 많이 주고 혐오자극을 최소화하여야 한다. 사람의 병원에 비유해보자면 대부분의 사람들은 치과에 가는 것을 싫어한다. 치과에 가면 순간순간마다 겪었던 불쾌한 자극들을 경험하게 되는데 문을 열고 들어가는 순간 화학적인 소독약 냄새가 싫게 느껴지고, 때때로 원무과 직원들이 웃음기 없는 얼굴로 귀찮은 듯 접수를 받는 경우도 있다. 치료를 하는 순간에는 입을 크게 벌리고 누워있는 것도 불편하고, 치과 기구가 닿을 때마다 잇몸을 후벼파는 통증과 찌릿한 느낌이 싫었을 것이다. 이러한 기억들은 치과는 불쾌하다고 느끼는 요인이 된다. 그러나 사람은 치료가 필요하다는 것을 인지하고 있으므로 불쾌하더라도 필요에 의해서 다시 찾게 된다. 그러나 반려동물들은 병원이 건강을 위해서 필요한 곳이라고 인지하기가 어렵다. 따라서 대화로 소통할 수 없는 동물환자에게는 그들이 좋아하는 것을 제공하여 동물병원을 좋아하도록 만들어야 한다.

Place   Human   Animal

(1) Place(장소)

동물병원에 치료를 위한 목적으로만 방문하지 않도록 한다.

사회화 시기부터 동물병원에 대한 긍정적인 기억을 심어주는 것이 좋다. 내원할 때마다 매번 주사를 맞고 간다면 통증에 의한 혐오자극과 동물병원 이미지가 연결될 수 있다. 동물병원에 대한 부정적인 이미지가 일반화되지 않도록 규칙적인 패턴을 깨 주는 것이 좋은데, 동물병원에 가면 좋은 일이 더 많아야 가끔씩 불쾌한 경험을 하더라도 부정적인 인상으로 일반화하지 않는다. 예를 들어서 산책할 때 동물병원 앞을 지나갈 때마다 보호자가 간식을 주면서, 이곳에서 아무 일도 일어나지 않는다는 것을 경험시켜 준다. 또는 심장사상충 약을 구입하거나 사료를 구입할 때마다 동물병원에 들러서 간식을 먹고 가는 즐거운 일을 경험하는 것이 좋다.

접종을 하거나 치료 시에 통증을 느끼거나 불쾌한 경험이 있었다고 하더라도 병원을 나서는 순간에는 무언가 기분 좋은 일이 있어야 한다. 이곳을 떠나는 순간, 마지막 기억이 좋아야 한다는 것을 잊어서는 안 된다.

(2) Human(사람)

의료진들은 동물환자와 즐겁게 인사하여 이들에게 우리는 좋은 사람들이라는 이미지를 심어주고 친해지도록 한다. 동물병원과 의료진에 대하여 좋은 이미지를 형성한 반려동물은 진료나 입원 시에 긴장감이 적어 훨씬 협조적이고 심리적으로 안정되어 있다. 기초검진자료를 수집하거나 진료를 위한 보정 시에도 우리가 동물환자를 어떻게 대하는지도 매우 중요하다. 협조적이지 않다고 해서 강압적으로 다루기보다 최대한 부드럽게 접근한다면 동물환자들은 훨씬 편안한 모습을 보인다. 이런 반려동물의 보호자들은 그렇지 못한 경우보다 동물병원에 대한 만족도가 훨씬 높다는 사실을 기억해야 한다.

(3) Animal(동물)

동물 간에 사회화를 통해 낯선 동물에 대한 스트레스를 최소화할 수 있도록 한다. 사회화기에 동물들과 만나 본 경험이 없는 경우 다른 동물들과 함께 있는 것만으로도 스트레스를 받을 수 있다. 일부 보호자님들은 자신의 반려동물이 다른 동물과 만나는 것을 매우 싫어하며 공격성을 보인다거나 겁을 내고 도망 다니기 바쁘다고 말씀하실 때가 있다. 동물병원에는 다양한 동물들이 내원하는데, 간혹 입원 치료가 필요한 경우에 그 기간 동안 다른 동물들의 냄새, 소리, 그리고 의료진들이 처치를 위해 동물을 안고 이동하는 모습을 눈으로 보게 된다. 동물과의 사회화가 이루어지지 않은 동물환자들은 이런 과정 속에서 입원 기간 내내 스트레스를 받게 되는 것이다. 1차 사회화기에 비슷한 또래의 친구들을 만나서 서로 매너 있게 인사하는 법을 배우고 즐겁게 놀이를 하면서 긍정적인 이미지를 쌓아야 한다. 그러나 연령대나 체격의 차이가 많이 나는 경우 나이가 어리거나 체구가 작은 동물이 놀이에서 불리한 위치에 있게 된다. 자칫 즐거운 만남이 아니라 트라우마로 남을 수 있기 때문에 사회화 시기에 이러한 경험은 좋지 않다. 비슷한 또래에 비슷한 체구와 성격을 가진 친구들을 만나서 매너 있게 인사하고 재미있게 놀이하면서 즐거운 기억이 많아져야 동물에 대한 부정적인 이미지가 생기지 않을 수 있다. 성장이 끝난 후에는 다른 동물들과 친해질 수 없는 것은 아니지만 어릴 때 보다 훨씬 많은 시간과 노력이 필요하다.

(4) 진료의 시작은 가정에서부터

동물들은 자신의 체취가 묻어있는 공간에 있는 것을 굉장히 편안하게 생각한다. 따라서 이동 시에 스트레스를 최소화하기 위해서 가정에서부터 이동장을 편안하게 느끼도록 교육하는 것이 중요하다. 대부분의 보호자들은 푹신하고 예쁜 방석을 사용하는 것을 좋아하지만 반려동물의 심리적인 안정을 위해 권장되는 보금자리는 크레이트에 푹신한 방석을 깔아주고 집에서 가장 안쪽 구석자리에 위치를 정해주는 것이다. 혹시 문이 닫히는 소리에 놀랄 수 있으므로 적응기간 동안은 위험한 상황이나 심리적으로 불안정할 때, 조용히 쉬고 싶어 할 때 스스로 그곳을 찾을 수 있도록 해주고 장난감이나 먹이를 넣어주어 스스로 크레이트에 들어가는 것을 좋아하도록 해 주는 것이 좋다.

크레이트의 사이즈는 반려동물이 들어갔을 때 완전히 일어 설 수 있고 한 바퀴 돌 수 있을 정도의 사이즈면 적당하다. 오히려 너무 큰 사이즈는 안정감을 주기 어렵다. 스스로 크레이트에 들어가는 것이 어렵지 않다면 잠깐씩 문을 닫고 기다렸다가 열어주고 문을 닫아놓고 기다리는 시간을 며칠간 점진적으로 늘려주는 것이 좋다.

크레이트 안에 들어가면 무조건 동물병원에 간다는 것이 조건화되지 않도록 반려동물이 좋아하는 장소에 방문했다가 돌아오는 것도 좋다. 이렇게 이동하는 것에 대한 스트레스를 최대한 줄여줄 수 있다면 동물병원에 오기도 전부터 예민해지는 것을 방지할 수 있고 자신의 체취가 묻어있는 크레이트 안에서 진료를 받는다면 훨씬 편안하게 느낀다.

 Tip!

불안도가 높은 반려동물은 수의사와 상담 후 불안감을 줄이는 행동학 약물을 처방받아 내원하기 전 가정에서 미리 투약하기도 한다. 크레이트는 볼트로 체결된 형식보다는 상판과 하판을 고정하는 장치가 플라스틱으로 되어있는 것을 추천한다. 진료실에서 비교적 쉽고 빠르게 열 수 있다.

2 안전하게 자동차 타기

차를 타면 유독 불안해하면서 힘들어하는 반려동물들이 있다. 차 타는 것이 익숙하지 않아 차에서 느껴지는 진동이나 소음, 흔들림에 불편함을 느낄 수가 있는데 어릴 때부터 적응할 수 있도록 교육이 필요하다. 급제동이나 큰 소리의 경적음을 듣고 깜짝 놀라는 상황이 생기면 돌발행동을 할 수 있기 때문에 사고방지를 위한 안전장치가 필요하다. 고양이의 경우 필히 잠금장치가 있는 이동장을 사용하고, 개의 경우도 마찬가지로 이동장을 사용하거나 흔들림을 최소화할 수 있는 전용 카시트를 활용하는 방법이 있다. 또한 주행 중 이리저리 돌아다니지 않도록 목줄이나 하네스를 활용하여 안전벨트에 잘 고정하도록 한다. 특히 대형견일 경우 창밖에 보이는 다른 동물이나 사람을 보고 흥분하는 상황이 발생할 수 있는데 이때 운전석으로 뛰어들어 운전자의 시야를 가리거나 핸들의 조작을 방해하여 큰 사고를 유발할 수 있으므로 이동하지 않도록 단단히 고정하여야 한다.

　　동물병원에서 근무를 한다면 주변인들과 고객들을 통해 관련 사고에 대한 경험담을 많이 듣게 되는데, 고객의 반려견이 너무 흥분한 나머지 운전석을 덮쳐 주차장 차단기와 충돌하는 사고를 듣기도 했고, 차가 방향전환을 할 때 창문에 매달려있던 반려견이 중심을 잃고 창문 밖으로 떨어지는 사고도 있었다. 반려동물의 안전 및 사람의 안전을 위해서도 꼭 필요한 교육이다.

3 대기실 환경

　　동물병원이 분주한 시간에는 대기실에 여러 마리의 동물환자가 함께 있게 된다. 대기공간에서 충돌이 일어날 수 있는 환자들끼리는 예약 시간을 조절하여 최대한 마주치지 않도록 관리하고, 어쩔 수 없는 상황에서는 보호자에게 친절하게 설명을 한 후 대기 공간을 분리하거나 낯선 동물들이 서로 노출되는 상황을 최소화하는 것이 좋다. 원내 감염예방과 동물들 간에 발생할 수 있는 다툼이나 교상을 방지하기 위해서 중요하다. 보호자 안내사항으로 대기실에서는 자신의 반려동물이 돌아다니지 않도록 목줄을 잘 잡고 있도록 하고 다른 환자들과 불필요한 접촉을 하지 않도록 안내한다. 내 반려동물의 행동 시그널을 잘 파악하여 사고를 예측하고 예방할 수 있도록 하는 것이 가장 좋고 보호자가 잘 인지하지 못하는 부분이 있다면 친절하게 설명드리고 상황을 정리하는 것이 좋다. 특히 원내 감염 및 교상 발생 위험이 있으므로 대기 중인 다른 동물을 만지지 않도록 당부드리도록 한다. 대기실에 넥칼라를 한 동물이 돌아다니는 상황은 다른 동물과 부딪치는 경우 불쾌감을 유발하여 싸우기도 하므로 보호자에게 미리 설명이 필요하다. 또한 반려견들 중 고양이를 보면 사냥하듯 쫓아가거나 공격성을 보이는 경우도 있으므로 항상 사고가 생기지 않도록 미리 대비하는 것이 중요하다.

체격이 크게 차이나는 동물들끼리 만났을 때 사소한 마찰에도 자칫 큰 사고가 될 수 있으므로 공간을 분리하는 것이 좋다. 때로는 대형견의 호의적인 행동에도 소형견이 크게 놀라거나 다치는 경우가 있으므로 되도록 접촉하지 않도록 해야 하며, 대형견이 사회화교육이나 매너교육이 잘 되어 있는 경우라면 자세를 낮추거나(엎드리거나 앉음) 상대에게 몸을 돌려 등을 보이는 행동을 함으로써 소형견의 긴장감을 훨씬 완화시킬 수 있다.

대기실 환경에서 특히 고양이 환자는 더욱 신경을 써야 하는데 근래에는 고양이 친화병원이 증가하면서 고양이 전용 대기실이 있는 경우도 많이 볼 수 있다. 대부분의 고양이들은 다른 동물과 접촉하는 것에 굉장히 민감하다. 간혹 보호자들 중에 친구를 소개하고 싶어 하는 경우가 있는데 이러한 행동으로 한번 화가 난 고양이를 달래기는 쉽지가 않다. 심하게 예민한 경우 그날의 진료가 불가능한 상황이 발생한다. 고양이는 자신의 페로몬을 나누고 서로의 익숙한 냄새를 통해 동료를 인지하기 때문에 보호자가 대기 중 다른 동물을 만지는 일을 하지 않아야 한다. 고양이와 접촉할 때는 의료진 역시 내 몸에 묻은 냄새에 신경을 써야 하는데, 보호자와 마찬가지로 다른 동물을 만졌다면 그 냄새가 남아 있지 않을 만큼 깨끗하게 손을 씻어야 하고, 다른 동물이 사용하지 않았던 깨끗한 타월을 사용하여 고양이를 감싸거나 크레이트를 덮어주도록 한다. 이러한 과정은 위생적으로도 매우 중요하지만 고양이 환자의 스트레스 관리에 중요한 포인트이다. 또한 고양이들은 몸을 숨길 곳이 없는 낯선 공간에 노출되는 것을 극도로 싫어하는데, 무리지어 사냥하지 않는 고양이의 습성상 낯선 곳에서 숨을 곳이 없다는 것은 엄청난 위험에 빠지는 일이라고 여긴다. 만약 대기실에서 고양이가 몸이 그대로 노출되는 투명한 크레이트에 담겨져 있다면 대형 타월을 이용하여 크레이트를 가려주어 시각적인 자극을 차단해 주는 것이 좋다. 만약 고양이를 이동장 없이 보호자 품에 안고 내원하였다면 자칫 돌발 상황이 생겼을 때 큰 사고가 발생할 수 있다. 개가 짖는 소리나 자동차의 경적 소리, 물건을 떨어뜨리는 등 큰소리가 났을 때 고양이가 크게 놀라 달아날 수 있는데, 그 과정에서 보호자가 다치는 경우가 종종 발생하기도 하고, 놀란 고양이는 구석진 곳을 찾아 숨어 들어가는 경우가 많은데 의료진, 특히 스텝이 꺼낼 수 없는 곤란한 상황이 생길 때도 있다. 최악의 경우 병원 밖으로 탈출하는 끔찍한 상황이 발생할 수도 있다. 협조적이지 않은 보호자님께도 이러한 상황이 발생할 수 있어 안전을 위해 꼭 필요한 조치임을 말씀드리고 고양이를 큰 타월에 타이트하게 감싸서 대기하거나, 잠금장치가 되어있는 조용한 공간 따로 둘 수 있도록 조치하여야 한다. 조용한 입원실이 있다면 대기시간 동안만이라도 잠깐 맡아두는 것이 좋은 방법이다.

Tip! ●●●

동물용 심리안정 아로마 제품이 있다면 타월에 묻혀주어 덮어주거나 대기환경에 설치하여 발향이 될 수 있도록 한다면 훨씬 효과적이다.

　아로마 테라피 제품은 가정에서부터 적용하면 이동으로 인한 스트레스를 줄일 수 있을 뿐 아니라 내원 후 긴장감 완화에도 훨씬 효과적이다. 동물들은 낯선 환경에서 모든 자극이 스트레스가 될 수 있으므로 눈맞춤을 하거나 말을 걸지 않는 것이 좋다. 고양이의 경우 만약 눈이 마주쳤다면 눈을 천천히 깜박거려 눈인사를 건네주도록 한다. 눈인사는 너를 해치지 않겠다는 행동시그널이라고 할 수 있다.

🦴 4 안전하게 체중 측정하기

동물병원에 내원하면 생체지표를 측정하게 되는데 특히 체중은 질병의 조기 발견 및 컨디션의 변동사항을 즉각적으로 알 수 있는 중요한 생체지표이므로 내원할 때마다 필히 측정해야 한다. 고양이는 낯선 장소에서 몸이 노출되는 것을 굉장히 싫어하기 때문에 평소 사용하는 이동장의 무게를 알고 있다면 고양이가 이동장 속에 있을 때 함께 무게를 측정하고 빈 이동장 무게를 빼주는 방법을 활용하는 것이 좋다. 빈 이동장 무게를 차트에 기록해 둔다면 이 환자가 체중을 잴 때마다 유용하게 활용할 수 있다. 반려견의 경우도 겁이 많고 소심하여 지나치게 떨고 있다면 협조가 잘 되지 않아 정확한 체중 측정이 힘들 수 있다. 마찬가지로 크레이트를 활용한 체중 측정 방법을 활용하거나 보호자가 안고 함께 측정한 후 보호자의 체중을 따로 측정하여 제하면 스트레스를 최소화하여 정확한 체중 측정이 가능하다.

🦴 5 나쁜 사람이 아니야

반려동물들은 동물병원에 근무하는 의료진에게 좋은 인상을 갖기가 어렵다. 낯선 사람이 몸을 만지는 것이 싫기도 하고, 자신이 아픈 곳을 만져보거나, 이상한 기구를 몸에 갖다 대기도 하고 치료를 위해 받는 처치들은 이들에게 통증을 수반하고 불편한 것들이 많기 때문이다. 특히 소심한 성격인 동물환자들은 어린 시기에 통증이 심한 치료를 받았던 경험이 있다면 성장 후에도 의료진의 손길에 굉장히 예민하게 반응하는 경우가 있다. 이렇게 트라우마가 될 수 있는 고통스러운 기억을 조금이나마 잊을 수 있도록 다양한 방법을 연구해보아야 한다. 특히 기초접종 시기는 1차 사회화기와 맞

물리는 시기이다. 이 때 경험한 일들은 성장 후에도 어떤 자극에 따른 반응을 어떻게 할 것인지 판단하는 기준이 될 수 있는데 접종이 주사 트라우마로 남을 수도 있는 시기이므로 최대한 기분 좋은 보상과 연결시켜 주는 것이 중요하다.

　강아지나 고양이가 먹을 수 있는 간식을 주고 먹는 것에 집중하고 있을 때 주사하여 통증에 대한 집중도를 떨어뜨리는 방법을 활용할 수 있다. 그러나 촉각이 예민한 경우 잘못된 조건화가 형성되기도 한다. 간식을 먹으면 통증이 생긴다고 인지하는 경우가 있는데, 그렇게 되면 그때 경험했던 통증과 간식을 연결시켜 이후에도 그 간식을 거부하는 상황이 발생한다. 따라서 주사 통증 직후에 간식을 주는 순서가 가장 좋은데, 이때 주는 간식은 동물환자가 통증도 잊을 정도로 좋아할 만한 간식으로 주는 것이 좋다. 정신없이 먹을 만큼 매력적이어야 하지만 동물환자가 먹어도 식이알러지 반응을 일으키지 않는 간식이어야 한다. 사전에 보호자에게 확인하고 동의를 구하는 것이 가장 좋다.

 Ⅱ. 체계적 둔감화

　체계적 둔감화란 고전적조건형성의 원리에 기초하여 동물의 공포나 불안 수준을 체계적이고 점진적으로 둔감화하기 위해 역조건형성(Counter conditioning)을 하는 것을 말한다. 사람의 심리학에서 활용되는 기법이지만 동물에서도 충분히 활용할 수가 있다. 반려동물들은 사람이 자신의 신체에 가하는 어떠한 행위에 대해서 납득하거나 이해할 수 없기 때문에 막연한 불안감과 공포심을 느끼게 된다. 동물들에게는 우리의 이러한 행위에 대하여 말로 설명하거나 이해시킬 수 없기 때문에 이들이 겪는 불안한 상황을 기분 좋은 보상과 연결하여 역조건형성을 할 수 있다. 말 그대로 민감한 자극에 대하여 점진적이고 체계적으로 둔감화를 시키는 교육과정이므로 시간을 두고 천천히 적응시키는 것이 중요하며 역조건형성을 위해 싫은 자극을 기분좋은 보상과 연결할 수 있어야 한다.

1 Touch에 대한 둔감화교육

반려인들은 "손!" 명령어를 가르치고 반려동물이 앞발을 내밀면 기뻐하며 간식을 준다. 내 말을 알아듣고 행동할 때면 기특하기도 하고 나와 반려동물이 서로 교감이 잘되는 것 같아 행복한 감정이 든다. 그리고 이러한 장기가 하나씩 늘 때마다 무척 자랑스러워하는데 이 교육의 최종 목적은 장기자랑이 아니다. 정확한 목적이 무엇인지 인지하지 못하면 다음 단계로 발전하지 못하게 된다. 대부분의 동물들은 발을 만지는 것에 무척 예민한 반응을 보이는데 실제로 반려동물 미용사들은 발부위의 털이나 발톱을 깎다가 물리는 사고가 빈번하게 일어날 정도이다. 동물병원 의료진도 예외는 아니다. 반려동물에게 꼭 가르쳐주어야 할 기본적인 예절 교육으로 "손!", "앉아", "엎드려", "기다려" 교육이 있는데 이것은 신체 예민한 부위에 접촉하는 행위에 대한 둔감화 교육을 함과 동시에 상대에 대한 진정신호를 보여줄 수 있기도 하고, 참고 기다릴 수 있도록 하는 교육을 모두 포함하고 있다. 그래서 기본 예절교육이라고 이야기한다. 또한 욕실(장소), 목욕, 샤워기 소리, 드라이기 소리 등 다양한 자극에 대한 체계적 둔감화가 필요한데, 무서워하거나 싫어하는 것이 있다면 억지로 밀어 넣듯 하지 말고 스스로 호기심에 다가가도록 유도하거나, 전혀 위험하지 않다는 것을 차츰 인지시키면서 좋아하는 음식이나 칭찬을 보상으로 주고 긍정적인 이미지를 심어주어야 한다. 실제로 이런 기본적인 교육이 완벽하게 되어 있다면 일상생활에서나 동물병원에서 일어날 수 있는 많은 문제행동들을 사전에 예방할 수 있는데 지속적이고 점진적으로 강화하여 종국에는 큰 자극이 있더라도 예민하게 반응하지 않고 참고 기다릴 수 있도록 하는 것이 목표이다. 실제로 현장에서 만나는 보호자들은 집에서 발톱을 깎거나 발을 씻기다가 자신의 반려동물에게 물렸다고 하소연하는 경우가 많은데 이런 상황까지 진행되기 전에 평소 어떻게 교육하는 것이 좋은지 설명할 수 있어야 한다.

🦴 2 앞발에 대한 체계적 둔감화

① 우연히 앞발을 내밀었을 때 "손!"이라는 말을 하면서 손바닥을 내민다.

② 앞발바닥과 내 손이 살짝 닿으면 칭찬하고 간식으로 보상한다.

③ 2번 단계를 며칠간 지속하여 익숙해지면 접촉하는 강도를 조금씩 높인다.

④ 앞발바닥과 내 손이 닿는 것에 거부감이 없다면 앞발을 살짝 쥐었다 놓고 보상한다.

⑤ 4번 단계를 며칠간 지속하다가 익숙해지면 접촉하는 강도를 더 올린다.

⑥ "손!" 명령어에 앞발을 내밀면 앞발을 잡고 발등을 문지르고 보상한다.

⑦ 점차 앞발을 만지는 강도를 늘려가며 교육을 지속한다. 발가락 사이를 벌리거나 손가락으로 문질러도 싫어하는 기색이 없다면 클리퍼나 발톱깎이를 앞발에 갖다 대보기도 하고 기계의 진동을 느끼게 하거나 문지르면서 이런 행동은 너를 아프게 하는 것이 아니라고 행동을 통해 천천히 알려주는 것이 좋다. 자극 뒤에는 칭찬이나 간식, 놀이 등 반려동물이 좋아할 만한 보상을 제공하여 싫은 자극에 대한 역 조건형성을 해주어야 한다.

⑧ 보호자가 아닌 낯선 이가 신체를 만지는 상황에 대해서도 둔감해질 수 있도록 주변인들의 협조를 구하여 일반화 교육을 하는 것이 좋다.

Ⅲ. 안전한 돌봄

사람과 밀접하게 생활하는 반려동물들은 사람의 관리가 많이 필요한데, 처음에는 보호자의 손길이 익숙하지 않아 두려움이나 불편함을 느낄 수 있다. 불편한 상황이 발생하면 처음에는 싫다는 표현을 소극적으로 하다가 계속 받아들여지지 않는다는 것을 경험하면서 더 적극적인 거부 의사를 표현하는데, 이러한 경우는 대부분 공격성으로 나타난다. 공격성을 보여야만 불편한 상황이 신속히 해결된다는 것을 경험하게 되면, 이후에는 사전경고 없이 공격을 해서 빠르게 상황을 모면하려고 시도할 수 있다. 반려동물은 이런 과정을 반복함으로써 점점 더 공격적인 행동이 강화될 수 있으므로 애초에 보호자의 손길이나 어떠한 행위가 불편하지 않다는 것을 알려주고 조금 불편하다고 하더라도 잘 참고 기다렸을 때 달콤한 보상이 주어진다는 것을 학습할 수 있도록 이끌어 주어야 하는데, 계속 보호자에게 공격적인 행동을 한다면 반려동물을 건강하고 위생적으로 관리하기가 어렵고 여러 가지 감염성 질환에 취약해질 수밖에 없다. 문제는 가정에서 이러한 경험을 많이 한 반려동물은 동물병원에 와서도 똑같은 반응을 보인다. 공격적인 환자는 적극적이고 원활한 처치를 하기가 매우 어렵다. 이는 의료진의 안전과도 직결되는 문제인 것과 동시에 동물환자가 앓고 있는 질병을 치료할 때도 많은 문제를 야기한다. 검사나 처치에 비협조적인 경우는 그렇지 못한 경우보다 일부 검사항목에 대한 신뢰도가 감소하고 치료의 속도가 훨씬 더딜 수밖에 없다.

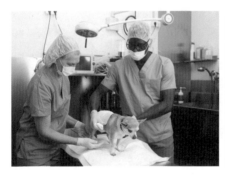 

반려동물의 문제행동은 발생하고 나서 고치는 것보다 미리 예방하는 것이 훨씬 더 쉽고 빠르기 때문에 평소 보호자 교육을 통해 안전한 돌봄을 위한 기초지식을 전달하

는 과정이 꼭 필요하다. 동물병원 의료진 역시 협조적인 동물환자를 치료할 때는 심리적, 육체적으로 훨씬 에너지를 아끼면서 적극적으로 치료에 임할 수 있다. 이러한 모습들은 보호자가 보기에도 전문성과 신뢰도 높은 이미지로 비춰질 수 있어 자신의 반려동물을 안심하고 맡길 수 있게 된다.

🦴 1 얼굴 보정 "브이!"

"브이" 하고 엄지와 검지를 펼치면 반려견이 손가락 위에 턱을 괴는 행동을 하도록 교육할 수 있는데 이 교육을 통해서 얼굴 부위를 미용하거나 위생관리가 필요할 때 강제로 잡지 않아도 되는 매너 있는 자세를 연습할 수 있다. 또는 엄지와 검지로 손을 동그랗게 만들어 반려동물이 손가락 링에 코를 갖다 대면 간식을 주면서 기다릴 수 있도록 하는 자세도 활용 가능하다. 이 자세에서 필요한 관리가 끝날 때까지 참고 기다리는 것도 함께 연습한다면 미용이나 위생관리를 할 때 상호 스트레스를 받지 않고 관리가 가능하다. 그러나 교육을 통해 이러한 행동이 익숙해지는 과정에서는 반려동물이 흥미를 잃지 않을 때까지만 교육한다. 즐거울 때 끝나야 다음 교육 시간이 기대되고 흥미로워진다.

🦴 2 양치질 교육

동물병원에 스케일링을 위해 내원하는 환자가 많다. 보호자들은 양치질이 꼭 필요하다는 것을 알고 있지만 반려동물이 협조해주지 않아 가정에서 관리가 힘들다고 이야기한다. 현실이 이렇다 보니 올바른 방법으로 치석 관리를 하기보다는 쉽고 편하게 관리하는 방법을 선택하는 경우가 많은데 보호자 상담을 통해 알아낸 바로는 임시방편으로 구강에 뿌려주는 제품이나 잇몸에 발라주는 제품을 선택하는 보호자가 많다는 사실을 알 수 있다. 반려동물의 구강에는 음식물찌꺼기와 침과 세균이 결합하여 플러그가 형성되는데 플러그는 일정 시간이 지나면서 딱딱하게 굳어져 치석으로 자리 잡는다. 반려동물의 구강에서 치석이 문제가 될 수 있는 부위는 이빨과 잇몸의 경계선 부분인데 세균이 많은 치석이 잇몸과 맞닿아 잇몸에 염증을 일으키고 염증이 지속되면 잇몸에 손상이 생긴다. 따라서 양치질을 할 때 잇몸의 가장자리에 있는 유리치은과 잇몸사이에 치은열구라 부르는 틈이 있는데 이곳을 미세한 솔을 이용하여 물리적으로 잘 닦아주어야만 한다.

양치질 부위

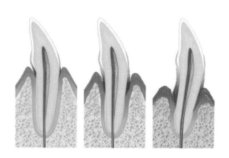

앞서 설명한대로 치석은 음식물찌꺼기와 세균, 침에 의해서 형성된 플라그가 굳어진 것이기 때문에 음식물 찌꺼기가 제거되거나 세균이 억제된다면 치석이 잘 형성되지 않는다. 바르는 구강관리 제품은 세균을 억제하는 효소를 활용하여 플라그 형성을 방지하는 제품들이 많은데 문제는 치은열구에 끼어있는 음식물 찌꺼기가 깨끗이 제거되지 않으면 겉에서만 효소가 작용하여 제대로 구강관리 효과를 내기가 어렵다. 결국은 물리적인 방법인 양치질이 가장 효과적인데 칫솔을 사용하여 치은열구 사이사이를 청소해주는 것이 가장 좋다. 그러나 양치질에 협조적인 반려동물들도 어금니 쪽을 관리하기가 힘든 것이 사실이다. 따라서 덴탈 껌을 활용하는 방법도 병행할 수 있다. 반려동물들은 딱딱한 음식을 씹을 때 어금니를 사용하기 때문에 이런 점을 활용하는 것이 덴탈 껌이다. 별 모양으로 만들어진 다양한 제품들이 있는데 물리적으로 치석 관리에 효과적인 모양으로 디자인하는 경향이 있다. 덴탈 껌에도 세균을 관리하는 효소가 첨가되어 있으므로 어금니 치석 관리 시 화학적인 기능과 물리적인 기능을 모두 활용할 수가 있다는 장점이 있다. 그러나 양치질을 하는 것만큼 효과를 내기는 어렵기 때문에 보조적으로 활용하는 것이 추천된다.

하지만 사람도 그렇듯이 양치질을 잘 하더라도 치석은 생길 수밖에 없고, 이미 형성된 치석은 저절로 제거되기 힘들기 때문에 잇몸이 상하기 전에 스케일링을 하는 것이 좋다. 통상 생후 3년이 지난 시점부터는 6개월에서 1년에 한 번씩 정기적인 스케일링 시술이 필요한데 규칙적인 양치질은 스케일링 주기를 연장하는 장점이 있다. 스케일링은 치은열구까지 치석 제거를 하는 과정이 매우 중요하기 때문에 전신마취가 불가피하다. 겉으로 보이는 곳에 있는 치석만 제거하게 되면 치은열구 속에 남아있는 치석이 추후 더 큰 문제를 야기할 수 있기 때문에 제대로 된 스케일링 방법이 아니다. 오히려 겉으로는 깨끗해 보이기 때문에 오히려 치주질환의 심각성을 인지하지 못하게 될 가능성이 더 크다. 무마취 스케일링을 문의하는 보호자가 있다면 이러한 위험성을 설명할 수 있어야 한다.

① 치약을 코에 묻혀주어 맛을 보게 한다. 매일 1~2주 동안 실시하여 치약 맛에 익숙해지도록 한다. 극도로 싫어한다면 좋아하는 맛의 치약을 구입하여 시도하는 것이 좋다. 잘 핥아먹는다면 칭찬해주고 좋아하는 간식으로 보상한다.

② 치약을 좋아하게 되었다면 손가락에 치약을 묻혀 핥아먹도록 유도한다. 며칠 지속하여 손가락이 입술에 닿는 것에 무덤덤해질 수 있도록 교육한다.

③ 손가락에 묻은 치약을 핥아먹을 때 입술을 들어 앞니를 살짝 만져본다. 항상 싫어하지 않는 수준까지 진행하는 것이 중요하고 매일 조금씩 반복적으로 실시한다.

교육이 끝나면 매력적인 보상을 제공하고 반려동물이 보상물을 예측하고 있다면 불편하더라도 조금 참을 수 있도록 유도해본다.

④ 3번까지 과정이 원활하게 진행되는 상황이라면 칫솔에 치약을 묻혀 스스로 핥아먹을 수 있도록 유도한다. 칫솔에 거부 반응을 보인다면 치약이 아닌 반려동물이 좋아하는 매력적인 간식을 묻혀주고 핥아먹을 수 있도록 하는 것도 괜찮다.

⑤ 칫솔에 대한 거부 반응이 없다면 칫솔로 앞니를 건드려보고 보상을 제공하는 교육을 지속한다.

⑥ 5번이 익숙해졌다면 칫솔을 볼 안쪽으로 밀어 넣어 어금니를 닦여보고 잘 참고 기다리면 맛있는 간식으로 보상한다.

⑦ 칫솔이 입안으로 들어가는 것에 큰 거부 반응이 없다면 본격적으로 양치질을 해주도록 한다.

개체의 적응도에 따라 달라질 수 있으나 한 과정당 1주~2주 정도의 기간을 가지고 매일매일 연습하되 질리거나 싫어하지 않도록 조심하여야 한다. 짧게 자주 교육하는 것이 더 효과적이다. 이러한 내용들은 가정에서 참고할 수 있도록 보호자 안내문을 만들어 배부하는 것이 가장 효과적이다.

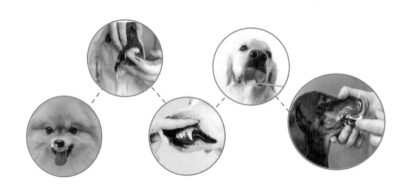

3 귀 관리

날씨가 덥고 습해지면 귀 염증 및 피부질환 환자가 증가한다. 특히 외이염 환자가 내원하면 진단을 위해 검이경으로 귓속을 들여다보고 면봉으로 귀벽을 닦기도 한다. 외이도에 삼출물이 많은 경우 귓속을 드레싱하는 과정이 필요하기 때문에 어쩔 수 없이 귀를 만져야 하는 상황이 발생하는데 문제는 가정에서 평소 귀 드레싱을 하는 것이 길들여져 있지 않으면 의료진에게도 공격성을 보이게 된다. 특히 귀에 염증이 심할 때는 외이도 점막에 열감과 부종이 있어 매우 예민해져 있고, 심한 통증을 동반하기 때문에 귀를 만지게 되면 평소보다 더 민감하게 반응할 수밖에 없다. 보호자는 반려동물이 평소 귀를 만지는 것에 대한 거부감이 없도록 교육해야 하지만 귀에 특별한 문제가 없을 때는 거의 건드리는 일이 없다가 질병이 발생하고 통증이 심한 상황에서 귀를 만지기 시작하니 심한 거부감을 표현하는 것이다. 귀에 질병이 발생한 경우 부종과 통증이 심할 때는 가급적 귀를 건드리지 말고 수의사의 진료에 따라 처방된 약물을 투여하면서 급성염증이 어느 정도 가라앉을 때까지 기다리는 것이 좋다. 어차피 염증이 심할 때는 심한 부종으로 귓구멍이 막혀있다시피 하기 때문에 외이도 드레싱이 원활하지 않고 자극에 의해 점막이 헐거나 출혈·통증이 심해질 수 있다. 억지로 진행하다가는 동물환자가 더 심하게 귀를 못 만지게 할 가능성이 높아진다. 염증으로 인해 귓속에 삼출물이 많이 생겼다면 귀 청소가 불가피한데 가정에서부터 귀를 만지는 것에 대한 적응교육이 필요하다.

앞서 설명한 체계적 둔감화교육 과정을 활용하여 점진적으로 자극의 강도를 높여가는 것이 좋다. 처음에는 귀 근처에 손이 움직이는 것에 대하여 둔감해질 수 있도록 교육을 시작하고, 순차적으로 귀 바깥부분을 쓰다듬는다거나 귓바퀴를 손끝으로 살짝 잡거나 문지르는 자극을 준다. 잘 적응한다면 귀 세정제를 묻힌 솜으로 귓바퀴에 살짝 터치해 보기도 하고, 잘 받아들인다면 점점 귓속까지 닦을 수 있도록 한다. 물론 싫어하는 자극 뒤에는 기분 좋은 보상을 제공하여 반드시 역조건화를 시켜주어야 한다. 점차적인 적응과정을 거쳐 귓구멍에 세정제를 흘려 넣는 것에서 귀를 마사지하는 것과 귓속에 솜을 넣어 닦아내는 것까지 가능해진다면 상호 스트레스받지 않는 귀드레싱을 할 수 있게 된다. 진행 도중 만약 동물이 소리를 지르거나 자리에서 도망친다고 해도 그렇게 상황을 끝내버리면 앞으로도 그러한 행동을 통해 싫어하는 것을 모면하려는 시도를 지속적으로 반복할 가능성이 높으므로 원래의 자세를 유지하고 차분해질 때까지 기다려 주는 것이 좋다. 겁에 질려있다면 부드럽게 달래면서 지금 주어지는 자극은 무서운 일이 아니라는 것을 천천히 알려주도록 한다. 그래도 너무 싫어한다면 억지로 진행하기보다 예민하게 반응했던 자극에서 한 단계 이전 자극으로 되돌아가 천천히 다시 시도하는 것이 좋다.

귀가 아래로 내려와 덮혀있는 견종이나 스코티쉬 폴드처럼 귀가 접힌 묘종은 환기 불량으로 인해 균의 증식이 더 쉽게 일어난다. 가정관리를 통해 질환을 예방할 수 있도록 보호자교육을 하고 어릴 때부터 스트레스 없이 관리할 수 있도록 하면 동물병원에서도 훨씬 원활한 치료가 가능해 진다.

🦴 4 투약교육

동물병원에서 통원관리하는 환자의 경우 대부분 내복약을 처방하게 된다. 가정에서 보호자가 직접 투약할 수 있도록 지도가 필요한데 내복약이 주 치료약물이라면 투약이 제대로 이루어지지 않는다면 치료의 성과를 기대하기가 어렵다. 특히 고양이환자는 약물에서 나는 쓴맛에 굉장히 민감하기 때문에 가루약을 투약하는 것이 쉽지가 않다. 쓴맛이 느껴지면 입에서 거품을 만들고 침을 과다하게 흘리는 증상을 보이거나 심한 경우 구토를 하기도 하는데, 고양이가 그럴 수밖에 없는 이유는 야생에서 사냥한 고기가 부패하면 트립토판이나 아르기닌이 생성되는데 이런 특정 아미노산에서 쓴맛이 난다는 것을 본능적으로 알 수 있는 능력이 있기 때문이다. 고양이는 약에서 느껴지는 쓴맛이 마치 상한 음식을 먹은 것과 같다고 생각하는 것이다. 따라서 섭취한 음식을 토하지 않으면 위험해질 수 있음을 본능적으로 인지하기 때문에 특히 이런 반응이 심한 고양이의 경우 가루약을 투약하는 것을 포기해야 한다.

차선책으로 가루약을 공캡슐에 넣어서 필건(Fill gun)이라는 투약기구를 사용하여 먹일 수 있는데 익숙하지 않은 경우 심한 거부반응을 보이기도 한다. 따라서 아기 고양이일 때부터 공캡슐을 구입하여 약 먹이는 연습을 하는 것이 좋다. 알약이나 공캡슐을 삼키는 연습은 개의 경우도 마찬가지로 강아지 때부터 습관을 들이는 것이 좋다. 최근에는 젤(Gel)타입의 투약보조제가 출시되어 가루약의 쓴맛을 중화하고 동물들이 좋아하는 향이 나도록 만들어진 제품이 있는데 약을 섞어서 인중에 발라주거나 입천장에 발라주면 어쩔 수 없이 핥아먹게 된다. 간혹 식욕이 좋은 동물환자는 스스로 핥아먹는 경우도 있기 때문에 투약에 대한 스트레스를 많이 줄일 수 있는 획기적인 방법이기도 하다. 입을 만지는 것에 대한 둔감화 교육이 이루어져 있지 않다면 이마저도 쉽지 않고 교상의 위험이 있으므로 투약에 대한 교육보다 입을 만지는 자극에 대한 체계적 둔감화 교육이 선행되어야 한다.

CHAPTER

5

반려동물의 질병

SECTION 01 반려동물의 질병과 생리학적 상태 측정

Ⅰ. 질병이란

질병이란 살아있는 생명체인 유기체의 신체적 기능이 일차적 또는 이차적인 문제로 인해 장애를 일으켜 과도하거나 결핍되는 비정상적 작동상태이다. 바이러스·세균·곰팡이·기생충과 같이 질병을 일으키는 병원체가 동물에게 침입하여 질병을 일으키는 감염성 질환에 의해서도 발병할 수 있고, 병원체 없이 세포 내 생리학적 시스템의 오류로 인한 비감염성 질환에 의해서도 발병된다. 또는 계절적·환경적·다양한 요인에 의해서 발병되는 질환도 있다.

반려동물에서는 평소의 건강상태를 파악하는 것이 매우 중요하다. 어떤 음식을 얼마나 먹는지, 물은 어느 정도 마시는지, 매일 어느 정도 운동하면 좋은지, 걸음걸이가 어떠한지. 그리고, 평소와 달리 행동이나 외견에 어떤 변화가 일어나면 파악을 하여야 한다. 병에 걸렸는지, 상처를 입었는지, 이물을 삼켰는지, 뜨거운 물체에 데었는지, 정신적인 불안이나 긴장으로 고통을 받고 있는지 확인하여 조심스럽게 다루어야 한다.

Ⅱ. 개와 고양이의 생리학적 상태 측정

1 맥박수(Pulse rate)

(1) 맥박의 측정방법

심장이 수축할 때 동맥으로 배출된 혈액의 흐름에 의해 동맥이 팽창과 이완을 하게 되는데 이를 맥박이라고 한다. 맥박수는 일반적으로 심장이 한 번 뛰는 리듬에 따라 규칙적으로 뛰며 심박수와 거의 일치한다. 맥박은 일반적으로 넙다리동맥(대퇴동맥)에서 측정한다. 강아지를 선 자세를 유지하고 검지와 중지 또는 중지와 약지 두 손가락을 이용하여 샅부위안쪽의 넙다리 동맥을 촉진하여 측정한다. 맥박수는 1분간 측정한 횟수이나 일반적으로 30초 동안 맥박을 센 후 2를 곱하여 준다. 비만하여 샅부위에서 넙다리동맥이 촉진이 되지 않거나 맥박이 약한 경우에는 심장에서 청진기로 심박수를 센다. 조용하고 편안한 상태에서 헐떡거리지 않도록 하고 왼쪽 가슴 아래 갈비뼈 3번에서 6번, 왼쪽 앞다리 팔꿈치 바로 안쪽에 청진기 헤드를 놓고 심장 박동을 30초 동안 센 후 2를 곱하여 준다.

 **그림 1** 넙다리동맥의 측정위치

 **그림 2** 심장청진위치

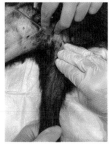

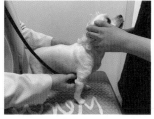

(2) 정상 맥박수와 심박수

동물의 연령이 어릴수록, 크기가 작을수록 더 증가한다.

표 1 개와 고양이 맥박수 · 심박수

구분	크기	맥박수·심박수(회/분)
개	소형	90 ~ 160
	중형	70 ~ 110
	대형	60 ~ 90
고양이		140 ~ 220

(3) 이상 상태

맥박이 정상보다 빠르게 뛰는 경우 빈맥이라고 하며, 느리게 뛰는 경우 서맥이라고 한다. 심잡음은 심장 판막이상, 심장내 비정상적인 구멍이 있는 경우 혈액이 좁아진 틈을 통과하면서 발생하는 소리이다. 심잡음은 수축기 또는 이완기에 들리거나 수축기와 이완기 모두에 걸쳐 들리는 경우도 있다. 부정맥은 비정상적인 심장의 불규칙한 심장의 리듬을 말한다.

2 호흡수

(1) 호흡수의 측정방법

호흡을 위해서는 횡격막과 갈비뼈의 움직임을 사용한다. 숨을 들이마시면 갈비뼈는 확장하고 횡격막은 내려간다. 숨을 내쉬면 갈비뼈는 수축하고 횡격막은 올라간다. 정상 호흡 시에는 흉부와 복부를 모두 사용하는 흉복식 호흡을 하므로, 호흡수는 동물이 최대한 편안한 상태에서 가슴과 배의 움직임을 1분간 관찰하여 측정한다. 동물이 흥분상태이거나 헐떡거리는 경우는 호흡이 빨라지기 때문에 정확한 측정이 어렵다. 청진기를 사용하여 측정할 때는 흉곽의 상반부, 즉 기관과 기관지가 갈라지는 부위에 청진기의 헤드를 놓아 호흡수를 측정한다. 병적인 상태에서는 흉식호흡만 하거나 복식호흡만 하는 경우가 있으므로 호흡수를 측정하는 것도 중요하지만 호흡의 양상을 기록하는 것도 중요하다. 호흡수도 30초 동안 센 후 2를 곱하여 준다.

(2) 정상 호흡수

개와 고양이의 호흡수는 평균적으로 분당 20~30회이다. 입원장에 누워있는 강아지나 고양이를 관찰할 때는 2초에 1회 또는 3초에 1회 호흡하는 정도이다.

표 2 개와 고양이의 호흡수

구분	호흡수(회/분)
개	10 ~ 30
고양이	20 ~ 30

(3) 이상 상태

흥분상태가 아님에도 헉헉거리며 입을 벌리고 거칠게 호흡하거나, 여러 호흡기 질환을 가지고 있는 프렌치불독 또는 퍼그 등의 단두종은 단두종 기도 증후군으로 인해 호흡수가 정상치보다 많이 측정될 수 있다. 견종에 관계없이 비염이나 켄넬코프 등 감염에 의한 기관지염도 호흡이 어려워져 호흡수에 변화가 발생할 수 있다.

- 호흡곤란: 호흡하는 것이 힘들거나 아주 노력하여 호흡하는 상태
- 천명: 흡기 시에 날카롭고 거친 호흡소리를 내는 것으로 상부호흡기계의 문제가 있는 상태
- 유미흉: 흉부에서 액체의 소리가 나는 상태
- 폐수종: 흡기 시에 빠스락거리는 소리, 습윤한 작은 기관지나 폐포를 공기가 통과할 때 수포가 발생하는 소리가 나는 상태
- 기관협착: 천명음과 비슷, 낮은 음으로 들숨과 날숨에 상관없이 지속적으로 발생하는 상태
- 체인-스트로크 호흡: 주로 죽을 때 보이는 호흡양상으로 짧고 경련성 호흡, 호흡이 완전히 멈추는 양상이 반복되는 상태

3 혈압

(1) 혈압의 측정방법

혈관 내를 흐르는 혈액의 압력을 나타내는 것을 혈압이라고 하며 심장의 심실이 수축할 때 형성되는 압력을 수축기 혈압, 심실이 확장될 때 형성되는 압력을 확장기 혈압이라고 한다. 수축기혈압과 확장기혈압의 차를 맥압이라고 한다. 평균혈압은 일반적으로 수축기혈압과 확장기혈압의 중간값을 의미하지만, 심장의 수축기는 확장기보다 짧기 때문에 평균혈압은 수축기혈압과 확장기혈압의 평균보다 낮다. 따라서 평균혈압은 확장기혈압 + 맥압의 1/3 이다.

혈압은 도플러 혈압계와 오실로메트릭 혈압계로 측정할 수 있다. 도플러 혈압계는 일반적으로 사용되는 혈압계이다. 혈류의 소리를 증폭시켜서 혈압을 측정하는 방법이다. 동물을 안정시킨 후 알맞은 크기의 커프를 준비하고, 앞발허리뼈동맥혈관에 센서를 장착시킨 후 커프를 감아 압력을 200mmHg 이상으로 팽창시켜 혈류 소리가 사라

졌다가 다시 공기압을 빼내면서 혈류소리가 들리는 지점을 찾는다. 소리가 들리는 지점이 수축기 혈압이다. 오실로메트릭 혈압계는 혈류의 진동 변화에 의해 혈압을 측정한다. 환자감시장치에 기능이 포함되어 있는 경우가 있어 중증의 말기 고위험 환자 또는 마취된 동물의 혈압측정에 주로 사용된다.

그림 3 도플러혈압계

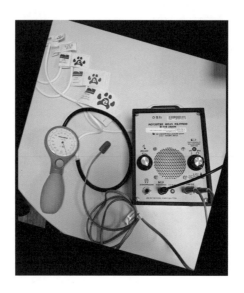

(2) 정상 혈압

표 3 개와 고양이의 혈압

구분	수축기혈압(mmHg)	이완기혈압(mmHg)	평균혈압(mmHg)	고혈압(mmHg)
개	110 ~ 160	60 ~ 90	133/75	180 이상
고양이	110 ~ 160	60 ~ 90	124/84	170 이상

(3) 이상 상태

개와 고양이의 정상 혈압은 품종별로 약간씩 차이가 발생하고 일반적으로 대형 품종의 혈압이 조금 낮으나, 활동량이 많을수록 혈압이 평균보다 높다. 혈압이 정상보다 높은 경우에는 고혈압, 낮은 경우에는 저혈압이라 한다. 심장질환, 콩팥질환, 당뇨병, 부신피질기능항진증, 갑상샘기능항진증에서 고혈압이 발생하는 경우가 많다. 고혈압보다는 심한 저혈압 상황이 더 위험하여 즉각적인 치료가 필요하다.

4 체온

(1) 체온의 측정방법

동물의 체온은 직장(항문)에서 측정한다. 전자체온계를 이용하며 알코올 솜으로 소독한 후에 윤활제를 발라 동물의 직장에 부드럽게 삽입하고 1~2분 정도 기다려 완료 소리가 나면 체온계를 제거한다.

(2) 정상 체온

표 4 ✂ 개와 고양이의 정상 체온범위

구분	정상범위(℃)	평균(℃)
개	37.7 ~ 39.0	38.5
고양이	37.7 ~ 39.0	38.5

(3) 이상 상태

정상체온에 비해 1℃ 이상 상승하면 미열, 2℃ 이상 상승하면 중열, 3℃ 이상 상승하면 고열이라 한다. 질병으로 인한 체온 상승은 동물에게 감염 및 염증이 존재할 때 나타난다. 또는 심한 운동 후나 더운 장소에서 긴 시간동안 있었을 때에도 고열이 나타날 수 있다.

5 모세혈관재충만시간

(1) 모세혈관재충만시간 측정방법

모세혈관재충만시간(Capillary refill time)은 동물의 전신 순환상태를 확인할 수 있는 방법으로 엄지손가락으로 잇몸을 가볍게 눌렀다 떼었을 때 잇몸의 색깔이 정상적으로 돌아올 때까지의 시간을 측정한다.

그림 4 모세혈관재충만시간 측정방법

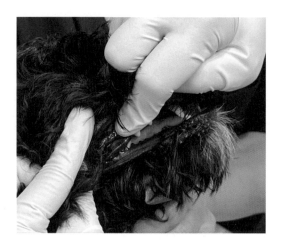

(2) 정상 모세혈관재충만시간

잇몸이 흰색에서 분홍색으로 회복되는 시간은 1초 전후여야 한다.

(3) 이상 상태

탈수가 있는 경우 정상 색깔로 회복되는 시간이 느려진다. 중증의 탈수는 순환혈액
량 감소로 인한 저혈압으로 심각한 쇼크 상태를 일으켜 사망에 다다른다.

표 5 탈수 정도에 따른 잇몸색깔과 CRT

탈수 정도	색깔	CRT
5% 이하	분홍색	1초 전후
5~8%	창백한 분홍색	2 ~ 3 초
8~10%	창백한 분홍회색	2 ~ 3 초
10~12%	회색	3초 이상

6 음수량

(1) 음수량 측정방법

물은 생체가 건강한 상태를 유지하기 위해서 반드시 필요하다. 음수량의 측정은 계량눈금표시가 되어 있는 급수통으로 주어도 되고, 아침 정해진 시간에 대략적인 물의 양을 주고 다음날 아침에 남아있는 양을 빼면 음수량을 측정할 수 있다. 동물병원에서 입원해있는 동안 수액으로 유지요구량을 충족하는 동물은 별도의 음수가 필요 없는 경우도 있다.

(2) 정상 음수량

일반적으로 개는 일일 50~60ml/kg 가 필요하다. 즉, 5kg의 동물이라면 일일 250~300ml의 물이 필요하다. 건식사료인지 습식사료인지에 따라 제하는 음수량이 달라진다. 건식사료에는 약 10%의 수분을 함유하고 있고, 습식사료는 약 70~80%의 수분을 함유하고 있으므로 사료의 양에서 그만큼의 수분량을 제하면 된다. 습식사료는 300g/day 먹었다면 210~240ml 의 수분을 섭취하게 되니 일일음수량으로는 약간의 물만 더 섭취하면 된다.

(3) 이상 상태

당뇨, 요붕증, 쿠싱병과 같은 질환일 경우 다음으로 인해 음수량이 늘어난다. 비정상적으로 음수량이 늘어난다면 음수량을 체크해보고 원발 질환에 대한 관리가 필요하다.

SECTION 02

기관별 해부생리와 주요 질병

Ⅰ. 피부

1 피부의 해부생리

(1) 피부의 구조

그림 5 피부의 구조

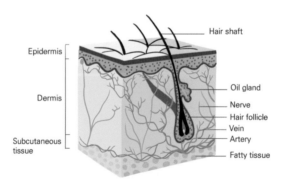

표피는 4개의 층인 중층상피조직으로 구성되어 있으며 맨 아래층의 핵이 있는 세포는 21일 주기로 맨 위층으로 이동하며 죽은 상피세포로 변하게 되어 각질로 떨어져 나간다. 표피의 기능은 진피를 보호하는 것이다. 바닥층은 표피에서 제일 아래 있는 곳으로 한 층의 세포층으로 구성되어 있다. 한 층으로 핵을 가지고 있으며 피부의 색소침착이 있는 부위에는 멜라닌 세포를 가지고 있어 색깔이 나타난다. 과립층은 구조 단백질로 되어 있으며 일종의 각질의 침윤이 일어나는 층이다. 투명층은 세포의 핵이 사라져 투명해 보인다. 각질층은 표피의 가장 바깥층으로 세포는 핵이 없는 죽은 세포이다.

진피는 진짜 피부를 의미하며 두껍고 피지샘, 땀샘, 혈관, 근육, 신경 등이 있다. 모낭을 조절하는 털세움근도 있다.

피하는 진피 아래 지방조직으로 이루어진 느슨한 결합조직이다. 다량의 탄력섬유가 있으며 피부 밑 주사 (SC) 부위로 사용된다.

(2) 피부의 기능

① 보호: 몸 표면을 감싸고 신체 장기를 보호하며 특화된 기관으로는 발볼록살이 있다. 미생물의 침입으로부터 몸을 보호하는 1차적인 물리적 방어벽이다. 피지샘에서 항균물질과 지질을 분비하고 수분 손실을 막는 방수막의 기능을 하기도 한다. 피부의 색소침착은 자외선으로부터 피부를 보호하기 위함이다.

② 감각: 온각, 냉각, 압각, 촉각, 통각 같은 기계적인 감각이 잘 발달되어 외부환경에 대한 감시를 한다.

③ 분비: 피부기름샘에서 피부 기름을 분비하고 땀샘에서는 땀을 분비하는데 개와 고양이는 발바닥과 코에서만 직접적으로 능동적인 땀 분비가 가능하다. 꼬리샘, 항문샘, 입주위샘과 같은 특수 분비샘에서는 페로몬을 발산한다.

④ 생산: 자외선을 쬐어 비타민 D 합성을 하고 비타민 D는 콩팥과 간에서 칼슘의 흡수 촉진을 한다. 충분한 일광흡수가 이루어지지 않아 비타민 D의 형성이 저하되면 무기력에 빠지게 되며 조직과 뼈의 칼슘 함량이 낮아지게 된다.

⑤ 저장: 피부 밑 조직은 지방을 지방조직의 형태로 저장하고 저장된 지방조직은 체온 유지에 도움을 준다.

⑥ 체온조절: 진피에 있는 혈관을 수축하고, 모낭을 조여서 털을 세우고, 지방조직을 보유하여 체내의 열 손실을 방지한다. 열이 나는 경우에는 땀을 이용하여 열을 내린다. 개와 고양이는 발바닥과 코에만 활성을 가지는 땀샘이 존재하고 헐떡임으로 체온을 조절한다.

⑦ 의사소통: 일종의 냄새물질인 페로몬을 분출하여 의사소통을 한다. 시각적인 의사소통으로는 위협 시 공격적인 의사에 대한 경고의 의미로 털을 세우기도 한다.

🦴2 피부의 질병

(1) 탈모증

그림 6 부분 탈모   그림 7 색소침착

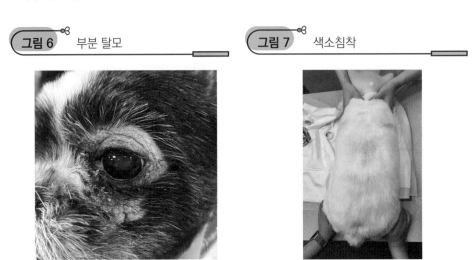

생리적 탈모인 털갈이는 정상이다. 보통 봄부터 여름에 그리고 겨울철 난방 시작 시기에 털갈이가 진행된다. 그러나 실내생활을 하는 반려동물의 경우 계절적 요인 없이 일 년 내내 털갈이를 하는 경우도 있다.

병적인 탈모는 생리적 탈모와는 달리 부분적 탈모가 있거나 피부의 발적 및 색소 침착이 동반된다. 주된 원인으로는 알러지, 내분비 장애, 기생충, 진균, 세균 감염에 의해 나타난다.

환경조건을 관찰하여 생리적 탈모인지 병적인 탈모인지 판단을 하며 병적인 탈모인 경우 세균 감염 여부, 호르몬, 모낭 상태 등을 검사한다.

감염증으로 인한 탈모의 경우 원인 제거 후 2~3주 내에 털이 나기 시작하지만 호르몬성 탈모의 경우 적어도 1개월 이상의 치료가 필요하며 3-6개월이 지나야 털이 어느 정도 돌아온다.

(2) 농피증

그림 8 농포의 모습

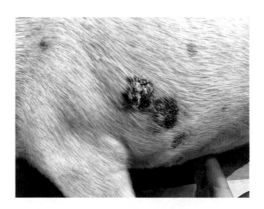

피부가 부분적으로 붉게 변하고 점진적인 소양감이 생긴다. 병변이 진행됨에 따라 병변부가 둥글게 퍼지며 중심부에 색소가 집중되어 검게 변하는데 이를 Bull's eye 현상이라고 부른다.

황색포도상구균의 과다한 증식, 잦은 목욕, 부적절한 샴푸를 사용하거나 피부병의 방치로 인해 나타난다.

증상을 보고 피부 조직을 배양하고 치료적 진단을 한다. 균을 분리하여 항생제 감수성 테스트를 하기에는 시간이 너무 오래 걸리므로 일반적으로 광범위한 항생제를 처방한다. 치료 경과를 지켜보다 소염제를 같이 처방하기도 하고 약용 샴푸로 치료한다. 항생제를 먹어도 경과가 나아지지 않는다면 그때 항생제 감수성 테스트를 의뢰하여 질병을 야기한 세균에 특이적인 향균제를 찾아 처치한다.

(3) 지루증

유성 지루증의 증상으로는 몸 냄새가 심해지고 몸에 기름이 많아진다. 보통 코커 스파니엘과 시추에서 다발한다. 유성 지루증은 과도하게 분비되는 호르몬과 지방 성분의 과도한 섭취 혹은 결핍, 피지의 양이 비정상적으로 증가하여 생긴다.

건성 지루증의 대표적인 증상으로 각질 증가가 있다. 건성 지루증의 원인은 피지의 양이 너무 많아지거나 줄어들 경우 피부의 신진대사가 빨라져 각질화 진행이 된다. 호르몬 이상이나 지방분의 부족, 미네랄과 비타민의 부족으로도 나타나며 알러지와 기생충, 진피 감염도 원인이 된다.

증상의 특성을 관찰하여 원인을 파악한다. 알러지나 기생충, 세균성 피부염과 같은 원발 질환을 치료해야 하며 건성지루는 비타민이나 아연제제를 추가적으로 급여한다. 샴푸 후 적절한 보습을 위해 린스제제를 보습용으로 사용한다.

(4) 모낭충증

그림 9 현미경을 통해 보이는 모낭충

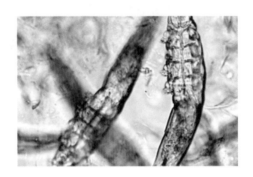

생후 4~9개월 령의 개가 성적으로 성숙하는 시기에 다발한다. 입, 아래턱, 눈 주위, 앞발의 전면 같이 피지선이 많이 분포한 피부에 발생하며 탈모 부분이 점점 넓어진다. 다수의 농포 발생 후 피부가 짓무른 상태로 변하고 초기 소양감이 심하지는 않으나 병변이 진행되면서 소양감이 심해진다.

어미를 통한 수직감염으로 획득하게 되고 성숙기뿐만 아니라 10세 이상의 면역력이 떨어진 노령견에서도 발생한다. 호르몬의 균형이 깨지거나 지방이 많은 먹이의 성질에 따라 발병하기도 한다.

병변의 특징을 확인하고 Skin Scraping을 실시한다. 모낭충은 모낭에 살고 있기에 병변의 진피층까지 스크래핑한 후 슬라이드에 도말하여 현미경으로 관찰한다. 항기생충 약물을 경구투여와 약욕으로 치료하며 염증이 심하다면 항염증치료제를 병행해야 한다.

(5) 백선 = 피부사상균증

그림 10   백선

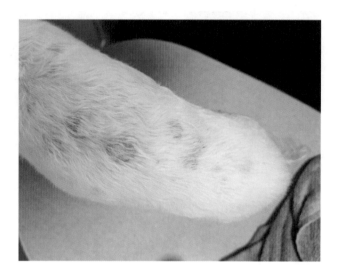

원형 탈모가 생기고 탈모 부위에 각질 형태의 미세한 가피가 생긴다. 초기에는 소양감이 적지만, 증상이 심해질수록 범위가 넓어지고 소양감이 심해진다. 사람도 감염이 가능하다.

Microsporum cains(70%)가 주원인이며 부가적으로 Microsporum gypseum(20%)과 Tricophytone mentagrophytes(10%)가 있다.

임상증상을 확인하고 어두운 곳에서 Wood Ramp를 비추면 곰팡이에 감염된 부위 특히 귀 끝, 발끝이 밝게 보여 진단을 할 수 있다. DTM 검사는 피부 질환 증상 가장자리를 긁어 떼어낸 모낭과 진피를 DTM 곰팡이 배지에 심어 배양하여 진단한다. 피부사상균증일 시에는 배지가 빨간색으로 변하게 된다.

전신 제모를 하고 약욕을 하며 항진균제를 투여하여 치료한다. 예방백신도 효과적이다.

(6) 아토피성 피부염

그림 11 아토피성피부염

귀, 눈 주위, 안면, 발끝, 겨드랑이, 관절의 안쪽, 몸통과 네 다리의 이음새 안쪽 부위에 극심한 소양감을 느끼게 되고 긁어서 빨갛게 변하게 된다.

생후 6개월 ~ 3세령에서 다발하며, 과하게 깨끗한 환경에서 무해한 물질인 먼지, 집 먼지 진드기, 꽃가루에 면역반응을 과도하게 일으키는 것이 원인이 된다. 최근에는 미세먼지에 의한 아토피성 피부염 발생보고가 있다.

특징적인 항원을 찾기 위해 피내 알러지 검사를 하고 혈액 검사로 각각 효소에서 나온 알러젠을 측정한다.

1차적으로는 알러젠의 원인 물질을 제거하고 염증이 과도한 경우 스테로이드 약물을 사용하여 염증 수치를 낮춘다. 스테로이드를 과도하고 오랜 기간 동안 사용하지 않아야 하며 알러지 물질을 제한하고 약욕 샴푸를 병행한다. 최근에는 알러지를 발생시키는 기전을 차단하는 다양한 최신 치료가 개발되고 있다.

(7) 식이알러지

상대적으로 드물게 발생하지만 수분 이내 발생한다. 몇 시간, 며칠에 걸쳐 발생하기도 한다. 발, 귀, 안면, 서혜부, 항문 주위 등에 소양감, 발적, 발열이 발생한다. 구토, 설사를 동반한다.

원인은 동물성 단백질으로 생각되지만 명확한 원인은 알려져 있지 않다. 2세 이하에 다발하며 다발 품종으로는 레브라도 리트리버, 저먼 세퍼드, 푸들이 있다.

감별 진단으로 아토피, 접촉성 과민증 등이 있고 사료 교체를 하면 진단도 되지만 치료도 된다. 사료를 처방 사료로 교체해도 아토피인 경우 계속 증상이 보일 수 있다. 최신 다양한 약물 요법이 사용되고 있다.

(8) 호르몬 이상 피부염

그림 12 부신피질호르몬항진증의 탈모와 병변

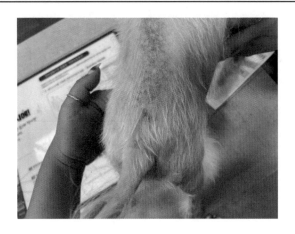

주 증상은 탈모로 초기 소양감이 있을 수 있다. 부신피질호르몬의 증가로 등 부위에 대칭적인 탈모가 발생하고 배가 볼록해진다. 성호르몬 증감의 탈모는 생식기나 항문 주위에 발생하는 편이다. 갑상선호르몬이 감소하는 경우에도 대칭적인 몸통의 탈모증상을 나타낸다.

호르몬성 탈모는 호르몬 분비량의 이상이 생기고 모낭에 영향을 주어 탈모가 생긴다.

임상 증상을 확인하고 혈액 검사로 호르몬 수치를 검사한다.

각 진단에 맞는 약물 치료를 하며 종양 등에 의한 호르몬 분비 이상인 경우에는 수술로 제거한다. 치료 효과가 수개월 이상 소요되므로 6개월 이상 지켜봐야 한다.

Ⅱ.귀

1 구조

그림 13 개의 귀 A. 귀 구조 B. 내이 단면

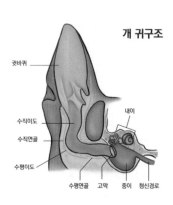

개 귀구조

귓바퀴

수직이도
수직연골
수평이도
내이

수평연골 고막 중이 청신경로

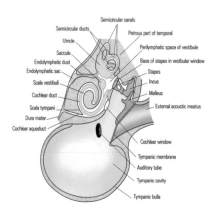

Semicircular canals
Semicircular ducts
Petrous part of temporal
Utricle
Perilymphatic space of vestibule
Saccule
Base of stapes in vestibular window
Endolymphatic dust
Endolymphatic sac
Stapes
Scala vestibuli
Incus
Cochlear duct
Malleus
Scala tympani
External acoustic meatus
Dura mater
Cochlear aqueduct
Cochlear window
Tympanic membrane
Auditory tube
Tympanic cavity
Tympanic bulla

(1) 이개(귓바퀴)

머리 바깥으로 튀어나온 부분에 위치하고 있다. 개와 고양이의 품종에 따라 쫑긋한 귀와 늘어진 귀가 있다. 귓바퀴 연골로 형태를 유지한다. 귓바퀴의 안과 밖에 나 있는 털도 개와 고양이의 품종에 따라 다양하다.

(2) 외이(바깥귀)

수직이도와 수평이도, 고막으로 구성되어 있다. 음파를 고막까지 전달하는 통로이다.

(3) 중이(가운데 귀)

고막을 경계로 안쪽부분에 위치한다. 귓속뼈에는 몸속뼈 중에서 제일 작은 뼈로 구성되어 있으며 등자뼈, 망치뼈, 모루뼈가 연결되어 있다.

외이에서 내이로 가는 음파에 의한 떨림을 전달하는 기능을 한다. 고실이라는 공간이 있어 소리의 울림을 만들고, 고실에는 구장으로 연결되는 유스타키오관이 있어 양쪽 귀의 압력을 같게 유지하는 역할을 한다.

(4) 내이(속이)

청각을 담당하는 달팽이관과 평형감각을 담당하는 반고리관으로 구성되어 있다.

2 귀에서 발생하는 질병

(1) 이개혈종

그림 14 이개혈종

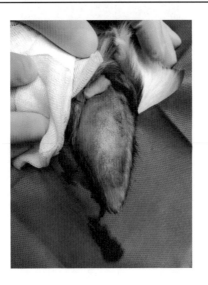

귓바퀴(이개)에 심한 부종이 생긴 것으로 만두귀라고도 불린다. 상처가 생겨 혈액 또는 장액이 저류한 염증성 부종으로 붓거나, 외부적 손상으로 귀를 맞거나 물린 경우 그리고 외이염에 의한 소양감으로 자꾸 긁다가 부종이 생긴 경우가 원인이 된다.

열감이 있으며 통증과 부종이 동반된다.

병변 부위를 절개하여 혈액 또는 장액을 제거하고 배액관을 설치하여 장액이 누수되게 한다. 또는 개방창으로 열어놓는 수술적 교정방법을 실시하기도 한다. 추가적인 세균감염을 예방하기 위해 항생제와 소염제를 투약한다. 수술적 방법없이 약물치료만 실시할 경우 거의 효과가 없다.

(2) 외이염

그림 15 외이염의 귀 분비물

외이염의 증상으로는 갈색 또는 황색의 귀지가 발생하며 냄새가 난다. 외이도 주변의 부종 및 발적도 나타나며 소양감이 있어 앞발이나 뒷발로 귀를 긁는다.

세균, 진균, 진드기, 알러지성 등이 원인이 되어 발생한다.

외이염은 체내 면역력에 따라 아토피가 생긴 경우 정상세균총이 망가져 세균성, 진균 효모 원인체가 병발하기도 한다. 따라서 원발질환을 잘 파악하여 치료하는 것이 중요하다.

1) 세균성 외이염

주 원인은 황색 포도상구균이다. 가장 특징적인 증상은 농양과 같은 황색의 귀지가 생기고 소양감이 나타난다.

검이경 사용하여 귀지와 염증을 확인하여 귀 분비물을 채취한 후 염색하여 현미경으로 검사한다.

치료 방법은 원인균을 확인하여 항생제를 투여한다. 그 외 귀털을 제거하여 귀 소독을 하고 귀 내 연고 및 현탁액을 적용한다. 이도 내에 예민한 부분이 있으므로 자극이 적은 소독제를 사용하며, 자주 귀 청소를 하면 오히려 염증을 악화시킬 수 있으니 주의하고 재발이 잦으므로 꾸준히 관리하는 것이 중요하다.

2) 진균성 외이염

Malassezia spp.가 원인이다.

증상으로는 심한 소양감이 있으며 눅눅한 악취가 나고 진갈색~검정색의 귀지가 있다.

검이경으로 귀지와 염증을 확인하고 현미경으로 진균을 검사하여 진단한다. 아토피성 피부염을 가진 개에서는 진균성 외이염이 잘 병발하니 원발질환의 진단과 치료가 중요하다.

항진균제를 투여하며 귀털 제거, 귀 소독을 하고 귀 내 연고 및 현탁액 적용한다. 경중에 따라 치료 방법이 다르다.

3) 귀 진드기 감염증

그림 16 귀진드기에 감염된 귀

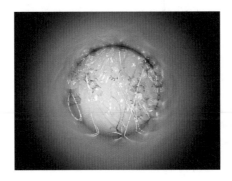 

원인은 귀 진드기(ear mite) 감염으로 나타난다. 귀진드기가 있는 개체에서 전염되며 알에서 성충까지 되는데 3주의 기간이 소요된다. 귀 내벽을 갉아먹기 때문에 검은색 귀지가 생기며 극심한 소양감을 나타낸다. 특히 길고양이에 다발하며 길고양이들끼리 전염이 된다.

진단은 검이경으로 확인하고 귀지를 현미경으로 검사하여 진드기를 확인한다.

치료 방법으로 Ivermetin, Selamectin과 같은 살충제를 처방하고 귀진드기의 생애주기에 따라 3주 정도 치료한 후 경과에 따라 치료기간을 조절한다.

4) 만성 외이염

세균 및 진균성 외이염이 장기간 지속된 경우에 만성으로 외이염이 재발하게 되며, 염증에 따라 발적과 부종이 생겨 외이도가 점차 좁아져 협착된다.

치료 방법은 수직이도 절제하는 Zepp`s 수술법과 수직와 수평이도 모두를 절제하는 전이도 적출술이 있다.

5) 외이도의 이물

외이도 내에 물, 씨앗, 벌레 등이 들어간 경우로 머리를 흔드는 증상을 나타낸다. 면봉 등으로 잘못 건드리면 오히려 깊숙이 들어가게 되고 이물 때문에 고막이 파열되는 경우도 있다.

치료 방법으로는 마취 후 검이경을 이용하여 제거한다.

(3) 중이염

주증상으로 보호자가 불러도 반응이 없는 등 청력감소가 나타나며 난청으로 진행되기도 한다. 외이도의 염증이 중이로 확산되는 것이 큰 원인이다.

검이경으로 고막 천공 여부를 확인하고, 방사선, CT, MRI를 촬영하여 진단한다.

항생제, 소염제를 투여하여 치료하고, 외이염의 치료기간보다 오래 걸린다. 외이염에 대한 근본적인 치료가 필요하다.

(4) 내이염

머리를 한쪽으로 기울이며 몸의 평형을 유지하지 못해 한쪽 방향으로 빙빙 도는 사경과 편측 행동을 나타낸다. 또한 달팽이 신경에도 문제가 있으면 큰 소리가 나도 듣지 못하고 청각이 소실되어 난청이 된다.

만성 외이염이 중이염으로 확산되고, 내이염까지 심화되는 경우가 일반적이다.

방사선, CT, MRI를 촬영하여 진단한다.

항생제, 소염제를 투여하며 외이염의 치료기간보다는 내이염의 치료 기간이 훨씬 길다.

(5) 고양이 염증성 폴립

중이의 유스타키오관과 연구개의 연결 부위에 염증이 지속되어 염증성 폴립이 생긴 경우이다. 크기가 점점 커지게 되면 호흡 시에 잡음이 들리거나 호흡 곤란이 생긴다. 그 외 머리를 흔들거나 사경이 나타나기도 한다.

정확한 원인은 모르지만 상부호흡기 감염 또는 중이염이 원인인 것으로 생각된다.

검이경으로 검사하거나 마취 후 육안으로 목구멍 위쪽을 확인한다. 또한 방사선이나 CT촬영을 하여 확진하고 수술적 제거로 치료해야 한다.

Ⅲ. 눈

1 눈의 구조

> **그림 17** 눈의 내외부 구조

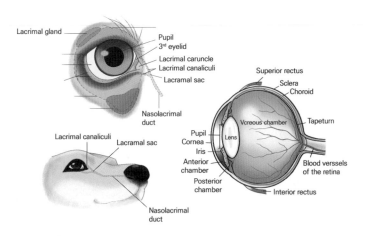

눈은 안구(eyeball)와 안부속기(accessory organ)로 이루어져 있다.

(1) 안구

① 외막: 각막, 공막

② 중막(포도막): 홍채(조리개), 모양체, 맥락막

③ 내막: 망막(필름), 시신경

④ 안내용물: 수정체(렌즈), 유리체(초자체), 방안수

(2) 안부속기

① 눈꺼풀(안검): 상안검, 하안검, 제3안검

② 눈물기관: 눈물샘, 누점, 눈물소관, 코눈물관

2 눈의 질병

(1) 안과 검사

● 육안검사(안구의 이상 및 이물 관찰)

- 시각검사(위협반사)
- 대광반사(PLR)
- 눈물량 검사(STT: 15~25mm/min)
- 안압 측정(개 12~24mmHg, 고양이 12~26mmHg)
- 각막 염색(Fluorescein(FDT), Rose bengal)
- Slit 검사(산동 후 검사)
- 초음파 검사
- ERG 검사 (백내장 수술 전)
- 안저 검사

(2) 각막염(각막궤양)

눈에 통증이 있어 눈을 계속 감고 있거나 반복해서 깜박거린다. 앞발로 문지르는 등의 행동을 하기도 하며 눈물이 많이 나며 눈곱이 많이 생기며 안검 경련도 나타난다.

원인으로는 외상성인 경우 외이염이 있는 있는 경우 발로 귀를 긁다가 눈을 자가

손상시키거나 눈 주위 눈썹이 각막에 상처를 내거나 샴푸 등의 화학 약품에 각막이 손상된다. 비외상성인 경우 곰팡이, 세균, 바이러스가 원인이다.

진단 방법은 임상 증상을 확인하거나 형광 염색으로 각막의 상처를 확인한다.

속눈썹이 각막을 찌르는 경우 각막이 다치지 않게 속눈썹을 제거하고 안약 및 항생제를 투여한다. 외이염 또는 각막에 염증을 일으키는 원발 원인을 치료한다.

(3) 결막염

그림 18 결막염

결막의 부종 및 발적되는 결막염으로 인해 안검 주위에 통증과 소양감이 있으며 앞발로 눈을 비비거나 바닥에 얼굴을 문지르는 행동을 하며 눈물과 눈곱이 과도하게 생긴다.

편측성으로 한쪽만 생기는 원인은 물리적 자극과 화학적 자극에 의해 발생하며 양측성으로 나타나는 원인으로는 세균 및 바이러스의 감염, 알러지 등의 전신성 질환에 의해 생긴다.

임상 증상을 확인하고 Rose bengal 과 같은 형광 염색을 하여 진단한다.

원발 원인을 제거하고 안약, 항생제, 소염제를 투여하여 치료한다.

(4) 건성각결막염

그림 19 건성각결막염

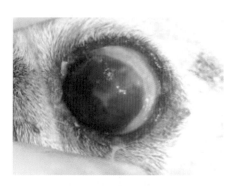

일시적인 증상은 가벼운 결막염이나 각막염과 비슷한 증상을 나타낸다. 만성적인 증상은 각막의 광택과 투명도가 소실되며 각막의 착색과 결막의 충혈이 나타난다. 각막 천공과 안검 유착이 생기기도 한다.

특발성으로 원인이 명확하지 않은 경우도 있지만 일반적으로 눈물샘이 없어 눈물이 전혀 나오지 않는 경우 또는 누선 위축에 의한 눈물량 부족에 의해 나타나며 다른 질병에 의해 눈물 분비량이 감소하여 발생한다.

임상 증상을 확인하고 눈물량을 검사하여 진단한다.

치료 방법은 대증 요법으로 안약이 주기적으로 넣어주는 관리를 오랫동안 해야 하며 완치도 오래 걸리는 편이다.

(5) 유루증

그림 20 유루증으로 인해 착색된 모습

눈물이 계속 흘러내려 눈 주위를 더럽히고 특히 털이 하얀 경우 눈 주변이 갈색으로 더러워진다. 축축한 상태로 인해 안검 주변에 염증과 습진이 생기며 소양감과 통증이 발생한다.

각막염·결막염에 의해 눈물 분비량의 증가하거나 비염에 의한 코눈물관 폐쇄로 눈물이 코로 배출되지 못하고 눈 주변으로 흘러내리기 때문에 발생한다.

임상 증상을 확인하고 눈물량을 검사하며 코눈물관 폐쇄 확인을 위해 색소를 넣어서 코로 배출되는지 확인하여 진단한다.

치료 방법은 원발 원인의 제거, 눈물관 세척 그리고 염증 제거를 위한 내복약 투여를 한다.

(6) 포도막염

포도막은 홍채, 모양체, 맥락막으로 구성되어 있는데, 홍채와 모양체에도 염증이 생겨 동공 크기 조절에 어려움이 생기며 통증이 나타난다.

원인은 직접적으로 외상 또는 세균·바이러스·진균 감염에 의해 생기며, 알러지, 중독, 각막염 및 결막염, 면역반응의 과민반응이 속발되어 발생한다.

감염이나 중독이 있는지 확인하기 위해 전신검사도 실시하고 안검사를 하여 진단한다. 치료 방법은 안약이나 항생제를 투여한다.

(7) 녹내장

그림 21 녹내장

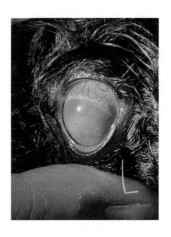

섬모체에서 만들어져서 홍채와 각막 사이의 앞방과 포도막과 공막 사이의 뒷방으로 배출되는데, 배출되는 곳이 좁아지거나 막히면 배출 장애가 일어나게 된다. 이러한 배출 장애로 인해 안구 내부에 안압이 상승하고 시신경이 눌리게 되면 점차 시력이 저하된다. 동공이 확대되며 동공이 열린 채로 있기 때문에 안구는 평상시보다 녹색 또는 붉은색으로 보이며 안구도 돌출되어 보인다. 심각해지면 시력 상실, 즉 실명이 된다.

동공반사와 안구돌출을 확인하고 안압을 측정하여 진단한다.

이뇨제를 투여하여 안방수 배출을 촉진하며 혈압과 안압을 떨어뜨려 치료한다. 축동제나 안방수 유출을 촉진하는 안약을 사용하여 꾸준한 관리가 필요한 질병이다.

(8) 백내장

그림 22 백내장

수정체의 일부 혹은 전부가 하얗게 혼탁되고 물체와 상이 수정체를 통과하지 못해 점차 시력이 떨어진다. 물체에 부딪히거나 보호자가 불러도 멈칫하고 달려오지 못한다.

원인은 선천적인 경우에는 6살 미만에 발생하며, 후천성인 경우에는 외상, 당뇨, 중독으로 인해 발생하기도 하고, 나이가 들어서 노령에 의해 발생하는 경우가 대부분이다.

눈이 하얗게 보이는 노령성 핵경화증과 감별해야 하는데 핵경화증은 시력 상실이 없다.

육안 검사를 먼저 실시하고, 안저경, ERG 검사하여 확진한다. 망막 시신경의 이상이 없는 경우에는 수정체 교체 수술을 하여 치료한다.

(9) 안검내번증

안검, 즉 눈꺼풀이 눈 안쪽으로 구부러져 말려들어간 상태이며 안검이 말려 들어간 정도에 따라 다르지만 눈 주변의 털이나 눈썹이 결막을 찌르게 되어 각막염 또는 결막염을 발생시킨다. 각결막염으로 인해 눈을 비벼 외상이 발생할 수 있으며 눈물과 눈곱이 많아진다. 초기에 치료하지 않으면 만성적인 각결막염이 지속되어 각막이 검은색으로 착색되기도 한다.

눈꺼풀이 선척적으로 안쪽으로 말려져있는 요인에 의해 대부분 발생한다. 일시적으로 눈꺼풀이 변형되거나 결막염에 의해 부종이 생겨 안쪽으로 말려 올라 발생하기도 한다.

눈꺼풀이 말려 올라간 상태를 살펴보고 진단하며 눈꺼풀이 말려 들어간 것을 절제하여 밖으로 뒤집은 후 외과적 수술로 치료한다.

그림 23 안검내번과 안검외번의 차이

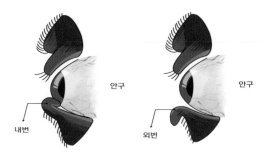

(10) 안검외번증

안검이 바깥쪽으로 말려 내려간 상태이다. 하안검에 다발하며 선천적으로 세인트 버나드, 코커스파니엘, 바세트 하운드 등 피부가 늘어져 있는 품종에서 다발한다. 안면신경의 마비에 의해서도 발생한다.

결막이 노출되다 보니 각막염과 결막염이 잘 발생하며, 염증에 의해 부종과 눈물이 발생하여 눈곱도 많이 생긴다.

눈꺼풀의 상태로 진단하며 외번증에 의한 결막염을 확인하여 진단한다.

각막염과 결막염을 먼저 치료하며, 외번의 정도가 약하면 인공눈물 안약이나 연고를 처방하여 관리하고, 정도가 심하면 수술적 교정을 실시한다.

(11) 제3안검 돌출증(체리아이)

그림 24 제3안검선이 돌출된 모습

제3안검의 뒤쪽에 있는 제3안검선의 고정이 잘 되지 않아 밖으로 탈출하여 부어올라 체리처럼 보이므로 '체리아이'라고도 한다. 눈 앞쪽 불편함으로 인해 개가 눈을 비비고 되고 손발성으로 결막염과 각막염을 야기한다.

선천성으로 비글, 코커 스파니엘, 페키니즈 등의 품종에서 자주 발생한다.

눈 앞쪽에 돌출되어 있는 제3안검선을 확인하여 진단하며 약물치료로는 치료가 불가능하여 수술적으로 절제해야 한다.

Ⅳ. 구강

1 구강의 구조

(1) 구강의 기능

소화기의 입구이며 음식물을 섭취하여 기계적 소화가 일어나며, 일부 화학적 소화가 일어나는 곳이다.

(2) 구강의 구성

그림 25 구강의 구조와 부속기

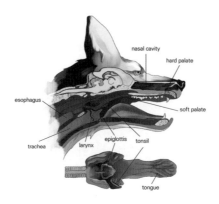

1) 뼈

- 위턱뼈 (상악골 maxilla)와 앞니
- 입천장뼈 (구개 palatine)
- 아래턱뼈 (하악골 mandible)와 아랫니

2) 침샘(타액선)

- 광대샘(권골선)
- 혀밑샘(설하선)
- 턱밑샘(악하선)
- 귀밑샘(이하선)

침은 침샘의 분비물이며 99% 수분 + 1% 점액질로 이루어져 있다. 탄수화물 소화 효소인 아밀라제(amylase)가 소량 분비되기는 하지만, 개와 고양이는 아밀라제에 의한 소화는 거의 일어나지 않는다. 주요한 기능은 섭취한 음식물을 식도로 삼키기 위한 윤활의 역할이며, 털을 정돈하며 바르는 침에 의해 체온을 발산하여 체온조절을 한다.

3) 혀

식괴를 형성한 후 식도로 넘겨주는 역할을 하며, 혀에 있는 유두로 털을 정돈한다. 날씨가 덥거나 열이 나면 혀를 밖으로 내어놓고 침을 흘리는 팬팅으로 체온을 조절하기도 한다. 성대에서 울려지는 소리를 혀로 공기의 흐름을 조절하여 소리의 크기나 길이를 조절할 수 있다.

4) 치아

위턱과 아래턱에 심어져 있는 단단한 구조물로 치아활궁(dental arch, dentary) 틀, 잇몸(gum)의 이틀(dental alveolus)에 박혀 있다.

🔵 **치아의 구분**

- 앞니(절치): 자를 때 사용하는 이빨로 개와 고양이는 뾰족하여 자르는 기술은 딱히 없다.
- 송곳니(견치): 물어뜯거나 찢을 때 사용하는 날카로운 이빨로 개의 학명을 딴 Canine 이라고 한다.
- 작은 어금니(전구치): 씹을 때 사용하는 이빨이며 씹는 면은 편평하고, 뿌리가 삼각형으로 배열되 있다.
- 어금니(구치): 작은어금니와 유사한 형태이나 크기가 더 크며, 뿌리가 3개 이상이다.

🔵 **치열과 치식**

표 6 개와 고양이의 치식

구분	I(상악/하악)	C(상악/하악)	PM(상악/하악)	M(상악/하악)	배수	합계
개	3/3	1/1	4/4	2/3	2	42개
고양이	3/3	1/1	3/2	1/1	2	30개

그림 26 개와 고양이의 치열

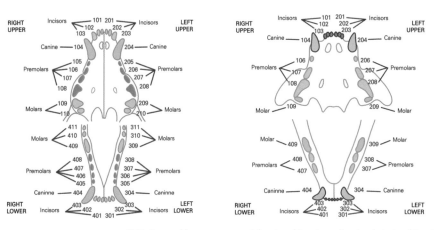

출처: https://www.rvc.ac.uk/review/dentistry/basics/triadan/dog.html

치아의 구조

• 구조

- 치아뿌리(치근root)과 치아머리(치관, 크라운 crown)

- 잇몸막(gingival membrane)

- 시멘트질(ciment), 상아질(dentin), 사기질(에나멜 enamel)

- 치아속질공간(치수강 pulp cavity)

치아는 육안으로 보이는 구조물과 육안으로 보이지 않는 구조물로 나누어져 있다. 육안으로 보이지 않는 구조물이 있기 때문에 내부에 염증이나 농양이 생겨 치아틀의 골절이나 부비동으로의 농양형성으로 확대되기도 한다.

그림 27 송곳니와 어금니 치아의 구조

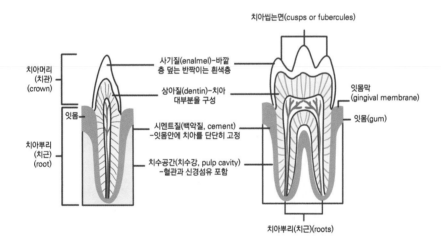

표 7 보이지 않는 구조물

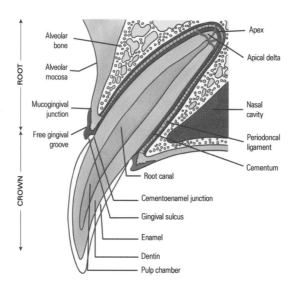

육안으로 보이는 구조물	육안으로 보이지 않는 구조물
사기질 Enamel	치조골 Alveolar bone
치조점막 Alveolar mucosa	치근단 Apex
유리치은구 Free gingival groove	치근단 삼각 Apical delta
치은열구 Gingival sulcus	치주인대 Periodontal ligament
치은점막경계부 Mucogingival junction	치수강 Pulp chamber
시멘트법랑질 경계부 Cementoenamel junction	상아질 Dentin
	근관 Root canal
	시멘트질(백악질) Cementum

2 치아의 질병

(1) 치과 진료의 절차

치과진료에서 가장 기본적으로 필요한 것은 마취이다. 마취를 하기 위해서는 CBC, 혈액 화학 검사, 전해질 검사인 혈액 검사를 하여 주요 신체 장기의 기능을 확인해야 한다. 또한 흉·복부 방사선 검사를 하여 심장과 폐, 간 및 복부장기의 상태를 확인한 다. 마취의 종류에는 정맥마취와 호흡마취가 있으며, 동물의 건강상태에 따라 선택된 다. 치과 X-ray는 절치, 견치, 전구치, 구치 등 차례로 촬영한다. 건강검진 때 스케일 링을 하면서 치석을 제거하면 치은염을 예방할 수 있으며, 꾸준한 양치질과 치아 관리 가 필요하다. 치아나 잇몸의 상태가 많이 안 좋으면 발치가 추천된다.

(2) 유치 잔존

그림 28 유치 잔존

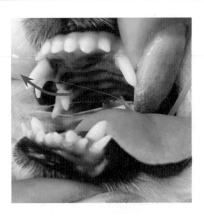

영구치의 부적절한 발생으로 인한 경우가 원인이다. 정상적인 영구치의 발생과정은 유치에 압력을 가하고 치근의 재흡수를 유발하며 지속적인 압력으로 유치 재흡수를 촉진하고 유치를 탈락 시킨 뒤 영구치가 정상적인 위치에 자리 잡는 것이다.

초소형과 소형 견종에서 가장 흔하고 다른 품종 또는 고양이에서도 발생 가능하다. 흔히 양측성으로 나타며 가장 흔히 나타나는 치아 순서는 송곳니, 앞니, 작은어금니 이다.

육안 검사로 정상 치아 개수보다 많은 치아를 발견하고 영구치의 비정상적인 위치를 확인한다.

잔존된 유치사이에 치석이 생겨 치은염과 치주염으로 진행할 수 있으니 발치하는 것이 좋다.

(3) 에나멜 형성부전

치아의 일부 혹은 전체에 에나멜층이 움푹 패이거나 흠이 생긴 것이다. 개에서 자주 나타나며 홍역과 같은 바이러스 감염 또는 고열증상에 의해 에나멜질의 발달이 충분하지 못하여 된 것이며, 영양부족이 원인이 되기도 한다. 에나멜질이 얇아 치아의 강도가 약해져 잘 부러지며 차가운 음식물이 닿으면 신경이 예민해져 놀라기도 한다.

치아표면에 좀먹은 것처럼 움푹 패인 부분을 확인한다.

레진으로 치아를 수복하거나 심각한 경우 발치를 하여 치료한다.

그림 29 에나멜 형성부전

(4) 치주염

그림 30 치주염

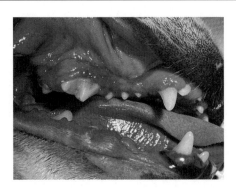

치아에 음식물 찌꺼기가 쌓이게 되고 단단해져서 치석이 형성되며, 세균 증식에 의해 잇몸의 염증인 치은염과 치주염으로 진행된다. 단계에 따라 점차 구취가 심해지고 치은염이 점차 심해지면 치근이 노출되며, 박혀있는 정도가 약해짐에 따라 치아가 흔들리고, 염증이 심해져서 치조골에 농양의 포켓도 형성된다. 치아 주위의 농에 있는 세균이 독소를 만들어내기 때문에 전신 염증으로 퍼져 세균덩어리는 심장, 폐, 신장 그리고 뇌까지 이동하여 질환을 야기하며 패혈증으로 사망하기도 한다.

진단 방법은 임상 증상을 확인하고 치과방사선을 촬영하여 확진한다.

가벼운 치은염은 스케일링로 해결되나, 치근이 많이 노출된 경우에는 발치하는 것이 좋다. 발치후 치근활택술로 치료한다. 예방 방법은 식사 후 칫솔질과 주기적인 스케일링이다. 개껌과 구강스프레이 등으로 보조할 수 있다.

(5) 치근 농양

치아의 뿌리에 고름이 고이는 것으로 상악 견치에 고름이 차면 누런 콧물이 나오다가 코피로 변하고, 상악 제4전구치에 고름이 고이면 눈 밑에 고름덩어리가 생긴다. 하악의 어금니에 고름이 생기면 하악 골절까지 발생할 수 있다.

주로 치주염이 악화되거나 치아골절이 생긴 경우 주변 조직에 세균이 감염되어 발생한다.

임상 증상을 확인하고 치과 방사선을 촬영하여 진단한다.

발치하여 치료하고, 근관에서 치수를 빼어 충전을 하기도 한다.

3 구강의 질병

(1) 궤양성 구내염

미란, 궤양의 통증으로 인해 식욕감퇴가 나타나며 구취도 동반하고 침흘림이 심해진다.

치석, 질병 및 피로 등 입 속 점막의 저항력 감소가 원인으로 세균이 감염되어 염증이 생기게 되면 다른 세균까지 더해져 궤양을 만든다. 고양이에서는 바이러스성 질환에 의해 궤양성 구내염이 다발한다.

임상 증상 및 육안검사로 확인하여 진단한다.

항생제와 구강 내 연고를 투약하고 영양분이 풍부한 연화된 음식을 먹이면서 치료한다. 특히 고양이에서는 구내염에 의해 3일 이상 음식을 먹지 못하면 근위축, 지방간 등도 발병한다. 문제가 야기되므로 영양관리에 힘써야 한다.

그림 31 구내염

(2) 괴사성 구내염

잇몸 조직이 괴사되며, 극심한 통증으로 인한 식욕부진과 침흘림을 나타나며, 구취를 동반한다.

기력이 약한 개에서 나타나며 주로 치주질환이 진행되어 괴사성 구내염이 생긴다.

구내염 부분에서 조직을 떼어내 검사하고, 혈액 생화학 검사를 실시하여 다른 전신성 질환이 있는지 확인한다.

치주질환과 전신질환을 개선하고 진통제와 항생제를 투여한다. 영양관리가 필요하다.

(3) 구강 종양

음식을 먹기가 힘들어 식욕부진이 있으며 입안에 종괴로 인해 다물지 못 해 침을 흘리고, 통증이 느낀다.

육안검사로 확인하며, 방사선, CT, MRI, 세포검사로 확진한다.

종양은 유전성, 환경, 비만과 같은 생활습관에 의한 질병에 의해 야기된다.

제거를 위한 수술을 하거나, 항암제를 이용한 화학요법제로 치료한다.

그림 32 구강종양

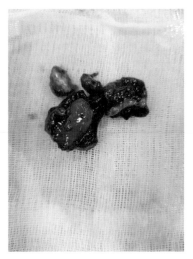

(4) 구순염

입술에 염증이 생겨 환부 주위로 탈모가 생기며 빨갛게 부어오른다. 코커 스파니엘과 퍼그에서 다발한다.

외부적 요인에 의해 입술에 상처가 나거나 어떤 자극에 의해 2차 감염이 발생한다.

입술 및 입 속을 육안 검사하여 확인한다.

외부적 요인에 의한 것이라면 자극원을 제거하고 항생제와 소염제로 치료한다.

V. 소화기

1 소화기계의 해부생리

(1) 소화기계의 기능

외부로부터 음식물을 섭취하고 작은 크기로 소화한 후 흡수하기 위한 장기이다. 생명을 유지하기 위해서는 세포가 사용할 수 있는 작은 단위로 잘게 부수는 화학적, 기계적 소화가 일어나며, 위·장에서 흡수될 수 있도록 혈관을 타고 신체 전신 조직으로 배달되게끔 한다. 소화되지 않은 음식물찌꺼기는 분변을 통해 배설하도록 한다.

(2) 소화기계의 구조

그림 33 ── 소화기계의 구조

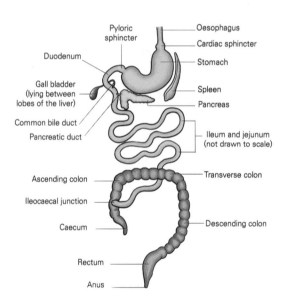

소화기는 구강, 인두, 식도, 위, 소장[샘창자(십이지장), 빈창자(공장), 돌창자(회장)], 대장[막창자(맹장), 잘록창자(결장), 곧창자(직장)], 항문으로 이루어져 있다. 소화효소를 분비하는 소화샘에는 타액샘, 간장과 담낭, 이자(췌장)가 있다.

구강은 소화관의 첫 관문이고 발성 기관이기도 하며 치아가 있다. 기계적 소화(흡인, 저작, 연하)를 하며 일부 화학적 소화(타액)를 한다. 인두는 깔대기 모양의 근육성 기관으로 소화관과 기도의 교차부(음식물, 공기의 통로)이다. 식도는 인두와 위 사이를 연결하는 편평한 근육 기관으로 흉부, 횡격막을 지나 위의 분문부에 연결된다.

위는 소화관 중 가장 넓은 부분으로 식도를 통해 들어온 음식물이 약 3-4시간 저류하고 들문(분문)과 날문(유문)으로 나뉘어져 있다. 위벽에는 점막세포로 구성되어 있는 위샘이 있다. 점막세포는 3가지의 종류로 구분되며 주세포는 펩신, 벽세포는 염산, 잔세포는 점액을 분비한다. 위의 기능으로는 기계적 소화인 연동 운동, 화학적 소화인 위액 분비가 있다. 위액속의 H^+산은 펩시노겐을 펩신으로 활성화하여 단백질을 분해한다.

간장은 소화, 흡수에 관여하고 흡수된 물질을 처리하는 기관이다. 피브리노겐과 알부민, 헤파린과 같은 생체내에서 필요한 단백질을 합성하며, 단백질 노폐산물인 암모니아를 요소와 요산을 바꾸어 배출하는 중요한 역할을 한다. 또한 포도당을 글리코겐으로 변환시켜 저장하며, 지방도 저장한다. 적혈구를 파괴하는 곳이기도 하며 파괴된 후 헤모글로빈의 색소를 배출시키는 곳이다. 담즙을 생성하고 십이지장으로 분비하여 지방의 크기를 줄이는 유화작용으로 지방의 소화와 흡수에도 관여한다. 체내에 들어온 유해물질을 분해하고 해독하여 담즙으로 배설한다. 다량의 혈액을 저장하고 있어 혈액량이 부족한 경우 방출하여 순환 혈류량을 조절한다.

이자(췌장)은 외재성 분비샘과 내재성 분비샘으로 소화효소는 십이지장으로 분비된다. 이자는 소화효소의 전구물질을 함유하고 있고, 중탄산염을 분비하여 위에서 내려오는 유즙의 산도를 중화시킨다. 트립시노겐, 아밀라제, 리파아제가 활성화되면 단백질, 탄수화물, 지방을 소화시킨다.

소장은 샘창자(십이지장), 빈창자(공장), 돌창자(회장)으로 구성되어 있다. 십이지장은 위의 유문에서 시작하여 공장으로 연결되고 공장은 소장 길이의 약 2/5로 뚜렷한 경계 없이 회장으로 연결되며 회장은 소장 길이의 약 3/5으로 회장보다 가늘고 벽이 얇다. 십이지장에서 소화기능이 완료되고 거의 모든 영양소가 공장과 회장의 융모에서 혈액 내로 흡수하게 된다. 연동운동, 분절운동, 진자운동의 기계적 소화를 하고 화학적 소화는 담즙, 이자(췌장)액, 장분비액에 의해 이루어진다.

대장은 막창자(맹장), 잘록창자(결장, 대장의 대부분), 곧창자(직장, 항문에 개구)로 구성되어 있다. 체내에 필요한 물을 흡수하고 남은 찌꺼기(분변)는 항문을 통해 체외로 배설한다.

2 상부 소화기계 질병: 구강, 인두, 식도

(1) 거대 식도증

식도가 늘어나 정상적으로 기능하지 못하는 상태를 말한다. 연동운동이 일어나지 않아 음식물이 위로 이동하기 어렵다. 따라서 물이나 음식물의 급격한 토출이 일어나며, 토할 때 음식물이 폐로 들어가 오연성 폐렴을 나타낼 수 있다.

원인은 유전에 의한 선천성인 경우가 많다. 심혈관계의 이상으로 식도를 누르게 되어 연동운동이 일어나지 않는다. 또는 중증근무력증의 속발성으로 발생하기도 하며, 식도염이나 식도협착, 식도종양에 의해서도 발병된다.

진단 방법은 조영제를 투여한 후 방사선 검사를 실시한다.

식도협착이나 종양의 경우에는 원발 원인을 치료하고, 선천성, 특발성인 경우 명확한 치료법은 없다. 관리가 중요한데 개의 식기를 계단의 높은 위치에 놓아 서서 식사하도록 하며, 식후에도 30분 정도 깊은 상자에 넣어 서 있는 상태를 유지하여 음식물이 위로 들어가게 관리해주어야 한다.

3 위의 질병

(1) 급성 위염

반복적인 구토를 하며 구토로 인해 탈수와 토혈의 증상을 보인다. 위산의 구토로 인해 전해질의 불균형도 일어난다.

주로 부패한 음식물이나 독극물(소독제, 살충제, 살서제, 부동액 등)을 섭취하여 발병된다. 산책하면서 먹지 말아야 할 유박비료, 독성이 있는 식물(히야신스, 수선화 등) 때문에도 발생한다. 구토가 빈번하고 축 처지는 증상으로 내원하게 되며, 문진과 내시경을 확인하여 진단한다.

구토와 탈수가 심하지 않은 동물은 24시간 금식을 실시하고 토혈과 탈수가 심한 동물은 해독치료와 수액처치, 전해질 교정 등 증상에 맞는 치료를 한다.

(2) 위확장과 위염전

복부가 팽창되어 통증이 극심하며, 축 처지는 등 기운이 없어진다. 구토를 하거나 과도하게 침을 흘리는 증세를 보인다.

콜리나 셰퍼트처럼 가슴이 좁고 깊이가 깊은 대형견에서 다발하며, 섭식 후 바로 운동을 하면 위가 꼬이면서 가스가 차기 시작하며, 위와 붙어있는 비장도 함께 꼬이면서 혈액 순환의 장애가 일어나 쇼크에 이르게 된다. 2시간 이내 급사하는 경우도 있다.

조영제 방사선 검사로 확진한다.

빠른 치료를 하지 않으면 대부분 사망하기 때문에 응급질환이며, 위확장은 수술이 필요없지만, 위염전은 수술을 해야 한다. 위안의 가스 제거하고 쇼크 예방을 위한 수액 처치 및 위 고정술을 실시한다.

 그림 34 위 확장·염전 GDV

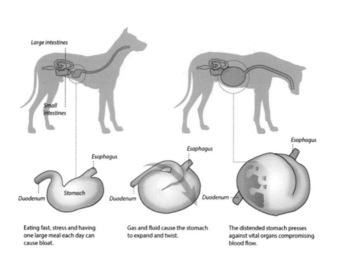

Large intestines

Small intestines

Esophagus

Duodenum Stomach

Eating fast, stress and having one large meal each day can cause bloat.

Esophagus

Duodenum

Gas and fluid cause the stomach to expand and twist.

Esophagus

Duodenum

The distended stomach presses against vital organs compromising blood flow.

(3) 위궤양

위 점막에 궤양이 생겨 속쓰림에 의해 종종 구토를 하고 궤양이 진행되며 출혈까지 생기면 토사물은 커피색을 띠게 된다. 검은색의 혈변도 보이며 위에 천공이 생겨 복막염으로 진행되면 급사하기도 한다.

위의 종양에 의해서도 발병되며, 신부전에 의해 염산의 농도 조절이 되지 않거나 아스피린과 스테로이드 같은 약제에 의해서도 발병한다.

진단은 임상증상으로 파악한 후 내시경으로 확인이 가능하다.

원발 원인을 제거한다. 종양은 절제 수술을 실시하고, 신부전의 경우 증상에 따라 치료한다. 제산제, 위 점막 보호제를 사용하여 관리 및 치료한다.

4 장의 질병

(1) 장폐색

그림 35 이물에 의한 장폐색 방사선 사진

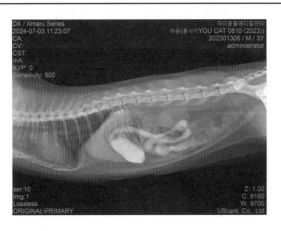

주로 이물에 의해 장이 막혀 정상적인 연동운동이 일어나지 못한다. 역연동운동 현상에 의해 구토가 일어나며 식욕저하와 복통으로 인해 기력 저하 증세를 나타낸다. 완전 폐색으로 물도 마시지 못하는 경우에는 탈수도 일어나지만 며칠간 방치할 경우 신장에 손상을 입기도 한다.

원인은 동전, 비닐, 털실과 같은 이물을 섭취한 경우가 일반적이며, 장 중첩 또는 종양 때문에도 발생한다. 장내 기생충이 과다 증식하여서도 발생할 수 있다.

임상증상을 확인하고, 조영제 방사선 검사로 진단한다. 되도록 빠른 시간내에 외과적 수술을 실시하여 이물을 제거해야 한다.

(2) 설사

그림 36 묽은 변의 상태

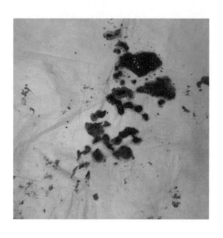

묽은 변 상태의 설사를 수차례 반복하며 시간이 지날수록 증세가 심해진다. 급성설사인 경우 2~3일 동안 반복해서 일어나는 설사를 말하며, 탈수증상이 심각해져 사망에 이르게 된다. 만성설사인 경우 긴 기간동안 간헐적으로 설사하는 것을 말하며, 묽고 부드러운 변을 보고 다시 정상의 단단한 고구마 형태의 변을 보는 것을 반복하다 개의 영양과 수분상태가 나빠지기도 한다.

원인은 이물을 섭식한 경우 또는 고열이나 전신질환 때문에 나타난다. 구충, 회충, 편충과 같은 선충류, 지아디아와 같은 원충류의 장내 기생충에 의해서도 나타난다. 소장의 염증에 의한 설사는 영양분을 제대로 흡수하지 못해 개가 점점 말라가며, 대장의 염증에 의한 설사는 수분을 제대로 흡수하지 못해 훨씬 더 묽은 변을 자주 본다.

임상 증상으로 진단한다. 기생충 검사도 필요하다.

탈수와 전해질 균형을 위해 수액 처치를 실시하며, 필요시 정장제, 지사제, 항균제, 해열제를 원인과 증상에 따라 처방한다. 소화가 잘 되는 부드러운 음식을 먹인다. 평소 개가 과식하지 않도록 하고, 사료를 급하게 바꾸지 않아야 한다.

5 항문의 질병

(1) 항문낭염

그림 37 | 항문낭염으로 인한 파열

개에서 종종 발생하며 개의 항문낭에는 냄새가 나는 분비물로 차 있는데, 항문낭에 세균 감염이 일어나 화농화되고 배출 장애 때문에 가렵고 아파서 바닥에 엉덩이를 끌거나 문지르는 증상을 보인다. 오랫동안 관리되지 않으면 항문낭이 파열되기도 한다.

신체 검사, 임상 증상을 확인하여 진단할 수 있다.

항생제와 소염제로 치료하며, 파열되거나 수술적 제거가 필요한 경우 외과적 처치를 실시한다. 예방하기 위해서는 주기적인 항문낭 배액이 필요하다.

6 간의 질병

(1) 간염

급성간염의 경우 구토와 설사를 하고 만성간염의 경우 무증상이면서 서서히 간의 기능이 망가져서 전신의 무기력, 만성피부염도 병발하고 빌리루빈의 배출이 어려워져 황달증세가 나타나기도 하며 알부민 단백질의 합성기능이 떨어져 혈장 삼투압의 불균형으로 복수가 찬다.

원인은 세균, 바이러스 감염, 간에 지방 침착, 중독 등으로 생긴다. 특히 바이러스 질환으로 개전염성간염이나 고양이전염성복막염 감염 시 간에 급성 영향을 준다.

혈청화학검사, 복부 초음파, 복부 방사선, CT, MRI로 진단할 수 있다.

원발 감염성 질환에 맞게 항생제 또는 독성물질 중화제로 치료하고, 간 회복을 위한 양질의 소화하기 쉬운 단백질과 간 보호제, 항산화제를 투여하여 관리해야 한다.

7 췌장의 질병

(1) 췌장염

극심한 복통으로 인해 배를 바닥에 대지 못하며 식욕이 저하되고 탈수가 일어나며, 구토, 설사도 나타낸다.

원인은 주로 삽겹살, 족발과 같은 고지방 식이를 급여하여 일어나며, 당뇨, 비만, 담관 폐쇄, 간염 때문에도 발생한다.

혈청화학검사, 복부방사선, cPLI kit로 진단할 수 있다.

치료 방법은 탈수 교정을 위한 수액처치와 염증을 줄여주는 대증 처치를 실시하며 소화하기 쉬운 부드러운 음식을 주며 고단백·고지방 식이를 주의해야 한다.

(2) 췌장외분비부전

개가 사료를 많이 먹어도 점차 체중이 감소하며, 상한 기름과 같은 냄새나는 다량의 배변을 보는 특징이 있다.

대형견, 져먼 셰퍼드, 미니어쳐 슈나우져 등에서 다발하고, 만성 췌장염이나 췌장의 위축 때문에 소화효소의 분비가 원활하지 않아 영양분의 소화가 되지 않고, 소화되지 않은 영양분은 흡수가 되지 못해 그대로 대변으로 배출되게 된다.

변 상태 확인, 임상증상, 혈청화학검사로 진단할 수 있다.

식이요법으로 저지방의 소화하기 쉬운 음식을 주며, 소화효소를 급여하여 치료한다.

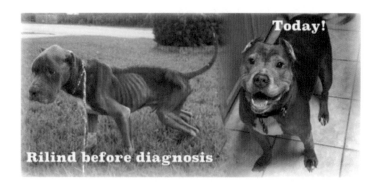

Rilind before diagnosis

Today!

VI. 뼈

1 뼈의 해부학적 구조

그림 38 개의 골격

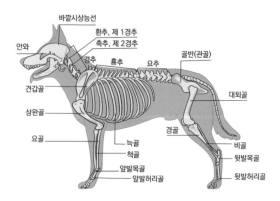

(1) 몸통 뼈대

① 머리뼈(두개골)

② 척추 30개: 목뼈(경추) 7, 등뼈(흉추) 13, 허리뼈(요추) 7, 엉치뼈(천추) 3

③ 갈비뼈(늑골) 13개

④ 복장뼈(흉골) 8개

(2) 사지 뼈대

① 앞다리: 어깨뼈(견갑골), 상완뼈, 노뼈(요골), 자뼈(척골)
② 뒷다리: 엉치뼈(골반골), 넙다리뼈(대퇴골), 정강뼈(경골), 종아리뼈(비골), 무릎뼈(슬개골)

(3) 뼈의 기능

동물의 몸체를 지지하고 형태를 유지하는 역할을 한다. 근육이 부착되는 부위를 제공하며 지렛대 역할을 함으로써 운동을 가능하게 한다. 체내의 연부조직을 보호한다. 머리뼈는 뇌를 보호하고 갈비뼈는 심장과 폐를 보호한다. 필수 무기질, 칼슘과 인산염을 저장하여 필요시에는 꺼내어 혈액내 전해질 균형을 유지하게 한다. 긴뼈의 골수에서는 적혈구를 생산하는 조혈의 기능도 한다.

2 관절의 구조와 기능

① 관절은 뼈와 뼈가 만나는 부위에 있으며 운동을 가능하게 한다.
② 관절의 형태에는 섬유관절, 연골관절, 윤활관절이 있다.
  • 섬유관절: 움직이지 않는 구조, 부동관절, 머리뼈의 봉합이다.
  • 연골관절: 아래턱뼈의 아래턱 결합처럼 제한된 형태의 운동만 가능하다.
  • 윤활관절: 가동관절로써 대표적으로 윤활액이 차 있는 관절낭이 있다.

3 뼈와 관절의 질병

(1) 골절

그림 39 골절의 종류

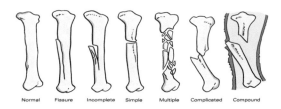

골절이란 뼈나 골단판 또는 관절면의 연속성이 완전 혹은 불완전하게 소실된 상태이다. 개방 골절과 폐쇄 골절, 단순골절과 복합골절로 나눌 수 있다.

골절이 일어난 환부에 통증과 부종이 생기며, 사지의 변형으로 인해 기능장애, 보행이상을 나타낸다.

원인은 교통사고, 낙상, 외상과 같은 외부적 요인에 의해 주로 발생하며, 호르몬 및 영양 이상, 뼈의 종양과 같은 내부적 요인에 의해서도 발생한다.

교통사고 후 폐쇄골절이 생긴 경우 골절면이 폐와 간의 실질 장기를 손상시켜 내부에서 다량의 출혈이 생길 수 있다. 따라서 외부에서 확인은 어렵지만 내부에서 부러진 곳이 있을 수 있으니 편평한 판에 동물을 위치시켜 고정 후 동물병원으로 이송하도록 안내한다.

개방 골절 시에는 청결하게 소독한 후 붕대로 보호하고 덜렁거리지 않게 고정하여 동물병원 이송하도록 안내한다.

진단은 골절 의심 부위 중심으로 양방향으로 촬영하며 다리 골절의 경우 정상 다리 포함하여 두 다리 모두 방사선 촬영을 하여 비교한다.

골절의 종류에 따라 수술이 필요하지 않을 수도 있으나 정상적인 형태로 되돌리기 위해서는 수술적 골절 정복이 필요하다. 수술적 골절 고정방법에는 틀을 사용하여 외부에서 고정하는 창외고정법, 와이어나 핀을 사용하여 뼈를 직접 고정하는 내고정법이 있으며, 내고정법 실시 후 붕대나 깁스로 보조한다.

(2) 탈구

탈구란 관절을 구성하고 있는 뼈와 뼈가 분리된 상태이며 아탈구란 뼈가 완전히 분리되지 않고 부분적으로 어긋난 상태이다.

해당 부위에 통증과 부종이 생기고 사지의 길이 단축으로 인해 운동기능 장애의 증상을 보이며, 탈구 시 골절이나 인대파열이 동반될 가능성이 높다. 예로 슬개골 탈구가 발생하여 지속되는 경우 경골이 변위되어 십자인대가 파열되기도 한다.

외부적 요인으로 교통사고, 낙상, 외상에 의해 발생하며, 선천적으로 관절오목의 형성 이상이 생기거나 관절염이 속발하여 나타난다.

임상증상을 보고 손으로 촉진하거나 방사선 촬영으로 진단한다.

치료 방법은 탈구된 뼈를 관절로 원상 복귀시키며, 습관성 탈구가 발생하거나 손으로 환납이 되지 않을 시에는 수술적 교정이 필요하다.

1) 고관절 탈구

탈구된 다리의 갑작스런 파행과 통증을 나타낸다. 탈구된 발을 들어 올리고 걸으려고 하지 않다가 조금 지나면 체중을 싣기는 하나 절룩거리며 걷는다.

교통사고와 낙상으로 골반과 다리뼈 안쪽의 인대가 단절되어 대퇴골이 관절에서 탈출하게 되거나, 유전적 원인으로 고관절 형성부전에 의해 그리고 레그퍼세스병의 발병하여 속발성으로 고관절 탈구가 나타난다.

진단 방법은 걸음걸이 및 기립 자세를 관찰하고, 개를 눕히고 고관절을 촉진하거나 다리 길이를 재어 확인하며, 방사선 촬영으로 확진한다.

탈구된 부분을 환납시키거나, 수술적 교정을 통해 치료한다. 인공관절수술도 가능하나 티타늄 등 가격이 부담으로 인해 보편적이진 않다. 재발방지를 위해 가정 내에서 안정과 관리가 중요하다.

2) 슬개골 탈구

그림 40 슬개골 탈구

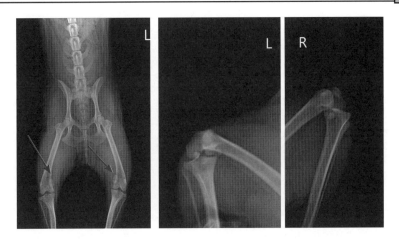

무릎뼈(슬개골)는 대퇴골 말단 부위의 도르래와 같은 움푹 패인 곳에 위치하며 무릎이 굽혀지고 펴짐에 따라 위아래로 움직이게 되는데 움푹 패인 곳에서 이탈해 빠진 상태를 탈구라고 한다.

무릎뼈가 이탈함에 따라 통증을 나타내며 무릎을 펴는 동작이 어려워 걷는 것을 싫어하는 파행이 일어난다. 대형견은 외측 탈구, 소형견은 내측 탈구가 빈번하다.

그림 41 슬개골 탈구의 단계

GRADING OF PATELLA LUXATION

증상에 따라 4단계

• 1~2단계: 미약한 파행
• 3단계: 반복적 파행
• 4단계: 지속적 파행

원인은 외상에 의한 경우도 있지만, 우리나라에서는 토이 푸들, 포메라니안, 요크셔 테리어, 치와와, 말티즈와 같은 소형견종에서 선천적 요인으로 발생한다. 선천적 요인으로 슬개골탈구가 생긴 개는 중성화수술을 실시하여 번식을 하지 않게 주의해야 한다. 쇼파나 침대에서 뛰어내리기 좋아하고 비만한 개일수록 다발한다.

파행의 임상증상과 슬개골을 촉진·환납하여 단계를 파악하고 방사선 촬영으로 확진한다.

단계에 따라 미약한 간헐적 파행이 있는 경우에는 집안에서 미끄럽지 않은 바닥을 만들어주고 비만하지 않게 체중관리하며, 일정한 시간동안 산책 및 근력운동으로 관리해야 한다. 반복적인 파행으로 관절염이 발생하고 경골의 변위가 일어나는 경우에는 수술적 교정이 필요하다. 교정후에도 가정내에서 관리가 필요하다.

유전적인 결함을 미리 찾아내 생활환경을 개선하고 비만을 관리하여 예방한다.

(3) 고관절 형성부전

그림 42 왼쪽 고관절 대퇴골 형성부전

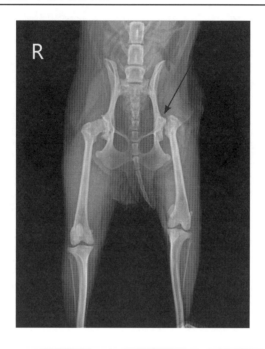

주로 양측성으로 나타나며, 무증상부터 심한 파행, 뒷다리로 아예 서지 못하는 경우도 있다. 생후 6개월 령부터 증상이 나타나기 시작하고 걸을 때 허리가 흔들리며 뒷다리를 모아 뛰기도 한다. 성장과 함께 파행이 심해지며 운동 불내성이 생긴다. 특히 대형견에 다발한다.

원인은 선천적으로 고관절에서 대퇴골두의 발달이 잘 되지 않아 편평하게 되거나 대퇴골을 받아들이는 골반관절의 움푹 들어간 곳이 얕게 형성되어 고관절에서 대퇴골이 빠지게 된다. 특히 대형견이나 초대형견에서 압도적으로 많이 발생하며 성장속도가 빠르고 성장기에 체중이 급격하는 느는 것 때문에 발생한다. 또한 환경요인(30%)에 의해서도 발생한다. 탈구가 생긴 곳에는 관절염이 동반된다.

임상증상을 관찰하고 촉진에 의한 고관절의 탈구 확인 그리고 방사선 촬영으로 확진한다.

치료 방법에는 단계에 따라 약물적 치료, 운동과 체중 제한을 실시하며 내과적 처치로 효과가 없는 경우 수술적 교정(삼중골발골절술, 관절형성술, 인공관절술)을 실시한다.

(4) 전방십자인대 파열

그림 43 전방십자인대 파열의 개요

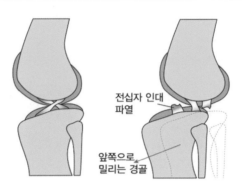

전십자 인대
파열

앞쪽으로
밀리는 경골

전방십자인대 파열은 무릎안쪽에서 십자로 교차한 인대의 앞쪽 십자인대가 끊어진 상태를 말한다. 인대가 끊겨 무릎에 통증이 생기며 발에 힘을 싣지 못하게 되어 갑작스런 파행의 증상을 나타낸다.

외상에 의해 생기는 경우가 일반적으로, 노령으로 인해 인대가 약해져서 끊어지거나 비만이나 슬개골 탈구로 인해 무릎에 하중이 많이 싣게 되어서도 나타난다. 전방십자인대가 끊어지면 경골이 불안정하게 되어 무릎을 굽혔을 때 경골이 앞으로 밀리는 촉진검사로 확인하며 방사선 검사로 진단한다.

되도록 빠른 시일내 수술적 교정이 이루어져야 하며 치료를 하지 않으면 관절염이 심화된다. 비만이나 슬개골 탈구의 치료가 관리되어야 예방할 수 있다.

Ⅶ. 내분비샘

1 내분비계의 구조와 생리

(1) 내분비계의 기능

체내의 항상성을 유지하기 위해 내분비샘에서 호르몬을 분비하고 혈액을 통해 특정표적장기에 신호를 전달하여 반응을 일으킨다.

(2) 내분비계의 종류

그림 44 내분비샘의 종류와 위치

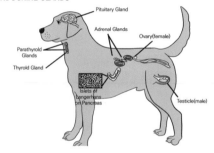

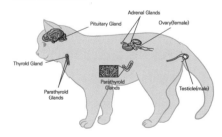

표 8   내분비샘의 종류와 분비되는 호르몬과 기능

뇌하수체 전엽 (anterior pituitary gland)	– 갑상샘자극호르몬 (thyroid-stimulating hormone: TSH) : 갑상샘이 호르몬을 분비하게 한다. – 부신피질호르몬 (adrenocorticotrophic hormone: ACTH) : 부신피질이 호르몬을 분비하게 한다. – 성장호르몬 (growth hormone, somatotrophin: GH) : 성장을 촉진하고 혈당치를 높인다. – 프로락틴 (prolactin: PRN) : 젖을 분비하게 한다.
뇌하수체 후엽 (posterior pituitary gland)	– 난포자극호르몬(follicle stimulating hormone: FSH) : 난소에서 난포가 자라게 한다. – 황체형성호르몬 (luteinizing hormone: LH) : 난포에서 배란을 야기하고 황체를 형성하게 한다. – 사이질세포자극호르몬 (interstitial cell stimulating hormone: ICSH) : 정소에서 정자를 형성하게 한다. – 항이뇨호르몬(antidiuretic hormone; ADH) : 오줌을 농축시킨다. – 옥시토신 (oxytocin) : 분만 시 자궁을 수축하게 하고 젖 분비를 촉진한다.
갑상샘(thyroid gland)	– 티록신(thyroxin, T4)과 삼요오드타이로닌(tri-iodothyronine, T3) : 세포대사활동을 활성화하고 털을 성장시킨다. – 칼시토닌(calcitonin) : 뼈의 칼슘 저장을 촉진하여 혈중 칼슘농도를 낮춘다.
부갑상샘(parathyroid gland)	– 부갑상샘호르몬(parathyroid hormone) : 뼈에 축적된 칼슘을 용해시켜 혈액 중 칼슘농도를 높인다.
췌장(pancreas)	– 인슐린(insulin) : 세포내로 포도당을 투입시켜 소모하게 하고 글리코겐으로 저장하게 하여 혈당치를 낮춘다. – 글루카곤(glucagon) : 글리코겐을 포도당으로 분해하여 혈당치를 높인다.

부신 피질(adrenal cortex)	– 당질코르티코이드(glucocorticoids) = 코르티솔(cortisol)과 코르티코스테론(corticosterone) : 맥박수를 빠르게 하고 혈당을 높인다. 염증을 완화한다. – 무기질코르티코이드(mineralocorticoid) = 알도스테론(aldosteron) : 세뇨관에서 나트륨을 흡수하게 하여 혈장량을 상승케한다.
부신 수질(adrenal medulla)	– 에피네프린(epinephrine 또는 adrenaline)과 노르에피네프린 (norepinephrine 또는 noradrenaline) : 맥박수를 높이고 혈당도 높인다.
난소(ovary)	– 에스트로겐(estrogen) : 여성 생식기의 성장을 야기하고 발정기에 자궁점막을 비후시킨다. – 프로게스테론(progesterone) : 임신을 유지시킨다.
고환(testes)	– 테스토스테론(testosterone) : 남성 생식기를 발육시키고 2차 성징이 나타나게 한다.

2 내분비계 질병

(1) 갑상샘기능저하증

그림 45 갑상샘기능저하증 합병증 치료경과

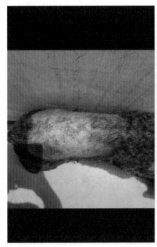

주로 개에서 발생하며, 탈모증상을 특징으로 하는 증후군이다. 갑상선 호르몬의 생산과 방출에 이상이 생겨서 발생한다.

- 원발성 갑상샘기능저하증: 갑상샘기능저하증의 95%를 차지한다.
- 2차성 갑상샘기능저하증: 뇌하수체에서 TSH 분비 감소하여 발생한다.
- 의원성: 갑상샘을 적출하거나 방사선 치료 또는 조사에 의해 발생한다.
- 갑상샘호르몬 전구물질 부족: 요오드 결핍 때문에 나타난다.

체내 대사가 원활하지 않아 임상증상으로 무기력, 둔감증, 체중증가, 비만이 생긴다.

몸통에 피부와 모질이 건조하여 각질이 생기며 대칭성으로 탈모가 나타난다. 탈모가 생긴 채 오래 지속되면 세균성 또는 곰팡이성 피부염이 복합적으로 생길 수 있다. 세균성 피부염이 치료되지 않으면 혈액검사와 호르몬검사를 실시하여 원발 원인을 찾아야 한다.

병력 문진을 통해 신체검사, 혈청화학검사, 갑상샘 관련 호르몬 검사(TSH, T4)를 실시하여 진단한다.

치료 방법으로는 합성 갑상샘 호르몬제를 투약한다. 탈모가 정상화되는데 3~6개월이 걸리며 관리는 평생에 걸쳐 이루어진다.

(2) 갑상샘기능항진증

10세 전후의 고양이에서 다발하며 고양이의 내분비 질환 중 가장 발생빈도가 높다. T3, T4가 과도하게 분비하여 대사율이 항진되어 많이 먹어도 점점 쇠약해진다.

원인은 선종성 증식증(선종)이 98 ~ 99% 차지하며 항상 양측성으로 나타난다. T4가 조절되지 않고 과도하게 분비된다. 품종을 가리지 않고 대부분의 고양이에서 발생 가능하며 단, 샴과 히말라얀에서는 드물게 나타난다.

임상 증상은 체중 감소, 갑상샘 종대, 쇠약, 다식이 나타난다.

신체검사, CBC, 혈청화학검사, 갑상샘 호르몬 검사(T4)로 진단한다.

치료 방법으로는 호르몬 합성 저해제를 투약하거나 방사선 치료와 외과적으로 절제하는 방법이 있다.

(3) 당뇨병

절식 시에도 고혈당이 나타나고, 요검사에서 포도당이 배출되어 뇨당이 나타난다.

당뇨병의 분류에는 Type 1과 Type 2가 있다. Type 1은 인슐린 의존성(IDDM)이며 개와 고양이에서 50 ~ 70%를 차지한다. Type 2는 인슐린 비의존성(NIDDM)이며 개에서는 드물지만 고양이에서는 약 30 ~ 50%를 차지한다. 개, 고양이에서 1:100 ~ 1:500의 비율로 발생하고 개는 암컷, 고양이는 수컷에 호발한다.

비만이 주된 원인이며, 다발하는 품종에는 닥스훈트, 푸들, 요크셔테리어, 골든 리트리버, 저먼 셰퍼드가 있다.

인슐린 의존성 당뇨의 경우 포도당이 세포내에서 사용되지 못하고 소변으로 배출되면서 소변 내 삼투압 증가로 농축이 어려워 다뇨가 타나나고, 탈수로 인해 갈증을 느끼게 되어 다음(물을 많이 마시는 증상)이 생긴다. 포도당의 활용을 하지 못해 영양분이 부족하게 되어 잘 먹지만 점점 쇠약해지며 체중 감소를 보인다.

진단 방법은 임상 증상과 절식시의 혈당 검사로 확진한다. 혈액내 포도당의 농도가 150mg/dl(정상 70 ~ 120mg/dl) 이상이 되는 지 체크하고 뇨당으로 확진한다.

치료 방법으로 인슐린 투여, 식이요법을 실시한다. 비만이 되지 않도록 주의한다.

(4) 부신피질기능항진증

그림 46 쿠싱 증후군에 의한 몸통의 대칭성 탈모

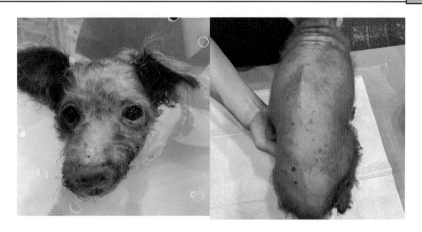

일명 쿠싱병(증후군)이라 하며, 뇌하수체 종양성(PDH: ACTH 분비 종양)의 원인으로 80%, 부신종양성(ATH: Cortisol 자동분비)의 원인으로 20%가 발생한다. 스테로이드 약물치료 때문에 의인성으로 나타나는 경우에는 투여를 중단하면 서서히 회복한다. 8~9

세의 개에서 흔하고 고양이에서 드물게 발생한다.

증상은 다음, 다뇨, 다식이 나타나며 특징적으로 근육이 감소하여 배가 쳐지는 올챙이 배(pot belly)도 보이며, 피부가 얇아져 좌우 대칭 탈모도 나타난다.

진단 방법은 기초 검사로 병력청취, 연령, 성별, 신체검사를 하며, 혈청화학 호르몬 검사, 요검사, ACTH 자극시험, 복부초음파로 확진한다.

치료 방법은 약물치료, 외과적 절제가 있다.

(5) 부신피질기능저하증

개에서 드물게 발생하며 당질코르티코이드, 미네랄코르티코이드 분비가 감소한다.

원인은 개의 자가 면역 질환, 부신 파괴성 질환, 뇌하수체와 시상하부의 파괴 때문에 발생한다.

혈당과 맥박의 조절이 잘 되지 않아 축 쳐지는 기면의 증상을 보이며 식욕 부진, 체중 감소, 구토, 설사, 복통을 보인다. 컨디션이 좋을 때도 나쁠 때도 있다.

- 당질코르티코이드가 부족 시 기면, 당 신생 감소, 지방 대사와 이용감소
- 미네랄코르티코이드가 부족 시 혈액내 Na+ 유지 기능 저하, 혈압 저하, 심박출량 저하, 체중 감소

진단 방법으로는 신체 검사, CBC, 전해질, 혈청화학검사, 방사선검사, 심전도검사, ACTH 자극 검사를 실시하여 진단한다.

응급 치료는 대증 치료를 하며, 유지 치료로는 당질코르티코이드, 미네랄코르티코이드 보충을 실시한다.

(6) 요붕증

급격하게 계속 물을 마시는 다음 증상과 그로 인해 소변을 자주 많이 보는 다뇨를 나타낸다.

원인은 시상하부나 뇌하수체에 상처가 생겼거나 종양이 생겨서 나타날 수 있고, 항이뇨호르몬이 결핍된 경우 또는 신장이 항이뇨호르몬에 반응하지 않기 때문에 발생한다.

증상은 다음, 다갈, 다뇨의 갑작스러운 발생이 일어나며, 물을 마음껏 마시게 할 경우 위 확장되고 구토 발생 가능성이 있다.

신체검사와 요검사를 실시하여 오줌의 농축 여부를 확인하고 혈청화학검사로 호르

몬 검사를 시행하며 방사선 검사와 ADH 반응 검사로 확진한다.

치료 방법은 원발 원인 제거 그리고 합성 항이뇨호르몬을 투여하는 것이다.

 VIII. 심장

1. 심장의 구조와 생리

(1) 심장의 구조

심장은 원뿔 형태로 정중선의 약간 왼쪽에 위치한다.

중격에 의해 오른쪽과 왼쪽으로 반반 나누어져 있고 4개의 방, 즉 우심방, 우심실, 좌심방, 좌심실로 나누어진다. 오른쪽 부분은 폐순환, 왼쪽 부분은 체순환을 담당한다. 위쪽 두 개의 방은 우·좌심방으로 체순환과 폐순환으로부터 혈액을 수용한다. 아래쪽 두 개의 방은 우·좌심실로 심장의 혈액을 펌프질하고 폐순환과 체순환으로 보낸다.

심장의 판막은 심방 내에서 혈액의 역류를 방지하기 위한 두 개의 판막(우방실판막 또는 삼첨판막, 좌방실판막 또는 승모판막 또는 이첨판)이 있어 혈액이 역류하지 않게 한다.

(2) 심장전도계통

심근은 고도로 특수화된 근육조직인 심장근육으로 구성되어 신경물질의 전달 없이 자율적으로 리듬감 있게 수축하며 달리기나 수면 등 신체의 변화에 대응하여 자율신경계에 의해 심장박동수를 빠르게 변화시킨다.

1) 심장박동을 시작하고 유지하는 기전

- 전도계통

  굴심방결절 → 방실결절 → 히스속다발 → 심근 → 좌심실수축

- 심박수

  개: 분당 70 ~ 160회(소형견은 분당 180회, 자견의 경우 분당 220회까지도 뛴다).

  고양이: 분당 160 ~ 240회

(3) 폐순환과 체순환

그림 47 폐순환과 체순환

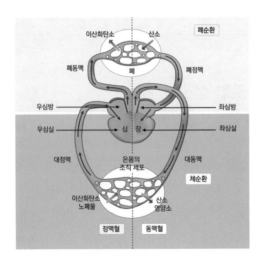

폐순환은 탈산화된 혈액이 우심방으로 들어가고 우심실에서 폐동맥으로 펌프질한다. 폐조직에서는 혈액으로부터 이산화탄소가 모세혈관의 얇은 벽을 통과해 폐포로 확산하고 호흡을 통하여 몸 밖으로 배출한다. 흡입된 공기로부터 들어온 산소는 폐포 모세혈관을 통해 혈액으로 들어간다. 이렇게 산소가 풍부해진 혈액은 폐정맥으로 가서 좌심방으로 들어간다.

체순환은 좌심실의 수축으로 혈액은 대동맥으로 이동하고, 몸 전체를 순환한 후 대정맥을 지나 우심방으로 들어간다. 혈액은 심장으로부터 몸 전체의 장기로 이동하여 산소를 공급하고 이산화탄소를 거둬들여 탈산화된 후 다시 심장의 우심방으로 운반된다.

🦴 2 심장의 질병

(1) 개의 심장사상충

1) 심장사상충이란?

선충강 사상충과로 모기가 중간 숙주이다. 개에서 주로 심장과 폐를 포함한 순환기계 질환을 유발한다. 중간 숙주 모기에서의 발육은 성숙 암컷이 혈중으로 미세사상충

(자충)을 방출하면, 제1기 유충으로 모기체내에서 발육하다가 제3기 유충은 모기의 주둥이 부분으로 이동 후 감염유충으로 발육한다. 개와 고양이가 모기에 물리게 되면 피하, 골격근, 지방조직 등에서 6~10일간 체류하고 제4기 유충으로 발육한다. 50~70일경 제5기 유충으로 발육 후 혈관을 통해 심장을 지나 폐동맥 말단부에 도착하고 폐동맥에 빠르게는 70일, 보통 90~120일 경 도착한다. 이때의 크기는 2~3cm이다. 이후 길이가 약 10배 성장하며 성충으로 자라기까지 약 120일 소요된다.

임상 증상은 대부분 무증상이나, 우심실에 심장사상충이 머물러 있다보니 심박이 제대로 뛰지 못하게 되고 운동 불내성과 허약이 생긴다. 폐동맥으로 이동하게 되면 기침과 호흡곤란이 나타나며 실신 및 복수도 나타낸다.

표 9   심장사상충증의 증상에 따른 분류

Grade 1	무증상
Grade 2	경증, 간헐적 기침
Grade 3	전반적 몸 상태 저하, 심한 체중 감소
Grade 4	혈색소뇨, 심장초음파상 성충 확인

진단 방법은 심장사상충 키트 검사, 혈액 직접 도말 현미경 검사, 흉부방사선, 심장 초음파로 확진한다.

그림 48   심장사상충 진단키트검사

대부분의 예방약들은 L3, L4 자충에 대한 구제 효과를 나타낸다. 심장사상충이 감염된 동물에서 사상충 예방약을 투약하면 자충의 사체에 의한 과도한 면역반응으로 쇼크 발생 가능성이 있다. 따라서 모기 활동기를 겪은 동물은 투약 전 반드시 사상충 검사를 실시하는 것이 좋다. 모기 활동기 예방약을 투여한 후 모기가 나타나고 한 달 뒤 부터 그리고 모기가 사라지고 한 달 뒤까지 투약한다. 매해 투여 전 반드시 사상충 검사를 실시한 후 음성일 경우에 투여한다. 따라서 예방약 투여는 일 년 내내 매달 규칙적으로 사상충 예방약을 투여하는 것을 권장한다.

(2) 고양이의 심장사상충

중감염은 드물고 혈액 중 자충이 관찰되지 않는 경우가 많다. 호흡기 증상이 주 증상(만성 및 급성의 호흡기 증상)이며 성충 구제보다 대증요법을 실시한다. L5 유충이 성장하여 성충이 되지 못하고 폐동맥 내에서 대부분 폐사하며하지만 L5 유충 폐사 후 개보다 훨씬 심한 염증 반응을 일으킨다.

고양이 심장사상충의 생활사는 개와 유사하다. 심장사상충에 감염된 개를 먼저 흡혈한 모기가 고양이를 흡혈해야 발생 가능하다.

증상은 무증상, 만성 및 급성의 호흡기 증상, 소화기 증상(구토) 및 신경계 증상, 지속적 빈 호흡, 간헐적인 기침과 노력성 호흡을 나타낸다.

진단 방법은 어렵지만 임상 증상, 혈구 검사(호산구 · 호염기구 증가), 심장사상충 키트 검사(감염확인 검사법, 감염 배제할 수 없음), 흉부방사선이 있다.

예방 방법은 개와 동일하다.

(3) 심부전

심장 자체나 그 이외의 이상이 원인이 되어 심장에서 혈액을 박출하는 운동에 이상이 생긴 경우이다.

호흡곤란, 청색증, 기침의 증상을 나타내며 견좌자세를 취한다.

심장 판막의 이상, 심장 주위 혈관 이상, 심장사상충, 출혈, 빈혈 등에 의해 2차적으로 심장에 부담을 주는 경우에 발생한다.

임상증상으로 확인한 후 청진, 방사선검사, 심장초음파검사 등 영상학적으로 진단한다. 질병의 원인에 따라 처치하며, 강심제, 이뇨제 치료와 동시에 운동 제한, 그리고 단계에 따라 염분 제한 식이(처방 사료)를 실시한다.

(4) 좌심부전

심장의 승모판(이첨판)이 잘 닫히지 않는 상태로 승모판(이첨판)폐쇄부전증 때문이다.

나이를 먹으면서 서서히 진행하며, 소형견에서 자주 발생한다. 초기 흥분 시에는 가벼운 기침을 하는 정도이나 심해질수록 기침의 빈도가 증가한다. 기침은 한밤중에 심해지는 경향이 있으며 청색증 및 폐수종도 나타난다.

승모판이 완전히 닫히지 않아서 일어나는 질환에 의해 발생하며, 승모판이 오랫동안 조금씩 두꺼워지면서 변형되어 잘 닫히지 않는 것도 원인이 된다. 승모판을 지탱하는 유두근의 이상에 의해 발생 가능하며 승모판이 완전히 닫히지 않을 경우 좌심실에서 혈액이 좌심방으로 역류되는 이 상태가 지속되면 폐는 울혈이 발생하며, 결과적으로 폐수종이 발생한다.

임상 증상은 특히 밤, 새벽 또는 운동 후 마르고 거친 기침을 하며, 호흡곤란, 기절, 청색증, 폐수종, 심장성 악액질을 보인다.

청진(심잡음), 방사선, 심전도, 초음파로 진단한다. 치료 및 관리 방법은 강심제, 이뇨제 (평생 약 투여), 치료와 동시에 운동 제한, 염분 제한 식이(처방 사료)관리를 해야하며 중증도에 따라 약물 용량을 조절한다. 치료를 하는 병이 아닌 관리를 하는 질환이다.

IX. 호흡기

1 호흡기의 구조와 생리

(1) 호흡기계의 구조

호흡기는 산소를 체내로 들여오고 불필요한 이산화탄소를 배출한다. 상부호흡기는 비강, 인두, 후두이고 하부호흡기는 기관, 기관지, 폐이다.

후두에는 후두 덮개가 있어 동물이 먹이를 삼킬 때 후두로 음식물이 들어가는 것을 방지하기 위해 후두의 입구를 닫는 기능을 한다.

기관은 연속되는 C 형태의 유리연골에 의해 열린 상태를 유지한다.

폐는 세로막에 의해 좌우가 나뉘며, 왼쪽 폐에는 3개의 엽, 앞 엽(꼭대기 엽), 중간 엽(심장 엽), 뒤 엽(가로막 엽)이 있고, 오른쪽 폐에는 4개의 엽으로 덧 엽이 추가된다.

그림 49　호흡기의 구조

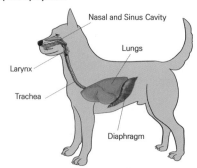

Respiratory System

Nasal and Sinus Cavity

Lungs

Larynx

Trachea

Diaphragm

(2) 호흡역학

호흡은 근육의 연속적인 운동에 의해 이루어지고 이 근육들은 가슴안(흉강)내 부피를 확장시키고 줄인다. 호흡과 관련된 세 종류의 근육, 가로막근(횡격막근), 바깥갈비사이근(외늑간극), 속갈비사이근(내늑간근)이 있다.

들숨(흡기)은 흉강의 부피가 증가되면 음압이 생겨 공기가 폐조직으로 들어오게 된다.

날숨(호기)은 흉강의 부피 감소 시 공기를 밖으로 밀어 보내게 된다.

(3) 호흡의 단계

바깥호흡은 혈액과 공기 사이의 기체 교환, 허파 안에서 일어난다.

안호흡, 세포호흡은 혈액과 세포 사이의 기체교환으로 조직 세포에서 일어난다.

2 호흡기의 질병

(1) 비염

그림 50 콧물

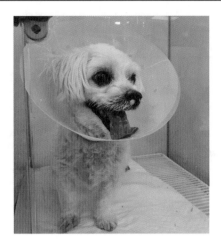

증상은 물 같은 콧물이 나오고 말라서 코 주위에 달라붙어 있다. 심해지면 노란 콧물이 나오며 호흡곤란이 생긴다. 동물은 앞발로 코를 긁거나 부빈다.

주로 바이러스나 세균 감염에 의해 생기며, 비강 내부의 종양(이물), 외상, 알러지에 의해서도 발생한다. 위턱 치근의 화농이 악화되어 비염이 생기기도 한다.

진단 방법은 임상 증상 자체로 판단할 수 있으며, 원발 원인을 확인하고 콧물을 세균 배양하여 확진할 수 있다.

흡입기(네뷸라이져)에 의한 치료를 실시하며 비강 세척과 내과적 처치로 치료한다. 종양이 있는 경우에는 외과적 처치로 치료한다.

(2) 비출혈

코에서 출혈이 일어나는 것으로 편측성 또는 양측성으로 나타난다. 양상은 선홍색의 출혈이 나오는 경우, 몇 일에 걸쳐 조금씩 지속되는 경우도 있다. 통증이 있는 경우에는 코를 앞발로 긁거나 비비기도 한다.

타박이나 골절 등 외상에 의한 경우에는 일반적이며, 이물 또는 종양, 상악의 염증에 의해서 발생한다. 또한, 혈액응고 장애 때문에도 발생한다.

진단하기 위해서는 비강에 의한 것인지 전신질환에 의한 것인지 고려하고, 진단 방법으로는 출혈의 양, 위치, 빈도, 도말 검사(종양), 세균 배양 검사, 방사선 검사 등이 있다.

비출혈은 지혈 후 원발 원인을 제거하고, 전신 상태에 따른 대증치료를 실시한다.

(3) 기관허탈

그림 51 기관허탈의 개요와 단계

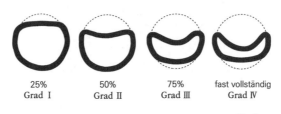

25%   50%   75%   fast vollständig
Grad Ⅰ   Grad Ⅱ   Grad Ⅲ   Grad Ⅳ

– Idealform

기관연골의 무기력과 편평화로 인해 기관 폐색이 일어난 상태로 소형견, 단두종, 비만견에서 다발한다. 호발 품종은 요크셔테리어, 치와와, 포메라니언, 페키니즈, 퍼그이다. 더운 여름 밤에 고통스럽게 호흡한다.

원인은 명확하지 않으나 선천성이나 후천적, 소형견, 단두종이 대부분이므로 유전적 원인으로 발생하는 것으로 추정하며 비만과 관련이 깊으며 기관 연골에 석회가 침착되어 탄력성이 저하되고, 만성의 기관지염, 기관 연골의 퇴행성 변화 때문에도 발생한다.

임상 증상은 6~8세 령의 비만견에서 다발하며, 흥분하거나 운동시, 음수/식사 시, 목줄을 당길 때에 거위 울음소리를 낸다. 호흡곤란으로 인해 청색증을 나타내고 노력성 호흡을 한다. 호기 시에는 흉부 기관의 허탈이 있고, 흡기 시에는 경부 기관이 허탈된다. 환기 불량에 의한 체온 상승(호흡수 증가로 증상이 더욱 심해짐)이 나타난다.

진단 방법은 흉부방사선 촬영으로 확인하며, 기관지 직경 감소율을 확인하여 25%이면 mild, 50%이면 moderate, 75%이면 severe로 단계로 파악한다. 투시 엑스레이로 전체 호흡기의 동적인 운동 평가를 한다. 외측상에서 흡기와 호기 시 기관의 크기 변화를 확인하며 기관 내시경으로 좁아진 기관 내강을 확인한다.

치료 방법은 내복약으로 기관지를 확장시키며, 스탠트를 삽입하는 수술적 방법으로도 교정 가능하다.

가정에서는 되도록 안정시키고 실내가 덥지 않도록 냉방에 신경써야 한다.

(4) 폐렴

폐와 기관지에 염증이 생긴 것으로 원인은 바이러스, 세균, 진균 감염이 일반적이다. 자극성 있는 화학물질을 흡입하거나 음식물을 잘못 삼킨 오연성 폐렴에 의해서, 알러지나 과민반응 때문에 발생한다.

주된 증상은 기침이 나타나며 호흡곤란, 식욕부진, 발열이 생긴다. 운동을 싫어하게 되고 앉아서 다리를 뻗는 견좌자세를 취하게 된다. 심하게 운동시키면 호흡곤란으로 쓰러지게 된다.

진단 방법은 흉부 청진으로 잡음을 확인하며 혈액검사와 방사선 검사로 확진한다.

흡입기 치료와 내과적 치료를 하며, 흥분시키지 않도록 안정이 필수적이다.

(5) 폐수종

그림 52 폐수종 방사선 사진

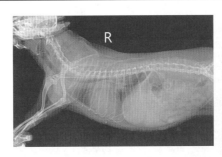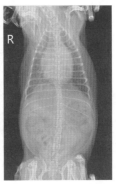

폐에 물이 찬 것으로 산소교환이 이루어지지 않는다. 따라서 기침, 빈호흡, 개구호흡, 청색증, 견좌자세의 증상을 나타낸다. 초기에는 운동을 하게 되면 기침과 가벼운 호흡곤란이 나타난다. 기침의 양상은 목에 이물이 걸린 듯한 켁켁거리는 기침을 한다. 증상이 심해지면 밤새 기침을 하거나 입을 벌리고 헐떡이는 호흡을 한다.

기관지 주위 및 기관의 심한 염증 때문에 일어나며 심장질환이 있는 경우 폐 안을 흐르는 혈액이 울혈을 일으켜서 폐포 주위로 장액이 빠져나가 폐수종이 발생하기도 한다.

진단 방법에는 임상증상을 확인하고, 청진하고 흉부방사선촬영하여 심장과 폐의 상태를 확인한다.

폐에 저류된 물을 배출하기 위해 이뇨제를 사용한다. 호흡곤란이 심한 경우에는 산소요법을 실시한다. 심장질환, 기관지염 등의 원발 원인을 치료한다.

 ## X. 비뇨기

1 비뇨기의 구조와 생리

(1) 비뇨기계의 구조

그림 53 개의 비뇨기계

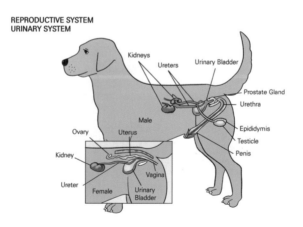

비뇨기계는 한 쌍의 콩팥(신장), 한 쌍의 요관, 방광, 그리고 요도로 구성되어 있다. 콩팥은 완두콩 모양으로 좌우 양쪽에 위치하고, 요를 생산하는 실질 기관이다. 피질과 수질로 구성되어 있는데 피질에 존재하는 토리(네프론, 사구체, 신원)는 혈액에서 노폐물을 여과하는 구조 및 기능상의 단위이다. 한 개의 신장에 약 100만개의 사구체가 존재하며 사구체는 보면 주머니, 세뇨관 그리고 집합관으로 연결된다.

요관은 양쪽 신장과 방광을 연결하는 관으로 뇨를 방광으로 수송한다.

방광은 뇨를 저장하는 장소이며 요도로 내보낸다.

요도는 방광으로부터 몸 밖으로 통하는 뇨의 통로이며 요도의 길이는 수컷이 암컷보다 더 길다.

(2) 비뇨기의 기능

비뇨기계의 가장 중요한 기능은 혈액에서 노폐물을 여과하여 오줌을 만들어 체외로 배설하는 것이다. 뇨를 통한 몸 안의 대사산물을 배설하여, 체액량, 산과 염기 균형 조절을 통해 몸 안의 환경을 유지한다. 특히 삼투압 조절로 체액량 및 화학적 조성을 조절하며, 질소노폐물과 과도한 수분을 제거하고, 적혈구 형성 호르몬을 분비하여 적혈구를 형성하게 한다.

(3) 뇨의 형성

그림 54 소변의 만들어지는 대사과정과 전해질 조절

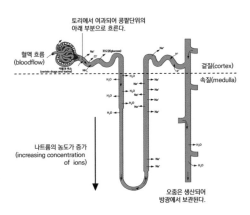

신장에서 생성되는 오줌은 사구체의 여과 과정과 세관의 재흡수 및 분비 과정을 통해 형성된다. 신장으로 들어온 혈액은 혈액 속의 물질을 네프론의 여과를 통해 토리의 모세혈관에서 보우만 주머니로 여과되고 토리쪽곱슬세관으로 보내지게 되고 이들 물

질 중 대부분은 세관에서의 재흡수를 통해 다시 혈액 속으로 들어간다. 여과를 통해 만들어진 오줌은 처음 사구체에서 여과할 때의 구성 성분이나 양이 매우 다르며 혈액으로부터 100L의 물이 여과되면 1L만 오줌으로 배출되며 99%는 다시 재흡수되어 혈액으로 돌아간다. 여과율의 변환과 전해질의 조절은 세포외액(ECF)과 혈장의 상태를 반영한다.

(4) 배뇨

신장에서 생성된 오줌이 방광을 통해 몸 밖으로 배출되는 과정이다. 배뇨가 일어나기 위해서는 요관, 방광, 요도의 기능이 정상적인 상태여야 한다. 뇌에서 수의적인 신호를 받아 다음과 같은 단계를 거친다.
1) 콩팥에서 형성된 오줌으로 인해 방광 확장
2) 방광벽의 민무늬근육에 있는 확장수용체 자극
3) 신경자극이 척수를 따라 뇌로 전달되어 배뇨감 느낌
4) 방광과 요도 괄약근이 확장되고 소변 배출

2 비뇨기 질병

(1) 급성신부전

신장이 갑자기 문제가 생겨 체내의 유해 물질을 체외로 배출할 수가 없게 되며, 독성 물질에 의해 식욕이 전혀 없는 절폐 증상과 구토, 설사, 탈수 증상을 나타낸다. 질소배출을 하지 못해 고질소혈증(요독증)이 나타나게 되고 심하면 경련, 발작을 일으킨다. 칼륨의 배출도 되지 않아 고칼륨혈증에 의해 심장의 발작을 일으켜 응급상황이 되기도 한다. 전해질 불균형으로 대사성산증에 빠지게 되며, 신장이 일을 하지 못해 소변을 만들어내지 못하므로 핍뇨가 나타난다.

원인은 급성사구체신염과 같은 신장 자체에 이상이 있거나 그 외 기관의 이상으로는 요로 결석으로 인해 소변의 배출이 되지 않기 때문에 생긴다.

혈청화학검사(BUN, CRE), 전해질 검사와 뇨검사를 실시하며 영상학적 검사로 진단한다. 신장의 문제인 경우 수액 처치로 소변의 양을 늘리고, 고질소혈증과 전해질 불균형을 조절한다. 단백질 이외의 영양공급으로 회복을 도우며 항산화제로 치료한다.

요로결석의 문제인 경우 외과적 처치로 결석을 제거한다.

(2) 만성신부전

그림 55 만성신부전(CKD)의 단계

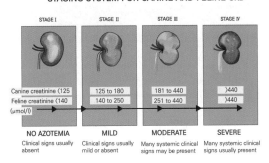

INTERNATIONAL RENAL INTEREST SOCIETY (IRIS)
STAGING SYSTEM FOR CANINE AND FELINE CKD

STAGE I	STAGE II	STAGE III	STAGE IV
Canine creatinine <125	125 to 180	181 to 440	>440
Feline creatinine <140	140 to 250	251 to 440	>440
(µmol/l)			
NO AZOTEMIA	MILD	MODERATE	SEVERE
Clinical signs usually absent	Clinical signs usually mild or absent	Many systemic clinical signs may be present	Many systemic clinical signs usually present

병의 단계에 따라 증상이 다르다. 기면 및 침울, 체중 감소, 식욕 부진, 구토, 설사, 구강내 궤양 및 구취, 다음/다뇨, 허약, 부종, 복수의 증상을 보인다. 이뇨제를 사용하게 되므로 전해질의 수치를 점검하여야 한다. 만성신부전도 결국 신장기능을 거의 잃게 되면 고질소혈증을 일으켜 요독증이 나타난다.

가장 일반적인 원인은 특발성으로 원인을 정확히 알지 못하며 선천성, 유전성, 감염성, 염증성, 면역 질환, 종양, 고혈압 등에 의해 발생한다. 사구체에 의해서는 만성사구체신염, 신장염, 수신증과 같은 신장기능의 이상이 원인이 되어 발생한다.

진단 방법은 혈청화학검사, 전해질 검사, 혈구 용적 검사(PCV), 복부 방사선 검사, 복부 초음파 검사, 신장 생검, 혈압 측정을 통해 확진한다.

치료가 아니라 관리하는 질병으로 처방 사료로 적절한 영양공급을 실시하고 수분 결핍/과잉을 조절하며 산/염기 불균형을 조절하여 임상 증상을 개선시키고 질병 진행을 지연시킨다.

(3) 신장, 방광결석 및 요도 결석

그림 56 방광결석과 요도결석

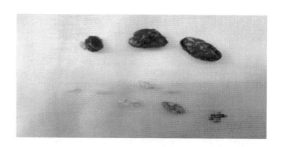

배뇨장애, 혈뇨, 잔뇨감이 있으며 결석에 의해 소변을 보지 못하는 경우 요독증이 발생한다. 원인은 결정의 핵이 소변에 포함되어 있는데 소변을 오랫동안 참는 경우 결정이 응집하여 결석이 생성된다. 세균감염에 의해서도 발생된다. 요도결석은 신장결석과 방광결석이 하행하여 요도에 갇히게 되어 발생된다.

진단 방법은 복부 방사선, 복부 초음파를 실시하여 진단한다.

치료 방법은 외과적 방법으로 결석을 제거하는 것이 좋으며 추가적으로 방광염도 내과적으로 치료하고 결석 예방 사료를 급여하여 관리해야 한다. 물을 잘 먹지 않는 경우 보호자가 일부러라도 반려동물에게 물을 마실 수 있도록 유도해야 한다.

(4) 고양이 특발성 방광염(FIC)

배뇨곤란, 배뇨통증, 빈뇨, 혈뇨, 뇨 배출의 완전 폐색이 나타나며, 페르시안 고양이에서 호발한다. 폐색 위험은 암컷보다 수컷에서 더 높다.

원인은 특발성으로 나타나며 야생동물의 특성이 강하기 때문에 실내생활에 대한 스트레스가 심한 경우 다발한다.

진단 방법은 임상증상을 살펴 복부 방사선 검사, 복부 초음파 검사로 확인한다.

비폐색인 경우는 방광염에 준하여 세균과 염증을 치료하며, 폐색인 경우는 요도 카테터를 장착하여 방광을 세척하고 항산화제 또는 항염증제와 같은 치료제로 관리한다.

XI. 생식기

그림 57 생식기의 위치와 구조

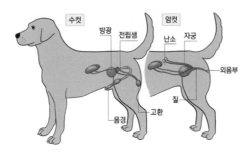

수컷과 암컷 생식기의 위치와 구조

1. 암컷 생식기의 구조와 생리

(1) 암컷 생식기의 구조

한 쌍의 난소는 신장의 후방에 위치하고 자궁은 한 쌍의 자궁각, 자궁체, 자궁경으로 내려가 질로 연결된다.

(2) 암컷 생식기의 기능

난소는 생식샘 호르몬을 분비하며 난포는 에스트로겐, 황체는 프로게스테론을 분비한다.

자궁은 정자가 상행할 수 있도록 수축 운동을 하며, 황체 기능을 조절하고, 정자의 수정능 획득에 필요한 환경을 조성하기 위한 액을 배출한다. 또한 수정란이 착상 후 태반을 형성하며 태아를 발육시키고, 태위의 변화를 주어 임신을 지속시키고 유지한다. 분만 시에는 태아를 만출시킨다.

질(외부 생식기)은 생식 생산물을 배출하며 분만 시 태아와 태반을 만출시키는 통로이다. 발정 시에는 점액을 분비하여 교미 작용 시 질을 보호하고 세균 침입을 억제한다.

(3) 수컷 생식기의 구조

수컷 생식기는 음낭 내에 한 쌍의 고환, 부고환을 포함하며, 정관, 음경으로 이어진다. 부속샘으로는 전립샘(개, 고양이)과 요도망울샘(고양이)이 있다.

고환의 크기와 형태는 동물에 따라 다양하며 대부분 타원형이고 한 쌍이다. 태아기에는 복강 내 위치하다가 3개월령 음낭 내로 고환이 하강한다.

부고환은 고환의 장축 근처에 밀착된 부생식기며 머리, 몸통, 꼬리로 이루어져 있다.

음경은 내부에 혈관이 많은 해면체 구조로 발달되어 있다. 고양이에서는 음경의 끝부분에 가시와 같은 돌기가 있다.

전립샘은 부생식기관으로 정액의 양을 늘리는 역할을 한다.

(4) 수컷 생식기의 기능

고환은 남성 호르몬인 테스토스테론을 분비하여 정자를 생산한다.

부고환은 정자를 성숙, 저장, 농축, 운반하며, 노화된 정자를 정화시킨다.

음경은 교미와 배뇨의 기능을 수행한다. 성적 흥분이 전달되면 음경해면체에 동맥혈이 대량 유입하여 발기된다. 고양이와 같은 육식동물은 음경골이 존재한다.

(5) 발정의 기전

암컷 개의 발정기는 단발정으로 1년에 2회, 9~10일 동안 발정기가 유지된다. 발정 출혈 후 수컷을 허용한다. 암컷 고양이는 계절성 다발정 동물로 봄에 발정이 시작되며 교미 자극에 의해 배란한다. 교미를 하지 않거나 임신이 되지 않으면 발정이 지속적으로 반복된다.

2 생식기 질병

(1) 자궁축농증

그림 58 자궁축농증

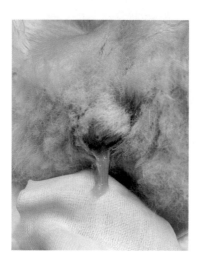

다음, 다뇨의 증상이 나타나고, 넓은 범위에 걸쳐 자궁의 염증을 유발하여 복부 팽만, 질 분비물, 식욕 감퇴, 발열, 구토가 생긴다. 개방형으로 질 외부로 분비물이 배출되어 쉽게 관찰되기도 하지만, 폐쇄형으로 분비물이 자궁에 고이게 되면 전신 염증질환의 증상이 나타난다.

원인은 6세 이상의 중성화 하지 않은 암캐에서 자궁이 세균에 감염되어 염증을 유발하고, 그 결과 자궁 내부에 농이 차서 발병한다. 출산 경험이 없는 개나 상당히 오래전에 한 번의 출산 경험만 있는 경우에 발생하기도 한다.

진단 방법은 복부팽만과 질 분비물이 나오는 임상 증상을 관찰하며 복부 방사선 검사, 복부초음파 검사로 확인한다.

외과적 처치로 난소와 자궁을 적출하는 수술을 실시하고 수술 후 항생제와 소염제로 치료한다.

(2) 유선 종양

그림 59 유선종양

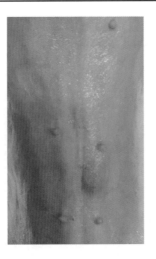

증상은 3년 이상의 중성화하지 않은 암캐에서 유선에 딱딱한 덩어리가 촉진되며 시간이 지나면서 점점 크기가 커지며 다른 유선으로 전이가 잘 일어난다.

원인은 정확한 기전은 밝혀져 있지 않으나 에스트로겐과 프로게스테론의 호르몬 분비 이상에 의해 발생하는 것으로 생각된다. 출산을 경험한 나이든 개에서 다발한다. 어린 나이에 개에서 중성화수술을 실시하면 유선종양의 발생을 억제할 수 있다.

유선에 딱딱한 덩어리를 촉진하고 조직 검사로 확진한다.

치료 방법으로는 외과적 절제를 실시하여 제거하고, 추가적으로 방사선 치료와 화학요법제를 실시한다.

(3) 암컷 중성화 수술의 의의

① 암컷 중성화 수술의 장점: 첫 발정 이전에 수술하는 경우 각종 생식기 질환을 예방할 수 있다. 자궁 축농증 100%, 유선종양 99.5% 예방할 수 있다고 한다.

난소와 자궁을 제거하므로 발정을 억제하여 원치 않는 임신을 예방하며, 발정 출혈로 인한 위생상의 문제를 해결할 수 있다.

② 암컷 중성화 수술의 단점: 성호르몬의 분비가 감소하여 대사활동 및 운동량 감소에 따른 비만의 위험이 있다.

(4) 고환 종양

고환의 종양에는 세 가지 종류가 있으며 간질세포종은 나이 든 개에서 다발하는 종양으로 고환 세포의 일부에서 발견된다. 정상피종은 개에서 두 번째로 다발하며 여성화는 잘 나타나지 않는다. 세르톨리세포종은 고환 전체에 종양세포가 퍼져 부풀어 오른다. 이병에 걸리면 여성 호르몬을 분비하므로 암컷처럼 유선이 발달하고 탈모도 생긴다.

고환 종양이 생기는 원인의 명확한 기전은 알려져 있지 않지만, 잠복고환이 있는 경우에 복강내에서 세포변이로 종양이 발생하는 것으로 생각된다.

진단 방법은 임상 증상, 잠복 고환 확인, 영상 검사 및 세포검사로 확진한다.

치료 방법은 수술적 절제를 통해 제거하고 전이가 의심되면 방사선 치료, 항암치료를 실시한다.

(5) 포피염

그림 60 포피염

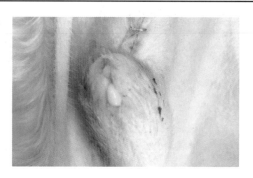

포피 끝에서 노란 고름 분비물이 배출되며, 염증 증상으로 인해 소양감이 있어 음경을 자주 핥는 증상을 나타낸다.

음경의 포피에 세균 감염이 일어나 염증이 생긴 것이다.

임상증상으로 확인하며 항생제를 투약한다. 심한 경우 포피에 소독제를 넣어 내부를 세정한다.

(6) 수컷 중성화 수술의 의의

① 수컷 중성화 수술의 장점: 각종 생식기 질환, 즉 고환 종양, 전립선염 등을 예방하고 난폭한 행동도 예방하며 마운팅과 같은 발정 행위를 감소시킨다. 다리를 들고 배뇨하는 습관을 미리 차단하기도 하며 암컷을 찾아 가출하는 것도 예방이 된다.

② 수컷 중성화 수술의 단점: 성격이 여성화가 되며 특히 비만이 되는 것이 단점이다.

XII. 전염성 질환

1 개에서 다발하는 전염성 질병

(1) 개 홍역

그림 61 홍역비강 삼출물과 눈꼽, 설사

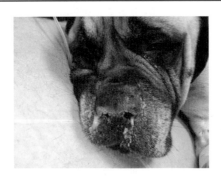

전신형, 호흡기형, 소화기형, 신경형으로 구분하며 주 감염층은 밀집 사육을 하는 어린 개 또는 예방접종하지 않은 강아지에서 다발한다. 신경형은 매우 높은 치사율을 가지고 있으며 경련 발작을 하며 감염된 개체의 95% 이상이 사망한다.

원인은 개 홍역바이러스의 감염때문이며, 직접 감염은 홍역에 걸린 개와 접촉하여서 그리고 간접 감염은 바이러스에 오염된 음식물을 섭취하는 경구감염에 의해서 발생한다. 병원체가 입과 코를 통해 체내에 침입하고 소화기관, 호흡기관, 신경을 따라 뇌로 이동하여 기관을 망가뜨리게 된다.

증상은 장액성 콧물, 화농성 눈꼽, 식욕부진과 같은 소화기 호흡기 증상, 츄잉과 경련발작을 하는 신경 증상이 나타나며 고열에 의해 치아의 에나멜질의 형성 부전이 나타난다. 발바닥이 두꺼워지는 각화증이 특징적인 증상 중 하나이다. 회복하더라도 신경 증상이 후유증으로 남을 수 있다.

임상 증상과 분비물에서의 PCR 검사, 항원진단키트를 통해 진단할 수 있다.

항체 치료, 대증 처치로 치료한다. 예후는 초기 진단 후 항체 치료 병행하면 생존률이 증가한다.

(2) 개 전염성 간염

개과 동물만 감염되는 질병이다. 전염력이 강하여 젖을 뗀 한 살 미만의 강아지에서 감염률과 사망률이 높다. 갑작스러운 복통과 고열, 토혈, 혈변 등의 증상을 나타내고 갑자기 사망하기도 한다. 가벼운 경우에는 식욕저하, 기력저하, 발열과 콧물의 증상만 있다. 급성간염으로 인해 복부의 통증이 심각하며 고열이 나타나고 24시간 내 폐사하기도 한다. 또한 눈꺼풀, 머리, 목, 몸통에 탈모증상이 나타난다.

원인은 아데노바이러스에 의해 일어나며 감염되었다 회복된 개의 소변이나 침, 식기를 접촉함으로써 경구감염이 일어난다.

임상증상을 통해 감시하며, 혈액검사로 간수치를 확인한다.

간에 충분한 영양분을 공급하며, 포도당, 아미노산, 각종 비타민도 투여한다.

(3) 개 파보바이러스 감염증

분변의 파보바이러스에 의해 급성 출혈성 장염이 나타난다. 16주령 이하에서 다발하며 평균 잠복기는 7일 전후이다. 조기 진단과 집중적 치료가 가장 중요하다.

원인은 바이러스에 감염된 분변, 토사물 등에 노출되어 감염된다. 초유 섭취를 못한 강아지일수록 감염에 취약하다.

증상은 극심한 구토, 악취나는 혈변, 패혈증을 보인다.

그림 62 파보장염 설사양상과 진단키트

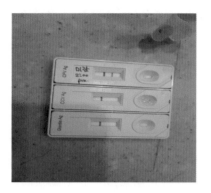

임상 증상, PCR, 항원진단키트로 확진한다.

치료는 정질이나 교질 수액으로 수분을 보충하며, 항구토제, 항생제를 투여한다.

예후는 치료하지 않을 경우 99% 치사율을 보이며, 항체치료를 제외한 일반적인 치료는 48% 치사율, 항체 치료를 하는 경우는 17%의 치사율을 보인다.

(4) 개 코로나바이러스 감염증

대부분의 개과 동물에서 위장염을 유발한다. 매우 전염성이 강하며, 감수성이 있는 개들의 집단에서 빠르게 전파되고, 숙주특이성이 있으며 분변으로 배출한다.

바이러스에 감염된 분변에 노출되면 감염된다.

증상은 황녹색 내지 오렌지색의 악취나는 설사, 구토, 3~4주간 지속적 혹은 간헐적으로 설사를 지속한다.

그림 63 코로나장염 설사양상과 진단키트

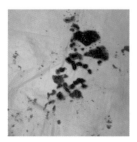

임상 증상과 항원진단키트로 진단한다.

치료는 파보파이러스와 중복 감염이 흔하기에 파보 장염에 준한 치료 시 생존율이 증가한다. 주로 수액처치를 실시하고 항생제, 소염제를 상태에 따라 투여한다.

예후는 단독 감염 시 90% 정도의 생존률을 보인다.

(5) 개 인플루엔자 감염증

한국은 조류인플루엔자 유래 H3N2에 의해 발생한다. 이환률은 100%, 폐사율은 5% 이상으로 한 마리가 감염되면 다른 전체에 옮기는 등 매우 높은 이환률을 보인다.

증상은 40 ~ 41℃ 의 고열이 지속되며 콧물, 심한 기침, 폐렴이 나타난다.

임상 증상과 항원진단키트로 진단한다.

치료는 대증 요법, 항바이러스제를 투약한다.

백신접종으로 예방하여 다른 개체에게 전염도 예방한다.

(6) 광견병

그림 64 광견병

증상은 크게 광폭형과 침울형으로 구분할 수 있다. 광복형은 광견병의 전형적인 형태로 광폭해지고 움직이는 대상을 무조건 물게 된다. 침울형은 마비형이라고도 하며 침을 흘리고 잘 움직이지 못하게 되며 온 몸이 마비되어 호흡곤란이 일어나 사망하게 된다. 광폭형도 광폭기를 지나면 침울형의 마비기로 진행한다.

야생 너구리에 물려서 발병하기 것이 일반적이며 법정전염병으로 지정되어 1년에 한 번씩 예방접종을 실시해야 한다. 뚜렷한 치료방법이 없으므로 예방접종만이 유일한 방법이다.

🦴 2. 고양이에서 다발하는 전염성 질병

(1) 고양이 범백혈구감소증

파보바이러스 속 고양이 범백혈구 감소증 바이러스 또는 개 파보바이러스가 원인이다. 고양이는 개에게 옮길 수 없지만, 개는 고양이에게 전염시킬 수 있으며 그러한 경우 대체로 급사한다. 고양잇과 동물에 발생하며 감염 동물과의 접촉이나 분비물을 통해 전염된다. 3~5개월 령 고양이에서 다발하며 치사율은 50~90%로 다양하다.

증상은 대부분 경도의 증상이나 무증상이며 갑작스러운 침울, 식욕 부진, 구토, 탈수, 설사 (반드시 나타나지는 않음)를 나타내며 급사 가능성도 있다.

임상 증상과 CBC(현저한 백혈구 감소증), 항원진단키트로 진단한다.

개의 파보바이러스성 장염에 준한 치료와 면역 치료를 실시한다.

예후는 증상 발열 5~7일 이후 급속히 회복되는 특징을 가진다.

예방 접종(접종 후 감염은 대부분 회복)으로 예방한다.

(2) 고양이 허피스바이러스 1형 감염증

고양이 상부 호흡기 증후군을 야기하는 원인체로는 Herpesvirus-1(코, 눈의 심한 궤양), Calicivirus(구강궤양), Chlamydia(궤양까지 진행되지 않음)가 있다. 허피스바이러스는 상부호흡기 및 안면부 병변을 유발한다.

원인은 80%가 잠복 감염으로 모체로부터 수직 감염되며, 전신성 호흡기 및 결막 질환으로 시작한다.

증상은 결막염, 각막 궤양, 만성 유루증, 발열, 재채기가 나타난다.

임상 증상, 혈청진단, 간접형광항체법으로 진단한다.

치료는 대증 처치를 실시하며, L-lysine을 투약하는 것이 도움이 된다.

그림 65 고양이 허피스바이러스 1형 감염증

(3) 고양이 전염성 복막염

장관의 코로나 바이러스(Feline enteric coronavirus)감염에 의해 발생하며, 생리학적 기전은 명확히 밝혀지지 않았다. 증명되지 않았지만 수유과정을 통한 점염 가능성이 있다.

원인은 바이러스에 감염된 분변에 노출되거나 보균 고양이의 체액 및 변을 통해 전파 가능성이 있으며, 코로나바이러스를 보균하고 있는 모든 고양이는 FIP형 질병으로 이행할 가능성이 매우 높다.

증상으로는 식욕 부진, 만성 무반응성 발열, 기면, 체중 감소이 나타나며, 삼출형인 경우 흉·복수가 차며, 비삼출형인 경우 화농성 육아종성 병변과 신경 증상이 나타난다.

확진이 어려우므로 진단은 신중해야 한다. 정기적인 검사를 실시하며 체액(흉·복수) 세포로 검사하여 진단한다.

치료의 목적은 증상 완화와 수명 연장이다. 항바이러스 제제를 사용하여 치료한다.

치사율 100%이다. 삼출혈 진단되면 대부분 2주 이내 사망하고, 비삼출혈으로 진단되면 최장 8개월 정도 생존한다.

효과적인 예방법은 없으며 백신 효과에 대해서도 논란 중이다.

(4) 고양이 바이러스성 백혈병

그림 66 고양이 백혈병에 의한 빈혈 바이러스 진단키트

　원인은 교상, 수혈, 체액이나 오줌이 묻은 곳에 접촉하여 발생한다. 식기 및 화장실을 공유하고 재채기하거나 집단 사육하는 동안 서로 털 골라주는 그루밍 활동을 통해 전염된다.

　초기 증상은 농양과 탈수, 발열과 치은염, 체중감소와 농양이다. 만성 소모성 증후군으로 빈혈과 면역결핍증을 나타내며 대부분 진단 후 3년 이내 사망한다.

　ELISA 키트와 무증상 개체의 양성 반응 시 한 달 간격으로 재검하고 2회 연속 음성 시 감염을 종결한다.

　특이적 치료는 없고 면역매개성 질환에 대해서는 스테로이드, 대증 처치를 실시한다.

SECTION 03 응급 질환과 처치

I. 응급질환

1 쇼크

쇼크상태란 심혈관계에 큰 이상이 생겨 몸 전체에 산소가 공급되지 않는 상태로 혈액순환이 멈춘 상태이다. 개가 기운을 잃고 움직이지 않으며 불러도 반응이 없다. 고열도 나고 호흡이 거칠며 맥박이 빠르게 뛰다가 멈춘다. 그리고 체온이 심하게 내려가서 발끝부터 차가워진다. 원인은 많은 양의 출혈이 있으면 심장이 혈액을 펌핑할 수 없게 되어 빠르게 뛰다가 멈추게 되어서 그렇고, 그 외 원인으로는 심장의 빈맥, 부정맥, 관상동맥질환처럼 심장의 기능이상 때문에, 그리고 정신적 충격이나 중독물질에 의해서도 일어난다. 출혈이 있다면 우선적으로 지혈을 하고, 몸을 따뜻하게 해야 한다. 약한 맥박이 느껴지면 동물병원으로 데려와 응급치료를 해야 한다. 심장이 멈추었다면 심폐소생술을 실시한다.

2 치아노제

치아노제는 입술이나 혀가 청색으로 되는 상태를 말한다. 혈액중의 산소가 매우 부족하여 순환이 되지 않아 점막의 색이 파랗게 질리고 좀 더 지나면 허혈성으로 하얗게 된다.

원인은 심장으로 혈액을 보내는 과정에 문제가 생긴 것으로 대량의 출혈, 폐렴, 열사병 또는 심한 추위 즉 저체온 때문이다.

치아노제가 된다면 출혈이 있다면 지혈, 열사병이면 시원하게 해주고, 저체온이면 몸을 따뜻하게 하고, 폐렴인 경우는 호흡하기 편한 자세로 바꾸어 준 후 신속히 병원으로 데리고 와야 한다.

3 교통사고

그림 67 교통사고

자동차에 의한 교통사고가 일어나면 내·외부 출혈과 골절을 동반하게 된다. 외부로의 출혈은 없다 하더라도 내부 출혈이 있게 되면 잇몸의 점막이 핑크색을 잃고 파랗게 또는 하얗게 되며, 혈액순환의 문제를 일으켜 체온이 떨어지고 의식이 없게 된다. 내부골절에 의해 폐나 간이 손상받아 파열이 나타나기도 한다. 호흡이 어렵고 신체기능을 정상적으로 수행할 수 없어 사망하게 된다.

교통사고가 일어났다면 개를 편평한 곳에 눕혀 병원으로 즉시 데리고 와야 한다.

줄이 풀려 차도로 뛰어 들어가지 않도록 산책 중에는 리드줄을 꼭 잡아야 한다.

4 교상

그림 68 개 싸움

작은 강아지가 큰 개에게 물리면 주로 목덜미를 물리게 된다. 목에 있는 경동맥이 다치면 출혈이 생기게 되고, 기도를 다치게 되면 호흡곤란이 일어난다. 출혈이 있다면 지혈하고 따뜻한 담요로 감싸 즉시 병원으로 데리고 오라고 해야 한다.

산책시키는 도중 개들이 서로 관심을 가지면 인사를 시키는 경우가 있다. 종에 대한 사회성이 좋은 강아지들도 있지만, 개들은 서열을 생각하는 사회적 동물이다. 더 높은 서열이 되기 위해 갑자기 공격성을 보인다. 어릴 때부터 다른 개들에게 무관심하도록 교육시키는 것이 좋고, 산책 중에 다른 개와 접촉하지 않도록 주의해야 한다.

5 열사병

열사병은 그늘이 없는 쨍쨍 내리쬐는 햇볕아래 두거나, 더운 여름 차에 가둬두면 쉽게 열사병에 걸린다. 개는 피부에 땀샘이 없기 때문에 체온을 조절하는 것이 어렵다. 입을 벌리고 헥헥거리는 팬팅을 나타낸다. 침을 많이 흘리고 입에서 거품이 나며, 혀를 늘어뜨린다. 급격한 호흡과 탈수로 수 시간 내 사망에 이른다.

특히 불독처럼 단두종의 개, 살이 찐 비만인 개, 심장병이 있는 개는 원래 호흡곤란이 있기 때문에 열사병 증상이 쉽게 나타난다.

즉시 물을 먹이고, 시원하게 해준 다음 바로 동물병원에 데리고 와야 한다.

6 고열

개의 평균 체온은 38.3~39.2℃이다. 운동을 하거나 흥분한 경우 일시적으로 상승하지만, 2℃ 이상 상승하여 40℃가 넘어가면 위험한 상태가 된다. 기운이 없어 침울이 나타나고 보호자가 불러도 반응하지 않는다. 또는 헥헥거리는 팬팅과 침흘림이 나타나기도 한다.

원인은 감염증, 폐렴, 기관지염, 자궁축농증과 같은 염증성 질병에 의해 발생하며 또는 중독에 의해서도 발생된다.

몸을 시원하게 하고 병원으로 데리고 와야 한다. 질병에 의해 발열이 나타난 것으로 질병상태를 개선하는 원인을 제거하지 않으면 위험한 상태가 된다.

7 위염전, 고창증

대형견 중 사냥개와 같은 품종에서 흉강이 깊은 개들에게서 잘 나타난다. 식사 후 갑자기 운동을 하게 되면 위가 꼬이는 위염전이 일어나고, 위에서 있던 음식물이 발효하면서 팽창하여 호흡곤란이 되어 침흘림, 팬팅 증상으로 보이고 쓰러져서 2시간 이내 사망하게 된다.

곧바로 병원으로 데리고 와야 하고, 수술적 교정으로 위고정술을 실시한다.

사료를 천천히 먹게 하고, 식후 곧바로 운동하지 않게 주의한다.

8 중독

그림 69 살충제

개가 먹지 말아야 할 음식을 먹고 중독증상을 보이게 된다. 양파, 마늘, 살충제, 제초제, 비료, 중금속 등을 먹고 일어난다. 중독물의 종류에 따라 침흘림, 복통, 구토, 설사, 호흡곤란, 경련발작, 혈뇨, 빈혈, 황달 등의 증상을 나타낸다.

치료 시에는 중독물의 종류를 아는 것이 중요하며 먹고 경과한 시간을 아는 것도 중요하다. 위 세정을 실시하고, 중화제가 있는 경우면 처방하고 수액으로 전해질 교정 치료를 실시한다.

집에서도 먹지 않아야 할 음식은 개에게 닿지 않도록 치워놓아야 하며, 어릴 때부터 산책 시에 길에 있는 제초제를 뿌린 풀, 마취목의 싹, 유박비료 등을 먹지 않도록 습관을 길러 주는 것이 중요하다. 이러한 것을 먹은 경우 즉시 병원으로 데리고 와야 한다.

Ⅱ. 응급질환의 처치

1 응급환동물의 평가

응급상황의 개와 고양이가 병원에 오면 동물병원코디네이터는 수의사에게 응급상황을 알려야 한다. 환동물을 빨리 평가하고 문제들의 우선순위를 매기는 것이 중요하다.

ABC 원칙에 따라 평가한다.

A	Airway	기도는 깨끗하고 막히지 않았는지
B	Breathing	호흡을 하고 있는지 상태는 어떤지
C	Circulation	혈액순환, 심장과 맥박이 뛰고 있는지

그 다음 전반적인 신체검사를 실시한다.

이름을 불러 반응을 하는지 의식이 있는지 확인한다.

출혈이 있는지 확인하고, 어느 부위에 어느 만큼의 출혈인지 확인한다.

모세혈관재충만시간을 검사하고 혈액순환 상태를 확인한다.

점막색깔을 검사하고, 노란색, 점상출혈, 청색, 하얀색이 나타나는지 확인한다.

골절이 있는지, 어느 부위인지, 통증이 있는지 어느 부위인지 확인한다.

탈수상태를 확인하고 수액처치를 결정한다.

체온을 검사한다.

문진을 통해 병력을 확인하여 계획을 세워 처치를 실시한다.

2 응급처치-심폐소생술

심폐정지가 된 경우 2~3분이 지나면 저산소증 때문에 뇌손상이 일어날 있다. 사망하기 직전 Chain-Stroke 가쁜 호흡을 하고 1분 이내 동공이 고정되고 확장된다.

심폐소생술은 동물병원의 모든 스텝이 훈련받아야 하고, 정기적인 연습도 필요하다.

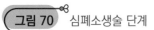 **그림 70** 심폐소생술 단계

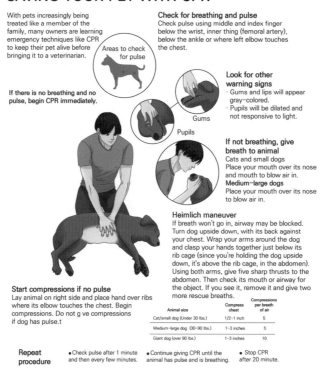

SAVING YOUR PET WITH CPR

With pets increasingly being treated like a member of the family, many owners are learning emergency techniques like CPR to keep their pet alive before bringing it to a veterinarian.

Areas to check for pulse

If there is no breathing and no pulse, begin CPR immediately.

Check for breathing and pulse
Check pulse using middle and index finger below the wrist, inner thing (femoral artery), below the ankle or where left elbow touches the chest.

Gums

Pupils

Look for other warning signs
· Gums and lips will appear gray-colored.
· Pupils will be dilated and not responsive to light.

If not breathing, give breath to animal
Cats and small dogs
Place your mouth over its nose and mouth to blow air in.
Medium-large dogs
Place your mouth over its nose to blow air in.

Heimlich maneuver
If breath won't go in, airway may be blocked. Turn dog upside down, with its back against your chest. Wrap your arms around the dog and clasp your hands together just below its rib cage (since you're holding the dog upside down, it's above the rib cage, in the abdomen). Using both arms, give five sharp thrusts to the abdomen. Then check its mouth or airway for the object. If you see it, remove it and give two more rescue breaths.

Start compressions if no pulse
Lay animal on right side and place hand over ribs where its elbow touches the chest. Begin compressions. Do not g ve compressions if dog has pulse.t

Animal size	Compress chest	Compressions per breath of air
Cat/small dog (Under 30 lbs.)	1/2-1 inch	5
Medium-large dog (30-90 lbs.)	1-3 inches	5
Giant dog (over 90 lbs.)	1-3 inches	10

Repeat procedure
●Check pulse after 1 minute and then every few minutes.
●Continue giving CPR until the animal has pulse and is breathing.
●Stop CPR after 20 minute.

SOURCE: American Red Cross

(1) 인공호흡 단계

① 의식이 있는지 확인한다. 눈꺼풀을 톡톡 치던지, 이름을 불러보아 반응이 있는지 확인한다.

② 호흡을 하는지 확인한다. 흉강이 부풀어 오르는지, 코에서 바람이 나오는지 확인한다.

③ 심장이 뛰는지 확인한다. 심장부위에 손을 대어보고, 동맥에 맥박이 뛰는지 확인한다.

④ 입을 벌려 기도에 막힌 물질을 끄집어낸다. 침이 고여 있다면 혀를 밖으로 꺼내어 준다.

⑤ 머리와 목을 일자로 펴고 오른쪽 횡와로 눕힌다. 앞다리를 앞으로 편다.

⑥ 기도삽관에 필요한 준비물로 기도삽관술을 실시한다.

⑦ 마취기계나 앰부백을 사용하여 인공호흡을 하게 한다.

⑧ 마취기계를 사용할 수 없다면, 어깨뼈 뒤쪽에서 늑골위에 손바닥을 올려놓는다.

⑨ 흉부를 압박한다.

⑩ 흉부가 확장되게 한다.

⑪ 매 3~5초마다 압박을 반복한다.

⑫ 매분마다 자발적인 호흡이 돌아오는지 확인한다.

(2) 심장마사지 단계

① 앰부백을 사용하여 인공호흡을 실시한다.

② 혈액이 심장에 채워지도록 흉골아래 모래주머니를 둔다.

③ 심장압박을 실시한다.

- 큰 개: 양손바닥을 겹쳐 앞다리의 상와세갈래근 뒤쪽 흉강의 갈비뼈부위에 올려놓다. 손바닥이 아닌 팔의 힘을 전달하여 압박한다. 분당 60회의 속도로 실시한다.
- 작은 개나 고양이: 갈비뼈 3번부터 6번사이가 심장의 위치이다. 엄지손가락과 검지-중지손가락으로 흉강을 감싸고 눌러 압박한다. 분당 120회 속도로 실시한다.

그림 71 심장마사지 위치

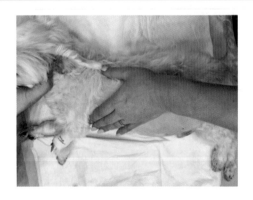

④ 매 분마다 자발적인 심장 박동을 돌아오는지 확인한다.

(3) 약물처치

① 요골쪽피부정맥에 수액처치를 위한 카테터를 삽입하고 수의사가 약물을 투여하는 것을 확인한다.

② 혈액순환이 잘 되는지 확인한다.

③ 앞다리에 부종이 생기지 않는지, 머리를 흔들지 않는지, 호흡곤란이 생기지 않는지 관찰한다.

(4) 산소투여

그림 72 수액처치 후 ICU 입원

호흡곤란이 있는 동물에서 저산소증을 방지하기 위해 필수적으로 실시한다. 심각한 호흡곤란이 있는 경우는 흡입되는 산소농도를 증가시켜야 한다. 산소를 투여할 수 있는 방법에는 산소풍선, 산소마스크, 비강줄 등 다양한 방법이 있지만, ICU는 환동물의 스트레스를 적게 주면서 산소를 제공하여 흡입하게 하는 장점이 있다. 산소농도를 조절할 수 있는 ICU에서 관찰한다.

CHAPTER

6

반려동물의 영양

SECTION 01

반려동물 영양 기초

 Ⅰ. 영양과 소화생리

1 영양과 사양

영양이란 생물이 살아가는 데 필요한 에너지와 몸을 구성하는 성분을 외부에서 섭취하여 소화, 흡수, 순환, 호흡, 배설 등이 이루어지는 대사과정이다.

여기서 사양이란 동물에게 필요한 영양소를 알맞게 공급하여 동물이 건강을 유지하고 자신의 유전 능력을 발휘하도록 과학적 접근방법으로 관리하는 것을 말하며 주로 산업동물에서 사람에게 필요한 물질, 즉 고기, 우유 그리고 알을 얻기 위해 번식능력을 최대한 효율적으로 조정하는 것도 의미한다.

반려동물을 기르고 있는 보호자로서, 전문가로서 제일 중요한 역할을 하는 것 중 하나가 영양성분이 균형 잡힌 안전한 양질의 먹이를 급여하는 것이라고 생각한다. 그러므로 동물영양학은 우리가 알아야 할 가장 중요한 부분이라 할 수 있겠다.

2 영양소

영양소는 탄소 포함 유무에 따라 유기영양소와 무기영양소로 구분된다. 유기 영양소에는 탄수화물, 지방, 단백질, 비타민이 있고 무기 영양소에는 광물질(미네랄)과 물이 있다.

(1) 유기 영양소

① 탄수화물: 단당류, 이당류, 다당류, 식이섬유가 있으며 체내 세포의 영양소로 활용되며 ATP 에너지를 만든다. 식이섬유는 장내 세균의 영양분으로 사용되어 장 세포의 건강을 유지하게 하며, 영양분을 천천히 흡수하게 하여 혈당을 천천히 올리게 하고, 대변을 양을 확보하여 변비를 예방하기도 한다.

② 지방: 단순지질, 복합지질, 유도지질이 있으며 체내의 영양소로 사용되며 저장되어 체온을 유지하는 지방층을 형성케하고 털과 피부를 윤기있게 한다.

③ 단백질: 필수아미노산과 비필수아미노산으로 분류할 수 있다. 세포의 구성성분이며 유전인자의 구성으로 생명체의 발육과 유지에 필수적이다. 효소와 호르몬의 주성분이며 피부, 털, 발톱의 구성성분이다. 또한 혈장 내 단백질은 혈장량을 유지하게 하며, 면역체의 구성성분으로 면역에도 관여한다. 특히 개와 고양이에서 양질의 단백질의 사료 구성내 비율이 매우 중요하다.

④ 비타민: 수용성비타민, 지용성비타민이 있으며 조효소, 보조효소로 구성성분으로 영양소의 대사 작용에 관계한다. 시력, 골격, 번식, 신경, 항산화 등 여러 작용을 한다.

(2) 무기 영양소

① 광물질(미네랄)
   • 대량광물질: 칼슘, 마그네슘, 나트륨, 칼륨, 인, 염소, 황 등이 있다.
   • 미량광물질: 망간, 철, 구리, 셀레늄, 불소, 몰리브덴, 비소 등이 있다.

② 물: 생체의 60% 이상을 차지하며 세포호흡을 통해 미량의 물은 체내에서 만들어지지만, 영양분을 소화시키기 위해서는 가수분해작용이 일어나야 하므로 영양분을 섭취하면 물이 반드시 필요하다.

3 소화생리

① 소화기계의 역할은 외부에서 들어온 영양소를 소화·흡수하는 것이다.

② 소화단계는 기계적 소화 – 화학적 소화 – 흡수 – 분비적 소화 순으로 이루어진다.

③ 소화기관은 입(치아, 혀, 침샘) – 식도 – 위 – 소장(십이지장, 공장, 회장), 대장(맹장, 결장, 직장) – 항문으로 연결되며, 소화에 관여하는 보조적 기관은 이자(췌장), 간, 담낭

이 있다. 영양소는 장벽의 미세융모를 통해 혈관 및 림프관으로 흡수된 후 간, 근육 등에서 대사된다.

④ 개·고양이

(1) 특징

위가 하나로 비교적 단순한 구조적 특징을 가지고 있으며 맹장의 기능이 거의 없다.

(2) 소화 작용 특징

육식동물일수록 단백질 소화를 위해 위산의 농도가 강하고 pH가 낮다. 이자, 담낭, 십이지장에서 분비되는 소화 효소의 작용으로 인해 소화가 일어나며 대장에서는 소량의 미생물에 의해 소화작용이 일어난다. 반려동물에서 소화물의 통과속도는 반추동물에 비해 빠른 편이다.

(3) 섭취사료 특징

개와 고양이는 곡류, 육류 등이 들어있는 고열량 사료를 섭취한다. 사료의 형태에는 수분의 함량에 따라 건사료(〈14%), 반건조사료(20~25%), 습식사료(〉70%)의 형태가 있으며, 잡식동물과 육식동물의 종류에 따라 단백질의 함량이 다르다.

(4) 단위동물의 소화기관

위의 내벽은 세로 주름으로 이루어져 음식물이 들어오면 확장하기 쉬운 형태이다. H^+ 이온에 의해 펩시노겐이 펩신으로 활성화되며, 활성화된 펩신에 의해 단백질을 소화시키고 연동 및 혼합운동에 의해 섭취된 음식물을 물리적 죽과 같은 형태로 만든다.

소장의 내벽 주름은 수평으로 존재하며 주름은 융모와 미세융모로 되어있다. 소장에서는 영양소의 소화와 흡수가 주 역할이며, 림프결절집합이 존재하여 외부물질에 대한 면역기능을 담당한다. 이자에서 십이지장으로 아밀라제, 트립신, 리파아제를 분비하며, 담낭에서 십이지장으로 답즙을 분비하고, 소장에서 펩티다아제 효소를 분비하여 탄수화물, 단백질, 지방질을 작은 단위의 포도당, 아미노산, 지방산과 글리세롤로 분해한다. 이러한 분해된 영양소는 미세융모를 통해 흡수되며 간문맥을 통해 간으로 이동하여 대사된다. 지방산은 유미즙의 형태로 림프관으로 흡수되어 가슴림프관팽대를 지나 기관림프관으로 이동 후 심장 근처에서 혈관으로 흡수된다.

소화액의 분비조절은 자율신경계(미주신경)의 신경전달물질과 소화관 호르몬(가스트린, 세크레틴)에 의해 조절된다.

Ⅱ. 개의 영양 생리학 특징

개와 고양이는 사람이 아니다. 개는 늑대(Canis lupus)로부터 진화했으며, 고양이는 아프리카 야생고양이(Felis silvestris lybica)로부터 진화하였다. 고양이는 육식동물이며 개는 육식동물에 가까운 잡식동물이다. 사람과는 소화기관, 필요한 영양소에서 차이가 있고, 또한 개와 고양이는 각각 소화기관의 구조적 차이와 영양 생리학적 차이가 있다.

그림 1 개와 고양이의 조상

1 개의 구강 구조와 감각

치아 개수는 총 42개로 사람보다 많으나 날카로워 접촉면이 없어 씹는 활동보다는 송곳니로 음식을 갈기갈기 찢거나 대부분 씹지 않고 삼킨다. 따라서 침에는 탄수화물 분해효소인 아밀라제가 거의 없다.

혀는 미뢰가 있어 미각을 느끼기는 하나 사람보다 발달되어 있지는 않으며 단맛, 고기 맛, 지방 맛, 짠맛을 좋아한다. 건식보다는 수분의 함량이 많은 습식 형태의 사료를 좋아하는 편이다.

2 개의 위

확장력이 커서 음식을 한 번에 많이 먹을 수 있으며 체중에 따라 30~35g/kg까지 섭취할 수 있다. 자유급식을 해도 좋지만, 먹성이 좋은 편이라 조절이 힘든 편이라면 성견의 경우 하루 2끼를 나누어 먹이는 것이 좋다.

3 개의 장

잡식동물의 소화효소 및 단백질 대사과정은 사람과 유사하다. 소장에서는 아밀라제, 트립신, 펩티다아제, 리파아제 등의 소화효소의 의해 음식물을 소화한다. 대장에서는 체내로 물을 흡수하며, 세균에 의한 소화가 일어난다.

 Ⅲ. 고양이의 영양 생리학 특징

1 고양이의 구강 구조와 감각

치아 개수는 총 30개 이며, 작고 날카롭지만 음식을 씹는 힘은 거의 없다.

혀에는 미뢰의 수가 적어서 맛을 잘 느끼지 못하며 특히 단맛의 미뢰가 거의 없어서 단맛을 잘 느끼지 못한다. 사료나 음식을 먹을 때 맛보다는 후각이 더 중요하며, 음식냄새가 기호성을 좌우한다. 따라서 호흡기질환에 걸려 냄새를 못 맡으면 음식을 잘 먹지 못하는 식욕부진을 나타내기도 한다.

2 고양이의 음식 기호성

바삭한 질감의 사료를 좋아한다. 매우 예민한 동물이라서 대부분 생후 6개월 이전에 먹어 본 적 없는 음식은 성묘가 된 후에도 잘 먹지 않는다. 어릴 때 다양한 음식을 먹이는 것이 좋으며, 특히 처방사료 중 닭고기가 주식이 캔사료가 처방되는 경우가 많으니 주기적으로 간식으로 주는 것도 좋다. 물 마시는 것을 그리 좋아하지 않는다. 오줌을 농축하는 능력이 뛰어나나 그만큼 하부요로기계 질환도 잘 걸리는 편이라 보호자가 일부러 급여하려는 노력을 해야 하며, 깨끗하고 신선하고 물을 충분히 급여해야 한다.

3 고양이의 위

개처럼 많이 확장되지 않는다, 조금씩 자주 먹기에 자유급식도 좋다.

위의 산도는 육식동물일수록 단백질의 부패를 차단하고 소화가 잘 이루어져야 하기 때문에 개보다 낮으며, pH 2에 가깝다.

4 고양이의 장

육식동물로 소장의 길이가 짧고 단순하며 개보다 탄수화물 소화효소 분비량이 적다.

그러나 대장에서는 세균에 의한 발효 소화가 일어나고 개보다는 활발하여 정상세균총을 잘 유지하는 것이 하부소화기관의 장애를 줄일 수 있는 방법이다.

5 개와는 다른 고양이의 영양학적 특징

(1) 육식동물에게 필요한 영양소

개의 사료를 제공할 시에는 필수아미노산인 타우린, 필수지방산인 아라키돈산, 그리고 비타민에서 비타민 K, 비오틴의 결핍이 나타날 수 있다.(AAFCO 기준이며, 사료에 따라 개의 사료에도 타우린, 아라키돈산과 비타민 K, 비오틴을 함유하고 있다.)

육식동물이기 때문에 단백질의 함량이 높은 사료가 제공되어야 하며, 그중 아르기닌 결핍에 민감하다. 아르기닌은 아미노산의 대사산물인 질소화합물을 요소로 변환시키기 위한 오르니틴 회로를 작동하기 위해서 필요한 아미노산이다. 아르기닌 결핍 시에는 요소가 체내에 쌓여 독성을 나타내는 요독증이 나타날 수 있다. 메티오닌과 시스테인을 타우린으로 전환하는 효소의 활성이 낮아 식이를 통해 타우린이 반드시 제공되어야 한다. 타우린 결핍은 확장성심근병증을 야기하기 때문에 타우린의 제공은 매우 중요하다.

특징적으로 포도당 신재생 대사 시스템(당신생과정)을 가지고 있어 탄수화물이 제공되지 않더라도 단백질로부터 포도당을 만들어 사용할 수 있으며, 항상 일정한 수준의 당신생과정이 이루어지기 때문에 단백질이 일정하게 제공되어야 한다.

필수지방산 중 아라키돈산은 오메가 6 지방산의 일종으로 생식기관의 성장 및 작동에 영향을 주어 결핍 시 번식능력이 떨어진다.

비타민 K의 결핍은 혈액응고장애를 야기하며, 비오틴은 모질에 영향을 준다.

(2) 탄수화물 대사과정

고양이는 육식동물로 탄수화물을 소화하는 보조효소의 작용이 느리다. 따라서 포도당의 생산이 빠르게 작동되지 않으므로 당신생과정(탄수화물이 아닌 물질로 포도당을 만드는 대사과정)이 일정하게 일어난다. 개와 같은 잡식동물은 체내 탄수화물이 더 이상 없을 때 진행하지만, 육식동물은 항상 일정한 수준의 당신생과정을 진행한다. 따라서 고양이에게 무탄수화물 식이제공해도 정상 혈당량을 유지한다. 탄수화물을 많이 주면 포도당을 대사하여 일정 수준은 에너지로 사용하지만, 과도한 탄수화물은 중성지방으로 저장하여 비만을 야기하게 된다.

(3) 고양이 간

주요 당신생 효소를 만들어내며 일일 단백질 투여량에 관계없이 항상 높은 수준의 활성도 유지한다. 따라서 급여하는 단백질 투여량이 부족할 시에는 근육에 있는 단백질 소모한다. 또한 간 질환 시 단백질을 합성하지 못하므로 근육에 있는 단백질을 에너지로 사용하여 근육 손실이 일어난다.

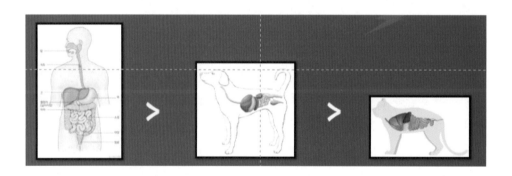

표 1 사람, 개, 고양이의 체중 대비 소화관의 차이

체중 대비	사람	개	고양이
소화관 무게 비율	10%	2.7 ~ 7%	2.8 ~ 3. 5%
대장길이	1.5m	0.3 ~ 1m	0.3 ~ 0.4m
장 내 세균총	10^9 bacterials/gr	10^6 bacterials/gr	10^6 bacterials/gr

출처: 로얄캐닌

SECTION 02

6대 영양소

Ⅰ. 단백질

1 기능

체구성 성분, 효소, 혈액 내 운반 단백질, 면역 조절 인자 및 근육 수축 단백질로 변환되어 각각의 기능을 수행한다. 간, 신장에서 포도당 신합성에 사용한다.

(1) 구조단백질

세포막, 세포질 및 세포 소기관 등 모든 세포의 구성성분이다. 체내에서 가장 풍부한 단백질인 콜라겐은 세포 구조를 유지시키고 뼈, 연골, 이빨, 힘줄, 인대, 반흔 조직 및 피부 등의 기본단위가 된다. 따라서 단백질 섭취요구량 부족 시 근육 위축, 피부탄력성 감소, 거친 털 및 탈모 현상이 유발되고 심하면 폐사한다.

(2) 효소의 구성성분

효소는 단백질 분자로서 에너지 대사, 탄수화물, 지방 및 단백질 등의 합성, 분해 등 거의 모든 대사의 촉진(촉매)작용을 한다. 반응과정에서 파괴 또는 직접 소모되지 않는 반응 특이성이 있다. 대사과정에 효소의 관여가 없으면 화학반응에 많은 에너지가 필요하고, 반응시간이 길어지며 온도나 pH 변화로 구조가 변할 경우 촉진 기능을 수행하지 못한다. 체내에서 합성되며 사료에 첨가된 효소는 본래 구조를 유지한 채 흡수되지 않는다. 따라서 최근 대체 원료의 소화율 개선을 위해 효소제 연구가 활발하다.

(3) 호르몬의 구성성분

화학적 신호의 전달자 역할을 하는 분자화합물이다. 특정 조직 및 장기에서 분비되며, 목표하는 조직, 장기에 특이성을 가지고 반응한다. 단백질로 구성된 단백질 호르몬 또는 펩타이드 호르몬이 있다.

(4) 수축성 단백질

운동에 필요한 단백 분자화합물로 근육단백질 액틴과 미오신은 근육의 수축과 이완을 반복할 수 있는 구조적 역할을 수행한다. 근육운동뿐 아니라 심근운동, 장벽운동, 혈관운동기능을 수행한다. 근육 수축 시 ATP를 에너지원으로 이용한다.

(5) 면역기능

단백질은 기본적으로 외상과 병원체로부터 동물 신체를 보호하는 역할을 한다. 피부는 감염과 부상으로부터 신체를 보호하는 첫 번째 외벽이다. 피부, 혈관 손상 시 혈액 응고 단백질에 의해 대량 출혈의 방지한다.

병원미생물의 유입 시 항체가 생겨 질병에 대한 저항력이 증대한다. 항체는 초유 또는 면역 혈청의 주입, 항원에 노출 시 항체를 형성한다. 따라서 단백질 부족 시 면역체계 세포가 부족해지거나 작용 기능이 떨어진다.

(6) 체내 항상성 유지

체액의 단백질은 동물체의 항상성 유지에 중요한 역할을 한다. 세포 내·외부 미립자간 농도 차에 대한 균형 유지를 위한 경로에 관여한다. 세포 내·외부로 미립자의 이동을 세포막 단백질 펌프가 도와준다. 혈액 내 거대 단백질 분자가 삼투성 적재를 증가시켜 체액 손실을 방지하는 역할을 한다. 따라서 단백질 결핍이 발생하게 될 경우 혈액 내 체액이 조직 내로 이동하여 부종이 발생하며, 복수, 흉수를 예로 들 수 있다.

혈액과 세포 내 단백질은 pH 변화를 예방하는 완충 역할을 한다. 수소이온과 결합 또는 분리하는 역할을 한다. 적혈구내 헤모글로빈 단백질의 경우 수소이온의 중화 기능을 한다.

(7) 운송단백질

체내에서 여러 물질을 운송하는 역할을 한다. 세포막에 있는 단백질은 포도당과 아미노산의 세포내 유입을 돕고, 소장점막세포 단백질은 체내로 아미노산을 흡수하기 위해 사용한다.

적혈구 헤모글로빈은 폐에서 유입된 산소를 다른 기관으로 운반하며, 당단백질은 장과 간에서 유입된 지방을 체세포로 운송하는 역할을 한다. 따라서 단백질 결핍 시 지용성비타민 A의 결핍증을 초래한다.

2 단백질의 소화

단백질은 펩타이드 결합으로 이루어져 있기에 소화효소의 작용과 가수분해로 펩타이드 결합을 끊어내게 된다.

(1) 입

단백질 분해가 좀 더 쉽게 이루어지도록 저작 등의 기계적 소화를 한다.

(2) 위

펩신이 단백질의 내부 결합을 분해하며 또한 콜라겐을 분해한다. 위에서의 단백질 소화는 소장에서의 소화를 용이하게 한다. 주로 페닐알라닌, 타이로신, 트립토판 등이 분해된다.

(3) 소장

소장으로 수용성 단백질, 펩타이드, 아미노산 등이 서로 섞여 이동한다. 섭취한 전체 단백질의 20% 정도가 위의 펩신에 의해 소화되고 나머지는 췌장, 소장에서 분비되는 단백질 소화효소에 의해 소화된다.

(4) 단백질 소화효소

1) 체내흡수

소화관에서 아미노산 또는 펩타이드로 분해되고 흡수된다. 단백질의 흡수는 dipeptide, tripeptide로 흡수되는 비율이 70~80%를 차지한다.

2) 흡수방법

N^+를 매개체로 한 흡수로는 중성이나 산성, 염기성 아미노산이 있다.

에너지가 소모되는 능동수송에 의한 흡수는 페닐알라닌, 타이로신, 트립토판 등이 있다.

H^+를 매개체로 하는 흡수는 디펩타이드, 트리펩타이드가 있다.

폴리펩타이드를 분해한 후 밀착연접이나 세포 내 섭취, 음세포 작용을 통해 흡수한다.

3) 초유의 면역물질 흡수

신생동물은 소장에서 생후 24시간 내 직접 초유의 면역글로불린을 흡수하며 수동 면역을 획득할 수 있다.

3. 단백질의 대사

(1) 분해산물

Dipeptide, Tripeptide, 아미노산으로 분해된 후 흡수되고 간에서 대사과정을 진행한다.

(2) 대사 장소

간은 아미노산의 이용과 대사과정 전반을 조절한다.

새로운 단백질의 합성 또는 오래된 단백질을 에너지원으로 활용하며, 포도당의 부족 시 아미노산이 포도당 신합성을 통해 에너지로 활용한다. 대부분의 아미노산은 혈액을 통해 이동하고 필요한 세포에 흡수되어 단백질 재생, 포도당 신합성, 에너지생산, 중성지방 형태로 저장한다.

4 단백질 재생

단백질은 지속적으로 합성되고 분해되며 새롭게 흡수된 아미노산은 아미노산 pool 인 혈액이나 세포 안에 저장되며 양은 제한되어 있다. 세포 속의 단백질이 분해되면 이곳에 저장되고 필요한 곳에 재분배한다. 이 아미노산 일부를 단백질 합성에 이용하는 것이다.

(1) 포도당 신합성

에너지원이 부족하면 간, 근육의 글리코겐을 우선적으로 소모하지만, 글리코겐조차 소모되면 특정 아미노산을 포도당 신합성에 이용한다. 이 아미노산을 당생성 아미노산이라고 하며 포도당 신합성을 통해 체내 혈당이 낮아지는 것을 예방한다.

(2) 에너지 생산

체내 흡수된 아미노산은 아미노기 전이 반응과 탈아미노 반응을 통해 에너지를 생산할 수 있다.

(3) 지방세포저장

에너지원 또는 단백질의 과도한 섭취 시 아미노산이 분해되어 지방산으로 전환되면 중성지방 형태로 지방조직에 저장한다.

5 아미노산으로부터 유래되는 물질

(1) 아미노산은 흡수 후 단백질과 질소함유 물질 합성에 이용된다.

- 혈장단백질: 알부민
- 펩타이드 호르몬: 타이로신, 인슐린, 글루카곤, 부갑상선호르몬, 칼시토닌
- 조직단백질: 액틴, 미오신, 콜라겐 등
- 질소함유 물질: 글루타치온, 카르니틴, 크레아틴, 콜린
- 효소: 화학반응을 조절하는 촉매 역할
- 면역단백질: 글로불린
- 신경전달물질의 전구물질: 트립토판, 타이로신, 글루탐

6 혈중요소질소(Blood Urea Nitrogen: BUN)

혈액 내 요소 함량을 측정한 것으로 동물영양학에서는 단백질 이용률 판단의 지표가 되기도 한다. 단백질의 체내 이용성이 낮으면 남은 아미노산이 혈류로 이동하다가 간에서 요소로 전환되어 배출된다.

혈중요소질소(BUN)가 상승되는 경우는 단백질의 품질이 나쁘거나 잉여 아미노산의 증가로 단백질 이용효율이 낮다는 것 의미하며 반려동물 병원에서는 질병 등 여러 요인으로 신장기능이 나빠졌을 때 상승되는 것으로 질병을 판단할 수 있다. 혈압이 떨어져 신장의 여과율이 감소되어도 높아진다.

7 개와 고양이의 단백질

표 2 사람, 개와 고양이의 필수아미노산

사람	개	고양이
발린(Valine)	발린	발린
루신(Leucine)	루신	루신
아이소루신(Isoleucine)	아이소루신	아이소루신
메티오닌(Methionine)	메티오닌	메티오닌
트레오닌(Threonine)	트레오닌	트레오닌
라이신(Lysine)	라이신	라이신
페닐알라닌(Phenylalanine)	페닐알라닌	페닐알라닌
트립토판(Trytophan)	트립토판	트립토판
히스티틴(Histidine)	히스티틴	히스티틴
	아르기닌(Arginine)	아르기닌
		타우린(Taurine)

(1) 기호성

동물성 단백질은 향미를 좌우한다. 따라서 동물성 단백질 함량이 높을수록 기호성

상승, 즉 음식에 대한 접근성이 상승한다.

(2) 소화율

좋은 품질의 단백질은 소화도 잘 된다. 좋은 품질의 단백질이라고 하면 쇠고기처럼 비싸고 신선한 육류를 생각하는 경우가 있다. 신선한 육류는 맞지만, 사람으로 생각하는 비싸고 맛있는 쇠고기보다는 일반적으로 달걀, 닭고기가 소화가 잘 된다. 좋은 품질의 단백질은 필수 아미노산의 함량이 높고 조성이 잘 되어 있다. 따라서 적은 함량이라도 소화 흡수율이 좋다. 단백질은 가열하게 되면 구조적 형태의 변형이 일어나므로 가열 시 주의해야 한다.

(3) 단백질 요구에 영향을 주는 요인

- 단백질의 질
- 아미노산의 구성
- 단백질 소화율
- 에너지 밀도

(4) 아르기닌

개와 고양이의 전 생애 기간 동안 필수 아미노산이며 고양이에서는 강아지의 2배 요구량을 필요로 한다.

(5) 라이신

흡수에 있어서 제일 중요한 아미노산이며, 제1제한아미노산으로 라이신의 농도가 낮으면 다른 아미노산의 흡수도 되지 않는다. 열에 특히 약해서 캔 제품은 멸균하기 때문에 부족한 경우가 많다. 근육량을 늘려주는 역할을 하며 고양이 허피스 바이러스 치료의 보충제로 사용되기도 한다.

(6) 메티오닌&시스테인

황을 함유하는 아미노산이며 타우린 합성에 황이 필요하다. 간에서 합성되며, 뇨로 배출되면 특이적 냄새를 내어 페로몬 또는 영역 표시 냄새에 주요한 역할을 한다. 두꺼운 털을 유지해준다. 또한, 포스포리피드 합성에 필요한데 포스포리피드는 지방의 흡수 이동에 필수적이다. 글리타치온의 전구체로써 항산화제로 작용한다.

(7) 타우린

황이 함유되어 있으며 심근과 망막에 높은 농도로 존재하며 생식 기능에도 관여한다. 고양이에게 필수적인 타우린은 망막기능과 심근기능에 영향을 준다. 부족할 시 실명을 야기할 수 있고, 심근증으로 인한 폐사를 야기할 수 있다.

물고기, 거위, 쥐, 녹조류에 다량 함유되어 있다.

8 임상적 문제

(1) 단백질 결핍

성장기 동물에서 성장지연, 체중 감소, 생식 기능이 손상되며 성숙 동물에서는 활동 수행능력이 감소한다. 면역능력의 저하, 소화능력의 저하되어 동물이 무기력해진다.

(2) 단백질 과다

에너지가 불균형하게 되며, 요소가 과다 생산되어 요로 배출이 증가한다.

9 단백질원료

(1) 생육

날고기를 급여해도 되는가? 날고기는 소화율은 더 좋을 수 있지만, 살모넬라 ,리스테리아, 클로스트리움, 톡소플라스마 등 공중 보건의 문제를 야기할 수 있으며, 육포 간식 또는 생육을 지속적으로 급여할 경우 인의 함량이 높아 칼슘과 인의 비율이 맞지 않게 된다.

(2) 동물성 원료

계육분, 육분이 가장 많이 사용되며, 닭고기, 소고기, 오리고기, 양고기, 칠면조, 연어, 참치도 사료성분으로 사용된다. 단백질 원료를 작게 분해한 형태인 가수분해 계육분, 가수분해육분도 이용되며, 건조 달걀제품, 건조 이스트도 있다.

(3) 식물성 원료

가장 많이 사용되는 원료로는 대두박, 대두분, 대두단백이 있다. 완두콩, 땅콩, 가수분해 대두단백, 밀글루텐, 옥수수글루텐, 감자 단백질, 땅콩 단백질도 사용된다.

(4) 글루텐

밀과 옥수수에서 유래하는 단백질이며, 완두콩, 렌팅콩의 콩류, 감자에도 들어있다. 글루텐은 식이 민감성의 원인으로 생각하며 사람에서는 과민성 장 질환을 유발한다. 동물에서는 확장성 심근병증과 연관되어 있다는 논문이 있어 그레인 프리(비곡물) 사료를 지양하는 때가 있었지만, 글루텐프리 사료와 관련없다는 논문도 나오고 있어 반려동물에서의 영양학적 이론은 영원하지 않다.

(5) 채식

비건사료는 동물성 단백질 없이 식물성 단백질을 넣는 사료이다. 대두, 옥수수가 주로 사용된다. 함량에 비해 단백질의 비율이 낮다. 동물성 단백질에 비해 소화율이 낮고, 메티오닌(시스틴), 라이신, 아르기닌, 트립토판과 같은 필수아미노산이 부족하다. 추가 영양소를 급여하여 필수 영양소의 균형을 맞춰줘야 한다.

Ⅱ. 지질

그림 2 오메가 3 음식

1 정의

C, H, O로 이루어진 생물 체내 중요한 유기분자이며, 유기용매 (에테르, 벤젠)에 녹는 유기화합물이다. 전체 지질이 차지하는 비중은 매우 적지만, 세포막의 구성 성분으로 인지질, 콜레스테롤 형태를 가지고 있다. 체내 고에너지 저장물로서 지방 1g은 9kcal 열량을 생산한다.

영양학에서 지질은 중성지방을 의미하고, 지방을 가수분해하면 3개의 지방산과 글리세롤로 분해된다.

2 지질의 분류

(1) 성질에 따라 분류

① 비누화성 지질: 지질 내 지방산과 알칼리화합물이 반응하여 지방산염과 알코올을 형성하는 과정이다. 지방산을 포함한 중성지질, 인지질 등이 있다.
② 불비누화성 지질: 알칼리 화합물과 반응하여 비누를 만들 수 없는 지방이다. 스텔롤류, 일부 탄화수소류, 지용성 색소, 비타민류, 카로틴이 있다. 화학구조와 성분에 따라 분류한다.

③ 단순지질: 지방산과 알코올의 에스터화합물으로 중성지방과 왁스가 해당된다.

④ 복합지질: 지방산과 알코올 외 질소, 인, 당, 황을 함유한 지질이다.

⑤ 인지질: 지방산과 글리세롤 화합물에 인산과 질소화합물이 결합된 지질이며, 친수성과 소수성을 같이 가지고 있어 생물체 내 세포막 구성성분이다. 혈액 중 지질의 운송 및 세포막을 통한 물질교환에 중요한 역할을 하며, 레시틴, 세팔린, 스핑고마이엘린은 중요한 인지질이다.

⑥ 당지질: 1분자의 지방산에 스핑고신, 탄수화물, 질소를 함유하는 지질이다. 뇌와 신경조직에 존재하며 세로브로사이드, 강글리오사이드가 있다.

⑦ 지단백질: 지방과 단백질의 복합체로서 혈액 내 불수용성인 지방의 체내 운송에 매우 중요한 역할이다. 유미입자, 초저밀도, 저밀도, 고밀도 지단백 등이 있다.

⑧ 황지질: 황을 포함하는 지질이다. 동물의 간과 뇌에 많이 존재한다.

⑨ 유도지질: 단순지질과 복합지질의 가수분해로 생성된 물질이다. 지방산, 콜레스테롤, 탄화수소, 지용성비타민, 케톤체 등이 있으며, 스테롤, 담즙산, 부신호르몬, 성호르몬 등의 주요 전구물질이다.

🦴 3 지방산

(1) 지방산의 특징

지질에 있어서 영양적으로 가장 중요한 것이 지방산이다. 지방을 가수분해하면 글리세린과 지방산으로 분해, 생성한다. 비장족 화합물로 양쪽 끝에 소수성인 메틸기, 친수성인 카복실기를 가진 긴 탄화수소 사슬 모양이다. 자연계에 존재하는 지방산은 대부분 짝수 탄소를 가지나 반추동물의 미생물발효에 의해 생성된 지방산으로 합성한 체지방은 홀수의 탄소를 가진 측쇄지방산이 존재한다. 지방산은 이중결합의 유무에 따라 화학구조 내 탄소수로 분류한다.

(2) 포화지방산

분자 구조 내 이중결합이 없는 포화된 알킬 지방산이다. 탄소수가 증가하면 물에 녹기 어렵고 융점이 높아진다. 실온에서 액체상태의 지방산은 탄소수가 10 이하이다. 고체 상태로 존재하는 지방산은 탄소수가 10 이상이다. 동물성지방에서 팔미틱산

(palmitic acid)과 스테아릭산(stearic acid)의 함량이 높은 이유는 체내 지방산 신합성의 주요 최종산물이기 때문이다.

(3) 불포화지방산

분자 구조 내 이중결합이 한 개 이상인 지방산이다. 실온에서 액체 상태로 존재한다. 같은 탄소수를 가질 경우 이중결합의 수가 증가할수록 융점은 더 낮아진다. 이중결합은 탄화수소 간 결합력을 약화시켜 세포막 유동성을 유지한다.

(4) 필수지방산

1) 필수지방산의 정의

불포화지방산 중 체세포에서 합성되지 않거나 합성량이 매우 작아 외부에서 섭취 또는 보충해야 하는 지방산으로 리놀레익산, 리놀레닉산, 아라키돈산이 있다. 아라키돈산과 Eicosanoids는 프로스타글라딘과 프로스타사이클린, 트롬복산, 류코트리엔 등의 전구물질이며, 염증에 관련이 있다.

필수지방산은 옥수수, 대두박 등 식물성유지에 많이 함유되어 있다.

2) 결핍 시 증상

성장 저하, 음수량 증가 및 부종 발생, 미생물 감염 증가, 성 성숙 지연 및 번식 장애가 발생하며 피모 불량 및 피부병이 유발된다. 또한 세포막이 손상된다.

(5) 탄소수에 의한 분류

탄소수에 따라 지방산의 소화 흡수, 대사에 영향이 있다. 단쇄, 중쇄 지방산이 장쇄 지방산보다 소화, 흡수가 빠르고 체내 축적보다 에너지원으로 많이 이용된다.

지방산 내 탄소수에 따라 분류
- 단쇄 지방산: 탄소수 6개 이하
- 중쇄 지방산: 탄소수 6~12개
- 장쇄 지방산: 탄소수 13개 이상

4 지질의 기능

(1) 에너지 공급 및 저장

체내 잉여 에너지는 글리코겐이나 단백질, 체지방 등으로 저장되며, 주로 중성지방으로 피하나 복강 등에 축적한다. 탄수화물, 단백질보다 더 환원되어 있고 지방세포는 소수성으로 수분을 적게 함유하고 있어 에너지 발생 효율이 2배 이상 높다.

(2) 세포막의 구성성분

인지질, 당지질 등의 물질이 세포막 구성성분의 기초물질이다. 콜레스테롤도 세포막을 구성한다. 세포막 구성 물질은 친수성과 소수성을 함께 띠는 양극성 성질을 가지고 있으며 친수성 부분(인)은 외부로 노출되고 소수성 부분(지질)은 세포막 내부를 형성하는 이중막을 구성한다.

(3) 필수지방산 및 지용성비타민 공급

섭취한 지질은 동물체 유지, 성장, 활동에 필요한 리놀레익산, 리놀레닉산, 아라키돈산 등 필수지방산을 공급한다. 필수지방산의 생리학적 기능은 세포막의 구조적 안정성을 제공하며, 혈중 콜레스테롤의 수치를 감소시킨다. EPA, DHA의 공급으로 두뇌의 발달과 시각기능의 유지해주고, 생리조절물질 eicosanoid을 합성하며, 지용성 비타민의 흡수 촉진시킨다. 결핍 시에는 성장 저해, 부종, 성 성숙 지연, 피모불량이 발생한다.

(4) 체온유지, 생체기관 보호

피하와 복부와 중성지방의 형태로 저장하여 추울 때는 체온을 유지한다. 겨울철 사료량을 늘려야 하는 이유이다. 또한 내장기관을 둘러싼 복부지방은 보호의 역할을 한다.

5 지질의 소화와 체내 운송

(1) 지질의 소화

지질은 장관 내에서 담즙에 의해 중성지방, 콜레스테롤에스터, 인지질이 섞인 작은 유미입자로 만들어지고 지방소화효소에 의해 지방산과 글리세롤로 분해되어 소화된다. 탄소수가 작은 단쇄, 중쇄 지방산은 미쉘을 형성하지 않고 직접 장세포로 흡수되어 간 문맥을 통해 간으로 이동한다.

(2) 지단백질

지질과 아포지단백질 분자복합체이며, 혈액 내 지방의 주요 운송수단이다. 혈액 내에서 구조적으로 안정적인 형태를 유지하며, 중심에는 소수성인 중성지방과 콜레스테롤 에스터가 있고, 표면에는 친수성인 인지질, 유리콜레스테롤, 아포지단백질이 있다.

(3) 지질의 밀도에 따른 구분

밀도가 낮을수록 입자의 크기가 크고, 밀도가 높을수록 입자의 크기가 작아진다. 입자가 작은 지질이 혈관에 축적되면 막히는 폐색이 일어날 수 있다. 장에서 소화흡수되는 유미입자가 밀도가 가장 낮고 크기가 큰 형태이며, 초저밀도 지단백질, 저밀도 지단백질, 고밀도 지단백질 순으로 밀도가 높아지고 크기가 작아진다.

(4) 지질의 운송

유미입자는 소화된 지방을 1차적으로 장관 내에서 체근육, 지방조직으로 운반하는 역할을 한다. 초저밀도 지단백질의 지방은 혈액 내에 순환하고, 근육, 지방조직의 지단백질은 Lipase에 재분해되어 축적된다. 이 과정에서 지단백질의 지방의 함량은 계속 줄어 저밀도 → 고밀도 지단백질을 생성하고 최종적으로 간에 재흡수된다.

6 지질의 체내대사

근육, 지방조직에 축적된 지방은 에너지 요구가 증가하면 다시 조직으로부터 유리되어 필요한 조직에 운반되고 분해되어 에너지 생산에 이용된다.

간, 유선, 지방조직은 지방의 신합성과 대사의 중추기관으로 탄수화물과 지방을 합성하며 아미노산으로부터 지방산을 합성한다. 콜레스테롤, 지방단백, 케톤체를 합성한다. 혈액으로부터 인지질, 콜레스테롤을 제거하여 축적지방을 만들어 간에 지방의 형태로 저장한다.

7. 지방산의 신합성

탄수화물, 단백질로부터 지방산을 생성하는 것이다. 일반적으로 흡수된 영양소가 체내에서 필요한 양을 초과한 때 여분의 영양소는 체내 지방조직의 형태로 저장한다. 지방산의 신합성은 세포질에서 주로 일어난다. 대다수 단위동물에서는 포도당이 지방산 신합성의 주요 전구물질이다.

8. 지방의 산화

지방산이 산화되어 에너지를 얻기 위해서는 지방산이 ATP 2개를 소모하여 Fatty acyl-CoA형태로 활성화되어야 한다. Fatty acyl-CoA는 세포내 미토콘드리아 안의 기질에서 산화된다. acetyl-CoA를 이용하여 간세포의 미토콘드리아에서 케톤체를 합성한다.

9. 개와 고양이의 필수 지방산

표 3   필수지방산의 종류

필수지방산
리놀레익산 Linoleic acid
알파 리놀레닉산 α-Linolenic acid
아라키도닉산 Arachidonic acid
EPA Eicosanoid pentaenoic acid
DHA Docosa hexanoid acid

(1) 오메가 6

C6 위치에서 이중결합이 있으며, 2개의 이중결합이 있다. 예로는 리놀레익산이다.

(2) 오메가 3

C3 위치에서 이중결합이 있으며, 3개의 이중결합이 있다. 예로는 α-리놀레닉산이 있다.

(3) 체내에서의 대사

리놀레익산은 아라키도닉산으로 변환되며, α-리놀레닉산은 EPA/DHA를 생성한다.

(4) 원료와 필수지방산 함유

리놀레익산은 콩기름, 채유, 씨앗 유래기름에 풍부하며, 아라키도닉산은 동물성 기름에 풍부하다. α-리놀레닉산과 EPA, DHA는 참치, 연어와 같은 어류의 기름에 많이 들어있다.

(5) 개와 고양이의 특이성

개에서는 α-리놀레닉산에서 EPA/DHA 합성이 잘 안 된다. 건강한 개체는 필요한 정도를 합성하기는 하나 질병 있는 개체는 합성을 못 한다.

고양이에서 α-리놀레닉산에서 EPA/DHA 합성이 아예 안 된다. 따라서 반드시 외부에서 음식으로 섭취해야 한다.

특히 아라키도닉산은 리놀레익산으로부터 유래된 장쇄필수지방산이다. 주요한 세포막의 구성성분이며 염증에 관련된 역할을 하는 에어코사노이드의 전구체이다. 프로스타글라딘, 프로스타사이클린, 트롬복산, 류코트리엔을 만들어 낸다. 고양이에서 아라키도닉 산은 필수지방산으로 결핍 시 외부 병원체가 침입하여도 염증반응이 일어나지 않아 병원체를 처리하지 못할 수 있다.

α-리놀레닉산은 그 자체로 큰 역할은 없지만, EPA/DHA 모체로서의 역할을 한다. EPA는 에이코사노이드의 전구체로서 염증성 알러지성 반응을 감소시킬 수 있다. DHA는 망막에 풍부하여 신경학적 시각적 발달에 필요하다. EPA/DHA 비는 1:1

~1.5:1로 공급한다.

10 항산화제

(1) Vitamin E = 토코페롤

지방산보다 더 빨리 산화하여 지방의 산패를 막기 위해 사용한다.

11 지질대사장애 원인

동물의 유전적 차이 , 환경변화, 섭취한 사료량과 성분의 차이가 주요 원인이다.

(1) 지방간

간에서 지방은 간 무게의 5%를 차자한다. 지방간은 30% 이상의 지방 축적이 있다. 지방간을 유발하는 요인으로는 고지방, 고콜레스테롤 사료의 지속적인 섭취로 간에서 지단백 합성 저하되어 지방이 축적된다. 필수아미노산, 콜린이 결핍된 경우 인지질, 지단백 형성이 저하하여 축적될 수 있으며, 과도한 탄수화물 및 비타민 B군 섭취로도 간의 지방산 합성이 증가한다. 당뇨 혹은 저혈당으로 간에 지방산이 유입하여 지방 축적한다. 납, 비소, 사염화탄소 등 여러 독성물질들이 지단백질 합성을 저해한다.

(2) 케톤증

간에서 케톤체의 생성속도가 말초조직에서 케톤체의 이용 속도보다 빠를 때 혈액과 뇨중에 케톤체의 농도가 상승하게 된다. 원인은 절식, 당뇨, 췌장의 질병에 기인한 탄수화물 대사 장애이다. 또는 분만 직후 어미동물의 식욕감퇴로 체내에서 탄수화물 대신 체지방 이용 시 과도한 아세틸 CoA생성으로 케톤체가 축적된다. 케톤증 치료방법은 탄수화물을 신속히 공급해 주는 것이다.

(3) 비만

최근 미국에서는 개, 고양이의 35%가 과체중, 비만으로 알려진 것처럼 반려동물의 비만 문제가 심각하다. 비만은 암, 고지혈증, 고혈압, 당뇨병, 지방간 등 질병 발생 빈도를 현저하게 증가시킨다고 알려져 있다. 비만에 따른 과도한 지방축적은 지방세포의 호르몬 분비 이상을 유발하게 되는데 체내 염증반응, 인슐린 저항성을 증가시킨다. 비만은 대표적인 지방호르몬 "렙틴"의 감수성을 저하시켜 사료 섭취 조절능력을 감소시켜 체내 지방 축적 증가로 비만 상태를 악화시킨다.

Ⅲ. 탄수화물의 정의

그림 3 탄수화물의 종류, 전분과 식이섬유

C, H, O로 이루어진 지구상에서 가장 많이 존재하는 에너지 공급원이다. 식물이 광합성작용을 거쳐 열매, 잎, 줄기, 뿌리 등에 전분이나 섬유소 형태로 저장한다.

1 탄수화물의 기능

동물에게 에너지를 공급하는 주 영양소이며, 혈당의 유지를 돕는다. 지방 및 아미노산 합성의 원료물질로 사용되며 지방과 단백질의 체내 축적을 돕는다. 식이섬유가 함유되어 어린 동물의 설사를 예방하고 임신동물의 변비를 예방한다.

2 탄수화물의 분류

(1) 단당류

① 삼탄당: 글리세르알데하이드, 디하이드록시아세톤

② 사탄당: 에리트로오스

③ 오탄당: 다당류와 화합물을 이루는 형태로 존재, 핵산, 조효소 및 비타민 B2 구
  성성분

④ 육탄당: 포도당, 과당, 갈락토오스, 만노오스 등이 포함

(2) 이당류

① 자당(설탕 또는 서당): 포도당 + 과당

② 엿당(맥아당): 포도당 + 포도당

③ 유당(젖당): 포도당 + 갈락토오스

(3) 삼당류

단당류가 3분자가 축합되어 있는 형태로 당밀에 있는 라피노오스가 대표적이다. 라
피노오스가 분해되면 포도당, 과당, 갈락토오스가 생성된다.

(4) 사당류

단당류가 4분자가 축합되어 있는 형태이며, 콩의 스타키오스, 마늘의 스코로도오스
등이 해당된다.

(5) 다당류

자연계에 널리 분포하는 탄수화물의 에너지 저장형태이다. 가수분해하면 다수의 단
당류를 생성하는 당류를 말하며, 물에 잘 녹지 않고, 전분, 글리코겐, 섬유소 등이 있다.

(6) 전분

식물체의 여러 부분에 분포하는 저장 탄수화물로 곡류, 뿌리, 열매, 씨앗 등 사료의 가장 중요한 에너지 공급원이다. 포도당 등 단당류들의 축합체로 소화효소에 잘 분해되도록 아밀로오스와 아밀로펙틴으로 구성되어 있다.

(7) 글리코겐

동물 체내에 저장될 수 있는 동물성 탄수화물이며, 분자량이 커서 체내에서 생성, 분해되는 데 유리하다.

(8) 섬유소

식물체의 세포벽을 구성하며 초식동물 이외에는 이용하지 못하는 고분자 화합물이다.

(9) 인공감미료

단맛은 있으나 에너지함량이 낮고 천연성분에서 합성한 감미료이다. 사카린, 아스파탐, 스테비요시드, 기타 자이리톨, 만니톨, 소르비톨 등이 있다.

3 탄수화물의 소화

(1) 입

침샘에서 나오는 아밀라아제가 작용한다. 반려동물에서는 아밀라제 분비가 거의 없으며 저작시간이 짧아 단당류로 분해되기 전 이동한다.

(2) 췌장

십이지장으로 분비되는 아밀라아제에 의해 전분이 이당류로 분해한다.

4 탄수화물의 흡수

(1) 동물 체내 흡수

소장의 미세융모를 통해 흡수된다.

(2) 단순 확산

농도가 높은 곳에서 낮은 곳으로 농도 차에 의해 이동하며 동물 체내에서 흡수가 처음 시작할 때 활발히 일어난다. 리보스 또는 알코올과 같은 화합물들이 이 방식으로 흡수된다.

(3) 촉진확산

농도가 높을수록 흡수가 빨라지는 확산방식에 영양소를 운반하는 운반체가 있어 더 빠른 속도로 흡수되는 것이다. 과당은 촉진확산을 통해 흡수된다.

(4) 능동수송

에너지를 사용하여 단순 확산이 일어난 후 농도 차이가 없거나 오히려 농도가 낮은 곳에서 높은 곳으로 이동한다. 포도당과 갈락토오스 등이 능동 수송을 통해 흡수된다.

5 탄수화물의 대사

(1) 흡수된 단당류

소장에서 간으로 이동하여 대사 작용이 일어난다.

(2) 해당과정

포도당이 피루브산으로 전변되는 과정이다. 세포의 세포질에서 진행되며, 포도당을 분해하는 10가지 화학적 연쇄작용이 일어난다. 생명체가 기본적으로 사용하는 에너지원은 ATP이며 일반적으로 포도당을 분해하는 과정에서 나오는 에너지를 이용하여 합성하고 있다.

(3) TCA회로

해당과정으로 포도당이 가진 에너지 일부만 사용할 수 있는 형태로 전환하고 피루브산에 남아있는 에너지를 사용하기 위해서는 TCA회로를 거치게 된다. 포도당은 해당과정을 거치면서 두 분자의 피루브산을 합성하는데 한 분자의 피루브산이 미토콘드리아로 들어가 해당과정보다 효율적으로 ATP가 생산되는 과정을 말한다. 포도당 1

분자가 해당과정 TCA회로, 산화적인 산화과정을 거친다. 총 38개 ATP를 생산하면서 다양한 대사산물을 생성한다.

(4) 글리코겐의 합성과 분해

인슐린, 글루카곤, 에피네프린에 의해 조절된다.

1) 글리코겐의 합성

흡수된 다량의 포도당이 글리코겐으로 합성되어 간·근육에 저장된다. 사료 섭취 직후 혈당농도가 높아지고, 인슐린 분비가 왕성해지면서 glycogen synthase 활성은 증가하고, 혈중 포도당으로부터 글리코겐 합성이 증가한다.

2) 글리코겐의 분해

탄수화물의 섭취 부족, 결핍 시 혈당 유지를 위해 체내 축적된 glycogen의 분해가 일어난다.

(5) 포도당 신합성

혈당은 뇌와 체내 여러 기관에 에너지를 공급하는 중요한 기능 때문에 혈액 속에 일정 농도가 유지되어야 한다. 탄수화물의 공급을 중단하거나 부족할 때 간과 신장의 amino acid, glycerol, pyruvate, lactic acid, propionic acid 등에서 포도당이 합성된다.

(6) 오탄당 인산회로

해당 과정을 대신하는 포도당의 대사경로로 핵산의 생합성을 위해 리보오스를 합성한다.

(7) 코리회로

격렬한 운동, 짧은 시간에 갑자기 많은 에너지가 필요할 때 혐기적 상태에서 과량의 젖산이 근육에 축적되면 근육피로와 경련이 유발한다. 이 경우 축적된 젖산이 혈액을 통하여 간으로 이동하면서 $NADH_2$를 생산하면서 포도당을 합성한다. 신합성된 포도당은 혈액을 통해 근육조직으로 보내져 정상적인 대사과정이 일어난다.

6 탄수화물의 대사조절

(1) 탄수화물 대사 조절 호르몬

① 인슐린: 혈액 내 포도당 증가 시 혈당량을 일정하게 유지하며, 세포 내로 포도당의 유입을 증가시키고 간에서 글리코겐으로 합성하여 저장한다.
② 글루카곤: 혈액 내 포도당이 감소할 때 혈당량을 일정하게 유지하는 역할을 한다. 간세포에 있는 글루카곤 수용체와 결합하여 글리코겐 분해와 지방분해를 통해 저혈당을 막는다.

(2) 글리세믹 지수

순수한 포도당 50g을 섭취 시 상승한 혈당치를 100으로 하여 다른 식품 섭취 시 혈당치 상승률을 지수로 표시한다. GI 60이상 식품은 혈당의 급속한 상승, 인슐린 분비유발로 비만, 당뇨병 유발가능 식품으로 분류한다. GI가 낮으면 혈당상승이 느리고 인슐린 분비가 억제된다. 섭취한 탄수화물의 종류, 양에 따라 체내 흡수속도가 다르며, 흡수가 잘 되는 탄수화물은 급속하게 혈당치를 상승시킨다.

(3) 저항전분

체내에서 소화되지 않고 체외로 배설되는 전분이다. 설익은 바나나가 숙성되면서 자가 소화가 일어나면 95%의 전분이 체내에서 소화 흡수되고, 5%는 저항전분으로 남아 배출된다.

(4) 가열, 압출, 펠렛화

탄수화물 이용성 증진을 위해 가공처리 시 전분의 견고한 분자가 파괴되면서 동물 체내의 소화율이 높아진다.

7 식이섬유

(1) 불용성 섬유소

사료 성분 중 셀룰로오스, 헤미셀룰로오스, 리그닌 등을 포함한다.

(2) 수용성 섬유소

펙틴, 검, 베타-글루칸 등이 해당된다.

(3) 기능

최근 단위동물 소화관내에서 식이 섬유에 대한 유익한 기능의 연구가 진행되고 있다. 장내 수분의 보유능력을 향상시키고, 혈액 내 콜레스테롤의 조절 및 혈당 조절에 도움을 주며, 체중 조절 및 비만 예방에 효과적이다.

8 탄수화물의 중요성

(1) 영양공급원

세포내에서 쉽게 사용할 수 있는 영양공급원이며, 특히 뇌에서는 포도당의 사용이 필수적이다. 탄수화물 소화효소의 작용이 활발하지 않은 고양이도 성장기, 임신, 수유기에는 더 많은 양의 포도당이 필요하다.

(2) 사료제작의 필수 요소

사료의 형태 중 키블로 제작되는 사료는 익스트루젼 공법으로 사료를 제작하고 있다. 탄수화물은 뻥튀기와 같은 팽화시키는 역할을 하므로 사료제작 시 반드시 필요한 영양소이다.

Ⅳ. 비타민

그림 4 비타민

1 정의

미량의 유기화합물이지만, 동물의 성장, 건강, 번식과 정상적인 대사에 필수 물질이며 사료 내 한 종류만 부족해도 결핍증과 질병이 일어날 수 있다. 복잡한 화학적 결합물의 구조를 가지고 있고 체내에서 조효소의 기능을 한다. 일부 비타민은 특정 동물 체내에서 합성이 가능하고 동물이 필요로 하는 요구량 이상 충족시킬 수 있는 경우도 있다.

2 비타민의 기능 및 특징

탈수소 효소, 조효소, 환원제 등의 기능을 하며, 다양한 생리현상을 조절하는 데 기여한다. 동물의 면역력을 증가시키고, 정상적인 성장에 도움을 준다. 신경계나 순환기계의 정상적인 기능에 관여한다. DNA 합성과정에 관여하며 구성성분으로 이용된다. 다른 영양소의 수송 및 생물학적 이용가능성 증진에 기여한다.

3 지용성비타민

(1) 비타민A

자연계에서 비타민A 또는 카로티노이드로 존재한다. 생선의 간유, 유지, 버터, 치즈, 난황, 녹색식물에 풍부하게 함유되어 있다.

1) 생리기능

시각기능을 유지, 상피조직 유지와 점액의 분비에 관여한다. 호르몬과 효소의 정상적인 작용에 필요하다.

2) 흡수 및 저장

섭취사료 내 비타민 A는 위, 췌장의 단백분해효소에 의해 방출된다. 췌장, 소장의 분비효소에 가수분해되어 레티놀로 전변한다. 체내에서는 지방질과 미셀 형태로 장점막의 융모를 통해 흡수되며, 림프 및 혈류를 통해 간에 운반된다.

3) 결핍증

성장정체, 폐사, 심한 설사, 식욕감퇴, 야맹증 및 시각장애, 번식력저하, 기생충감염에 대한 저항력감소, 피모불량 및 안구건조증을 유발한다.

4) 과잉증

단위동물에서 4~10배 이상 비타민 A 섭취 시 발생한다. 골격기형, 자연골절, 내출혈, 성장률 및 체중감소, 각질화 등이 나타난다.

(2) 비타민 D

비타민 D2, D3가 대표적이며 스테로이드 호르몬과 유사한 작용으로 중요성이 부각된다. 동물성 사료로는 난황, 우유, 어간유가 사용되며, 식물성에는 건조 조사료, 콩과작물 내 에르고스테롤에 많이 들어있다.

1) 생리 기능

체내 칼슘 농도의 항상성과 뼈의 건강을 유지한다. 세포의 증식 및 분화의 조절, 면역기능 등에 관여한다.

2) 흡수 및 대사경로

사료를 통해 섭취된 비타민 D는 비타민 A와 같은 경로로 흡수한다. 간으로 운반된 비타민 D2, 비타민 D3는 비타민 D의 기능을 수행한다. 반려동물에서는 피부에서의 합성이 원활하지 않아 사료로도 제공해야 한다.

3) 결핍증

결핍 시에는 칼슘과 인의 흡수 저장 장애가 일어나 구루병과 골연증, 강직증 등의 문제가 발생한다.

4) 과잉증

비타민 A에 비해 체내 축적정도가 낮으며 혈중 칼슘농도가 증가하며, 관절, 신장, 심근, 폐포, 부갑상샘, 췌장, 림프샘 등에 석회화가 발생할 수 있다.

(3) 비타민 E

토코페롤 α, β, γ, δ, 토코트리에놀 α, β, γ, δ로 각각 4종 등 8종의 이성질체로 구성된다. α-토코페롤이 체내에서 가장 높은 활성과 혈액, 조직 내 비타민 E의 대부분을 차지한다. 밀배아유, 식물의 배아, 콩과목초에 α-토코페롤이 다량 함유되어 있다.

1) 생리기능

세포막 구조의 붕괴를 막아주는 항산화 역할을 하며, 외부병원체에 대한 세포성 면역과 체액성 면역반응의 시너지 효과로 면역력을 증가시킨다. 리놀레익산을 아라키도닉산으로 전변과정을 촉진하며, 프로스타글란딘 합성에 관여한다. 적혈구를 보호하면, 헴 합성 및 혈소판 응집에도 관여한다.

2) 흡수

지용성 비타민 A와 흡수과정이 동일하다. 사료 내 비타민 E 함량이 높으면 체내 흡수량도 높으며 토코페롤 흡수율은 α토코페롤 32%, β 18%, γ 30%, 그리고 δ 2% 를 차지한다.

3) 결핍증

결핍 여부는 셀레늄 섭취량의 적절성과 체내 산화조건에 좌우된다. 결핍은 동물종별로 다르게 나타난다. 근퇴행위축, 태아사산, 뇌연화증 등이 발생할 수 있다.

4) 과잉증 및 공급원

과잉 시 혈액응고 지연 특히 조류의 성장 정체 및 적혈구가 감소한다.

(4) 비타민K

1) 혈액 응고와 관련되며 3개의 유사체가 존재

- 비타민K_1: 자연계식물과 algae에 함유
- 비타민K_2: 장내세균 합성, 생선기름과 동물성원료에 포함
- 비타민K_3: 유기적으로 합성, 체내 이용성이 가장 높음

2) 생리기능

혈장 내에서 4종의 혈액 응고 단백질(prothrombin, proconvertin, thromboplastin, stuart plastin)이 합성될 때 필요하다. 간에서 불활성 전구체로부터 활성 혈액응고인자로 전환된다. 4종의 단백질 합성이 계속 이루어져 혈장의 농도가 유지되려면 비타민 K의 공급이 적절해야 한다. 그리고 뼈의 기질부에 존재하는 단백질 대사에 관여한다.

3) 흡수 및 저장

비타민 K 유도체는 지용성 비타민 흡수과정과 유사하며, 간으로 이송된다. 간에서 활성형 비타민 K로 전변되며 K_2는 결장에서 제한적으로 흡수된다. 비타민 K의 대사산물은 담즙과 소변을 통해 배설한다.

4) 결핍증

설파제의 항비타민 K 작용 이외 대부분 동물에서 결핍증은 없다. 고양이에서는 미량이지만 사료로 제공이 반드시 필요하다. 결핍이 되면 혈액응고시간 지연, 프로트롬빈 함량감소되어 출혈이 일어난다.

5) 과잉증

과잉공급에 따른 중독증은 거의 없다. 비타민 K_1은 시금치 알팔파에 많이 함유되어 있다.

4 수용성비타민

(1) 특징

비타민 B군과 C이며 에너지대사 과정의 중요한 조효소로 작용하여 성장, 번식, 골격형성, 다양한 생리현상의 조절 물질이다. 체외로 쉽게 배출되어 비정상적 공급 부족

시 결핍증을 유발한다. 빛, 산소, 열, 알칼리에 쉽게 파괴되고 사료가공 및 보관 상태에 따른 손실과 체내 이용이 달라 사료 배합 시 주의해야 한다.

(2) 비타민 B1

1) 특징

일본에서 각기병 발병 이후에 발견되었다. 탄소를 중심으로 황과 질소를 함유한 고리가 연결된 구조이다. 인산기 2개가 추가된 티아민피로인산 TPP는 탈탄산 효소 decarboxylase를 활성화시키는 조효소로 작용한다.

2) 생리기능

탄수화물 대사 중 기질로부터 카르복실기를 제거하는 조효소로 작용하며 피루브산에서 acetyl-CoA로 연결되는 반응에 관여한다. 부족, 결핍 시 피루브산, 젖산 등이 신경, 순환기계의 기능 장애를 유발하고 혈액을 산성화시킨다.

3) 소화 및 흡수

가수분해 후 공장에서 흡수한다. 낮은 농도에서는 능동수송하고 높은 농도에서는 수동확산에 의해 흡수된다.

4) 결핍증

사료에서 섭취 부족, 흡수 불량에 기인한다. 각기병, 다발성 신경염이 발생한다. 사료의 펠렛팅, 압출 가공으로 파괴되므로 사료 제작 시 충분한 양을 넣어야 한다.

5) 과잉증 및 공급원

많은 양의 주사 시 경련, 마비, 중추성 부정맥, 알레르기반응을 유발한다. 가장 좋은 공급원은 맥주 효모, 곡류 배아, 껍질이다.

(3) 비타민 B2

1) 특징

대부분의 리보플라빈은 인산과 결합하여 FMN, FAD형태로 단백질과 결합되어 있다. 사료 속에서 다른 비타민 B군과 복합체를 형성하므로 결핍 등 이상은 없다.

2) 생리기능

체내에서 에너지 대사와 관련한 여러 가지 탈수소효소의 보결 분자단으로 수소운반체로서 기능을 한다.

3) 흡수

능동수송으로 흡수되며 가수분해 되면서 위 내 머무르는 시간이 길어지면 흡수율이 높다. 주로 회장에서 흡수되고 대부분 요를 통해 체외로 배출한다.

4) 결핍과 과잉, 공급원

대표적입 결핍 증상은 혀 염증, 입술 염증 그리고 빛 과민증을 유발한다. 과잉 섭취 시 상대적으로 배출이 늘어나 이상 증상은 없다.

효모, 유지, 탈지분유에 풍부하며 달걀, 간, 심장, 신장에 다량 함유되어 있다.

(4) 비타민 B6

1) 특징

자연계에 피린독, 피리독살, 피리독사민 등 3종류가 있으며 체내에서 서로 전환되고 동일한 생리활성을 나타낸다. 피리독살, 피리독사민은 열에 안정되나 알칼리에 불안정하다.

2) 생리기능

아미노산, 탄수화물, 지방산 대사 및 TCA회로에서 필수적인 역할을 하며 60여 종 이상 효소의 조효소로 작용한다. 전해질 균형, 혈액단백질 및 항체생성에 관여한다.

3) 흡수

위장관 내에서 가수분해되어 공장에서 주로 수동적으로 흡수되며 비타민 B_6 구조를 재형성한 후 순환 및 체내대사에 이용된다.

4) 결핍과 과잉, 공급원

결핍 시 성장 정체, 피부염, 경련, 빈혈 및 부분적 탈모와 함께 사료 내 단백질 이용률 저하, 질소 배출 증가, 트립토판 대사 장애가 발생한다. 과잉 시 독성은 강하지 않으나 말초신경 이상증세가 심하며 이상행동을 유발한다. 효모, 근육, 간, 우유, 채소 및 곡류 등이 공급원으로 사용된다.

(5) 비타민 B12

1) 특징

에디슨병의 악성 빈혈과 관련되어 알려진 비타민으로 가장 최근에 발견되었다. 코리노이드 화합물 중간에 코발트 Co를 함유하는 구조이다. 동물성 식품에 다량 함유되어 있다.

2) 생리기능

체내에서 엽산과 함께 메치오닌 합성에 관여하며 부족 시 엽산의 대사 장애를 야기한다.

3) 흡수와 대사

위산과 효소가 단백질 분해 작용를 하면 펩타이드와 결합한다. 다시 분해된 후 위벽세포의 내인성 인자와 결합하여 회장에서 흡수된다. 담즙으로 배설되며 재흡수율이 높아 재사용되며, 나머지는 변으로 배설한다.

4) 결핍과 과잉, 공급원

사람과 달리 동물은 특별한 빈혈증세가 없다. 간, 고기, 우유, 달걀 등 동물성 식품과 발효부산물에 함유되어 있다.

(6) 비오틴

1) 특징

황을 함유한 수용성비타민이다. 체내에서 포도당, 지방산 합성과정에서 조효소로 작용한다. 아미노산으로 에너지 생성, DNA 합성에 중요한 역할을 한다.

2) 생리기능

대사과정 중 카르복실화 효소 carboxylase 구성성분으로 카복실화 반응은 간에서 일어나며 포도당과 지방산 합성에 필수적이다. 아미노산에서의 에너지 생성과 DNA 합성에 관여한다.

3) 흡수

소장에서 흡수되어 일반적으로 장내세균에 의해 많은 양의 비오틴이 합성된다.

4) 결핍 및 과잉, 공급원

결핍 시 갑상선, 부신, 생식관 및 신경계통의 기능 장애와 피부염을 유발한다. 과잉 공급 시 발정주기 이상, 백혈구 침윤을 유발한다. 효모, 간, 신장, 로얄젤리, 과실 및 청초 등이 풍부한 공급원이다.

(7) 비타민C

1) 특징

항괴혈병 인자로 신선한 과일, 채소에 풍부하다. 일반적으로 단당류와 연결된 구조이며 자연계에서 환원형 L-ascorbic acid와 산화형인 L-dehydroascorbic acid가 있다.

2) 생리기능

강력한 항산화작용을 한다. 조직 성장에 관여하며 세포사이물질, 골기질, 상아질을 형성한다. 카르니틴의 생합성에 필요하며, 신경전달물질, 스테로이드합성에 관여한다. 철분흡수를 촉진한다. 면역기능 및 상처치유에 기여하고 콜라겐 생성에 중요한 역할을 한다.

3) 흡수

주로 소장에서 특정 단백질을 매개로 능동수송하여 흡수한다. 뇨로 배출되며 과잉 섭취 시 이상증상 없이 아스코빅산 형태로 배출한다.

4) 결핍 및 과잉, 공급원

결핍증은 섭취 부족에 따라 오직 영장류, 기니피그 및 어류에서 나타난다. 반려동물은 스스로 체내에서 생산할 수 있다. 간 및 신장에서 포도당으로 비타민 C를 합성하여 결핍에 따른 이상증상은 없다. 그러나 스트레스 환경, 대사이상, 적절한 영양소 공급이 안 될 때 골격형성 이상, 성장지연, 괴혈병 및 체내 출혈을 유발한다. 과일, 채소, 딸기, 우유, 감자 등이 좋은 공급원이다.

(8) 콜린

1) 특징

지방친화성 레시틴의 활성을 가지는 구성성분이다. 사료에 첨가하는 염화콜린의 흡습성이 강해서 다른 비타민들과 함께 섞어서 보관 시 비타민들이 쉽게 파괴된다.

2) 생리기능

메치오닌 합성과정에서 메틸기의 공여체로 작용한다. 레시틴의 구성성분으로 지방 수송, 간에서 지방산 이용을 증진시키는 항지방간 인자이며 아세틸콜린 필수구성성분이다.

3) 소화 및 흡수

소장에서 흡수되고 세린, 메치오닌 등에서 일부 합성되며 뇨를 통해 체외로 배출된다.

4) 결핍 및 과잉, 공급원

결핍 시 성장 저하, 거친 피부, 혈액 내 RBC, PCV, Hb 함량이 감소되고 지방간이 발견된다. 과잉 공급 시 유연, 경련, 청색증, 호흡마비를 유발한다. 자연계의 모든 지방에 함유되어 대부분 동물의 요구량이 충족되고 체내 합성 가능하여 추가 공급할 필요는 없다. 특히 사료 내 메치오닌 함량이 충분한 경우 콜린을 추가 공급할 필요가 없다.

(9) 엽산

1) 특징

프테린 화합물로서 프테리딘, P-아미노벤조산 및 글루탐산이 결합된 구조이다. 체내에서 활성을 갖는 조효소인 테트라하이드로 엽산THF 형태로 전환된다. 과도한 단백질 섭취, 부족한 콜린 섭취, 특정 약품 섭취 시 요구량이 높아질 수 있으므로 주의해야 한다.

2) 생리기능

사람과 동물의 성장인자로 작용하여 항빈혈작용을 한다. DNA, RNA의 기초가 되는 퓨린, 피리미딘의 구성에 관여한다. 핵단백질을 합성하여 골수에서 적혈구 형성에 관여한다. 태아 발생 초기에 엽산 결핍은 신경관 결손을 유발한다.

3) 소화 및 흡수

소장점막에서 monoglutamate로 전변되어 장내에서 흡수한다. 흡수는 특정운반체에 의하여 이루어지며 pH에 민감하다.

4) 결핍 및 과잉, 공급원

결핍 시 거대 적아구성 빈혈이 발생한다. 엽산과 비타민 B_{12}의 체내 대사와 작용이 상호 연결되어 있어 과량의 엽산 섭취 시 비타민 B_{12} 결핍 불균형을 유발한다. 동식물계에 널리 분포되어 곡류, 콩, 육류 부산물에 다량 함유되어 있다.

(10) 나이아신

1) 소화 및 흡수

위와 소장점막에서 흡수되며 농도에 따라 흡수 기전이 다르다. 저농도에서는 나트륨에 의한 능동수송을 통해 흡수되며 고농도에서는 수동확산을 통해 흡수된다.

2) 결핍과 과잉, 공급원

사료 내 트립토판과 나이아신 부족 시 결핍증이 발생하며, 결핍 시 피부와 소화기관의 대사 이상, 식욕감퇴, 성장정체, 약화, 소화기 이상 및 설사 등의 증상이 나타난다. 과잉 시 혈관확장, 가려움증, 열감, 구역질, 두통 및 피부손상을 유발하며 혈당증가, 요산증가, 위궤양 및 간 손상도 발생한다. 주요한 공급원은 동물 및 어류부산물, 녹색식물, 주정박, 효모 등이다.

(11) 판토텐산

1) 특징

베타알라닌과 판토산이 결합한 구조이다. 조효소 A와 아실기 운반단백질의 구성성분이다. CoA는 탄수화물, 지방, 단백질 에너지대사에서 ATP생성의 필수요소이다.

2) 생리기능

지방산 합성과 아미노산의 아세틸화 반응에 관여하는 등 영양소의 기본적인 산화작용의 필수 인자이다.

3) 소화 및 흡수

혈액 내에서 CoA 형태로 적혈구 내에 있다가 표적기관으로 이동되고 이용된다.

4) 결핍 및 과잉, 공급원

결핍 시 성장 정체가 나타나며 신경기능 장애, 면역력 약화, 부신기능부전 등이 생긴다. 과잉에 따른 특별한 이상은 없으며 동물성, 식물성 사료에 많이 함유되어 있다.

5 비타민 요구량

(1) 동물의 비타민 요구량

동물의 종류, 연령, 체중, 성별, 개체 간 차이, 사료 형태 또는 종류, 사육환경에 따라 다르다.

(2) 공급량을 증가해야 할 요인

사료의 에너지와 단백질 함량이 너무 높을 때 증가시켜야 하며, 사료 내 지방함량이 높거나 불포화지방산이 풍부한 지방이 첨가되었을 때도 증가시켜야 한다. 사료 성상이 소화관 내에서 소화되기 어려운 상태일 때뿐만 아니라 혹서, 혹한, 환기 불량, 밀집 사육 등으로 인한 스트레스가 증가했을 때도 증가시켜야 한다. 또한 질병 또는 기생충에 감염되었을 때도 증가시켜야 한다.

(3) 공급량을 줄여도 되는 요인

양질의 녹사료를 공급할 때, 효모, 비타민 제조 부산물을 사료에 첨가할 때는 줄여도 된다. 저에너지, 저단백질 사료가 급여될 때도 줄여도 된다.

6 비타민의 안정성

(1) 비타민 안정성의 특성

비타민은 고유특성(내인성 인자)과 외부환경(외인성 인자)에 따라 안정성에 차이가 있다. 비타민은 활성화된 형태로 체내에서 기능을 수행하고 비타민 상호 길항작용에 의해 기능을 상실하기도 한다. 가공 중 외부의 열, 빛에 의해 파괴 또는 효율이 저하되거나 상실된다.

(2) 비타민의 안정성

비타민의 저장과정과 취급 시 다양한 물리 화학적 변화에도 그 활성을 유지하는 능력을 비타민의 안정성이라고 한다. 사료에 비타민 첨가, 보관, 취급과정에서는 안정성을 고려해야 한다.

(3) 비타민의 저장기간과 안정성

비타민은 저장기간이 늘어나면 그 활성과 농도가 점차 감소한다. 아울러 함께 저장되는 무기질에 따라 활성 정도가 달라지고, 비타민의 사료 첨가, 취급방법, 저장기간을 충분히 고려하여 동물사료에 이용하여야 한다.

V. 무기질

그림 5   무기질

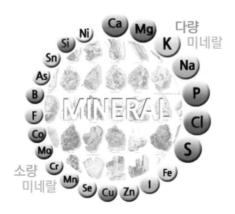

1 무기질의 영양학적 중요성

무기질은 동식물에서 단독보다 서로 결합한 염 또는 단백질 결합물 형태로 존재한다. 생물체의 성장과 유지 생식에 비교적 소량 요구되지만 반드시 필요하다.

2 무기질의 종류

(1) 칼슘과 인

다량 무기질로서 체내 총 회분의 75%를 차지하며 뼈를 구성하는 주요 무기질이다. 체내 생리 대사 및 조절기능에 밀접한 관계가 있다. 칼슘과 인의 흡수·분해 조절을 하는 인자에는 부갑상선호르몬, 칼시토닌, 비타민 D가 있다.

1) 칼슘의 주요 기능

골격 형성과 유지, 신경자극의 전달, 근육수축 기능을 한다.

2) 인의 주요 기능

골격 구성, 핵산과 인지질의 구성성분, 에너지 대사, 산·염기평형조절 기능이 있다.

(2) 마그네슘

골격과 치아 등 경골조직의 구성성분이며 여러 효소의 보조인자와 활성제로 작용한다. 신경자극 전달과 신경의 안정 및 이완 작용을 조절한다.

(3) 나트륨

나트륨은 체내를 구성하는 다량 무기질 중 가장 많은 부분을 차지하며, NaCl의 형태로 존재한다. 삼투압 유지, 산과 염기의 평행유지, 신경 자극 반응을 조절한다.

(4) 칼륨

수분과 전해질, 산·염기의 평행유지, 근육의 수축과 이완작용에 관여하며 단백질 대사에 관여한다.

(5) 황

체조직 및 생체 내 여러 물질을 구성하며 산화·환원반응과 산-염기평행조절을 한다.

(6) 구리

결핍증이 생기면 철의 이용성이 낮아져 헤모글로빈 생성 불량, 영양성 빈혈, 뼈의 이상 증상 및 후구마비병이 생긴다.

(7) 코발트

미량 필수무기질로 간, 신장, 골격조직에 주로 분포한다.

(8) 요오드

티록신과 트리요오드타이로닌의 구성성분이다. 체내 대사반응 조절, 체온조절, 세포 내 산화 반응을 조절한다. 결핍 시에는 갑상샘비대증이 생기는데 요오드의 결핍으로 갑상샘호르몬 합성이 저해되지만 갑상샘이 호르몬을 합성하기 위해 계속 자극되어 발생하는 증상이다.

(9) 불소

필수 미량 무기질이며, 과량 시에는 중독으로 작용하는 무기질이다.

SECTION 03

펫푸드와 반려동물 영양관리

I. 펫푸드의 종류

1 개와 고양이의 사료 기호성 차이

표 4 　개와 고양이의 펫푸드 기호성

개	고양이
지방맛	지방맛(고양이는 단맛을 잘 느끼지 못함.)
수분함량이 높은 것	수분함량이 낮은 것
부드러운 질감	바삭한 질감
사이즈가 큰 것(구강의 크기에 따라 다름)	사이즈가 작은 것
모양에 호불호 없음	둥근 것 선호

2 펫푸드의 분류

(1) 수분함량에 따라

　사료 내 수분함량이 10%~14%는 건사료(dry food)로 분류하고, 일반적으로 20% 내외이며 14~60%는 반건조사료(semi-moist food)로 분류한다. 수분함량이 60~80%는 습식사료(wet food)로 분류하며 일반적으로 캔제품이 있다.

(2) 등급에 따라

펫푸드 등급을 인증하는 기관은 없지만, 제조사들 마케팅용 등급이 있다.

농림축산식품부에서 유기농 사료 관련 법령에 따라 유기사료를 규정하고 있다. 유기사료란 유기농축산물을 원료로 사용하여 유전자변형물체 유래물질, 합성화합물, 호르몬제 등 금지물질을 사용하지 않고 유기적인 방법으로 가공한 사료이다. 유기원료 함량에 따라 95% 유기사료와 70% 유기사료로 구분한다. 95%만 유기로고와 제품명에 유기문구를 사용가능하다.

🦴 3 펫푸드 영양성분에 대한 해외 기준

미국과 유럽연합은 각각 AAFCO (Association of American Feed Control Officials, 미국 사료관리협회)와 FEDIAF(Federation european de industry for animal familiers, 유럽반려동물 산업연합)에서 반려견과 반려묘의 영양 가이드라인을 제공하고 있다. 펫푸드에 반드시 함유되어야 할 필수 영양소의 최소 요구량을 성장기, 임신수유기, 성견 및 성묘시기로 나누어 DM(Dry Matter, 건조물, 사료에서 수분함량을 제거한 함유량)과 대사에너지(칼로리-그램당 대사에너지)를 기반으로 제시하고 있다. 개와 고양이의 필수아미노산, 필수지방산, 미네랄, 비타민의 영양 구성 성분을 충족한 사료를 완전사료(complete pet food)라고 하고, 충족하지 못한 사료는 보충사료로 구분하고 있다. 예를 들어 캔제품에서 식사대용은 영양학적 가이드라인을 충족한 제품이고, 간식용은 영양학적 가이드라인을 충족하지 못한 제품이다.

그림 6 AAFCO와 FEDIAF

DM 계산하기

수분함량 10% 사료의 조단백의 표기가 20%인 경우: 20/100-10 = 22.2%

🦴4 에너지요구량과 사료량 구하기

- 기초대사량(BMR): 활동이나 음식 섭취 없이 휴식하는 동물에서 매일 필요한 최소 에너지량이다.
- 휴식기기초대사량(RBMR): 동물이 음식을 섭취하였을 때 일어나는 체온 상승에 필요한 에너지이다(두 가지 형태의 체온 상승이 있음. 체열 상승과 자율신경계에서 유발되는 체온 상승).
- 휴식기에너지요구량(RER): 사람과 달리 반려동물은 활동을 억제할 수 없으므로 휴식기기초대사량을 유지하기 위해 필요한 에너지량이다.
- 유지대사량(MER): 휴식기기초대사량, 정상 활동, 체온 조절을 포함한 에너지 균형에서 생명체를 유지하는 데 필요한 에너지량이다.
- 일일에너지요구량(DER): 운동, 생산(성장, 임신, 비유), 특수 상황(통증, 질병, 수술)을 포함한 상황에서 유지하기 위한 하루에 필요한 에너지량이다.

(1) 휴식기에너지요구량(RER)

개에서 체표면적에 의한 방법으로 RER = 70 × 체중$^{0.75}$사용하고, 함수방법으로 RER = 30 × 체중 + 70을 사용한다. 이 두 방법은 3kg 이하 그리고 15kg 이상 이상일 경우는 체표면적에 의한 방법을 사용하는 것이 더 정확하다. 고양이에서 RER = 52 × 체중$^{0.67}$로 계산한다.

(2) 일일 에너지 요구량(DER) 구하기

반려동물이 사료를 먹는 시기는 모유를 떼면서, 즉 이유기부터이다. 그 이후 성장기를 거쳐 성년기인 성견, 성묘가 되고 유지한다. 임신을 하는 임신견, 임신묘의 경우에는 영양관리가 달라지며, 유지기를 지나 노화가 일어나는 노령견, 노령묘가 되면 좀더 특별한 영양관리가 필요하게 된다. 또한 질환에 걸린 경우에는 생리학적 영양학적 대사과정을 조절하여 질병관리에 보조적 수단으로 영양관리가 필요하다.

휴식기 에너지 요구량(RER)에 활동량, 번식, 수유, 환경, 건강 및 질병상태에 따라 개체에 적합한 조건에 따른 상태 계수를 곱하여 계산한다. 즉, DER = 계수 × RER이다.

표 5 DER에 대한 상태계수

	상태	개	고양이
성장기	4개월 미만	3.0 × RER	3.0 × RER
	4개월 이상	2.0 × RER	2.0 ~ 3.0 × RER
성년기 1세 이상	임신기	2.0 × RER	2.0 × RER
	활동량, 운동량	2.0 ~ 8.0 × RER	1.6 ~ 2.0 × RER
	미중성화	1.8 × RER	1.4 × RER
	중성화	1.6 × RER	1.2 × RER
	비만, 체중감량	1.0 ~ 1.4 × RER	0.8 ~ 1.0 × RER
입원상태	수술	1.1 ~ 1.3 × RER	
	종양	1.2 ~ 1.5 × RER	
	외상	1.3 ~ 1.4 × RER	
	다발성외상, 두부외상	1.5 ~ 2.3 × RER	
	패혈증	1.8 ~ 2.0 × RER	
	화상 (《 전신의 40%)	1.2 ~ 1.8 × RER	
	화상 () 전신의 40%)	1.8 ~ 2.0 × RER	
	호흡·콩팥부전	1.2 ~ 1.4 × RER	
	골절	1.2 ~ 1.3 × RER	
	감염(경미)	1.1 ~ 1.3 × RER	
	감염(심각)	1.5 ~ 1.7 × RER	

(3) 사료의 대사 에너지(ME) 계산

100g당 kcal로 사료를 섭취하였을 때 배변 및 비뇨기 에너지 손실 후 남아있는 순 에너지로 성장, 번식, 활동, 호흡과 같은 대사과정에 사용되는 에너지이다. 단백질, 지방, 탄수화물은 각각 1g에 3.5kcal, 8.5kcal, 3.5kcal의 열량을 제공한다. 따라서 사료에 포함되어 있는 단백질, 지방, 탄수화물의 함유량(g)에 kcal 에너지를 곱하여 계산한다.

사료의 대사에너지(ME) = 10 × 3.5 × 단백질(%) + 8.5 × 지방(%) + 3.5 × 탄수화물(%))

사료에 탄수화물의 함유량이 나타나 있지 않은 사료가 대부분이다. 탄수화물은 표기되어 있는 유기무기영양분의 함유량을 제외한 함유량이다.

사료의 탄수화물(g) = 100 - 수분(%) - 조단백질(%) - 조지방(%) - 무기질(%) - 비타민(%)

(4) 일일 사료 급여량 계산

사료 급여량 = 일일 에너지 요구량(DER) ÷ 펫푸드의 대사 에너지(ME) × 100

일일 사료 급여량을 자유급여로 제공해도 되고, 성견의 경우 일반적으로 하루에 2번에 나누어 먹인다. 이유기나 성장기의 반려동물은 조금씩 자주 주는 것이 좋다.

예시) 2kg 강아지(중성화 성견)의 일일 에너지 요구량(DER) 과 일일 사료 급여량 구하기

사료의 조성(조단백 26%, 조지방 16%, 조탄수화물 34%)

1) RER 구하기(체표면적 방법)
$= 70 × 2^{0.75} = 117.7$
2) DER 구하기
$= 117.7 × 1.6 = 188.3$
3) ME 구하기
$= 3.5 × 26 + 8.5 × 16 + 3.5 × 34 = 346$
4) 일일사료급여량 구하기
$= 188.3 ÷ 346 × 100 = 54.42$
즉, 54g의 사료를 일일 2회에 나누어 먹인다.

Ⅱ. 이유기 성장기 동물의 영양관리

치아가 나기 시작하는 6~7주부터 서서히 젖을 떼는 이유를 준비한다. 이유 후에는 급격한 성장이 일어나므로 충분한 영양이 필요하다. 반려동물의 골격은 12개월이면 성년기와 같게 되지만, 체중은 24개월이 되어야 완성된다. 대형견의 경우 소형견보다 성장이 느리기 때문에 영양성분이 과도하게 되면 비만으로 될 수 있고, 오히려 뼈가 약해질 수 있다.

1 성장기 반려동물의 필요 칼로리 계산

(1) 성장 중인 개의 체중에 따른 하루 칼로리 계산

① RER(휴식기 에너지 요구량) = RER = $70 \times$ 체중$^{0.75}$

② DER(일일 에너지 요구량) = RER $\times$ 계수(Factor)

*어릴수록 성장속도가 빨라서 계수가 높다(일일 사료 급여량: DER ÷ ME × 100).

③ 4개월까지 DER=RER×3(kcal)

④ 5~12개월까지 DER=RER×2(kcal)

(2) 성장 중인 고양이의 체중에 따른 하루 필요 칼로리

• 한 살 이하 DER=RER×2.5(kcal)

※ 성장 중인 반려동물의 하루 필요 칼로리는 현재 체중에 따라 달라진다. 체중이 계속 증가하고 있는 한 살 이하의 개와 고양이는 수시로 체크해야 한다. 또한 개체와 활동량에 따라서도 차이가 있으므로 항상 체형을 체크하고 사료와 간식량을 조절하여 비만 또는 질병에 걸리지 않도록 주의해야 한다.

2 성장 중 필수, 주의해야 할 영양소

뼈와 근육이 발달하는 성장 시기이므로 단백질, 지방, 칼슘, 인이 성년기보다 더 많은 양이 필요하다. 단백질은 내장과 근육이 성장하기 위해 필요하며, 칼슘과 인은 뼈의 성장 및 석회화를 위해 필요하다. 또한 오메가-3, 오메가-6 지방산은 세포막 구성

성분으로 필요하며 뇌의 발달을 위해서도 반드시 필요하다.

(1) 대형견(성견의 체중 30kg 이상)의 칼슘과 인 섭취량

칼슘 섭취량이 일반적인 성견에 비해 조금 더 높은 수준으로 권장된다. 그러나 칼슘(C)은 인(P)과의 비율이 중요하다. 과도한 칼슘의 섭취는 혈관벽에 침착되어 딱딱해지고, 심혈관계 질환을 유발할 수 있으며, 신장에서 결석을 형성하기도 하여 배뇨의 문제를 야기할 수 있다. 과도한 인의 섭취는 붉은색 고기를 오랜 기간 동안 과량 급여하여 발생할 수 있다. 인이 많아지면 칼슘과의 비율을 맞추기 위해 뼈에서 칼슘이 융해되어 혈관으로 나오게 되며 뼈가 약해지는 원인이 된다. 대형견종에서 고관절 이형성증은 음식과 관련 있는 것으로 알려져 있다. 또한 아래턱뼈가 단단하지 않고 골절이 잘 일어나는 고무턱 증상을 겪게 된다.

표 6 　개의 AAFCO 칼슘 섭취기준

	AAFCO 칼슘 섭취 기준			
	한 살 이하 강아지, 임신 및 수유중인 모견 최소 권장량	성견 최소 권장량	성견 최대 권장량	대형견 최대 권장량
DMB(%)	1. 2	0. 5	2. 5	1. 8

(2) 사료 교체

성장이 멈춘 개, 고양이는 필요한 영양소와 에너지가 적다. 어린 동물용 사료를 지속적으로 급여할 시에는 비만이 될 수 있으며 신체에 부담이 일어날 수 있다. 10개월령에는 성년기용 사료로 교체하여 급여하는 것이 좋다. 8개월령이라도 성장이 빠르고 먹성이 좋은 강아지의 경우에는 성견용 사료를 급여하여도 된다. 사료를 교체할 때에는 각 사료의 칼로리를 계산하여 일주일 동안 비율을 조절해가면서 교체한다.

3 음식 습관 길들이기

작은 개체를 만들기 위해 적게 먹이는 경우, 허약한 개체로 자라게 된다. 동물의 크기와 체중을 고려하여 적절한 양을 제공하여야 한다. 이 시기에는 바람직한 식이습관을 길들이는 것이 좋다. 반려견은 정해진 시간에 급여하는 규칙을 정하고, 고양이는 하루에 여러 번 나눠서 급여하거나 자유 급식한다. 편식하는 강아지의 경우 시간 이내에 먹지 않을 경우 치우고 한 끼에 기회를 2번 준다. 2번째에도 먹지 않을 경우 다음 급식시간까지 다른 음식이나 간식 급여를 제한한다. 밥을 다 먹은 후에는 칭찬을 해주고 간식을 제공한다. 간식은 하루 먹는 음식양의 10% 이상 주어서는 안 되며, 간식을 많이 주면 영양소 부족이나 과다를 일으킬 수 있다.

Ⅲ. 성년기 동물

1 성견, 성묘의 영양관리

(1) 비만

적절한 열량을 공급하는 것이 중요하다. 하루 에너지 요구량 계산 후 적정한 사료량 급여하고 간식은 사료량의 10% 또는 열량의 10%를 제공해도 되나 되도록 간식을 주지 않는 것이 좋다.

체형의 평가는 체형지수(체내 지방 분포를 평가하여 열량섭취 평가)를 평가하여 체내 지방 분포를 파악한다. 일주일 단위로 10% 감량이 적정하며, 지속적으로 체중을 체크하면서 사료량을 조절한다.

- MER(일일 에너지 요구량) = RER × 1.4(개)
- MER = RER × 1.0(고양이)

IV. 임신기·수유기 동물

1 임신기의 영양관리

(1) 임신기 개

임신기와 수유기 동안의 급여 프로그램 목적은 임신이 되기 위해 실시하는 교배 횟수를 줄이고, 수태율을 최대화시키며, 많은 태자 생산을 위한 영양분 공급 및 신생 성장률을 극대화시키는 것이다.

그림 7 임신기

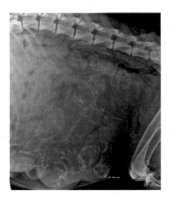

| 1일 | (초기) | 21일 | (중기) | 42일 | (후기) | 63일 |

임신 5~8주: 임신 35일 이후부터 태아의 체중이 급격히 증가하므로 5주부터 시작하여 6~8주 사이에 최고점에 이를 때까지 에너지 섭취량을 늘린다.

임신 말기 마지막 3주 정도: 천천히 사료를 전환하여 성장기 사료를 급여한다.

적절한 영양분을 공급받은 암캐는 교배와 출산 동안 체중이 5~10% 증가한다. 임신 후기에는 어미의 배가 자궁으로 가득 차기 때문에 충분한 열량을 섭취하기가 물리적으로 어렵다. 출산 직전에는 흔히 사료 섭취량이 감소하고 식욕부진 상태가 될 수 있다. 조금씩 자주 먹도록 제공해주어야 한다.

(2) 임신기 고양이

고양이의 임신기간은 대략 63~65일이다. 임신초기부터 분만까지 지속적으로 체중이 증가하므로 임신 직후부터 자묘용 사료로 바꾸는 것이 좋다.

(3) 임신 중 각 영양소의 요구량

1) 단백질 요구량

단백질 부족하면 강아지 출생 시 체중 감소 및 생존율이 저하한다. 임신 중에는 태아가 자라면서 에너지 요구량도 증가하고 단백질 요구량도 증가한다. 임신 후기에는 단백질량은 증가하지만 섬유소 양은 변비를 야기할 수 있어 감소시켜야 한다.

2) 탄수화물 요구량

탄수화물 공급이 감소하면 강아지 생존율이 낮아지고 어미개의 체중 소실을 야기한다. 발생기 동안 에너지원의 50% 이상을 포도당에 의존하므로 임신견의 열량 중 최소한 20%의 탄수화물을 공급해야 한다.

3) 칼슘 및 인의 요구량

임신 후기 35일부터 칼슘과 인의 요구량이 60% 증가한다. 이 기간에 태아의 골격 형성이 발달한다. 칼슘과 인을 과하게 섭취 시 칼슘과 인의 균형에 악영향을 미쳐 골연화를 야기한다. 임신 중 칼슘 섭취량은 사료 건조(DM) 중량 기준 0.75~1.5%를 추천한다. 칼슘과 인의 비율은 1:1 또는 1.5:1을 추천한다.

2 수유기의 영양관리

(1) 수유기 개

강아지는 출생 후 9일이면 출생 시 체중의 2배가 되기 때문에 어미 개는 엄청난 양의 젖을 생산해야 한다. 수유 절정기에는 영양소가 매우 높은 비율의 젖을 생산한다. 어미 개의 젖은 매우 진하고 우유보다 지방과 단백질의 함량이 2배 이상으로, 성장률이 빠른 강아지에게 적합하다. 수유기 동안 높은 열량, 고단백의 강아지 사료를 급여하여 영양분을 공급해야 한다. 물의 양은 3배를 제공한다.

(2) 수유기 고양이

분만 후에는 임신 전보다 약 40% 정도 체중이 늘어난 상태를 유지하다가 수유를 하면서 점차 임신 전으로 돌아간다. 수유 기간에는 어미에게 자묘용 사료를 급여한다. 이유 후에는 원래 먹이던 성묘 사료를 급여한다. 수유기 동안에는 물을 충분히 마실 수 있도록 제공한다.

V. 노령기 동물

1 노령기의 정의

노령 동물은 신체 장기 기능 저하, 신체 내 효소 부족, 피모 탄력 저하, 행동학적 변화, 연골의 석회화가 관찰된다. 노령화의 시작 시기는 평균 수명에 따라 노령의 시작 시기가 다르지만 소형견은 대략 7년령, 대형견은 5년령이다. 건강을 잘 유지하면 노화가 늦게 올 수 있고 더 오래 살 수 있다. 잘못된 음식, 생활 방식을 가지고 있을 경우 노화가 일찍 온다.

그림 8 노령동물

2 반려동물 사람 나이 환산법

반려동물의 성년이 되는 시기는 1~2년령이지만, 수명은 계속 증가하고 있다. 개에 있어서 소형견과 대형견은 나이 추정이 다르다. 성견이 되는 시기는 소형견은 1년이고, 대형견은 2년이 걸린다. 소형 개와 고양이는 사람 나이로 환산하면 1년에 15살, 2년에 24살 이후 1년당 4살씩 추가된다.

표 7 개, 고양이와 사람의 나이 비교

개의 크기에 따른 나이(세)					고양이 나이	
년 수	9kg 이하	9~22kg	23~40kg	40kg이상	년 수	나이
1	18	16	15	14	1	15
2	24	22	20	19	2	24
3	28	28	30	32	3	28
4	32	33	35	37	4	32
5	36	37	40	42	5	36
6	40	42	45	49	6	40
7	44	47	50	56	7	44
8	48	51	55	64	8	48
9	52	56	61	71	9	52
10	56	60	65	78	10	56
11	60	65	72	86	11	60
12	64	69	77	93	12	64
13	68	74	82	101	13	68
14	72	78	88	108	14	72
15	76	83	93	115	15	76

출처: 왕태미, 개와 고양이의 영양학

🦴 3 노령기 특징과 질병

신진대사가 느려지고, 질병 걸릴 위험이 높아진다. 적절한 식이 관리와 수의학적 건강관리를 통해 질병 발현을 낮추거나 예방이 가능하다. 노령견과 노령묘에서 흔한 질병은 종양, 심장 및 신장 질환, 변비, 관절 질환, 치과 질환, 시력 약화가 일어난다. 고양이에서 물의 섭취를 늘리기 위해서는 분수나 흐르는 급수기를 사용한다. 소금이 들어있지 않은 국물, 유당이 없는 우유 제공은 가능하다.

(1) 노령기에 필요한 기본적인 영양소

1) 단백질

단백질 대사가 느려진다. 따라서 질 좋은 단백질 급여가 중요하다. 개에서 일반적으로 18~20%가 필요하며, 고양이에서는 30~40%가 필요하다. 달걀, 우유, 쇠고기, 닭고기 등 필수 아미노산이 많이 함유된 단백질 원료를 소화되기 쉬운 형태로 주는 것이 좋다. 그러나 과도한 단백질 급여는 간과 신장에 부담을 주고, 신장 질환을 지닌 동물은 요소 배출이 어려워 고질소혈증을 야기할 수 있다.

2) 지방

저지방 식이는 중년의 비만 예방에 효과적이다. 체중 감소를 대비해 기호성을 개선하여 충분한 열량을 지닌 필수 지방산을 공급한다. 오메가 3(AA, EPA, DHA)는 피부와 털 상태 개선 및 유지하고 노화 질병을 개선해준다.

3) 비타민

홈메이드 사료는 비타민의 함량이 낮을 수 있다. 노령견은 신장 기능 감소로 인한 음수량 증가로 수용성 비타민이 소실된다. 따라서 건강한 노령견을 위한 사료는 비타민 B군을 첨가한다.

4) 무기질

칼슘과 인은 신장 기능의 저하시킬 수 있으며, 신장질환이 있는 노령견은 인 함량이 낮은 사료를 급여해야 한다. 아연은 면역반응을 향상시키고, 피부와 털을 유지시켜 준다. 노령이 되면 아연과 구리 농도가 감소하기 때문에 사료에는 증가시켜야 한다.

5) 칼로리

체중 변화에 따른 칼로리를 조절해야 한다. 개에서 나이가 들면 신진대사는 느려지고 활동량 감소로 인해 체중이 증가한다. 이에 관절질환, 심혈관질환, 암, 당뇨병, 피부질환이 올 수 있다. 음식을 줄여도 정상적인 대사를 유지하기 위한 단백질은 충분히 제공해야 한다.

고양이에서는 11살부터 체중감소 및 식욕이 떨어져 체중이 감소한다. 지방이 25% 함유된 사료를 제공하는 것이 좋다. 결핍 시 질병의 가능성이 높아진다.

(2) 노령에 필요한 추가적인 영양소

1) 섬유소

장운동을 촉진시켜 배변 문제를 개선해주고, 콜레스테롤 배출을 도와주어 심장혈관질환, 담낭 결석 문제를 예방한다. 또한 결석 예방에 도움이 되는데 수산칼슘에 의한 방광 질환을 예방한다.

2) 항산화제

산화를 방지할 수 있는 영양제이다. 최대 섭취량 기준은 없지만, 과량 섭취해도 독성이 없다. 블루베리, 브로콜리, 당근, 사과, 체리 등의 음식에 풍부하다.

3) 중사슬 지방산(중쇄지방산)

탄소가 8~12개인 지방산으로 코코넛오일과 유제품에 다량 함유되어 있고, 흡수가 빠르고 사용이 쉽다. 소화 능력이 약한 노령 동물에 좋으며, 인지 기능 장애를 예방할 수 있다.

SECTION 04 질환맞춤영양관리

I. 당뇨병

1 당뇨병

혈중 포도당 농도가 높은 것이 특징인 질환이다. 비만, 질병, 탄수화물 과다 식이가 원인이 되며 증상으로는 다음, 다뇨, 다식, 실신(저혈당), 실명(당뇨 백내장), 만성 신부전, 심부전이 나타날 수 있다.

2 당뇨병 영양 관리

(1) 물

다음이 발생한다. 소변의 삼투압으로 인해 다뇨도 발생한다. 혈당이 증가하면 혈액의 점성 증가하고 시상하부에서 수분이 부족하다고 느껴 목마름중추가 자극되어 다음이 나타난다.

(2) 탄수화물

탄수화물이 포도당으로 분해되어 혈당이 증가하므로 과량의 탄수화물이 함유된 음식을 주의해야한다.

혈당유지 - 개: 200mg/dL 이하, 고양이: 250mg/dL 이하

(3) 식이섬유

영양소 흡수를 지연시키는 섬유소는 급격한 혈당 상승을 억제시킨다.

식이섬유에는 수용성 식이섬유와 불용성 식이섬유가 있는데 펙틴, 검류, 차전자피와 같은 수용성 식이섬유는 포만감을 주고, 불용성 식이섬유는 탄수화물의 소화가 천천히 이루어지게 하므로 식이 내 활용하기 좋다.

(4) 단백질

당뇨일 때는 신체 내에서 탄수화물 사용을 못하고 단백질을 사용하여 대사가 일어난다. 따라서 정상 동물보다 단백질 필요량이 높다. 특히 고양이는 포도당신재생 과정을 통해 즉, 체내의 단백질로 포도당을 만들어내므로 더 많은 양을 필요로 한다.

(5) 지방

고지방식이는 비만을 야기하고, 또한 지방 대사 능력이 저하되면 고지혈증, 지방간, 췌장염과 같은 문제가 발생할 수 있으므로 건강상태를 관찰한다. 특히 L-카르니틴은 체지방 연소를 돕는 것으로 알려져 있다. 사료 내 건조물(DM) 중 지방함량 25% 이하는 비교적 안전하다. Soy isoflavones, diacylglycerols(DAG) 도 사료 내 첨가하여 지방분해를 돕는다.

3 체중감량

그림 9 비만 당뇨 고양이

(1) 비만조절 개요

먼저 체형 BCS를 파악한다. 9단계 중 정상인 5단계에서 한 단계씩 올라갈 때마다 10%의 체중감량이 필요하다. 체중감량을 결정하면 현재 먹이고 있는 사료와 간식을 파악하여 간식을 먼저 줄이고, 간식을 줄이기 어려우면 칼로리의 10% 내에서 줄 수 있도록 양을 조절한다. 사료의 양을 조절하여 체중감량을 시행하되 고도비만일 경우는 사료량을 많이 줄이면 배고픔을 유발하여 예민해질 수 있으니 칼로리가 낮은 다이어트 사료를 급여하도록 한다. 사료량을 줄 때 주의할 점은 신체 구성 및 호르몬과 효소를 만드는 데 필요한 단백질의 양은 일정 수준 유지해주어야 한다. 그렇지 않으면 면역과 기력이 떨어질 수 있다.

원하는 체중의 칼로리 섭취량을 계산하고 한 주에 1~3%씩 체중을 감량시키는 계획을 세우고 사료량을 계산한다. 2주에 한 번씩 체중을 재고 목표 체중에 다다를 때까지 감소하여 급여한다.

급하게 먹는 강아지의 경우 넓은 밥그릇에 50% 정도 주고, 나머지는 장난감에 숨겨놓거나 바닥에 흩뿌려 놓아 운동을 하면서 먹게 하는 것이 좋다. 정기적인 산책과 실내운동으로 활동량을 높여 체중감소에 도움이 되도록 한다.

(2) 체중 감량의 단계

① BCS를 파악한다.
② 칼로리 섭취량을 계산한다.
- 품종, 서열, 신체사이즈, 중성화 여부 등을 확인한다.
- 표준 체중을 확인한다.
- 현재 먹는(사료, 간식) 양을 확인한다.
③ 저칼로리 사료로 바꾸기
- 급여 방식을 교체한다.
- 자유급식에서 횟수급식으로 바꾼다.
- 급여량을 줄인다. 특히 간식을 제한한다.
- 저칼로리 사료로 교체한다.
- 포만감은 높여주고 칼로리는 낮추되 필요 단백질량은 유지한다.

④ 운동
- 활동량을 늘린다.
- 산책 및 공 던지기 놀이를 한다.

⑤ 점검
- 체중의 감량을 확인한다.
- 1주일에 1~3% 감량목표로 실시하고 2주마다 체크한다.
- 급격한 감량은 근손실, 기력저하를 일으킬 수 있으니 주의한다.
- 지속적으로 관리해준다.

Ⅱ. 위장염

1 위장염의 원인과 증상

위장염은 과식이나 상한 음식을 먹고 발병한다. 독성으로 인한 중독에서도 위장염이 발생한다. 구토, 설사, 혈변의 증상을 보인다.

2 위장염 영양 관리

(1) 물

구토증상이 없으면 물을 많이 먹이는 것이 좋다. 수분을 보충하여 탈수를 방지하고, 독소 성분을 희석해 체내 흡수를 줄이고 신진대사에 도움이 되게 한다.

(2) 미네랄

구토 설사를 하게 되면 체액 중 미네랄의 배출이 과도해져서 저칼륨혈증, 저염소혈증, 저나트륨혈증이 나타나 체액의 전해질이 불균형해진다. 수액요법을 통해 전해질 교정을 실시한다.

- 전해질 보충 방법
이온 음료를 먹이는 보호자도 있는데, 일반 이온음료는 당분이 많이 들어있어 삼투압을 높여 오히려 탈수를 야기할 수 있으니 적은 양을 10배 정도 희석하여 급여한다. 혈당이 높은 반려동물에서는 특히 더 주의해야 한다.

(3) 지방

• 중쇄지방산

소화기 위장관 환자는 적당히 공급해야 한다. 지방함량이 올라갈수록 소화과정이 어려워지기 때문이다. 그러나 소식하는 동물은 적은 양으로도 에너지를 많이 내는 지방산을 공급받을 수 있어야 한다.

(4) 식이섬유

위산을 중화시키고 물과 결합하여 설사 증상을 완화시키며, 독성물질을 잡고 배설을 촉진시킨다. 대장의 유익균에 영양을 제공하여 생장을 촉진시키며 장운동을 조절한다.

(5) 소화가 잘 되는 음식

영양소 균형이 잡힌 필수 영양소 강화 처방 사료를 급여하는 것이 가장 쉬운 방법이다.

가정 내에서 조리하는 경우 소화가 잘 되는 재료를 잘게 썰어 조리하여 급여한다.

 Ⅲ. 췌장염

1 췌장염의 원인과 증상

발생 원인은 알려지지 않았지만, 기름과 양념이 많은 사람 음식을 먹이면 췌장염 발생 가능성이 높아진다. 코커스패니얼, 슈나우저 등의 품종에서 다발하며 비만견과 암컷에게 발병률이 높다. 신장, 심장 질환을 치료하고 있는 동물 또한 발생할 가능성이 크다.

설사와 구토, 복통을 일으킨다. 급성 췌장염은 잘 치료하면 완치할 수 있지만, 만성 췌장염은 장기간에 걸쳐 약한 췌장에 염증이 생긴 질환이다. 완치해도 재발 가능성이 높으므로 평생 관리해야 한다.

2 췌장염 영양관리

(1) 지방

지방 섭취량을 제한해야 한다. 지방이 많은 음식 섭취 시 혈중 중성 지방산이 많아지는데 지방 소화를 위해서는 췌장의 리파아제(Lipase)라는 효소가 분비되어야 한다. 지방의 과도한 섭취는 췌장을 자극하게 된다.

(2) 단백질

단백질의 섭취량도 제한한다. 지방과 마찬가지로 단백질을 분해하기 위해 트립시노겐 소화효소가 분비되므로 췌장의 자극을 줄여주기 위해 단백질 섭취량을 조절해야 한다. 급성 췌장염 시에는 소화효소의 분비를 최소화하기 위해 1일 금식하는 것도 좋다.

(3) 항산화제

지방산 중 오메가3를 제공한다. 오메가3 지방산은 항산화 효소를 강화키시고 염증을 억제시킨다. 그러나 오메가3도 역시 지방이라 과다 섭취하게 되면 결국 췌장염을 악화시키므로 양을 조절해야 한다.

(4) 소화 잘 되는 음식

췌장을 자극하지 않는 음식을 급여하는 것이 좋다. 소화효소가 많이 분비되지 않는 죽과 같은 부드러운 음식이 좋다. 과량의 단백질과 지방이 포함되지 않도록 해야 한다.

(5) 췌장 질환 시 고양이 영양 관리

고양이는 일반적으로 통증을 숨기기 때문에 만성 췌장염으로 진행되는 편이다. 밥을 잘 먹지 않는다. 먼저 물을 제공하고 저지방, 소화 잘되는 음식을 조금씩 공급한다. 3일 이상 절식 시 간질환의 위험이 생기므로 고양이는 코위관, 식도위관을 통해서라도 영양공급을 해줘야 한다.

Ⅳ. EPI

1 외인성 췌장기능부전(Exocrine Pancreatic Insufficiency: EPI)

소화효소를 분비하는 외분비 췌장의 기능부전이 원인이다.

어린 개에서 췌장의 꽈리샘세포가 위축되어 소화효소가 분비되지 않는다. 저먼쉐퍼트, 콜리 종 특이성이 있으며 췌장에 림프구가 침윤된 자가면역질환이 있거나, 만성 췌장염, 췌장 저형성 또는 췌장 종양 등에 의해 발병한다.

소화효소나, 중탄산염 등이 부족하여 지방 소화가 일어나지 않게 되어 지방변, 지용성 비타민과 비타민 B12 결핍, 내재성 인자 결핍이 나타난다.

그림 10 외인성 췌장기능부전

2 EPI 영양관리

(1) 지방

지방분해효소를 보충한다. 위산과 단백질분해효소에 의해 파괴되면 충분한 양이 장에 도달할 수 없으므로 많은 양의 소화효소 보충이 필요하다.

저지방식이를 시행한다. 에너지 밀도, 칼로리가 감소하여 체중이 감소하게 된다. 따라서 탄소수 6~12인 지방산인 중쇄지방산을 제공한다. 중쇄지방산은 췌장의 지방분해효소가 필요 없고 혈관으로 흡수하여 간 문맥으로 이동한다.

(2) 지용성 비타민

지방과 함께 흡수되는 지용성비타민은 지방을 분해하는 효소의 부족으로 인해 흡수되는 지방산의 양이 줄어들게 되므로 지용성비타민도 흡수율이 떨어진다. 따라서 별도로 보충한다.

(3) 소화가 잘 되는 음식

섬유소 함유가 낮은 식이를 실시하거나 처방식을 급여한다. 또는 평소에 먹이던 사료를 불려서 끓여서 급여한다.

(4) EPI_고양이 영양관리

1) 염증성 장 질환(IBD)과 동반

췌장염 장염, 장 질환, 크론병 등과 동반하여 발병하기도 한다. 염증성 질환을 줄이기 위해 저알러지성 사료를 급여하는 것이 좋다.

2) 당뇨 동반

당뇨를 동반한 경우는 당뇨 처방식 사료를 급여한다. 만성 췌장염에 걸린 고양이의 후복부 통증과 연관되어 있다.

V. 변비

1 변비의 원인과 증상

변비는 수분과 식이섬유가 부족한 경우 발생하는 것이 일반적이다. 거대결장(결장이 비정상적으로 확장되어 변이 밀리지 않는 상태)과 같은 질병으로도 변비가 나타난다.

🦴 2 변비 영양관리

(1) 물

변비의 예방 및 치료를 위해서 필수적인 영양소이다. 반려견의 일일 수분 섭취량은 50~60ml/kg이다. 5kg의 강아지라면 5kg x 60ml 계산하여 300ml의 수분 섭취가 필요하다. 사료의 종류에 따라 습식사료에 함유되어 있는 수분의 함량이 200ml라면 추가적으로 100ml의 물만 음수하면 된다. 고양이의 경우 강아지보다 적은 30~50ml의 음수량도 적정하다. 그러나 물을 충분히 마실 수 있도록 신경써야 한다. 물을 잘 마시지 않는 반려동물이라면 수분이 많이 함유된 음식(캔)을 급여하거나 건사료를 물에 불려서 급여한다.

(2) 식이섬유

수용성 식이섬유는 물과 결합하는 힘이 강해 수분을 함유하여 변이 딱딱해지는 것을 막아 변비를 완화시킬 수 있다.

(3) 프로·프리바이오틱스

요구르트, 김치처럼 발효식품에 있는 유익균인 프로바이오틱스를 급여하면 장내 환경을 개선시키는데 도움을 주며 프로바이오틱스 유익균의 먹이가 되는 올리고당, 가용성 식이섬유 등 프리바이오틱스도 급여하면 유익균이 증식하는 데 안정된 환경을 제공하게 된다.

(4) 소화가 잘 되고 분변의 양을 줄이는 음식

특히 흡수가 잘 되는 음식으로 조절하여 소량으로 충분한 열량을 내는 지방을 제공하여 장을 빠져나가기 원활하게 하는 윤활효과를 낼 수 있다.

VI. 결석

그림 11   고양이 결석

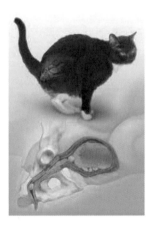

1 결석의 개요와 발생 빈도

(1) 비뇨기 결석

비뇨관 내에 형성된 결석으로 신체 대사나, 감염 여부에 따라 결석의 형태가 다르다. 칼슘 옥살레이트와 스트루바이트 두 종류가 가장 빈발한다.

1) 요 결정

음식과 신체 대사에 따라 특정 미네랄이 많이 배설되는데 요 중 특성 성분이 많아지면 결석이 생길 가능성이 높아진다. 예를 들어 칼슘의 배출이 많아지면 칼슘옥살레이트 결석이 생길 가능성이 커진다.

2) 요 pH

정상요는 pH 6.5 정도의 약산성이다. 급여하는 음식과 신체 대사에 영향을 받아 산성뇨 또는 알칼리뇨를 형성하게 된다. pH에 따라 생성되는 결석의 종류도 다르다. 일반적으로 pH가 높은 알칼리뇨에서는 스트루바이트 결석이 잘 생기고, pH가 낮은 산성묘에서는 칼슘옥살레이트 결석이 잘 생긴다.

3) 요 비중

비중이란 물보다 무거운지 가벼운지를 나타내는 농도 표기 방식이다. 요 비중이 높을수록 미네랄 등 성분 함유량이 높다는 것으로 비중이 높을수록 뇨결석이 더 쉽게 생긴다. 음수량을 높이면 요 비중이 감소하므로 결석의 발생률도 낮아진다.

(2) 발생 빈도

개와 고양이에게 자주 발생하는 비뇨기결석의 형태는 칼슘옥살레이트, 스트루바이트, 시스틴, 유레이트의 순이다. 80~90년도에는 칼슘옥살레이트의 발생빈도가 가장 높았다면 현대에는 칼슘옥살레이트와 스트루바이트가 동등한 비율로 발생하고 있다. 요크셔테리어, 푸들, 시추 등의 소형견종에서 다발한다. 특히 중성화 한 암컷, 수컷의 소형견과 2~7살 사이 암컷고양이, 8살 이상 수컷고양이에서도 자주 발생한다.

🦴 2 예방을 위한 영양과 생활 지침

(1) 관찰

소변의 색깔, 농도, 결석과 같은 결정체의 유무, 혈액 유무를 관찰한다.

(2) 물

신체 대사를 원활하게 작동시키고, 질병을 예방하기 위해 물을 많이 섭취하게 하는 것이 중요하다. 습식사료나 불린 사료를 적용하고, 신선하고 깨끗한 물을 항상 준비해 준다.

(3) 소금

소금의 섭취량 증가는 음수량을 증가하게 만들 수 있다. 자연스럽게 물을 많이 마시게 하는 방법으로 결석용 처방사료에는 소금의 함량이 정상수준에서 약간 높게 첨가되어 있다.

(4) 단백질

기준보다 많이 먹으면 신체에 부담되므로 섭취량을 감소하는 게 좋다. 특히 단백질 대사 후에 생성되는 암모니아는 스루바이트 결석의 성분이다. 육류 간식을 많이 주는 경우에는 특히 주의해야 한다. 역시 스트루바이트 결석의 성분인 인도 동물성 단백질에 많이 포함되어 있다. 인은 뼈에 있는 칼슘의 배출을 증가시켜 뇨 중 미네랄의 배출이 원활하지 않으면 칼슘결석이 생기게 한다.

(5) 수산, 칼슘, 비타민C

칼슘 옥살레이트 결석에서는 칼슘보다 수산이 더 중요하다. 먹는 칼슘은 배설되는 칼슘과 연관성이 낮다. 음식 중 수산은 요로 배출되어 칼슘과 결합하게 되면 칼슘 옥살레이트 결석을 형성하게 된다. 비타민 C도 과다 섭취 시 옥살레이트 결석 위험성이 증가한다. 반려동물은 체내에서 비타민 C를 생성하기 때문에 비타민 C 함유 음식은 피하는 게 좋다.

(6) 요 pH

산성도를 조절해 용해할 수 있다. 특히 스트루바이트 결석은 알칼리성일때 더 많이 생성되므로 음식을 통해 산성뇨로 만들어 용해한다. 그러나 산성뇨를 만드는 것보다는 물을 더 많이 섭취하게 하여 결석을 용해시켜 뇨로 배출하게 하는 것이 더 중요하다.

(7) 기타 요인

세균성 요도 감염이 있는 경우 세균의 효소로 요의 pH가 알칼리성으로 바뀌면 스트루바이트 결석이 생성된다.

고양이의 경우 하부요로기계 질환과 더불어 특발성으로 나타난다.

야외 배뇨를 하는 배뇨 습관를 가진 경우도 소변을 참는 경우가 많아 비중 농도가 증가하게 되어 결석 발생률을 높이는 요인이 된다.

(8) 처방 사료

결석의 종류에 따라 처방사료를 선택하여 급여한다.

Ⅶ. 간질환

1 간질환의 개요

간은 1,500가지 이상 신체대사 기능을 담당하고 있고 생존을 위해 꼭 필요한 장기이다. 간질환이 생기면 무기력증, 식욕감퇴, 구토, 체중 감소, 다음, 다뇨 그리고 반응성 간질환이 나타난다.

2 지방간

(1) 지방간의 원인

금식으로 인해 지방간으로 진행된다. 고양이 간 관련 질병 중 제일 흔한 원인이다. 며칠간 금식하게 되면 단백질을 소모하여 지방간으로 저장된다. 간 내 지방이 간 무게의 5%이상 존재하면 지방간이라 한다.

비만으로 인한 체내 지방이 간에 축적되어도 지방간으로 진행된다.

(2) 영양관리

지방대사가 정상적으로 돌아갈 수 있도록 충분한 지방을 DM 25% 이상 제공해야 한다. 대신 중쇄지방산을 제공하여 간기능에 부담을 주지 않도록 하며, L-카르니틴을 제공(DM 0.02%)하여 지방을 대사할 수 있도록 돕는다. 식욕이 없는 상태에서는 기호성이 좋은 음식을 제공한다.

그림 12 간부전에 의한 복수

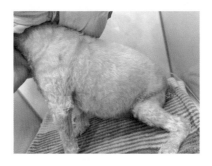

3 간부전

(1) 간부전의 원인과 지표

간 기능이 정상적으로 작동하지 못하는 것으로 혈액 검사상 간세포 내 존재하는 효소인 AST(GOT)와 ALT(GPT)의 수치 상승이 나타난다. 간의 부담을 줄여주면 서서히 회복가능하다.

(2) 영양관리

1) 충분한 단백질

간 회복에 꼭 필요한 영양소로 개는 15~20%, 고양이는 30~35%의 양질의 단백질을 제공한다. 특히 저알부민혈증 환동물에게는 신체 내 영양소 운반과 삼투압 조절에 중요 역할을 하는 알부민을 제공한다.

그러나 과량의 단백질은 위험하다. 단백질 대사 후 생성된 암모니아는 간에서 요소로 바뀐다. 간부전 시 혈중 암모니아가 높아져 신경 증상 및 의식장애(간성뇌증)를 나타낼 수 있다. 따라서 단백질의 섭취량을 조절하고 개 10~15%, 고양이 20~30%를 제공한다. 그리고 암모니아 혈증을 일으키지 않는 식물성 단백질을 급여한다.

2) 지방

단백질 과량 급여를 피해야 하기 때문에 에너지대사에 필요한 충분한 지방을 제공해야 한다. 그러나 간 문제가 있는 환자는 지방 소화능력이 떨어지므로 간부담을 줄여주는 중쇄지방산으로 제공한다.

3) 소금 제한

과한 소금을 섭취하게 되면 고혈압과 복수가 생긴다. 개에서는 0.2~0.625%, 고양이 0.175~0.75% DM 제공한다.

4) 항산화제(비타민 C, E)

많은 양의 미네랄 누적 및 지방이 산화되어 간세포를 공격할 수 있는 유리기가 증가한다. 항산화제로 유리기를 제거하여 간 손상을 예방한다.

5) 가용성 식이섬유

건강한 장내 세균을 유지할 수 있도록 충분히 급여하여 간성뇌증을 예방한다.
차전자피, 밀 덱스트린, 이눌린, 프락토올리고당의 함유량을 확인하여 급여한다.

6) 비타민

비타민의 흡수, 대사와 저장에 모두 영향을 주므로 수용성 비타민 B군을 충분히 제
공한다. 지용성 비타민도 흡수가 일어나지 않아 비타민 K를 추가적으로 급여해야 한다.

Ⅷ. 담석, 담즙 찌꺼기, 담즙울체

1 개요

① 담석: 담낭(쓸개)에서 결석이 발생하는 증상이다.
② 담즙울체: 간세포에서 만들어진 담즙이 간 속이나 바깥의 쓸개 길이 막혀 흐르
　　지 못하고 머물러 있는 질병이다. 혈청검사상 담관 지수를 나타내는 효소(ALP,
　　GGT)를 확인할 수 있다. 호르몬 질환을 동반하기도 한다. 나이가 들면서 부신피
　　질기능항진증, 당뇨병, 갑상선기능저하증 등 약물, 음식 관리 등 질환을 확인한다.

2 영양관리

고지혈증, 고콜레스테롤혈증을 동반하기 때문에 지방과 콜레스테롤을 제한한다. 담
낭 제거 수술 후 지방 소화 능력이 감소하므로 영양관리를 해준다. 최소 권장량의 지
방이 함유된 음식을 제공하고 서서히 지방함량을 증가시킨다. 지방변이 나타나기 전
까지의 지방함량을 유지한다.

지방의 흡수를 억제시키기 위해 가용성 식이섬유를 제공한다. 또한 담즙염의 성분
으로 담즙 제조에 꼭 필요한 타우린를 급여하고, 특히 고양이에서는 타우린을 충분히
제공한다.

IX. 심장질환

그림 13 심장비대

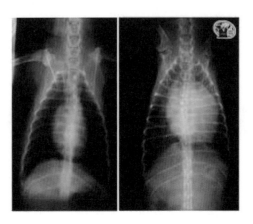

1 심장 질환에 따른 증상

(1) 심장질환

나이가 많아지면서 신체 노화가 나타난다. 반려동물의 평균 수명이 늘어날수록 심장병 발생률도 따라 증가하고 있다. 개의 심장병은 심장 판막 질환이 많고, 고양이의 심장병은 확장성 심근병증이 잘 생긴다.

(2) 정도에 따른 3가지 등급

① 등급 1: 임상 증상이 없는 심장병 환자
② 등급 2: 경도에서 중등도의 심장병 환자
③ 등급 3: 심한 심장병 환자(심부전) 심각한 호흡곤란, 심한 복수, 대부분의 시간에 활력이 없고 심인성 쇼크가 나타남.

2 심장질환의 영양관리

(1) 나트륨

심장 판막 문제가 있는 환자는 나트륨을 배출할 수 있는 능력이 절반 이하로 떨어진다. 과량의 소금이 들어있는 사람이 먹는 음식은 부종과 고혈압을 유발하여 심장 질환이 악화된다.

환동물의 나트륨(나트륨 + 염소)은 종과 심장질환 등급에 따라 DMB 권장량이 다르다.

① 등급 1: 개 환자 0.375~0.625%
② 등급 2: 개 환자 0.2~0.375%
③ 고양이 환자 0.175~0.75%

(2) 타우린

결핍 시 고양이에서 확장성 심근병증을 야기하므로 필수아미노산으로 지정되어 있다. 건강한 고양이에게 타우린은 DM 0.1%, 캔사료 0.17% 제공하고, 확장성 심근병증이 있는 고양이에게는 0.3% 이상, 다른 종류의 심장병이 있는 고양이는 250~500mg 투여한다.

개는 타우린을 합성할 수 있어 결핍이 잘 일어나지 않지만, 심장병이 있는 개에게는 DM 1%, 500~1000mg를 투여한다.

(3) 기타 영양소

과량의 단백질과 인을 피해야 한다. 오메가3는 충분히 제공한다.

X. 종양

그림 14 구강종양

1 종양의 원인

세포 분열 과정 중 변이가 생성되는 것으로 유전이 원인인 경우가 많고, 환경적 요인으로 흡연자와 함께 거주하는 경우 또는 발암물질이 많은 음식으로 인해 발현된다. 또한 비만의 경우 지방에서 분비되는 염증물질로 인해 세포의 변이를 촉진하여 종양을 발생시키는 것으로 알려져 있다.

2 종양 환자를 위한 영양관리

종양 환자는 생명연장과 삶의 질의 측면에서 영양관리를 접근한다. 오심, 구토와 설사를 줄이기 위한 약과 함께 식이를 촉진시킬 수 있는 여러 방법을 실시한다. 종양 세포는 탄수화물 대사를 하므로 탄수화물의 급여량을 줄인다. 소화되기 쉬운 양질의 단백질과 지방의 급여량을 충분히 제공하여 악액질이 되지 않도록 주의한다. 오메가3, 비타민 B, 비타민 C, 글루타치온, 코엔자임Q10, SAMe, 후코이단, 커큐민, 밀크씨슬과 같은 항암 및 항산화 효과가 있는 영양소를 제공한다. 화학요법 치료 중에는 세균 감염의 위험이 있기 때문에 생고기, 뼈, 달걀을 피해야 한다. 전자레인지에 데운 따뜻한 음식을 주어 기호성을 증가시켜야 하고 그럼에도 먹지 않을 때에는 식욕촉진제, 그리고 식이튜브를 설치하는 것을 고려해야 한다.

3 종양의 예방

다른 질병도 마찬가지이지만 종양은 건강한 상태로 되돌리기 어렵기 때문에 예방이 중요하다. 건강한 체중을 유지하고 균형 잡힌 영양을 섭취하게 한다. 환경에서의 발암물질을 최대한 줄이고 항암 효과가 있는 영양소를 많이 급여한다. 오메가3(항암, 항염증)나 항산화제를 급여한다.

XI. 영양제 및 보조제

1 유산균

동물 장 내 세균총 개선에 도움을 주는 미생물이나 물질을 의미한다. 장 내 세균총을 숙주 동물에게 유리하도록 만들고 동물의 설사를 예방한다. 살아있는 천연 미생물의 공급원이다.

(1) 프로바이오틱스

유산균 제제로 정상 장 내 미생물총을 유지하게 하고 설사환자에게는 장에 좋은 유익균으로 바꾸기 위해 급여한다.

(2) 프리바이오틱스

장 내 세균의 먹이가 되는 영양분으로 프로바이오틱스와 함께 급여하여 장 내에서 유익균이 잘 안착할 수 있도록 한다.

(3) 포스트바이오틱스

장 내 미생물(프로바이오틱스)이 영양분(프리바이오틱스)을 사용하고 배출하는 물질로서 장 내 환경을 안정적으로 유지하게 하는 물질이다. 장 미세융모의 영양분으로 사용되며 내 외부요인으로 망가진 미세융모를 회복시키는 데 도움을 준다.

2 식이섬유

(1) 불용성

소화할 수 없으므로 칼로리가 없어 포만감을 제공하며, 부피를 유지하여 분변을 형성한다. 탄수화물과 지방의 흡수를 지연시키며 장운동을 조절하여 장 내 독성 물질을 잡아주고 배출하며 소화관에 있는 폐기물의 배설을 돕는다. 셀룰로오스, 리그닌, 난소화성 말토덱스트린이 있다.

(2) 수용성

장 내 세균총의 먹이로 사용되며 장 세균을 건강하게 유지할 수 있도록 작용한다. 장 내의 과다한 물과 결합하여 탄수화물과 지방 등 영양소 흡수를 지연시키며 설사 증상을 완화시킨다. 대장의 유익균에 영양을 제공하며 생장을 촉진시키고 유익균을 증가시켜 장 내 면역력을 강화한다. 사료에 표시된 영양소 함량 중 조섬유는 가용성 식이섬유에 포함되지 않는다. 차전자피, 밀 덱스트린, 이눌린, 프락토올리고당이 있다.

3 항산화제

산화란 호흡할 때 체내로 들어오는 산소가 세포로 들어가 세포호흡, 즉 포도당으로부터 에너지를 만들어내는 데 사용되면 활성산소가 만들어지는 것을 말한다. 활성산소는 세포를 파괴시키고 이를 노화과정이라고 한다. 항산화물질은 산화를 방지하는 물질을 말하며, 활성산소를 제거하는 방어기전을 가진다. 항산화제는 세포가 분열되면서 암세포로 변이되는 것을 막기 때문에 항암제로도 사용된다. 카로티노이드류, 플라보노이드류, 지방산류, 비타민류과 무기질류가 있으며, 코엔자임 Q10, 비타민 B, 비타민 C, 비타민 E, 오메가3, 베타카로틴, 후코이단, 커큐민, 아연, SAMe, 아스타잔틴, 제아잔틴, 글루코사민, 메치오닌, L-시스테인, 코발라민, 밀크씨슬, 버섯추출물, 카테킨 등이 있으며 새로운 물질들이 지속적으로 밝혀지고 있다.

4 영양보조제

① 관절영양보조제: 글루코사민, 콘드로이틴, 초록입홍합, 보스웰리아

② 췌장질환 보조제: 소화효소(리피아제, 아밀라제, 프로테아제), 비타민B, 트립토판, 멜라토닌, 락토페린, 코발라민

③ 비뇨기계 건강을 위한 보조제: D-만노오스, 크랜베리

④ 간 건강 보조제: 타우린, 효모, 실리마린(밀크씨슬), 메치오닌, 비타민 E, 비타민 D

⑤ 피부/모질 개선에 도움이 되는 필수지방산제: 리놀레익산, EPA, DHA, 비타민 E (토코페롤), 비타민 A, 비타민 D3, 비오틴

⑥ 두뇌 영양 공급 및 항산화 작용의 영양보조제: DHA/EPA, 포스파티딜세린, L-카르니틴, 비타민 C, 효모, 셀레늄

⑦ 심장질환 보조제: 타우린, L카르니틴, 아르기닌, 오메가3, 코엔자임 Q , 비타민 E + 비타민 C, 비타민 B 복합체

그림 15 영양제, 보조제

PART 03

제7장   원무행정고객관리

제8장   동물병원 환경관리

제9장   반려동물의 기본 간호

제10장   마케팅

제11장   취업 준비

원무행정 고객관리

SECTION 01

접수와 결제

Ⅰ. 동물병원 원무행정

1 원무행정의 이해

원무행정이라고 하면 떠오르는 것이 무엇인가? 가령 우리가 병원서비스를 이용할 시 데스크에서 원무와 수납을 해주는 사람의 이미지를 연상할 수 있다.

원무수납은 "데스크", "리셉션"이라 칭하기도 한다. 보호자를 응대하기도 하며 차트 관리와 물품 관리, 환경 관리 및 보호자 관리를 위한 행정업무를 통하여 동물병원 이용 보호자나 물품 구매 고객이 더욱 신속하고 편리하게 진료 및 서비스를 받을 수 있도록 진료지원 업무를 수행할 수 있어야 한다. 동물병원에 내원한 동물의 보호자로부터 보호자와 동물의 기본 정보를 확인하고, 전산으로 등록하고 취소할 수 있어야 한다. 또한 동물의 상태를 보호자에게서 듣거나 직접 확인하여 일반 진료와 응급 진료 중 응급 진료로 판단되면 우선 접수하여 진료실로 바로 연결하기 위해 기본 수의간호학적 지식을 숙지해야 한다.

표 1   환자의 유형

환자유형	정의
외래 환자	– 입원하지 않고 진단·치료를 받는 환자 – 병원을 방문하여 입원을 하지 않고 당일에 간단하게 의료 서비스를 받고 귀가하는 환자

입원 환자	- 병원, 의원 등에 입원하여 의료 서비스를 받고 있는 환자 - 병원에서 24시간 수용되어 계속적인 진료를 받는 환자
응급 환자	- 응급한 상태에서 즉시 필요한 응급처치를 하지 아니하면 생명을 보존할 수 없거나 심신상 중대한 위해가 초래될 것으로 판단되는 환자

① 환자의 진료를 포함하여 통물병원에서 제공하는 서비스와 관련된 모든 업무가 효율적으로 진행되도록 한다.

② 환자의 진료를 포함한 동물병원의 모든 서비스를 제공하는 데 필요한 정보 및 자료를 수집, 분석, 정리하여 관리한다.

③ 환자의 진료를 포함한 동물병원의 모든 서비스를 제공하는 데 필요한 접수, 수납 관리 등의 업무를 처리한다.

④ 환자 및 보호자가 편안하고 쾌적하게 진료 및 기타서비스를 받게 하고, 더 좋은 품질의 서비스를 받을 수 있도록 한다.

2 접수

그림 1 내원여부에 따른 환자 유형

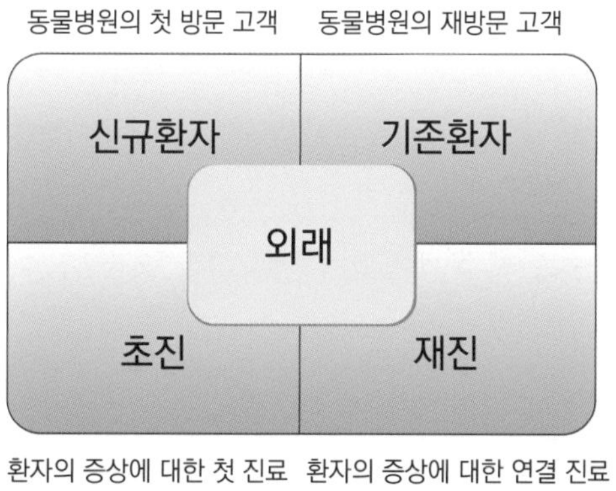

동물병원의 첫 방문 고객   동물병원의 재방문 고객

신규환자   기존환자

외래

초진   재진

환자의 증상에 대한 첫 진료   환자의 증상에 대한 연결 진료

동물병원에 내원한 여부에 따라 신규환자, 기존환자로 구분한다. 신규환자 또는 초

진환자는 동물병원에 처음으로 방문하여 환자 정보가 없는 경우를 이야기하고, 기존 환자는 한 번 이상 방문하여 환자의 정보가 진료 차트에 등록된 경우를 말한다. 또한 동일한 질병으로 치료 경험에 따라 초진환자와 재진환자로 구분한다. 초진환자는 해당 질병을 최초로 진료 받은 경우이고, 재진은 해당 질병의 치료가 종결되지 않아서 다시 내원하여 계속 진료를 받는 경우이며 응급진료는 기본 보호자 정보만 확인하여 접수실에서 보호자 응대로 시간을 지체하지 말고 바로 진료실로 보내야 한다. 진료 접수 단계는 환자가 병원에 방문할 때 가장 먼저 직접적인 커뮤니케이션이 이루어지는 접점이다. 리셉션(reception)은 응대, 접대라는 사전적 의미가 있다. 이 같은 업무를 맡은 사람을 리셉셔니스트(receptionist)라고 하며, 병원에서는 병원 서비스 코디네이터의 리셉션 업무를 맡고 있다. 여기서 가장 중요한 것은, 리셉셔니스트의 첫 이미지가 병원에 대한 친절과 서비스의 정도, 병원 전체의 인상에 대한 전체적인 평가에 작용한다. 그러므로 병원 입장에서 볼 때, 리셉션 코디네이터가 주는 영향은 매우 중요하다는 것을 꼭 기억해야 한다. 리셉션 관리에서는 접수나 고객 응대만 하는 것이 아니라, 대기실의 분위기를 포함하여 리셉션에 관련된 모든 것을 총괄적으로 관리하는 것이다. 다시 말해, 환자맞이부터 동반 환자 응대, 전화응대 그리고 기본 상담, 대기실 환경 관리, 병원 행정 업무 등 접수 주변에서 일어나는 모든 상황을 예상하여 점검하고, 그와 관련된 서비스까지 관리하는 업무이다. 첫 환자 접점이 되는 리셉션은 바로 병원 서비스의 얼굴이다. 병원은 몸과 마음이 불편한 사람들이 치료를 하기 위해 찾아오는 곳이어서 그들은 육체적, 정신적 불안한 상태에 있으며 매우 예민한 상태라는 것을 느낄 수 있다. 병원을 찾은 환자들은 누구에게나 의존하고 싶어 하고, 누구보다도 자신의 입장을 중요시하며 신속한 해결을 바라고 있다. 리셉션 코디네이터는 그런 환자의 마음을 충분히 이해하여 환자에게 항상 온화한 언행으로 응대해야 하며, 충분한 설명을 하고 신속한 진료를 받을 수 있게 환자의 심리를 잘 파악해야 한다. 병원 진료 서비스의 시작과 끝은 리셉션, 즉 접수 데스크 담당자이다. 진료 접수는 단순한 접수 공간이 아닌 환자를 환영하는 공간으로 자리매김하기 위한 접점이다. 진료 접수에 따른 업무는 표2와 같다.

표 2 진료접수에 따른 업무

구분	의미
사전서비스 단계	① 자기 관리 및 리셉션 환경 관리 ② 전화 상담: 진료 상담, 위치, 진료 시간, 안내, 예약, 불평 응대 등 ③ 예약 관련된 업무 ④ 기타 업무
제공 서비스 단계	① 환자 응대 업무: 방문 시 응대, 신규 환자 상담 ② 접수 및 대기 시간 관리 ③ 수납 및 예약 관리: 상담 안내, 진료 약속, 진료비 정산 ④ 불만 사항 및 사후 상담 ⑤ 주차 안내 및 배웅 ⑥ 기타 업무
사후서비스 단계	① 환자 관리: 해피콜, 리콜 ② 미수금 관리 ③ 보험 심사 청구 ④ 세무 관련된 업무 ⑤ 기타 업무

환자와 보호자 내원 시 보호자를 응대할 때는 일어서서 인사를 하고 밝고 경쾌한 목소리로 안내를 하는 것이 좋다. 그리고 초진 및 재진 환자의 내원 여부를 확인한다.

① 2차 병원인 경우, 환자를 알고 있는 때에는 성함을 불러 주며 안내한다. 초진 환자의 경우, 성함과 함께 예약 상황을 물어본다.

② 3차 병원인 경우, 번호표를 뽑고 대기 시간을 안내하고 순번대로 접수를 받는다. 필요에 따라 진료 접수 양식을 작성하도록 한다. (성명, 주민등록번호, 연락처, 주소 작성) 환자의 초진과 구진을 구별하여 접수 양식을 작성한다(다음 그림 참조).

그림 2 신규환자 접수양식과 개인정보 수집 활용 동의서

신규환자 접수카드 & 개인정보 수집 · 활용 동의서

■ 기본 개인정보 수집·활용

보 호 자	보호자 성명			
	주 소			
	전화번호			
반 려 동 물	이름		품 종	
	성 별	□ 남 □ 여	생년월일/나이	
	중성화 여부	□ 예 □ 아니오		
	내원 이유			

개인정보수집.이용목적 개인정보의 보유 및 이용기간	- 성명/주소/연락처 - 동물병원 업무와 수의학 정보 안내 등의 서비스 이용안내 - 예정일안내, 소식 및 고지사항 전달, 불만처리 등을 위한 원활한 의사소통 경로의 확보등 - 본원은 수집된 고객의 개인정보를 수의사법에 따른 관련서류 보존기간(검인부 및 진료부 1년, 마약류약품을 처방한 기록이 있는 진료부 2년, 진단서 및 폐사진단서의 사본 3년) 이후에도 동물의 기왕력의 확인 등 진료의 정확도를 향상하기 위해 동물이 폐사하는 날까지 진료부 등 관련서류를 보관하고자 하는바, 이에 따라 보호자의 개인정보 보관 기간도 연장됨 - 정보제공자가 개인정보 삭제를 요청할 경우 즉시 삭제합니다. 단, 타법령의 규정에 의해 보유하도록 한 기간동안은 보관할 수 있습니다. · 소비자의 불만 또는 분쟁처리에 관한 기록 : 3년 (전자상거래 등에서의 소비자보호에 관한 법률) · 신용정보의 수집/처리 및 이용 등에 관한 기록 : 3년 (신용정보의 이용 및 보호에 관한 법률) · 본인 확인에 관한 기록 : 6개월 (정보통신망 이용촉진 및 정보보호 등에 관한 법률)
개인정보 제공 동의거부 권리 및 거부의 따른 제한사항	귀하는 개인정보 제공 동의를 거부할 권리가 있으며, 동의 거부에 따른 불이익은 없음 다만, 동물진료관련 안내 서비스를 받을 수 없음.

「개인정보보호법」등 관련 법규에 의거하여 상기 본인은 위와 같이 개인정보 수집 및 활용에 동의함.

년 월 일

보호자 성명 : (서명)

보호자에게서 작성된 양식을 받으면 빠진 부분이 없는지 꼼꼼히 확인하고 작성되지 않은 부분은 설명을 하고, 접수 양식 작성을 도와준다. 작성이 끝나면 접수 양식을 전자차트에 접수하여 대기실로 안내한다. 보호자와 환자의 첫 접점으로서 보호자의 표정과 행동 등을 통해 환자의 진실을 알고 적절한 응대를 할 수 있다. 보호자의 심리 상태는 매우 예민하고 복잡하기 때문에 사소한 말과 행동 하나하나가 보호자에게 상반된 이미지를 심어 주게 될 가능성이 매우 높다. 그러므로 환자의 예후에 대해 의학적인 용어를 사용할 때 환자에게 의미가 잘 전달되도록 주의를 기울여야 한다.

① 건강해지고 싶다: 보호자는 반려동물이 하루 빨리 건강을 회복하여 정상적인 생활을 하고 싶어 한다.

② 불안감을 가지고 있다: 보호자는 반려동물이 병원에 있는 동안 심리적으로 긴장한 상태에 있다.

③ 친절한 대우를 받고 싶어 한다: 보호자는 불안 때문에 신경이 예민해져 좀 더 따뜻하고 친절한 대우를 받고 싶어 한다.

④ 치료비 걱정을 하게 된다: 보호자는 경제적인 부담 때문에 치료비가 얼마인지 알고 싶어 한다.

⑤ 책임 있는 대우를 받고 싶어 한다: 보호자는 자기 반려동물의 질환에 대한 친절하고 자세한 상담을 받고 싶어 한다.

⑥ 기다리고 않고 신속한 치료를 받기 원한다: 보호자는 가능하면 기다리지 않고 신속하게 치료를 받기 원한다.

⑦ 자기들의 비밀을 지키고 싶어 한다: 보호자는 자기의 개인정보나 반려동물의 질환에 대해서 비밀을 지켜 주기를 원한다.

🦴 3 환자의 접수에 따른 분류 파악

진료 접수를 하는 데 있어서 몇 번이나 내원했던 보호자에게 매번 처음 보는 환자처럼 응대를 하거나, 옷차림만 보고 "무슨 일로 오셨죠?" 하고 의심스러운 눈빛으로 바라본다면, 아마도 이런 병원은 6개월 안에 문을 닫거나 환자가 더 이상 내원하지 않을 것이다. 미국의 한 컨설턴트는 "리셉션 데스크는 의료 서비스의 관문이다."라고 말한 적이 있다. 이처럼 실질적으로 환자와의 첫 접점이 되는 접수 업무가 그 병원의 이미지를 좌우한다. 환자의 접수 분류에 따라 초진이라면 우리 병원의 첫 이미지를 신뢰할 수 있도록 응대해야 하고, 재진이라면 꾸준히 우리 병원의 첫 이미지를 끝까지 유지할 수 있도록 응대해야 한다.

🦴 4 초진 동물의 진료접수

접수를 위하여 차트 프로그램을(A사,B사 등) 열고 고객등록 버튼을 클릭하여 보호자/동물관리 화면으로 이동하여 새로운 고객을 등록한다.

그림 3　차트 프로그램 화면

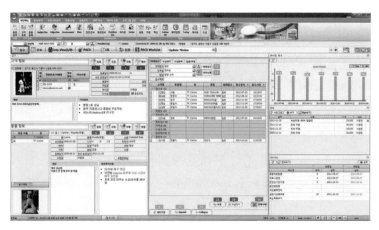

출처: A사 차트 프로그램 스크린캡쳐

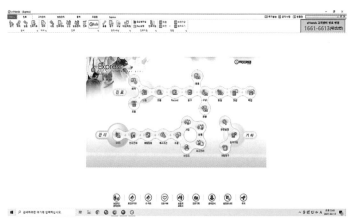

출처: B사 차트 프로그램 스크린캡쳐

그림 4   차트 프로그램 고객등록화면

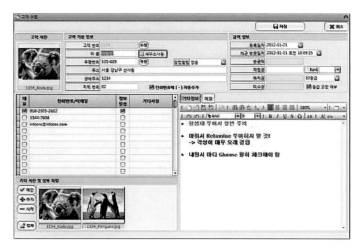

출처: A, B사 차트 프로그램 스크린캡처

그림 5   차트 프로그램 고객등록화면

① 보호자 이름

② 별칭

보호자의 직업 등 보호자와 원활하게 소통할 수 있도록 도움이 되거나 기억할 만한 특이사항을 기록한다.

③ 전화번호, 휴대전화번호
- 보호자를 기억할 수 있는 특이사항이 있다면 간단히 작성한다.
- 수의사 진료사항에 대한 동의율 및 동물병원을 대하는 우호도 등을 확인하여 등급을 추후 기록하기도 하나, 주로 원장 및 수의사가 기록하므로 접수 시 따로 기록하지 않아도 무관하다.
- 동물의 질병과 관련이 있을 만한 내원한 보호자 이외의 가족관계도 확인하여 숙지하여야 할 사항을 기록한다.

④ 우편번호 및 주소작성

⑤ 담당수의사

일반적인 초진에서는 기록하지 않지만, 접수 시 보호자가 진료를 희망하는 수의사를 지정하는 경우에 기록한다.

⑥ 동물병원 방문 경로 확인

추후 마케팅 및 보호자 정보 활용 및 확보를 위하여 확인하여 기록한다.

그림 6   차트 프로그램 동물등록화면

출처: B사

① 이름

② 종(Species)

- 개(canine, dog), 고양이(feline, cat) 등의 종을 선택한다.
- 한글 및 라틴어, 영어 등으로 표기된다.

③ 품종(Breeds)

- 종의 분류에서 개(canine, dog)를 선택한 경우, 몰티즈(Maltese), 푸들(poodle), 슈나우저(schnauzer), 콜리(collie), 불도그(bulldog) 등의 개 품종을 선택한다.
- 잡종견은 믹스(mix) 또는 교잡종(hybrid) 등의 단어로 표기된다.
- 종의 분류에서 고양이(feline, cat)를 선택한 경우, 페르시아(Persian), 샴(Siamese), 아비시니아(Abyssinian), 아메리칸쇼트헤어(American shorthair) 등 고양이 품종을 선택한다.
- 잡종고양이는 코리안쇼트헤어(Korean shorthair) 단어로 표기된다.

④ 색깔

⑤ 성(sex)

- 차트 프로그램의 종류에 따라 수컷은 male로 표기되기도 한다.
- 차트 프로그램의 종류에 따라 암컷은 female로 표기되기도 한다.
- 차트 프로그램의 종류에 따라 중성화한 수컷은 castration 또는 neutralization 으로 표기되기도 한다.
- 차트 프로그램의 종류에 따라 중성화한 암컷은 ovariotomy 또는 neutralization 으로 표기되기도 한다.

⑥ 생년월일

일반적으로 태어난 날짜를 기억하는 경우가 많지 않으므로 연도와 월을 기록한다.

⑦ 혈액형

수혈하는 경우 등을 대비하여 알고 있으면 좋지만, 대부분 내원하는 가정견은 혈액형을 모르므로 비워 놓는다. 필요할 때 검사를 요청한다.

⑧ 특성

⑨ micro ID, 동물등록번호

(가) 내장형 무선식별기기(전자칩) 개체를 삽입한 경우 전자칩 리더기를 양쪽 어깨뼈 사이나 그 주위에 갖다 대어 등록번호를 확인한다.

(나) 외장형 무선식별기기, 등록인식표 부착의 경우 외장형 인식표를 보고 등록번호를 확인한다.

⑩ 추가메모

질병과 관련 있을 것으로 추정되는 이력 등을 묻고 기록한다.

⑪ 생활환경

질병과 관련 있을 것으로 추정되는 동물의 거주 주변 환경을 확인하여 기록한다.

⑫ 과거 병력

본원 또는 다른 동물병원에 내원한 경력 및 질병 이력 등이 있다면 확인하여 기록한다.

그림 7 차트 프로그램 동물 특이사항 적용

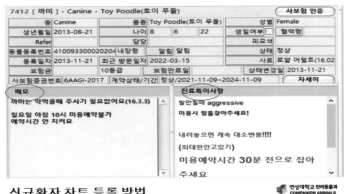

신규환자 차트 등록 방법

출처:A사 차트 프로그램 스크린 캡처

5 외래 진료 접수

그림 8 차트 프로그램 외래접수

출처: C사 차트 프로그램 스크린 캡처

그림 9　차트 프로그램 접수 시 진료실 선택

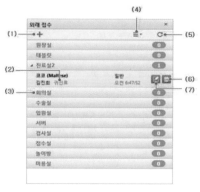

출처: C사 차트 프로그램 스크린 캡처

그림 10　바이탈 체크 화면

출처: A사 차트 프로그램 스크린

그림 11　체중 입력 화면

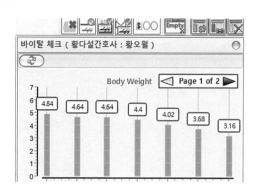

A사 차트 프로그램 스크린

① 체중을 측정한다.
- 동물병원 대기실 및 접수실에 있는 체중계를 이용하여 측정하여 기록한다.
- 동물병원의 시스템상 보호자가 직접 동물의 체중을 재도록 하는 경우도 있으므로, 이럴 때는 체중계에서 직접 정확한 체중을 확인하여 기록한다.
- 보호자가 알고 있더라도 정확한 진료를 위하여 체중을 다시 한 번 측정한다.
- 동물 정보 입력 화면 오른쪽의 체중 기입란에 체중을 기록한다. 보통 소수점 한 자리까지 기재한다.

② 진료 대기 안내
진료 대기시간이 긴 경우 보호자와 다양한 대화를 하게 되는데, 형식적인 질문이나 무표정한 응대보다 보호자의 눈높이에 맞추어 대화한다. 동물병원과의 효과적인 의사소통을 위하여 이 시간에는 보호자와 긴밀하고 친밀한 이야기를 하는 것이 좋다. 일반적으로 동물의 평소 성향이나 특성을 자연스럽게 파악할 수 있으며, 파악된 내용 중 진료와 직, 간접적으로 관련 있는 내용은 차트에 기재한다.

③ 진료실로 안내
가) 수의사가 지정된 경우 보호자와 동물을 해당 진료실 앞으로 안내한다.
나) 동물을 보호자로부터 받아 데리고 진료실로 직접 연계한다.
진료 시작 전 보호자와 수의사가 대화하는 동안 접수를 맡았던 사람이 직접 진료를 도와주는 동물병원 시스템의 경우 진료시간 동안 동물을 인계하여 진료실 내에서 대기한다.

Check Point! ● ● ●

보호자 응대 시 불안하고 걱정하는 마음을 이해하는 자세로 보호자의 말에 귀를 기울이고 항상 상냥한 태도와 표정을 유지한다.

④ 수납
수납목록은 크게 세 가지인 외래진료, 입원, 용품구매로 나뉘어진다. 진료가 끝나서 결제 단계에 도착하면 보호자에게 수납 내역서(청구서)를 전달한다. 비용 발생에 대한

상세내역설명과 영문이나 보호자가 알기 어려운 항목에 대하여 설명을 충분히 드린 후 보호자가 원하는 결제방법으로 결제를 해드린다.

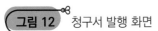

그림 12 청구서 발행 화면

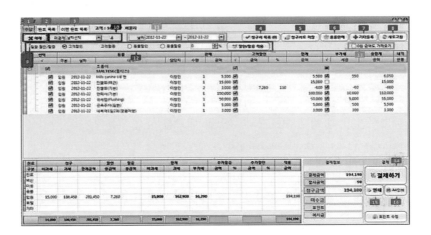

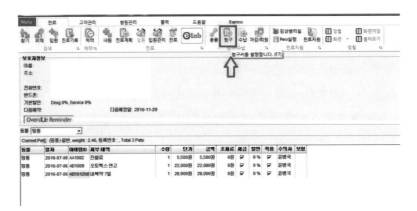

출처: A, B사 차트 프로그램 스크린 캡처

① 수납 버튼(A사), 청구서 발행 버튼(B사)을 눌러 결제처리를 하거나 청구서를 발행한다.

② 발행되는 청구서를 확인한다.

그림 13 청구서

① 현금 수납

보호자로부터 액수를 정확하게 확인한다.

② 신용 카드 수납

결제 승인 결과를 확인하고 카드를 보호자에게 건네주었는지 다시 확인한다.

③ 수표 수납

사용자로부터 친필로 이서를 받고 필요시 결제단말기를 통하여 이상 여부를 확인
한다.

수납 시 보호자에게 받은 금액을 설명하고 거스름돈과 영수증을 발급하여 금액이
맞는지 확인시킨다. 수납 후 보호자를 배웅할 때는 밝고 차분한 목소리와 표정으로 보
호자가 동물병원 문밖을 나갈 때까지 친절히 배웅한다. 진료비 환불 요청이 있는 경
우, 진료실에서 환불 승인 여부를 확인하고 기존 발행된 영수증을 회수하여 환불 영수
증과 함께 보관한다.

* 수납 시 주의사항

① 보호자가 신뢰할 수 있도록 언행에 주의해야 한다. 보호자와 직접 접촉하여 수납이 이루어지기 때문에 간호사의 인격, 말솜씨, 성의 등으로부터 신뢰관계가 생긴다.

② 보호자에게 심리적 부담을 줄 만한 내용이나 표현은 피해야 한다. 지나치게 많은 정보는 오히려 보호자에게 혼란을 줄 수 있다.

③ 보호자의 나이, 성별, 질병의 종류, 질병의 상태, 질병의 원인과 인자를 고려해 설명 내용과 방법을 다르게 해야 한다. 특히 나이가 많은 보호자, 대화가 잘 안되는 보호자에게는 특별한 배려가 필요하다.

④ 질환의 상태와 진료 내용은 동물마다 다르므로 진료실에서의 진료 내용을 정확히 파악하여야 한다.

⑤ 보호자는 불안해서 진료 후에 여러 가지 궁금한 점을 질문하는 경향이 있다. 이때 질문의 진짜의도는 무엇이며, 무엇을 알고 싶어 하는가를 정확히 이해하고 대답하는 것이 필요하다.

⑥ 모든 상담 및 설명에는 진료 내용에 대한 부분이 정확하게 이해가 되어야 하므로 의사 전달 과정에 앞서 수의사의 소견과 본인의 의사를 일치시키는 것이 가장 중요하다.

Ⅱ. 차트의 활용

1 각종 서식 발급

차트 프로그램으로 동물병원 내 각종 서식(증명서 및 검사결과지 등)의 서식을 발급 할 수 있다.(그림14,15 참조) 동물병원에서 활용하는 각종 동의서의 종류에는 수술/마취/진정동의서, 수술 전 동의서, 입원동의서 등이 있으며 진정동의서는 동물에게 마취 및 진정을 하기 이전에 작성하는 것으로, 보호자는 반드시 수의사의 충분한 설명을 듣고 이에 동의하였을 경우에 작성하여야 한다.

수술 전 동의서는 동물에게 수술을 하기 이전에 작성하는 것으로, 마찬가지로 수의사의 충분한 설명을 듣고 이에 동의하였을 경우에 작성하여야 한다. 입원동의서는 동물의 입원과 관련하여 보호자가 동의를 표하는 내용을 기재한 문서를 말한다. 입원동의서에는 동물과 보호자에 관한 기본 정보를 정확하게 기재해야 한다. 또 입원에 관한 수의사의 소견을 간결하고 명료하게 기재한다. 작성을 마친 후에는 담당 수의사와 보호자의 서명 날인을 거친다(그림 16, 17 참조).

그림 14 A사 차트 프로그램 혈액검사결과

그림 15 A사 차트 프로그램 예방접종증명서

그림 16 A사 차트 프로그램 수술 동의서

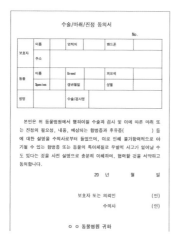

그림 17 A사 차트 프로그램 입원동의서

1) 보호자 정보, 반려동물 정보, 진료 내용 등이 누락되지 않도록 관리하고, 내용이 변경되면 바로 업데이트 한다.
2) 입원동의서, 마취동의서, 수술동의서, 진단서, 폐기물 처리 등의 기록과 문서를 관리하고, 분실되지 않도록 주의한다.

2 예약관리

(1) 예약 대상

외래 진료 예약, 입원 예약, 각종 검사 예약, 수술 예약으로 나뉜다.

(2) 예약제도 홍보

예약제도 이용 시 이점과 이용 방법을 홍보하여 보호자가 예약제도를 이용하도록 권유한다.

반려동물의 내원 시간을 조정함으로써 동물병원의 주어진 자원과 진료 능력을 최대한 활용하여 동물의 대기시간을 단축하거나 해소하는 데 목적이 있다.

(3) 예약 제도의 효과

① 동물의 만족도가 증가한다. 병원에 두려움이 많은 동물들에게 대기시간을 최소화하며 예약이 보장된 시간에 해당 진료에 집중할 수 있다.
② 업무 능력이 향상한다. 예약이 보장 된 스케줄을 파악하여 필요한 업무를 추가하거나 배제할 수 있으며 해당 진료 준비를 통해 원활한 업무를 볼 수 있다. 하지만 예약 부도율은 동물병원의 진료 수익에 영향을 끼칠 수 있으므로 여러 번 숙지하도록 설명하고, 문자로 안내하여 예약 사항을 지키도록 한다.
③ 인력을 효율적으로 관리할 수 있다.
④ 동물병원 관리가 쉽다.
⑤ 보호자의 내원 시간대를 조정하여 대기시간을 최소화할 수 있다.

그림 18 · A사 차트 프로그램 예약화면

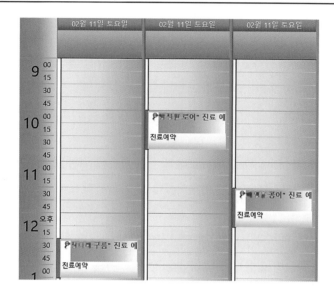

① 그날의 스케줄을 확인한 다음에 예약을 한다.

"네, 보호자님 원하시는 날짜와 시간을 말씀해주시겠습니까? 네, 그럼 O월 OO일 OO시 바비의 OO예약 잡아드리겠습니다. 번거로우시겠지만, 예약변경이나 취소를 하실 때에는 병원으로 연락주십시오. 감사합니다."

② 전날에 보호자에게 문자로 안내하고, 당일에 전화로 확인한다.

③ 보호자 방문 시 준비하고 있었다는 느낌이 들도록 한다.

Ⅲ. 고객관리

1 고객만족

(1) 고객만족의 개념

고객만족의 개념이 오늘날 산업현장은 물론이고 학계에서도 중요한 이슈로 대두되고 있는 이유는 기업들이 원하는 여러 가지 성과와 고객만족이 관련이 있기 때문이다. 포넬 (Fornell, 1992)은 고객만족도가 높은기업이 얻을 수 있는 주요 혜택을 다음과 같이 설명하고 있다. 즉 높은 고객만족도엔 기존고객 충성도의 향상과 기존고객의 이탈

방지, 가격민감도의 감소, 신규고객 창출비용의 감소, 마케팅 실패 비용의 감소와 기업명성도의 향상을 나타낸다고 하였다. 그리고 고객만족에 따른 높은 고객 충성도 또한 미래의 현금흐름에 있어 원활하게 보장된다는 것을 의미하기 때문에 기업의 경제적 수익에도 반영된다고 하였다. 이러한 결과 과정 중심적 정의 이외에도 고객만족은 인지 감정적 측면에서 또한 정의되기도 한다.

① 정의: 구매 전과 후의 단계를 통해서 느끼는 상품 및 서비스 성과에 대한 포괄적인 감정
  - 고객이 원하는 것에 대응하는 일련의 기업 활동에 대한 결과
  - 상품 및 서비스의 재구매가 이루어지며 고객의 신뢰가 따라오게 되는 상태
② 개념의 흐름
  - 1950년대 후반부터 1960년대 전반적인 문제에 대한 인식
  - 수요보다 공급이 많을수록 고객만족 강조: 고객을 중심으로 하는 마케팅(고객만족, 고객지향, 고객감동)
③ 특징
  - 고객 만족에 영향을 주는 것: 제품 및 서비스의 특징, 제품 및 서비스 품질 가격, 고객의 상황적인 요인, 개인적인 요인 등
  - 고객 만족에 대한 3가지 견해: 지각한 품질에 대한 평가, 소비를 경험한 후의 태도, 구매 후 사용한 경험에 의한 감정적이고 정서적인 개념
④ 고객만족 관리의 필요성 및 중요성
  - 기업의 매출은 기존고객으로부터 반복적 구매와 신규고객으로부터의 구매 창출에 의해 일어남
  - 기업 경쟁력의 가장 중요한 것 = 기존고객을 잃지 않는 것

(2) 고객 관리

동물병원은 대개 지역주민이나 단골고객을 상대하기 때문에 더욱이 고객관리는 필수적인 요소가 되었다.

단순히 진료비를 가격을 맞추는 것만으로는 고객을 만족시키기 어렵기 때문에 디테일한 부분까지도 신경을 씀으로써 매출의 증대를 가져올 수 있다. 고객이 어떤 것을 필요로 하고 원하는지를 파악하려면 방문고객에게 고객카드를 작성하여 기본적인 정

보를 알아두면 더욱더 관리가 쉬워질 것이며, 고객에 맞춘 차별화된 서비스를 준비하는 것이 나아가 고객확보 및 수익을 증대시키는 효과도 볼수 있다. 예를 들면 코로나로 인해 한동안 Hill's사의 용품이 자주 품절되었다. 그럴 때 자주 오는 단골고객의 경우 지속적으로 구매하던 캔이나, 사료 등 입고시 우선적으로 혜택을 받을 수 있도록 우선순위에 두고 관리하면 단골고객의 만족을 통한 입소문으로 더 많은 고객을 유도할 수 있게 된다.

또한 타 카페 같은 경우 고객만족을 위해서 쿠폰이나 회원카드를 만들어 적립포인트 및 할인시스템을 도용하여 사은품을 증정하는 등의 전략이 통상적으로 많이 활용되고 있고 행여 배달을 하는 음식점의 경우 한 번이라도 배달을 시킨 고객의 번지수와 자주 주문하는 음식의 간략한 인적사항을 기록해 놓으며 기억해둔다면 고객으로 하여금 더욱더 친근감을 느끼고 단골이 될 확률이 높아진다.

요즘 추세에 따르면 안정적으로 고객을 확보하지 못하면 어떠한 업체더라도 시장에서 생존하기가 어려운 상황이 된 것이 현실이다. 이에 따라 모든 업체들은 고객의 마음을 사로잡기 위한 갖가지 마케팅과 고객관리를 실행하고 있다. 또한 지속적인 커뮤니케이션에선 요즘 많이 사용되는 카카오톡이나 인스타그램, 전통적인 전화, 문자 등을 이용하면 도움이 된다.

보호자와의 라포형성이 잘 되어 친분관계가 형성된 경우에는 보호자에 대한 더 많은 정보를 얻을 수 있어 마케팅에서도 활용할 수 있게 된다.

일반고객들 역시 꾸준한 관리를 통해서 단골고객으로 만들어줄 필요가 있다. 신규고객을 만드는 것 또한 중요하지만, 기존 고객을 단골 고객으로 전환시켜 동물병원의 재방문, 서비스의 반복이용을 일으키는 것이 매출을 향상시키는 데 훨씬 좋은 방법이 된다. 또한 기존고객들의 재구매는 기존에 사용해온 제품일 확률이 높다. 그렇기 때문에 제품설명을 굳이 하지 않아도 사용할 것이며 평소 제품을 설명하는 노력보다 고객과 친분을 쌓는 것을 노력한다면 훨씬 더 친밀한 관계를 형성할 수 있다.

고객관리를 잘하는 방법은 종이 또는 컴퓨터로 고객관리 목록을 기록하여 관리하는 것이 좋다는 것은 누구나 다 아는 사실이다. 그러나 체계적으로 관리를 할 필요는 있는데, 소수의 고객일 때는 헷갈리지 않겠지만, 그 고객들이 수십에서 수백명이 된다면 한 사람 한 사람 기록하기에 무리가 있으므로 체계적으로 정리가 가능한 컴퓨터를 이용하면 도움이 된다.

단골고객과 VIP 고객 관리 같은 경우, 즉 고정고객, 단골고객들은 특별관리를 할 필요가 있다. 그리고 신규 고객은 3개월 내 재구매할 수 있도록 힘써야 한다.

신규 고객의 50%는 한 번 내원 후 더 이상 내원하지 않을 수 있는데, 처음 인연을 소중하게 생각하고 유지해 나갈 수 있도록 2차 내원 연결이 중요하다.

2 기본 고객 응대법

(1) 인사

1) 인사의 정의

인사란 안부를 묻거나 공경·친애·우정의 뜻을 표시하는 예의이다.

인사의 사전적 의미로는 사람 인(人)과 일 사(事)가 합쳐진 말로, 사람들 사이에서 지켜야 할 기본적인 예의를 말하며, 만나고 헤어질 때에 예를 갖추는 행동이다. 따라서 인사는 기본예절에 있어 인간관계의 시작으로 도덕과 윤리형성의 기본이 될 수 있다. 인사예절 흔히 인사는 1단계도 아닌 기본 예절의 0단계라고 한다.

- 인사는 상대방을 만나거나 헤어질 때에 예를 표하는 말이나 행동이다.
- 인사는 처음 만나는 사람끼리 서로의 이름을 통해 자기를 소개하는 말이나 행동이다.
- 인사는 입은 은혜를 갚거나 남이 한 일에 대하여 고마움이나 칭찬에 대하여 예의를 차리는 말이나 행동 이다.

2) 인사의 필요성

인사는 상대방에게 있어서 인격을 존중하는 의미이기도 하며, 상대에 대한 존경과 친절을 나타내는 외적 표현이기도 하며 원만한 사회생활과 대인관계 유지를 위해선 반드시 필요한 행위다. 이렇듯, 인사는 우리 사회에서 성공적인 대인관계와 경쟁력을 갖기 위해선 반드시 갖추어야 할 기본적인 능력이다. 인사는 인간사회에 있어서 윤리적인 형성의 기본이고 동물병원코디네이터에게 있어서는 자신의 인격이다. 윗사람에 대하여는 존경심의 표현이며, 동료에게서는 우애의 상징이기도하고 고객에게서는 서비스를 바탕으로 한 표현이며, 아울러 본인의 인격과 교양을 밖으로 표출하는 과정중 하나다. 때문에 인사는 부드러운 느낌, 좋은 인상, 성실한 서비스응대의 이미지를 전달할 수 있는 표정으로 때와 장소 및 상대에게 맞는 인사말을 사용하여 예의 바르게 하도록 한다. 또한 항상 내가 먼저 인사하는 습관을 들이도록 하는 것이 좋고 인사를 받으면 반드시 상대방에게 답례를 하도록 하여야 한다. 이는 동물병원에 방문하는 보호자와 동물환자와의 원만한 관계형성의 토대가 될 수 있다. 처음 고객을 맞이할 때는 눈맞춤, 미소와 같은 적절한 비언어적 접근과 더불어 적당한 인사말을 사용함으로써 비교적 쉽게 고객을 맞이하고 자신을 소개할 수 있다. 고객이 처음 서비스의 노출되는 그 순간 제일 먼저 하는 것이 인사이다. 긍정기억을 남기는 직원의 첫인상 중 대표적인 것은 인사라고 할 수 있다.

상대방의 인사에 응답을 하는 것보다 내가 먼저 반갑게 인사를 건네는 것을 생활화해야 하며, FM적인 전통예절 안녕하십니까 어서오십시오 이렇게 응대하는 인사보다 날씨, 칭찬, 관심 또는 배려의 작은 안부를 묻는 인사를 하면 고객이 존중받고 내가 기억되었다는 이미지를 심어줄 수 있다. 또한 친밀감을 표현할 수 있고 초기 신뢰관계, 즉 라포(Rapport)를 확립하기 위해서 필수적인 요소로 평가되고 있다.

3) 바른 인사법

보호자에게 인사를 할 때는 내가 먼저 시선을 마주보고 미소를 짓는다. 그리고 상냥한 인사말을 하며 다시 마주보고 미소를 짓는다.

STEP 01: 상대방을 바라본다.

STEP 02: 인사말을 전한다.

STEP 03: 허리부터 숙이고 등과 목은 일직선으로 한다.

STEP 04: 시선은 발끝을 본다.

STEP 05: 숙인 상태에서 멈췄다 천천히 올라온다.

그림 19 인사 방법

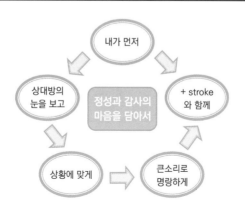

그림 20 보통례

3 고객과의 친밀감 형성

(1) 라포(Rapport)

사람과 사람 사이에 생기는 서로 간 신뢰관계를 말하는 심리학 용어이다.

서로 마음이 통한다든지 어떤 일이라도 터놓고 말할 수 있거나 말하는 것을 서로 간 충분히 이성적으로, 감성적으로 이해하는 상호 관계를 말한다.

라포는 상호간에 신뢰하며 마음이 통하고 따뜻한 공감이 있으며 감정적으로 친근 감을 느끼고 감정교류가 잘 되는 것이다. 즉 마음의 관계, 유대, 마음이 연결된 상태, 마음이 통하는 상태라고 볼 수 있다.

어느 누군가와 연결되는 감정은 특정 의도를 통해 만들어질 수도 있고, 자연스러운 대화를 통해 형성될 수도 있다. 또한, 라포형성은 장기간에 걸쳐 신뢰 관계를 구축하기 위한 도구일 수 있으며, 비즈니스 성공시키기 위한 기본 베이스가 될 수도 있다. 새로운 직장을 위해서 면접을 보거나, 어떤 제품이나 서비스를 고객에게 판매하거나, 상대방과 좋지 않은 관계를 개선하고자 할 때, 라포를 구축하는 방법을 안다는 것은 나의 커리어 관리에 있어서 매우 도움이 되는 비즈니스 스킬을 사용할 수 있다는 의미가 된다. 상호간 라포가 형성된 사람들의 관계에서는 무슨 일이든 털어놓고 말할 수 있으며 어떠한 상황도 충분히 이해할 수 있고 공감하고 함께 있다 할 수 있다.

(2) 스몰톡(Smll Talk)

스몰톡(Small talk)이란 대화의 기능적 주제나 다루어야 할 거리를 다루지 않는 비공식적 유형의 담화를 뜻한다. 본격적인 대화로 들어가기 전에 하는 잡담이며, 사교적인 자리에서 편하게 나누는 대화이다. 우리가 사회생활을 하다 보면 더욱더 상호관계가 없는 낯선 사람과의 소통을 해야만 할 때가 있다. 이럴 때 상대에게 어색함이 그대로 전달되고 말을 잘 하지 못한다면 '사회성이 부족한 사람' '불편함을 주는 사람'으로 느껴지게끔 할 수 있다.

스몰톡을 통해 상대와의 어색함을 줄이고 분위기를 편하게 만들고 서로 간의 심리적 거리를 좁힌다면 상대에게서 신뢰를 얻을 수 있고 더욱 많은 기회나 또다른 성과가 있을 수 있다.

물론 모르는 사람에게 전부 다 그래야 하는 건 아니지만 적어도 내가 관계형성을 해야 하고 친해지고 싶고 불편해지고 싶지 않다면 상대의 마음을 열어 말문을 트이게 하는 스몰톡이 필요하다. 그중 나와 가장 관계가 형성되어야 만하는 고객을 대상으로 생각해보자.

만약 마음속에 말솜씨가 없어서 창피하다거나 분위기가 깨질까 부담스러울 수 있으나 우리는 대화를 할 때 용건을 전하는 대화가 있고 용건을 제외한 대화가 있는데 스몰톡이 바로 용건을 제외한 대화에 해당이 된다. 즉 큰 의미가 없는 이야기란 것이다.

책임을 질 필요도, 심오한 토론을 하는 것도 아니고 웃음을 터트리는 재미가 있어야 하는 것도 아니다. 단지 서로 분위기를 부드럽게 만들면서 내가 생각한 것과 느낀 것을 말하면 된다. 그렇다면 스몰톡 시작하기 가장 절호의 기회가 언제일까?

바로 인사를 시작할 때다. 제일 중요한 시점이라고 할 수 있다.

인사를 건넬 때 플러스 알파의 메시지를 덧붙여보자. 바로 인사 외에 사소한 화제를 덧붙여보는 것이다.

"안녕하세요~ 빗길에 오시느라 고생많으셨죠?" 같은 가벼운 말을 덧붙일 수 있다.

4 고객 방문 시 응대 법

(1) 스몰톡을 이용한 고객방문 시의 인사 방법

- 안녕하세요, 진료 보러 내원하셨나요? 예약하셨나요?
- 안녕하세요, 우리 바비가 오랜만에 왔네요.
- 안녕하세요, 날씨가 너무 추운데 오시느라 힘드셨죠?
- 안녕하세요, 이렇게 더운 날 오시느라 고생 많으셨어요.

상대방에 대한 관심을 가지고 그들의 변화에 주목해야 하는데, 그렇지 못할 때는 고객과의 관계형성에 문제가 발생할 수 있다. 만약 작은 인사말을 주고받는다면 고객들이 나에게서 자신이 특별한 대우를 받고 있다는 생각을 하게 될 것이다.

또한 다양한 인사말로 상대방에게 관심과 애정을 표현하는 것이 좋다.

고객에게 "눈길에 오시느라 힘드셨죠" "너무 추우시죠? 고생하셨어요" 등의 인사와 동물병원 내의 동료와 선생님들과도 "추운데 출근하느라 고생했어요" "잘 가, 운전 조심히 해"라는 작은 안부를 묻는 스몰톡(small talk)을 더하는 것은 호감을 더하는 인사법이 될 것이다.

스몰톡을 사용할 때는 고객의 변화에 민감하게 반응하는 것이 좋다. 고객의 신상 변화나 환자의 외형적 변화, 질병의 호전 상태로 인사를 시작하는 것도 좋다.

본래 비만인 강아지는 보호자 또한 체중에 민감하기 때문에 "어머 허리가 잘록해졌네요" 등의 재치가 있으면 분위기를 더 좋게 만들 수 있다.

(2) 자기소개

고객 그리고 환자와 인사하기 → 자신을 소개하기 → 자신의 역할을 분명하게 말하기 → 환자의 정보를 알아내기 → 관심과 존중보이기 → 환자와 보호자가 육체적으로 편안할 수 있도록 주의를 기울이기

- "안녕하세요. 원무팀 김코디입니다. 처음 방문이신가요? 우리 친구 이름이 무엇인가요? 바비야~ 설사해서 왔구나! 잠시만 앉아서 기다려주시면 빠른 시간 내에 진료 연결할 수 있도록 해드리겠습니다."

- "안녕하세요. 원무팀 김코디입니다. 바비 드레싱하러 오셨죠? 진료대기시간이 대략 10분 정도 발생하니 잠시만 기다려주시겠어요?"

보호자에게는 유니폼을 갖춰 입은 내가 당연히 동물병원에 속해있는 스탭으로 보이겠지만 내가 누구이고 어떤 소속으로 속해서 어떤 업무를 보는 사람인지 소개를 하여야 한다.

(3) 미소와 눈맞춤

① 미소를 받는 고객의 입장에서는 친절, 봉사, 환영의 느낌을 받게 된다.
② 미소는 기뻐서 소리를 내는 것이 아니며 웃음과 분명히 구분된다.
③ 온화한 시선을 위해서 자연스럽고 부드러운 시선으로 상대를 보며 가급적 고객의 눈높이와 시선을 맞춘다.

진정한 마음에서 우러나오는 미소야말로 고객에게 긍정적 인상을 주며 동물과 사람이 편안한 마음으로 쉼터를 제공받을 수 있을 것이다.

자연스러운 미소는 가식적이거나 형식적이지 않은 진실이며 시끄럽거나 소란스럽지 않은 조용한 웃음이다. 따라서 절대적인 자기감정과 연결이 되어야 한다.

눈맞춤은 고객으로 하여금 코디네이터가 나의 방문을 함께 참여하고 이야기를 들을 준비가 되어 있다고 추론하게 하기 때문이다.

눈맞춤이 없으면 고객은 코디네이터의 시선을 되돌리도록 비언어적 노력(눈맞춤,자세, 움직임, 표정, 목소리) 등을 하고 제공된 정보의 질과 양은 감소한다.

(4) 말을 걸 때

맑고 밝은 표정과 함께 정확한 발음, 맑은 목소리로 적당한 속도를 유지하며 말한다. 언어는 문어체가 아닌 자연스러운 구어체 표현으로 하며, 어휘는 보호자의 기준에서 알아듣기 쉬운 것을 사용한다. 보호자의 관심과 흥미에 초점을 맞추고 모르는 것은 정중하게 물어보도록 한다. 보호자에게 설명할 때는 자신이 알고 있는 내용이라고 해서 생략하면 안 된다. 보호자와의 대화에서는 한 번 말하고 두 번 이상 들어주고 세 번 이상 맞장구치는 1, 2, 3 화법으로 하는 것이 가장 중요하다.

(5) 말을 들을 때

침묵을 지키고 귀를 기울여 주며 환자의 속마음까지 이해하려는 경청의 자세를 취한다. 보호자의 말을 도중에 중단시키면 안 된다. 보호자의 말에 가벼운 반응을 보여줘야 하며, 가끔씩 보호자가 한 말을 반복해 주는 것도 좋다. 보호자의 말에 성급한 판단이나 조언은 하지 않으며, 대화 도중에 부득이 전화를 받을 때에는 양해를 구하도록 한다. 특히 모니터를 이용할 때에는 수시로 환자와 시선을 마주치도록 한다.

5 대기 환자 관리

(1) 대기 시간 관리에 대한 중요성

동물의료 서비스에 대해 가장 큰 고객불만 요소는 긴 대기 시간이다. 병원의 입장 또한 이해할 수 있지만, 주어진 시간 동안 진료해야 할 동물환자 수는 많고 시간은 짧다 보니, 이런 상황에서 개인 상담 시간까지 늘어나기 때문이다. 이런 어려운 상황을 전문 상담 요원을 배치하여 새로운 해결 방법을 제시하는 병원이 늘고 있다. 이와 같이 진료 대기 시간에 많은 불만을 표출하는 이유는 반려동물에게 중요한 건강 문제로 인해 보호자가 심리적, 육체적으로 불안한 상태이기때문에 대기 시간을 더욱더 길게 느끼고 있기 때문이다. 따라서 대기 시간, 바로 그중에서도 수의사의 직접적인 처지를 받을 수 있는 진료 서비스 시작 이전까지의 대기 시간을 획기적으로 줄이는 것이 동물환자와 보호자의 만족도를 크게 높일 수 있다는 것을 알아야 한다.

(2) 대기실 환경 체크리스트

1) 읽을거리

① 오늘 신문이 도착했는지 확인한다.
② 이달의 잡지가 도착했는지 확인한다.

2) 소파 및 대기 의자

① 이물질이 묻었거나 실밥이 뜯어지지 않았는지 확인한다.
② 반려동물의 털이나 발자국 등 오염도를 확인한다.

3) 음료대

① 차는 최소 3~5종류 정도 다양하게 준비한다.

② 원두커피 머신의 청결 상태를 확인한다.

③ 계절별로 음료를 다르게 준비한다.

4) 음악

① 클래식한 계열의 잔잔한 음악을 틀어놓는다.

② 시간대에 맞는 음악을 틀 수 있게 다양하게 준비한다.

③ 인터넷 음악 사이트를 통해 음악 서비스를 준비한다.

④ 이벤트에 맞는 음악 서비스를 한다(크리스마스 음악).

5) 게시판

① 전달하는 내용은 1주일에 1회씩 점검한다.

② 진료 일정표는 매일 바꾸어 제시한다.

③ 신규 고객 환영 안내문을 마련한다.

④ 병원 내에 이벤트 게시물도 마련한다. (이벤트가 있을 경우)

 Check Point! ● ● ●

동물환자와 보호자의 대기 시간을 줄이자. 동물환자들이 예민해지며 보호자를 지치게 만드는것 중 하나가 바로 대기 시간이다. 대기 시간 동안 대부분의 동물환자들은 지루하고 피곤하고 아프고 두렵다. 따라서 대기 시간을 조금이라도 줄이면 동물환자와 보호자들의 심리적인 상태는 보다 편해진다. 평소 진료 대기 시간을 줄이는 것도 동물환자와 보호자를 위한 서비스의 하나이다.

그림 21 동물병원 대기실 모습

출처: 로얄동물메디컬센터

 Check Point!

- 10·10·10 법칙: 고객을 유지하는 데 10달러, 고객을 잃는 데 10분, 잃은 고객을 다시 얻는 데 10년'

  즉, 동물병원의 특성상 처음 선택한 병원에서 진료를 받거나 수술을 한 동물환자의 경우, 진료 서비스가 마음에 들지 않아 곧바로 다른 병원으로 옮겨 가기가 어려운 것이 현실이다. 동물병원의 직원들도 신규 동물환자가 재진 동물환자가 되는 것은 당연한 것이라 생각하고, 그 때문에 동물환자나 보호자가 제시하는 의견은 일반적인 푸념이라고 생각하는 경우가 있다. 때문에 고객의 소리를 한귀로 흘려듣거나 개선의 의지를 보이지 않는 경우도 있고 기존 의료 환경으로 인해 어쩔 수 없는 일이라고 생각해버리는 경우도 있다. 그러나 우리가 생각해야 하는 것은 몇몇 불만을 표현하는 고객만이 불만 고객의 전부가 아니라는 것이다. 개선을 바라며 불만 사항을 표현하는 고객은 불만 고객 전체의 5%에 지나지 않고 오히려 불만을 침묵하고 말 없이 떠나가는 고객이 95%라고 한다면 불만 고객에 대한 안일한 생각은 달라져야 한다.

6 상황별 보호자 응대 방법

(1) 전문가형 고객

유창한 말솜씨로 이야기하려는 사람은 자신을 과시하는 유형의 보호자로 자신이 모든 것을 다 알고 있는 전문가인 양 행동할 수 있는데, 우선 보호자의 말을 잘 들어주면서 상대에 대한 칭찬과 감탄의 말로 보호자를 응대하면서 상대를 인정하고 높여 주어 친밀감을 조성한다. 정면 도전하는 듯한 응대를 피하고, 보호자가 주장하는 내용의 문제점에 대해 스스로 느낄 수 있게 해결점이나 개선에 대한 방안을 유도해 내도록 한다.

(2) 결단력 없이 우유부단한 고객

즐겁고 협조적인 성향이지만 타인이 의사 결정을 내려 주기를 기다리는 경향이 있어서 빙빙 돌리며 요점을 딱 부러지게 말하지 않는다. 보호자가 결정을 내리지 못하는 갈등 요소가 무엇인지를 알고 적절히 질문을 하여 보호자가 자신의 생각을 솔직하게 표현할 수 있도록 도와준다.

(3) 자신감이 없는 고객

처음 병원에 내원하거나 제공되는 특별한 서비스에 대해 익숙하지 못하여 주눅이 들어 있는 보호자이다. 안내 단계부터 자세하고 친절히 응대하여 자신감을 주도록 한다. 무시하는 말투로 어린아이를 대하듯이 상담하지 않고 편안하게 응대해 주는것이 중요하다.

(4) 쉽게 흥분하며 저돌적인 고객

처한 상황을 해결하는 방법은 오직 자신이 생각한 한 가지밖에 없다고 믿고 다른 사람의 조언을 받아들이려 하지 않는다. 이런 보호자에게는 조심스럽게 보호자의 주의를 끌어 상담자의 영역 내의 방향으로 돌리도록 한 뒤에 조용히 사실에 대해 언급하며 대화한다. 고객이 흥분 상태를 인정하고 직접적으로 진정할 것을 요청하는 것 보다 고객 스스로가 감정을 조절할 수 있도록 유도하는 화법을 사용한다.

(5) 지나치게 호의적인 고객

사교적이고 협조적인 고객이며 합리적이고 진지한 면이 있다. 남의 말을 잘 받아들이는 유형의 보호자는 상대의 말이 끝나면 자기방어를 위한 말을 준비를 하고 있는 경우가 있기 때문에 자신과의 대화가 제대로 이루어지고 있는지, 내용은 잘 이해하고 있는지 확인하면서 말을 한다.

(6) 어린이 동반 고객

어린이를 동반한 보호자는 어린이에 대한 관심을 보호자 자신에 대한 관심으로 여긴다. 그러므로 어린아이의 특징을 재빨리 파악하여 적절한 칭찬을 하도록 한다.

(7) 과장하거나 가정하여 말하는 고객

자신에게 컴플렉스를 가진 사람들이 많다. 보호자의 의도를 잘 파악하되 말로 설득하려는 것보다 객관적인 자료를 토대로 응대하는 것이 효과적이다. 정면으로 부정하거나 사실을 확인하려 하면 큰 마찰이 생길 수 있으니 보호자로 하여금 사실을 말하도록 유도하여 말한 내용을 정리하고 기록하여 문서화시켜 변동사항이 발생했을 때 대처하도록 한다.

(8) 의심이 많은 고객

의심이 많은 보호자는 이것저것 캐묻고 이리 갸우뚱 저리 갸우뚱하며 의심을 쉽게 풀지 않는데, 이런 보호자에게는 자신감 있는 태도로 정확하고 명확하고 간결한 응대를 하도록 한다. 이런 보호자에게는 너무 자세한 설명이나 친절까지 의심의 대상이 될 수 있기 때문에, 분명한 근거를 제시하며 보호자 스스로 확신을 갖도록 유도하도록 한다.

(9) 뽐내는 고객

자랑이 심하고 거만하며 직급이 없는 직원보다는 책임자에게만 접근하려고 하는데, 이런 보호자를 다루는 유일한 방법은 마음껏 뽐내고 자랑하게 하는 것뿐이다. 이런 보호자일수록 단순한 면이 있어서 칭찬해 주고 맞장구쳐 주는 응대를 하면 보다 쉽게 문제를 해결할 수 있다.

(10) 쾌활한 고객

쾌활한 보호자는 후에 인간적인 교류까지도 가능한 무난한 보호자이다. 이런 보호자 에게는 너무 정중하게 대하는 것보다 한 걸음 나아가 친근감 있게 접근하는 것이 좋다. 일을 처리함에 있어서 "예", "아니오"를 분명히 하는 것이 좋다.

(11) 얌전하고 과묵한 고객

얌전하고 과묵한 보호자는 속마음을 헤아리기 어려운 보호자다. 작은 불만이 있어도 잘 내색을 하지 않는다. 그러나 불만이 없는 듯 보여도 흡족해할 것이라고 착각해서는 안 된다. 이런 보호자는 한번 마음에 들면 충성고객이 되지만, 반대로 마음이 돌아서면 끝인 보호자이다. 과묵한 대신 오해도 잘하기 때문에 정중하고 온화하게 응대해 주고, 보호자와 동물환자의 응대도 차근차근 빈틈없이 해 주어야 한다.

7 불만 고객 응대법

(1) 컴플레인과 클레임의 이해

그림 22 ── 컴플레인과 클레임의 차이

Complaint	Claim
• ①불만 ②불평 ③고발 ④불편	• ①주장하다 ②말하다 ③요구하다
• 주관적 평가	④차지하다 ⑤제기하다
• 불평, 불만에 대한 항의	• 객관적인 평가
• 품질, 서비스, 물량 등을 이유로 불만	• 상대방의 잘못된 행위에 대한 시정요구
제기	• 물질, 정신, 법적 보상을 원함
• 내부조치에 해결될 수 있음	• 컴플레인이 해결되지 않았을 때 제기함
	• 고객의기대 〉 서비스결과=고객불만

1) 컴플레인(Complaint)의 정의

컴플레인의 사전적 의미로는 '불평하다', '투덜거리다'라는 뜻으로, 서비스 마케팅 차원에서 고객이 상품을 구매하는 과정이나 구매한 상품에 관하여 품질, 서비스, 불량 등을 이유로 불만을 제기하는 것이다.

컴플레인은 객관적인 품질의 문제점과 함께 주관적인 만족 여부, 심리적 기대 수준 충족 여부까지 포함한다.

2) 클레임(Claim)의 정의

클레임의 사전적 의미로는 '주장하다', '요구하다', '제기하다'라는 뜻이다.

어느 고객이든 제기할 수 있는 객관적인 문제점에 대한 고객의 지적이며 고객이 계약조건 또는 상품 표시 내용과 일치하지 않는 사항에 대하여 이의를 제기하는 것으로, 품질의 불완전 및 손상, 그 밖의 계약위반을 하였을 때 손해배상청구나 그에 따른 이의를 제기하는 것이다.

컴플레인과 클레임의 공통점은 고객이 무엇인가에 만족하지 못한 상태이고 고객이 불만을 표현하는 원인에 따라 구분된다.

컴플레인은 '고객의 주관적인 평가', 즉 어떤 사건의 불만이나 불편을 표현하는 행위다. (감정적) 반대로 클레임은 '고객의 객관적인 평가', 즉 근거한 약속이 불이행된 것에 대한 정당한 권리의 보상을 요구하는 행위이다.

고객의 컴플레인은 상품의 결함이나 문제점을 조기에 파악할 수 있고 때문에 그 문제가 확산되기 전에 미리 신속하게 해결할 수 있는 기회를 제공한다. 또한 불만이 있어도 침묵하는 고객은 그대로 기업을 떠나 버리지만 컴플레인을 하는 고객은 회복할 수 있는 기회를 주는 것이다. 성의를 다하는 컴플레인의 처리는 회사의 신뢰도를 높여주며 고객과의 관계를 보다 효과적으로 유지하게 만들어준다.

그림 23 동물병원 컴플레인 사례

컴플레인: 1.애 발바닥 털 왜 안깍아줬냐. 2.발톱 짧게 깍아달라 (혈관이 길어서 안깍거나 피날수있다고 고지) 근데 피났다고 컴플레인. 3. 애가 똥싼거 밟았는데 그거 안닦아 줬다고 컴플레인 4.다른병원은 약 가져오면 먹여주시는데 왜 이 병원은 안먹여주냐 컴플레인... 5. 약 용량은 똑같은데 보기에 너무 차이가 난다고 컴플레인 저울로 측정했는데 똑같았고 영상으로 남겼고 보는 앞에서 했는데도 컴플레인 결국 듣기싫어 환불..

2022.05.24. 22:01   답글 쓰기

출처: 네이버 KVNA cafe

그림 24 콘래드 호텔 권문현 지배인 인터뷰 발췌

콘래드 호텔 권문현 지배인

– 진상 마크 기술 좀 들려주시죠.

"갑질하는 심리는 '내가 누군지 좀 알아달라'는 겁니다. 자기 얘기에 귀 기울여 달라는데 그까짓 것 한번 들어주지 뭐하고 일단 듣습니다. 웃는 낯으로 "선생님 명함 하나 주시겠어요?" 하면 조금 누그러집니다. 무슨 사업 하시느냐는 등 다른 이야기를 섞어 주의를 환기시킵니다. 그러다 보면 손님이 자기 이야기를 하나씩 풀어놓습니다. '척'하는 시늉의 기술이 중요합니다. 지는 것 같지만 결국 이기는 방법입니다."

3) 고객불만의 원인

고객이 경험하는 서비스나 품질의 만족에는 '곱셈의 법칙'이 적용된다. 따라서 다양한 고객접점 중 어느 한 곳의 서비스가 '0'이면 전체 서비스 만족도 역시 '0'이 된다. 여러 고객 접점 중 한 곳의 서비스라도 불량하면 한순간에 고객을 잃을 수 있다며, 특히 고객접점의 최일선에 근무하는 현장서비스를 제공하는 동물병원 코데이너터의 응대 태도가 매우 중요함을 알 수 있다.

"당신은 친절한가요?"라는 질문을 받는다면 거침없이 그렇다고 대답하기가 쉽지 않을 것이다. 그렇다면 "당신은 친절한 사람을 좋아하나요?"라는 질문엔 즉시 "네. 당연합니다"라고 대답할 것이다. 이렇듯 우리는 자신이 타인에게 친절한 것보다 타인이 나에게 친절해 주기를 바라는 마음이 더 크다. 그래서 고객은 늘 언제 어디서나 즐겁고 기분 좋은 서비스를 기대한다. 또 그만큼 서비스 현장에서 불만을 야기시키는 일이 생겼을 때 평상시 느끼는 불평이나 불만보다도 더 민감하게 반응하게 된다. 바로 서비스에 대한 기대가 컸기 때문에 실망도 큰 것이다.

고객불만이 발생하는 유형을 분석해 보면 다음과 같다.

그림 25   고객불만 원인

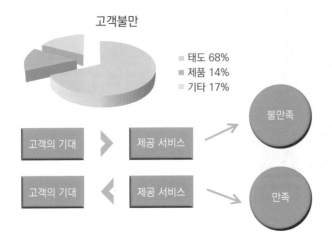

고객들은 제품이나 서비스를 구매한 뒤에, 구매하기 전에 자신들이 갖고 있던 기대와 실제 구매 후의 성과 간의 비교를해보면 성과가 기대보다 크다고 인지될 때 긍정적 불일치로, 성과가 기대보다 작을 때 부정적 불일치로 인지된다.

만족은 고객이 긍정적 불일치를 인지할 때 발생하는 결과라고 볼 수 있다.

고객들은 자신의 기대 수준보다 낮은 수준의 보상을 받을 때에 불만족하며, 기대수준 이상으로 보상을 받을 때에 더 만족한다. 고객의 기대는 낮아지는 법이 없다. 고객의 기대는 빠르게 변화하며 고객의 요구는 다양하다. 고객의 욕구는 충족되는 순간 상향한다. 쉽게 말해, 고객들의 기대가 많았을 때 서비스가 기대치보다 낮으면 불만족하게 되고 기대가 없었을 때 서비스가 기대치보다 높으면 만족하게 된다.

- 직원의 용모, 복장불량, 퉁명스러운 말투나 표정
- 고객의 지나친 기대
- 업무 지식 및 제품 지식의 결여
- 고객의 기대에 못 미치는 서비스
- 직원의 실수와 무례한 태도
- 교환및 환불 지연이나 약속 불이행
- 일 처리의 미숙/오류

- 원활하지 못한 내부 커뮤니케이션
- 고객과 같이 흥분하기
  "고객님, 제가 그런 뜻으로 말씀드린 건 아니잖아요."
- 고객 의심하기
  "고객님께서 작동을 잘못하신 것 아닌가요?"
- 정당화하기
  "저희로도 어쩔 수 없는 부분이기 때문에.."
- 개인화하기
  "누가 처리했는지 모르지만, 제가 생각하기로는"
- 응대의 로봇화(감정 없이)
  "다음 주에나 가능합니다."
- 고객 응대 미루기
  "고객님, 당장 급한 일이 아닌 것 같으니 잠시만 기다리세요."

이렇듯 고객불만 원인은 서비스와 관련된 부분이 대부분이다.

그 외에도 자연적으로 발생하는 시스템이나 문제의 원인 등의 외부요인도 있지만, 우리의 실수이건 다른 외부요인이건 고객의 불만에 정면으로 대처하고 해결을 강구해 고객만족을 이끌어 내는 것은 현장에 있는 직원들의 역량이다. 고객이 표출하는 불만은 우리뿐만 아니라 우리가 속한 회사가 반드시 해결해야 하는 과제이다. 불만을 표출하는 고객은 해결을 원하는 것이고, 만족한 만큼 해결이 되었을 때 오히려 단골고객이 되는 예가 많다는 사실을 늘 명심해야 한다.

그림 26 고객만족 사이클

그림 27 고객불만족 사이클

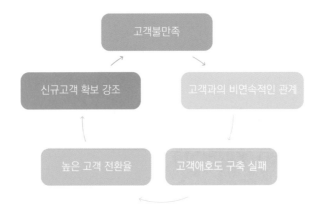

　서비스가 우수할 경우 고객만족에 연속적인 관계가 따라오며 고객애호도가 강조되고 고객전환율이 낮다. 반면, 서비스가 열악할 경우 고객전환율이 높으며 고객애호도 구축이 어렵고 연속적인 관계유지가 불가하며 신규고객 확보가 강조된다. 불만족 경험을 한 고객은 본인뿐 아니라 잠재고객들에게 부정적 영향을 미쳐 고객을 잃게하는 결과를 초래한다. 연구에 의하면 불만을 토로하는 고객들은 불만을 어느 정도 해결하면 50% 이상은 다시 돌아온다고 한다. 그것을 외면했을 경우 재거래율은 9%이고 , 불만에 대한 해결을 하지 못했어도 귀담아듣는 모습을 보인 경우 19%의 재거래율을 보인다고 한다. 중요한 것은 우리가 해결할 수 없는 문제라 하여도 고객으로부터 귀담아들어야 한다는 것이다. 고객이 만족했을 경우 좋은 소문으로 인한 구전으로 평균 7명의 신규고객이 창출되고, 불만족했을 경우에는 나쁜소문으로 인하여 잠재고객 약 25%를 상실하게 된다고 한다. 이는 나타나지 않는 불만에 대한 관리가 얼마나 중요한지를 단적으로 보이는 수치이며, 그들 마음속 깊은 곳을 헤아려서 미리 알아채고 해결해야 한다는 의미이다. 실제로 고객들의 불만사항을 얻어 생산된 제품으로는 설탕량을 조절할 수 있는 커피믹스, 낙서가 잘 지워지는 펜, 쉽게 들고다닐 수 있도록 개발된 카세트 등 실로 엄청나게 많다. 서비스도 이와 같다. 고객접점에 있는 종사원들의 고객불만 처리 방법에 따라 고객의 수가 달라진다.

그림 28 불만표출 비율

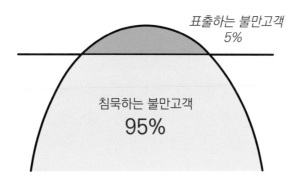

그렇다면 불만을 표출하는 5%의 고객이탈률이 높을까? 아니면 95%의 침묵하는 고객이탈률이 높을까? 불만을 토로함으로써 해결책을 얻고자 하는 5%의 고객의 이탈률이 더 낮다. 불만이 있지만 침묵하는 고객은 본인이 가진 불만이 개선될 거라는 기대치가 없기 때문에 결국 상품이나 서비스를 더 이상 이용하지 않고 기업에 등을 돌리게 되기 때문이다.

때문에, 컴플레인이나 클레임을 제기한 고객이 그에 대한 만족스러운 결과와 해결책을 얻었을 때 더욱더 기업에 충성 고객이 된다. 고객의 기대를 정확하게 이해한다면 다음으로 고객의 기대에 부합되도록 서비스를 설계해야 하며, 종사원과 시스템을 통해 이를 고객에게 기대 이상의 놀라움과 기쁨을 제공해야 한다.

4) 컴플레인의 처리 원칙
① 우선 사과의 원칙
② 우선 파악의 원칙
③ 신속 해결의 원칙
④ 비논쟁의 원칙

잘못된 상황에서 응대 혹은 고객의 오해로인해 고객에게 사과를 하는 방법은 사과의 뜻 안에 '미안함'과 '후회'라는 정서가 내포되어 있어야 한다.

문제가 무엇이든 "죄송합니다."라는 이 한마디는 불만고객을 응대할 때 가장 중요한 핵심이다. 회사나 동료 또는 고객을 비난하면서 책임을 전가시키지 말고 무엇인가 잘못되었다는 것을 바로 인정하고 고객이 당장 바라는 것이 무언인가를 빨리 찾아내야 한다.

사과는 책임을 인정하는 것도 책임을 전가하는 것도 고객을 비난하는 기회가 되어서도 안 된다. 고객이 항의하는 말을 중간에 자르지 말고 끝까지 경청해야 한다. 일반적으로 고객접점의 서비스 제공자는 자신이 해당업무의 배테랑이기 때문에 고객 이상으로 잘 알고 있다고 착각하고 자기위주로 고객을 응대하는 매너리즘에 빠지기 쉽다.

고객의 말을 다 듣지 않고 중간에 형식적으로 사과하는 것은 고객의 감정을 악화시킬 뿐이다. 고객의 말은 끊지 않도록 주의하며 불만을 이해하고 "그렇게 느끼셨어요?", "그렇게 느끼실 수 이으셨겠어요." 같은 고객의 상황이나 입장을 이해해 주는 말을 해야 한다. 경청 후 일부러 시간을 내어 잘못된 서비스에 대해 알아차릴 수 잇고 개선할 수 있는 기회를 준것에 대해 감사를 표하고 고객불만에 공감대를 형성한다.

"솔직하게 말씀해 주셔서 감사합니다", "덕분에 저희가 필요한 조치를 할 수 있었습니다" 등의 말로 고객의 입장에서 헤아리고 있음을 느끼게 한다. 또한 화가 난 고객과 정면돌파 시 고객에게 도전적인 인상을 줄 수 있기 때문에 고객 옆에 나란히 서서 자연스럽게 고객의 편에서 상황을 보겠다는 분위기를 풍기며 목소리톤을 낮춘 목소리로 침착한 분위기를 만들어 고객의 마음을 누그러뜨린다. 고객과의 약속은 신속하게 처리하고 불만처리 과정과 고객이 만족했는지에 대해서도 꼭 확인하여야 한다.

이상의 고객불만처리 방법은 고객불만을 효과적으로 처리할 수 있는 요령일 뿐 전부는 아니다. 고객들은 대부분 어느 정도의 합리적 근거를 가지고 불만을 표시한다. 정말 기업을 애정하는 마음에서 개선을 하라고 쓴 소리를 하는 고객도 있고 본인이 화난 상태를 표출하기 위해서도 있다. 고객들은 항상 항의할 권리가 있으며, 이들의 불만제기를 외면하지 말고 적절히 응대한다면 오히려 단골고객 확보로 이어짐을 늘 명심해야 한다.

효과적인 서비스회복으로 인한 호의적인 구전까지 계산한 평생고객가치는 불만처리 비용과 효과적인 서비스회복을 위해 제공하는 비용의 몇 배가 된다. 효과적인 서비스회복을 통하여 만족을 경험한 고객들은 처음부터 서비스실패를 경험하지 않은 고객들보다 오히려 해당 기업의 서비스에 대하여 더 높게 평가한다. 그러므로 효과적으로 서비스회복을 하기 위해서는 미리 준비된 프로그램이 필요하며, 서비스실패에 대하여 수동적이며 부정적인 자세로 대처하기보다는 긍정적이고 능동적인 서비스회복 노력이 필요하다. 이러한 효과적인 서비스회복전략을 통해 서비스실패에 있어 고객초기에 가질 수 있는 기업에 대한 부정적인 이미지를 감소시키고, 잠재고객에게 기업에 대한 긍정적인 구전을 전달하여, 최소한으로 부정적인 구전을 전해지는 것을 방지하여야 한다. 즉, 고객불만을 효과적으로 처리하지 못하면 고객과 기업 간에 부정적인 연쇄반응을 일으키고, 결국 기업은 고객을 잃게 되기 때문이다.

이제는 서비스가 경쟁의 원천인 시대가 되었다. 과거의 경영지표가 생산성이나 품질 향상이었다면 현재와 미래는 고객만족도임을 유념해야 한다.

5) 고객 만족 화법

① 쿠션화법: 상대방이 원하는 것을 들어주지 못할때나 상대방에게 부탁 등 꺼내기 어려운 말을 하기에 앞서 미안함을 먼저 표현하는 화법

"죄송합니다만", "괜찮으시다면", "공교롭게도", "번거로우시겠지만"

② 신뢰화법: 고객에게 신뢰감을 줄 수 있는 표현을 사용 하는 화법으로 말의 선택에 따라 조금씩 달라질 수 있다.

"~입니까?", "~입니다", "~예요", "~죠?"

~합니다체 70%와 ~해요체 30%를 섞어 사용하는 것이 가장 바람직하다.

③ 레이어드 화법

전하고자 하는 말을 의뢰나 질문 형식으로 바꾸어 전달하는 화법

사람은 "~이렇게 해" 같은 명령식의 말을 들으면 반발심이 생기거나 거부감이 들기

쉽다.

의뢰나 질문 형식으로 바꿔 말한다면 훨씬 더 부드러운 전달이 가능하다.

"이렇게 하세요"→"이렇게 하시면 어떨까요?"

④ 아론슨 화법

부정과 긍정의 내용 중 부정적인 내용을 먼저 말하고 긍정적 언어로 마감하는 화법

"기다리게 해서 죄송합니다"→"기다려 주셔서 감사합니다"

부정적 표현보단 긍정적인 표현으로 바꾸며 같은 내용이어도 긍정적인 부분을 강조해서 말하는 것이다.

⑤ 맞장구 화법

고객의 이야기를 관심 있게 들어주면서 이야기에 반응해 주는 화법

상대방에게 호감을 살 수 있는 대화의 가장 기초적인 방법은 상대방이 하는 이야기를 관심 있게 귀기울여 들어 주는 것이다.

"그렇습니까?", "정말 그렇군요", 고개 끄덕이기 등

⑥ 보상 화법

고객의 서비스 저항 요인을 다른 서비스 강점으로 보완하여 해소하는 화법

"가격이 비싼 만큼 사료 원재료 등급이 아주 높죠?"

동물병원 환경관리

환경위생관리

동물병원은 환자들의 건강을 관리하는 곳이므로 위생적인 환경관리가 필요하다. 많은 동물들이 입원하고 치료를 받는 곳이기 때문에 원내 감염병 예방을 위한 효과적인 위생관리 방법을 활용하여야 한다. 이는 동물의 건강뿐만 아니라 사람의 건강을 관리하는 목적에서도 매우 중요하다고 할 수 있다.

- 동물을 대상으로 하지만 병원이기 때문에 위생적인 이미지를 유지한다.
- 가시선의 청결한 이미지는 비 가시선의 이미지에 영향을 준다.
- 고객이 동물병원을 이용할 때 접촉하는 시설물을 위생적으로 관리하여야 한다.
- 동물병원 시설에 대하여 시각적, 후각적으로 모두 청결한 이미지를 줄 수 있도록 관리한다.

고객들은 동물병원이 질병을 치료하는 곳이므로 깨끗하고 청결해야 한다고 인식하고 있다. 고객은 병원 문을 열고 들어선 순간부터 우리 병원에 다양한 시설물과 접촉하고 눈으로 보게 되는데 고객의 입장에서 가장 먼저 입구 손잡이와 대기실 바닥, 접수대로 시선이 가게 된다. 반려동물이 보호자와 함께 걸어서 내원하는 경우 오염된 바닥에 더 예민해질 수밖에 없는데 눈으로 보기에도 깨끗하지 않은 바닥과 불쾌한 냄새가 나는 실내 환경은 고객에게 청결하지 않은 병원이라는 이미지를 남길 수밖에 없다. 또한 고객은 직접적으로 드러나 있는 곳의 청결 상태를 바탕으로 보이지 않는 곳의 청결도를 유추하는 경향이 있으므로 가시선의 공간은 더 자주 체크하고 관리할 수 있도록 한다. 이렇듯 동물병원의 환경관리는 청소에서부터 시작하는데, 동물병원 청소업무는 단순히 더러운 곳을 깨끗하게 하는 일에 그치는 것이 아니라 청결한 이미지를 재고하고 사람과 동물에게 위해가 되는 병원균을 살균하는 매우 중요한 일이 되므로 효과적으로 환경위생을 관리하는 방법을 숙지하여야 한다.

I. 동물병원 시설과 환경관리

2020년 3월 세계보건기구(WHO)는 Covid-19에 대해 세계적 대유행을 뜻하는 팬데믹을 선언하였다. 팬데믹은 해당 질병의 심각성과 무관하게 얼마나 광범위하게 퍼졌는지가 기준이 되는데 사람들은 Covid-19를 경험하면서 전염성질병의 심각성과 질병 예방에 대한 인식이 많이 달라지는 계기가 되었다. 동물병원에는 예방을 목적으로 내원하는 건강한 동물뿐만 아니라 질환이 있는 동물들도 내원한다. 질병에 따라 종(種)간 전염만 이루어지는 경우도 있지만 종(種)에 상관없이 전파되는 질병들이 있는데 사람들을 공포에 떨게 했던 Covid-19가 대표적 예라고 할 수 있다. 그 외에도 중동 호흡기 증후군(MERS), 원숭이두창(MPOX) 등 치명적인 전염병부터 진드기 매개 질환, 바이러스 및 세균성 질환, 전염성 피부질환 등 다양한 인수공통 전염병들이 있으며 이러한 질병들은 원인체에 따라 다양한 전파경로를 가진다. 동물병원 환경은 다양한 질병 원인체가 상재할 수 있어 철저한 소독과 위생관리가 필요한 공간이다.

그림 1 원헬스와 인수공통감염병 관리

신종감염병 75%는 인수공통감염병…정책 대응 모색 포럼 개최
송고시간2022-10-13 09:46beta유

질병청, 범부처·다분야 전문가 참여 '원헬스 정책포럼' 열어
(서울=연합뉴스) 김병규 기자 = 질병관리청은 인수공통감염병에 대한 체계적인 관리와 대응책을 모색하는 '2022년 제2차 원헬스(One Health) 정책포럼'을 13일 서울대 호암교수회관에서 개최했다.

서울대 산학협력단(연구책임 수의과대 유한상 교수), 대한인수공통감염병학회와 함께 마련한 이 포럼에는 의료, 수의, 생태, 환경 등 다양한 분야의 전문가와 보건, 가축방역, 야생동물, 국방 등을 담당하는 관계부처 인사들이 참여했다.

인수공통감염병은 사람과 동물 간 전파되는 병원체에 의한 질환이다. 질병청에 따르면 신종 감염병의 75% 이상이 인수공통감염병인 것으로 알려졌다. (이하생략)

출처: https://www.yna.co.kr/view/AKR20221013048600530

> **Tip!** ● ● ●
>
> 환경 위생관리 시 환경표면은 접촉의 정도에 따라 구분하여 소독 주기를 결정하고 눈에 보이는 오염이 있는 경우 즉시 제거 후 소독한다. 환경이나 장비 표면의 소독은 일반적으로 낮은 수준의 소독제를 사용하며 특수한 경우 매뉴얼에 따라 소독 수준을 달리하여 적용한다.

Ⅱ. 환경 소독

1 소독 진행 절차

소독이란 아포[1]를 제외한 모든 세균을 사멸하는 과정이다. 우리가 생활하는 환경에

---

1 특정 균 내부에 형성되는 굴절성 난형체(卵形體). 세포구조의 일종이다. 건조/고온/동결/방사선/약품 등 물리적·화학적 조건에 대하여 매우 강한 저항성을 나타내어 멸균의 지표로 활용된다. 일반적인 세균은 사멸하는 환경조건에서도 아포를 형성하는 능력을 지닌 세균은 살아남는다. 생육환경이 증식에 적합하지 않으면 균체 내에 아포를 형성하고 발육에 적합한 환경이 되면 본래의 형태인 영양세포가 되어 다시 증식한다.

는 많은 종류에 세균이 상재하고 있는데 그중에서 동물체에 침입하여 증식함으로써 질병[2]을 유발하는 세균을 병원균이라 부른다. 동물병원은 환자의 질병을 치료하는 곳이므로 질병에 이환된 환자 또는 불현성감염[3] 환자를 통해 다양한 병원체가 유입될 수 있다. 질병에 의해 면역기능이 저하된 환자가 또 다른 병원균에 노출되면 다중감염이 일어날 위험이 있어 원내 전파를 방지하는 것이 중요하다. 또한 동물과 사람 모두의 질병 예방에 목적을 두어야 한다.

세척	소독	멸균
• 대상 물체로부터 모든 종류의 이물질을 제거하는 것 • 물과 세정제, 효소를 사용하여 기계적인 마찰을 주어 제거한다. • 소독이나 멸균의 효과를 극대화 • 소독이나 멸균 전 반드시 수행해야 하는 매우 중요한 과정	• 세균의 아포를 제외한 감염력을 가진 대부분의 병원 미생물을 감염위험성이 없도록 조작 • 보통 무생물을 대상으로 한다. • 생물(조직,피부)에는 살균제 사용 • 병원체별 소독약의 종류와 농도, 적용시간이 다름	• 세균의 아포를 포함한 모든 형태의 미생물을 완전히 사멸함 • 소독은 멸균을 내포한다. • 고압증기멸균법, 가스멸균법, 건열멸균법 • 수술기구, 고무 또는 플라스틱 제품류 등

소독과정은 1차적으로 소독할 대상의 표면에 오염물을 깨끗이 제거하는 '세척'을 실시하고, 2차적으로 해당 세균에 감수성을 지닌 소독약을 사용해 균을 사멸하고 닦아낸다. 소독 전 반드시 세척이 선행되어야 하는 이유는 오염물이 남아있는 상태에서는 소독약을 적용하더라도 기대하는 만큼 소독 효과를 내기 어렵고 일부 소독제는 유기물과 반응하여 독성기체가 발생한다. 따라서 유기물[4]이 남아있지 않도록 세제나 효소, 물, 기계적인 마찰을 통해 먼저 깨끗이 닦아낸다. 세척이 끝났더라도 대상물의 표면에는 보이지 않는 세균이 존재하므로 병원균의 사멸을 위해 소독을 실시한다. 병원체에 따른 적합한 소독제의 종류를 선택하고 희석 농도와 적용 시간을 정확히 파악하여 필요한 만큼 충분한 시간을 방치한다. 소독 후 표면에 남아있는 물질들은 깨끗이 닦아내도록 한다. 이때 공기 중에 유해 물질이 남아있지 않도록 충분한 환기가 필요하

---

2 질병[disease, 疾病]이란 유기체의 항상성이 무너져 신체적 기능이 정상적인 기능을 할 수 없는 상태를 말한다. 질병 유발 원인에 따라 크게 감염성 질병과 비감염성 질병으로 구분된다.
3 불현성 감염이란 임상증상이 없는 감수성 동물이 감염된 상태에서 병원체를 몸 밖으로 배출하는 것.
4 유:기ー물 (有機物): 생체 안에서 생명력에 의하여 만들어지는 물질. ↔ 무기물(無機物).

다. 일반적인 환경위생관리에서는 낮은 수준의 소독단계를 적용하고 수술실과 같은 특별 관리구역은 높은 수준의 소독을 적용한다. 멸균은 소독보다 더 높은 수준을 요구하는 정도이며 환자의 점막에 직접적으로 접촉하는 기구와 물품들에 적용한다. 세균의 아포를 포함한 모든 미생물을 완전히 파괴하는 수준의 관리가 필요하다.

(1) 병원 미생물을 파괴하기 위해 필요한 요소

물리적 방법: 여과, 건조, 표면장력, 삼투압, 일광, 방사선, 음파 등.
화학적 방법: 산, 알칼리, 계면활성제, 알코올, 알데히드, 살균성 가스, 산화제 등.

(2) 효과적인 소독약 사용 방법

소독 전 반드시 세척이 필요
대상 병원체마다 감수성을 가지는 약제가 다름
병원체에 따른 소독약의 적정 농도 준수 (진하다고 소독력이 강한 것은 아니다)
산성과 알칼리성 소독약을 동시에 사용 금지 (산도가 중화되어 효과가 없음)
필요할 때마다 즉시 희석한다. (시간 경과 시 소독 효과가 점점 감소함)
사용 방법 준수 (동물에 대한 독성 위험)

2 환경 소독제의 종류

동물병원에서는 다양한 소독제를 사용하는데 종류와 농도에 따라 용도가 달라진다. 동물체와 환경에 모두 사용되는 소독약도 있지만 동물체와 접촉이 불가한 약제도 있으므로 해당 내용을 잘 파악할 필요가 있다. 소독제는 희석방법, 소독 시간, 적합성을 고려하여 선택하고 보관 방법 및 유효기간은 제조사의 권고사항에 따른다. 세상에 존재하는 모든 소독제는 생명체에 유해성을 가진다. 소독제는 세포를 파괴시켜 불활성화시키기 위한 목적으로 사용되는데 유해세균과 무해세균을 구분할 수 없기 때문이다. 따라서 소독제를 사용할 때는 생명체에 위해가 발생하지 않도록 적절한 사용 방법을 준수하여 안전하게 적용하는 것이 중요하다. 동물병원의 특수환 환경을 고려하여 안전하고 효과적인 소독제를 선택하여 활용할 수 있도록 한다.

Tip! ● ● ●

모든 소독제는 공기 중에 분사하는 방식의 사용을 권장하지 않는다. (미국 질병 통제 예방센터, CDC 지침) 일반적으로 소독제는 표면에 묻은 유기물을 처리하기 위하여 사용하는데 분사하는 경우 유기물과 소독제가 공기 중으로 튀어오를 위험이 있고 소독이 필요한 정확한 표면에 적용되지 않을 수도 있다. 또한 에어로졸 형태로 변형된 유기물과 약제는 동물에게 유해할 수 있다. 가급적 적정농도로 희석하여 헝겊에 묻혀 닦고 마른 헝겊으로 남아있는 물질들을 한 번 더 닦아내는 방식으로 소독하는 것이 권장된다.

표 1 소독제 사용법

구분		목적	소독제종류	적용시간
피부소독		손세정, 창상, 수술부위 소독	70% 알코올	
			3% 과산화수소	
			2% 포비돈요오드	최소2분이상
			0.1% 클로르헥시딘	
세척		기구 또는 환경에 묻어 있는 오염물 제거	수세, 세정제, 단백분해 효소제	
환경 소독	낮은 수준	아포를 제외한 세균 및 미생물 제거	100ppm 차아염소산나트륨	10분 이상
			미산성 차아염소산	10분 이상
			0.05% 염화벤잘코늄	
			1% 크레졸비누	
			70~90% 알코올	
	높은 수준	아포의 일부를 포함한 세균 및 미생물 제거	1,000ppm 차아염소산나트륨	10분 이상
			2% 글루타알데하이드	20℃, 20분
			3~8% 포름알데하이드	
멸균		아포를 포함한 모든 미생물 제거	고압증기멸균	135℃에서 5분, 120℃에서 20분
			건열멸균	160℃에서 2시간, 140℃에서 3시간

		가스멸균(EO가스)	38℃에서 3시간, 55℃에서 2시간
		저온플라즈마멸균	50~60℃, 20분
		2% 글루타알데하이드(화학제)	20~25℃, 10시간
		7.5% 과산화수소(화학제)	6시간
		0.2% 과초산	50~56℃, 12분

(1) 차아염소산나트륨

통상적으로 사용하는 제품명은 '락스'이며 차아염소산나트륨(Sodium Hypoclorite-NaCIO을 주성분으로 한다. 다른 물질을 산소와 반응시키는 성질이 강하여 표백제, 소독제, 산화제 등으로 이용된다. 가격이 저렴하고 빠른 효과와 높은 소독력을 가지고 있어 활용도가 높다)이다. 시판되는 유한락스는 4.5%(45,000ppm) 이상의 고농도의 소독제이므로 사용할 때는 반드시 적정 비율에 맞게 희석하여 사용한다(일반적으로 바이러스 소독 시 30~40배, 일반 환경 소독 시 100~200배로 희석한다). 차아염소산나트륨은 유기체와 접촉하면 산화반응이 일어남으로써 세포의 DNA와 세포벽을 손상시켜 살균작용을 하는데, 이러한 산화반응이 일어날 때 물과 소금, 클로라민(Chrolamine, NH_2Cl)으로 분해된다. 클로라민은 유독 기체로서 흡입 시 호흡기 점막 자극, 흉통, 폐렴, 두통, 매스꺼움, 발작, 의식저하 등의 증상을 일으킬 수 있다. 따라서 밀폐된 곳에서 사용을 주의하고 반드시 마스크 착용 및 환기가 필수적이다. 락스는 접촉하는 유기물의 양이 증가할수록 산화반응도 증가하기 때문에 유해가스인 클로라민의 생성양도 늘어난다. 락스를 사용하기 전 반드시 청소가 선행되어야 최대한 유해가스(염소기체) 발생을 줄일 수 있다. 약산성 과산화수소계 세제와 반응시키는 경우에도 염소기체가 발생하므로 다른 세제와 혼합하여 사용해서는 안된다. 소독제는 희석 후 24시간 이내에 사용하여야 하는데 소독약과 희석액에 용존된 유기물이 접촉하기 시작하면 그때부터는 계속해서 산화반응이 일어나기 때문에 시간이 경과할수록 소독력이 감소한다. 또한 밀폐용기에 보관 시 염소 기체에 의해 보관용기가 폭발할 위험이 있으므로 미리 혼합하여 밀폐용기에 보관하지 않도록 한다. 필요 즉시 희석하여 사용하는 것이 좋다. 또한 시판 락스는 강알칼리성(pH11)의 물질이므로 접촉 시 단백질을 녹일 수 있다. 락스 소독 시 피부와 점막이 소독액과 직접 닿지 않도록 긴 옷과 고무장갑을 착용한다. 락스는 산화반응을 통해 살균작용이 끝나고 나면 물과 소금(NaCl)로 돌아가기 때문에 잔여물질을 잘 닦아내고 건조시키면 안전하다. 그러나 직물(천)의 탈색 및 손상을 일으키고 스테인리스 기구를 부식시킬 수 있으므로 해당 소재의 물품에는 사용에 주의한다.

표 2 병원체별 적용법

병원체	단위(ppm)	적용시간
C. difficile 아포	5000	10분
바이러스	2000	10분
결핵균	1000	
진균	100	1시간 이내
대장균, 녹농균, Bacukkus alropheus	100	10분
일반세균	〈5	5분
마이코플라즈마	25ppm	수 초 이내
일반세균	〈5	5분

- 오염된 곳은 1차적으로 세정하여 유기물의 양을 최소화한 후 깨끗한 표면에 소독제를 적용하여야 산화반응으로 세균이 사멸할 때 발생하는 유독가스 형성을 줄일 수 있다.
- 락스는 염기성 물질이므로 산도가 서로 다른 세제와 혼합하여 사용할 시 소독 효과가 감소한다. 경우에 따라 염소 기체 발생 위험이 있으므로 희석 후 24시간 내에 사용한다.
- 온수(60℃ 이상)로 희석 시 염소 기체 발생 가능성이 있어 주의한다.

(2) 미산성 차아염소산수

최근 안전하면서 광범위한 소독력을 가지는 미산성 차아염소산수가 병원용 소독제로 많이 사용되고 있다. 주성분은 차아염소산(Hypochlorous acid - HOCL)이며, 용액의 형태로만 존재한다. 주로 살균제 및 소독제로 사용되며 아포를 포함한 대부분의 세균과 바이러스에 살균효과를 보이며 탈취 효과가 있다. 락스의 주성분인 차아염소산나트륨과 비교하면 산도와 유해성 측면에서 많은 차이를 보이는데, 락스가 강염기(pH11)인 반면 미산성 차아염소산수는 pH5~6.5 정도의 약한 산도를 가지며 산화반응이 일어날 때 Cholidin이 발생하지 않아 동물체에 유독성이 거의 없다. 미산성 차아염소산수는 강염기 소독제처럼 단백질을 녹이는 작용을 하지 않아 강한 세정력은 없지만 동물의 피부나 점막을 손상시키는 등의 유해성 또한 적다. 세균과 접촉하면 소독제의 이온이 균의 세포막을 통과하여 산화반응을 일으키면서 균을 사멸하는 방식으로 살균 작용을 하는데 높은 HOCL을 포함 할수록 강한 살균력을 가지며 미산성용액(pH 5~6.5)일 때 가장 이온 농도가 높다. 미산성 차아염소산수는 불안정한 상태이므로 열과 자외선, 공기와 접촉 시 지속적으로 산화반응이 일어난다. 따라서 시간이 경과할수록 농도가 점점 낮아지므로 보관 방법에 주의하여야 하며 개봉 후 7일 이내 사용하도록 한다. 염소농도가 10~80ppm일 때 유효하며 5초 이내 단시간에 살균이 완료된다. 락스와 비교하면 70~80배 강한 살균력을 가진다. 동물에 대한 유해 독성이 없어 의료기관뿐만 아니라 가정에서도 소독제로 많이 활용되고 있다. 금속 부식성이 거의 없어 기구 소독에 사용 가능하며 피부 소독, 환경 소독 등 광범위하게 활용된다. 산화반응이 끝난 후에는 물로 변환되어 잔류독성이 없고 분무 사용도 가능하다.

(3) 알코올(70~95%)

알코올(Ethyl alcohol, athanol - C2H2OH)은 의료계에서 국소적 피부 표면 소독 및 환경 소독으로 많이 사용한다. 70~95% 농도일 때 살균효과를 가지며 탈수를 통해 단백질을 변성시켜 살균작용을 한다. 그람양성 및 음성균, 결핵균 다양한 바이러스에 효과적이며 지질 피막 바이러스(herpes-simplex virus, Influenza virus)에 효과적이다. 세균에 대한 효과는 좋지만, 세균의 아포, 원충의 난모세포, 비피막(비지질) 바이러스에 대해서는 효과가 떨어진다. 알코올은 신속한 살균효과를 가지며 휘발성이 있어 잔류효과는 없다. 그러나 적용 후에는 미생물의 증식 속도가 지연된다. 휘발성이 있어 증발을 최소화할 수 있는 용기에 보관하고 증발로 인해 알코올 농도가 50% 이하로 저하되는 경우 살균력이 급격하게 감소하므로 보관에 주의한다. 잔존유기물에 비활성화되므로 소독제 적용 전 사전세척이 필수적이다. 인화성 물질이므로 화기에 주의하고 고열의 장소를 피해서 보관해야 한다. 분무 사용은 호흡기에 자극을 줄 수 있어 가급적 헝겊에 묻혀 표면을 닦아내는 방법이 권고된다.

Ⅲ. 구역별 환경관리

1 대기실 바닥 및 벽면, 출입문 관리

동물병원은 특성상 동물환자가 대기실 바닥을 걸어 다니거나 엎드려 있기도 하고 바닥에 냄새를 맡거나 핥기도 한다. 긴장도가 심하거나 영역본능이 강한 동물은 대기실에 대소변을 보는 경우도 있다. 그러나 건강한 동물과 질병에 이환된 동물, 사람들이 한 공간에 머무르고 있기 때문에 이러한 상황들은 원내 감염의 위험 요소가 될 수 있다. 대기실에서는 동물이 크레이트 내에 머무르거나 안고 대기하는 것이 좋다. 만약 대형견인 경우 리드줄을 짧게 잡고 한 곳에서 대기할 수 있도록 안내한다. 접종이 되어있지 않고 구토나 설사, 기침 등 전염성 질환의 증상이 있는 환자는 공간을 분리하여 원내 감염을 차단하고 머물렀던 자리는 신속히 소독을 시행한다. 특히 진료 대기 환자의 경우 질병이 확진되지 않았기 때문에 질병 원인체를 알 수가 없다. 따라서 머물렀던 장소에 광범위 소독제를 사용하여 소독을 실시하도록 한다. 출입문 손잡이는 여러 사람이 접촉하기 때문에 수시로 닦아주고 고객용 손소독제를 비치하여 병원균의 유입을 줄이도록 한다. 대기실을 둘러싼 벽면도 주기적으로 소독하고 닦아주어야 하는데, 업무가 바쁜 경우 청소 주기를 놓치기 쉬우므로 일주일에 2~3회 정도 청소 날짜를 표기하여 소홀히 하지 않도록 관리한다. 특히 대기실 벽면이 통유리로 되어 있는 곳은 오염물이 묻거나 얼룩이 있는 경우 위생적이지 않은 이미지를 줄 수 있으므로 시간이 날 때마다 소독제와 유리세정제를 사용하여 부드러운 천으로 자국이 남지 않도록 깨끗이 닦는다.

2 환자 간 접촉 최소화

동물들은 낯선 상대를 만났을 때 항문이나 생식기 주변 냄새, 또는 소변 냄새를 맡으면서 상호 정보를 파악한다. 또한 자신의 존재를 과시하기 위해서 소변으로 마킹 행위를 하기도 하는데, 비감염 환자라면 큰 문제가 없으나, 질병에 이환된 환자는 이들의 체액과 분비물이 전염성 질환의 전파경로가 될 수 있다. 또한 동물환자끼리 불필요한 충돌이 발생하면 교상 사고발생 위험이 있으므로, 환자 간 접촉을 최소화하는 관리가 필요하다. 간혹 보호자가 진료 대기 중 환자와 접촉을 시도하기도 하는데 질병의 전파는 대부분 사람에 손에 의해 이루어지므로 보호자의 손이 질병의 캐리어 역할을 할 수도 있다. 때때로 동물환자에 의해 보호자가 교상을 당하는 사고가 발생하기도 하므로 주의가 필요하다. 동물병원코디네이터는 병원 시설물 내에서 발생할 수 있는 다양한 위험 요소를 예측하고 예방적 조치를 취할 수 있어야 한다.

3. 대기실 환경관리

접수 후 진료 전까지 고객이 대기하는 곳이다. 고객들은 대기시간 동안 진열대에 비치된 판매품을 구경하거나 구입할 수 있다. 진열대와 판매품은 자주 닦아주고 포장 비닐이 씌워진 상품은 낡은 느낌이 들지 않도록 주기적으로 교체하여 준다. 판매품에 먼지가 앉으면 오래된 재고 또는 비인기 상품이라는 이미지를 줄 수 있으므로 주기적으로 체크한다. 대기 순번이 길거나 이전 환자의 진료 시간이 길어질 때는 예상되는 대기시간을 안내한다. 예상되지 않는 기다림은 훨씬 지루하게 느껴질 수 있다. 틈틈이 안내하여 고객이 다른 볼일을 볼 수 있도록 배려한다. 사람은 할 일이 있거나 재미있는 상황을 보낼 때 시간이 지나는 체감 속도를 빠르게 느끼는 경향이 있다. 따라서 대기실 환경을 보다 흥미롭게 조성하고 고객의 관심도에 따라 판매품의 정보를 제공하는 것이 좋다. 또한 대기실 시설물은 자주 점검하고 파손된 것이 있다면 고객이 다치거나 불편함을 느낄 수 있으므로 방치하지 말고 신속하게 보고하여 조치할 수 있어야 한다. 고장 난 시설물의 방치는 관리되지 않는 병원이라는 인상을 남긴다.

- 대기실 환경 조성
- 대기실 모니터에 동영상 자료 재생하기
- 잔잔하고 편안한 음악 재생하기
- 보호자용 책자 비치하기
- 커피, 음료, 사탕, 간식 제공하기
- 기초검진자료 수집을 통해 서비스가 시작되었다는 느낌 주기

4 진료실 환경관리

진료실은 수의사가 동물을 진찰하고 치료하는 곳이다. 원활한 진료를 위해 실내조명은 적절한 밝기 조절이 가능한 것이어야 한다. 매 진료 전 처치 도구 및 소모품이 충분한지 점검한다. 진료대는 동물환자를 올리는 곳이므로 환자가 바뀔 때마다 닦고 소독한다. 일반적인 경우는 광범위 소독제를 사용하고 전염병 의심 환자 및 확진 환자의 경우 해당 병원체를 사멸할 수 있는 적합한 소독제를 사용법에 맞게 적용한다. 진료대뿐만 아니라 진료실 바닥, 출입문, 보호자 의자에 동물의 털이나 각질, 체액 등이 묻어 있는지 확인하고 오염물을 청소한다. 밀폐된 공간일수록 적정 온·습도를 유지하여 불쾌함이 느껴지지 않도록 환기를 시킨다. 동물과 직접 접촉하는 기구는 특히 오염물 제거와 소독에 신경쓰고 점막에 직접적으로 닿는 물품은 높은 수준의 소독이 필요하다. (체온계, 검이경, 채변기 등) 진료대 위는 되도록 불필요한 물건이 없도록 깨끗이 치우고 다른 동물의 냄새, 또는 공기 중 악취가 나지 않도록 환기에 신경 쓴다. 동물환자의 종(種) 따라 진료 구획이 정해져 있는 곳이라면 환자의 심리이완 기능을 하는 페로몬 방향제를 각각 설치하여 긴장과 스트레스 완화에 도움을 줄 수 있다.

5 처치실 환경관리

처치실에는 동물에 대한 치료나 처치를 위해 필요한 시설, 장비, 기구가 갖추어져 있다. 주요 의료행위가 이루어지는 곳이기도 하므로 시간이 날 때마다 처치에 필요한 물품들을 재워놓고 재고가 부족하지 않도록 점검한다. 바쁘거나 응급한 상황 시 신속하게 처치할 수 있도록 하는 것이 목적이다. 의료소모품들은 유통기한을 확인하여 선입선출(FIFO) 방식에 따라 정리하고 기한이 임박한 소모품들은 별도로 표기해 두었다가 날짜가 경과하면 보고 후 폐기하고 폐기 전 재구매 여부를 확인하여 미리 주문하는 것이 좋다. 장비나 기구는 응급 시에도 신속히 사용할 수 있도록 수시로 점검하는 것이 중요한데 점검 시 이상이 발견되었다면 즉시 보고하고 정비하도록 한다. 처치대 위는 환자가 바뀔 때마다 소독이 필요한 곳이므로 불필요한 물건이 올려져 있지 않도록 깨끗이 치운다. 직원이 많은 경우 점검 기록지를 비치하여 확인할 수 있도록 관리하고 처치 환자가 바뀔 때마다 접촉한 곳을 소독하여 청결히 관리한다. 처치 시 발생하는 폐기물은 메뉴얼에 따라 분리하여 처리한다.

6 입원실 환경관리

입원환자가 머무르는 공간은 세척과 소독이 필수적이다. 동물환자는 좁은 입원실 내에서 수액을 맞거나 산소를 공급받는 등의 처치를 받으며 회복하게 되는데, 사람과는 달리 대·소변을 보거나 영양을 공급받는 등 대부분의 일을 입원실 내에서 해결한다. 어떤 환자는 입원실 벽이나 유리문에 냄새를 맡거나 혀로 핥기도 하는데 분변이나 체액이 묻어 있는 경우 환자에게 유기체가 그대로 노출될 수밖에 없는 환경이다. 또한 온몸이 털로 덮여 있으므로 오염물이 신체에 묻으면 닦거나 세정하기가 쉽지 않다. 입원실을 자주 들여다보고 치워주어야 한다. 이렇듯 동물병원이라는 특수한 상황으로 입원실 소독에 더욱 신경 쓸 수밖에 없는데 질병의 정도가 심하지 않은 환자가 입원했던 시설이라도 불현성감염일 수 있으므로 광범위 소독제를 사용하여 매뉴얼에 따라 소독하고, 소독제의 잔여 물질이 표면에 남지 않도록 깨끗하게 닦아내도록 한다. 또한 전염병 감염 환자와 일반 환자는 입원실 공간을 분리하고, 해당 질환의 전파경로에 따라 전파방지를 위한 조치가 필요하다. 전염병 환자가 사용하거나 접촉하는 물건들을 통해 다른 환자에게 질병 원인체를 옮길 위험이 있으므로 물품은 1회성으로 개별적으로 사용하고 매번 소독을 철저히 하는 것이 중요하다. 격리입원실은 가급적 최소의 인원만 출입하고 출입 의료진이 착용한 마스크, 의복과 신발, 그리고 환자와 접촉한 신체 부위에 의해 전파될 수 있으므로 일회용 방역복 및 신발 커버, 장갑을 착용하고 처치하는 것이 원칙이다. 전염병 격리실에 출입한 후에는 해당 질병 원인체에 감수성이 있는 소독제를 사용법에 맞게 적용하여 접촉한 부위를 깨끗이 소독한다.

7 수술실 환경관리(특별 관리구역)

수술실이 별도의 구획으로 나누어진 동물병원은 특별 관리구역으로 지정되어 일반구역보다 더 높은 소독 수준을 요한다. 첫 수술이 시작되기 전 전체적인 청소를 하고 매 수술 시작 전과 끝난 후에도 청소와 소독을 한다. 수술실 청소는 수술실에서만 사용하는 별도의 도구를 사용하고 외부 일반 관리구역과 병용하지 않도록 한다. 깨끗한 곳에서 오염이 심한 곳으로, 위에서 아래 순서로 시행하는 것이 효과적이다. 매 수술마다 발생하는 의료폐기물은 매뉴얼에 따라 배출하되 전염성 폐기물 발생 시에는 별도로 밀봉하여 소독제를 뿌린 후 배출한다. 수술실 바닥은 1차적으로 유기물을 닦아낸 후 차아염소산나트륨(100배 희석)을 액체 상태로 바닥에 뿌리고 밀대로 물기 없이 닦아준다. 수술대 및 보조기구들의 표면은 미산성차아염소산수를 헝겊에 묻혀 닦는다. 기기에 사용하는 소독제는 소독력은 강하지만 표면 손상도가 낮은 소독제를 사용하는 것이 좋고 기기 제조사의 매뉴얼을 참조하여 관리한다. 소독제의 종류에 따라 호흡기에 독력이 있는 소독제(ex.차아염소산나트륨) 사용 시 특히 분무기에 넣어 분사하지 않도록 주의한다. 소독제가 에어로졸 형태로 기관지와 폐에 유입되어 조직의 손상을 일으킬 위험이 있다. 차아염소산나트륨은 유기물과 접촉 시 염소가스가 발생하므로 마스크 착용 및 충분한 환기가 필요하다. 수술실은 공기의 흐름을 최소화하고 필터가 장착된 공기유입구를 통해 환기하는 것이 추천되며, 공기필터는 매뉴얼에 따라 주기적인 교체가 필요하다. 주기적 관리가 필요한 사항들은 체크리스트를 만들어 비치하여 공유한다.

SECTION 02
의료폐기물 관리

I. 폐기물

1 폐기물의 정의

폐기물의 정의

"폐기물"이란 쓰레기, 연소재(燃燒滓), 오니(汚泥), 폐유(廢油), 폐산(廢酸), 폐알칼리 및 동물의 사체(死體) 등으로서 사람의 생활이나 사업 활동에 필요하지 아니하게 된 물질을 말한다. 폐기물은 발생 장소에 따라 생활폐기물과 사업장폐기물로 구분된다. 생활폐기물이란 사업장폐기물 외의 폐기물을 말하며 "사업장폐기물"이란 「대기환경보전법」, 「물환경보전법」 또는 「소음·진동관리법」에 따라 배출시설을 설치·운영하는 사업장이나 그 밖에 대통령령으로 정하는 사업장에서 발생하는 폐기물을 말한다.

출처: 환경부 도서관

2 폐기물 관리의 기본원칙

① 사업자는 제품의 생산방식 등을 개선하여 폐기물의 발생을 최대한 억제하고, 발생한 폐기물을 스스로 재활용함으로써 폐기물의 배출을 최소화하여야 한다.

② 누구든지 폐기물을 배출하는 경우에는 주변 환경이나 주민의 건강에 위해를 끼치지 아니하도록 사전에 적절한 조치를 하여야 한다.

③ 폐기물은 그 처리 과정에서 양과 유해성(有害性)을 줄이도록 하는 등 환경보전과 국민건강보호에 적합하게 처리되어야 한다.

④ 폐기물로 인하여 환경오염을 일으킨 자는 오염된 환경을 복원할 책임을 지며, 오염으로 인한 피해의 구제에 드는 비용을 부담하여야 한다.

⑤ 국내에서 발생한 폐기물은 가능하면 국내에서 처리되어야 하고, 폐기물의 수입은 되도록 억제되어야 한다.

⑥ 폐기물은 소각, 매립 등의 처분을 하기보다는 우선적으로 재활용함으로써 자원생산성의 향상에 이바지하도록 하여야 한다.

3 폐기물의 투기 금지 등

① 누구든지 특별자치시장, 특별자치도지사, 시장·군수·구청장이나 공원·도로 등 시설의 관리자가 폐기물의 수집을 위하여 마련한 장소나 설비 외의 장소에 폐기물을 버리거나, 특별자치시, 특별자치도, 시·군·구의 조례로 정하는 방법 또는 공원·도로 등 시설의 관리자가 지정한 방법을 따르지 아니하고 생활폐기물을 버려서는 아니 된다. 〈개정 2007. 8. 3., 2013. 7. 16., 2021. 1. 5.〉

② 누구든지 이 법에 따라 허가 또는 승인을 받거나 신고한 폐기물처리시설이 아닌 곳에서 폐기물을 매립하거나 소각하여서는 아니 된다. 다만, 제14조제1항 단서에 따른 지역에서 해당 특별자치시, 특별자치도, 시·군·구의 조례로 정하는 바에 따라 소각하는 경우에는 그러하지 아니하다. 〈개정 2007. 8. 3., 2013. 7. 16.〉

③ 특별자치시장, 특별자치도지사, 시장·군수·구청장은 토지나 건물의 소유자·점유자 또는 관리자가 제7조제2항에 따라 청결을 유지하지 아니하면 해당 지방자치단체의 조례에 따라 필요한 조치를 명할 수 있다. 〈개정 2007. 8. 3., 2013. 7. 16.〉

4 폐기물의 배출과 처리

누구든지 폐기물을 처리하기 위해서는 대통령령으로 정하는 기준과 방법을 따라야 한다. 의료폐기물은 관련법에 따라 검사를 받아 합격한 의료폐기물 전용용기만을 사용하여 처리하여야 한다.

Ⅱ. 생활폐기물

생활폐기물이란 사업장 외 폐기물을 말한다. 동물병원은 사업장이긴 하나 일상적인 활동으로 발생한 폐기물들은 사업장계 생활폐기물[5]에 속한다. 정부나 의료계에서는 노령화 등으로 의료폐기물 발생량이 급속히 증가할 것으로 예상하면서 국내 최대 처리용량에 근접하고 있음을 걱정하고 있다. 환경부에 따르면 2017년 기준으로 전체 의료폐기물(20만 7000톤) 가운데 일반 의료폐기물이 79%를 차지한다. 이 기준은 해마다 증가하고 있어 의료폐기물의 분리배출을 통해 배출량 저감이 필요하다. 감염성이나 위해성 때문에 분류기준이 복잡할 수밖에 없어 일반폐기물이 일반의료폐기물에 섞이면서 의료폐기물 발생량을 증가시킨다. 수술 중에 발생한 조직물이나 혈액 등은 '위해 의료폐기물'로 분류돼 상당히 엄격하게 관리된다. 따라서 줄일 여지는 크지 않으므로, 전체 폐기물량의 다수를 차지하는 일반의료폐기물의 저감이 필요하다. 환경부는 의료진의 노력으로 상당량 줄일 수 있을 것을 판단하고 있다. 일반폐기물 및 생활폐기물은 일반의료폐기물에 비해 상대적으로 저렴하게 처리할 수 있으므로 분리 배출함으로써 폐기물 처리비용을 아끼고 의료폐기물 처리난에도 도움이 된다. 따라서 일반의료폐기물과 생활폐기물의 명확한 구분 기준을 알아 두는 것이 의료폐기물을 줄이는 지름길이다.

생활폐기물 분류
• 환자에게 사용했지만 폐백신, 폐항암제, 폐화학치료제와 혼합·접촉되지 않고 혈액 등과 접촉되지 않는 수액병, 앰플병, 바이알병은 생활폐기물에 해당

---

5 사업장계 생활폐기물이라도 생활폐기물과 성질·상태가 비슷해 생활폐기물의 기준 및 방법으로 처리할 수 있는 폐기물은 지자체조례가 정하는 바에 따라 생활폐기물 기준 및 방법으로 처리할 수 있다(관할 시·군·구에 문의가 필요함).

- 동물병원이 아닌 장소에서 발생되는 동물사체는 발생량에 따라 생활 또는 사업장 일반폐기물로 분류(전염병 등에 의한 폐사동물은 '가축전염병예방법' 적용)
- 동물병원에서 발생되는 것이라도 미용을 위해 깎은 동물의 털, 손발톱, 건강한 동물의 배설물 제거용으로 사용된 일회용 기저귀, 패드, 휴지 등

◐ 의료폐기물
- 폐백신, 폐항암제, 폐화학치료제를 담고 있거나 혼합·접촉한 경우, 혈액·체액·분비물·배설물이 함유되어 있는 경우에 해당된다.

Ⅲ. 의료폐기물

'의료폐기물'이란 보건·의료기관, 동물병원, 시험·검사기관 등에서 배출되는 폐기물 중 인체에 감염 등 위해를 줄 우려가 있는 폐기물과 인체 조직 등 적출물, 실험동물의 사체 등 보건·환경보호상 특별한 관리가 필요하다고 인정되는 폐기물로서 『폐기물관리법』 시행령 별표 2에서 정하는 폐기물(폐기물관리법 제2조 제5호)을 말한다. 의료폐기물은 감염의 위험이 있으므로 특별한 관리를 거쳐야 하는데 관련법에 따라 다른 폐기물과 분리, 배출하고 엄격하게 관리되고 취급되어야 한다.

의료폐기물은

보건/의료기관, 동물병원,
시험/검사기관에서 배출되는 폐기물 중
인체에 감염 등 위해를 줄
우려가 있는 폐기물

인체 조직, 실험 동물의 사체 등
보건 환경보호 상 특별한 관리가
필요하다고 인정되는 폐기물

의료폐기물은 감염의 위험이 있기 때문에
특별한 관리를 거쳐야합니다.
특히 다른 폐기물과 구분하여 분리, 배출하는 것이 중요합니다!

1
배출 시 전용용기에 넣어
밀폐된 공간에 보관합니다

2
전용차량을 통해
수집되고 운반됩니다

3
전용 소각시설에서 소각되거나
멸균시설에서 처분됩니다

출처: 환경부 공식 블로그

1 의료폐기물의 종류

(1) 격리의료폐기물(보관기간 7일)

「감염병의 예방 및 관리에 관한 법률」에 따른 감염병으로부터 타인을 보호하기 위하여 격리된 사람에 대한 의료행위에서 발생한 일체의 폐기물

(2) 위해 의료폐기물

1) 조직물류폐기물(4℃ 이하 보관 시 15일)

인체 또는 동물의 조직·장기·기관·신체의 일부(수술로 적출한 신체조직, 양수, 태반을 포함), 동물의 사체, 혈액·고름 및 혈액 생성물(혈청, 혈장, 혈액제제), 냉동보관도 가능하다.

2) 병리계폐기물(보관기간 15일)

시험·검사 등에 사용된 배양액, 배양용기, 보관균주, 폐시험관, 슬라이드, 커버글라스, 폐배지, 폐장갑

3) 손상성폐기물(보관기간 30일)

주사바늘, 봉합바늘, 수술용 칼날, 한방침, 치과용 침, 파손된 유리재질의 시험기구
(1회용 이외에는 자체 소독·멸균 등을 거쳐 재사용이 가능하나, 최종적으로 의료폐기물로 처리하여 버린다.)

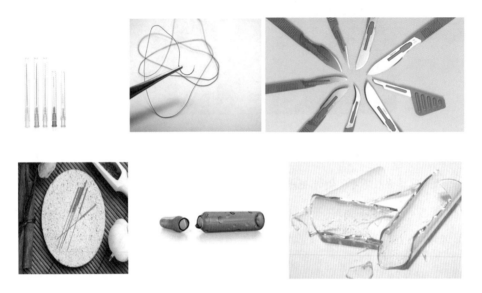

4) 생물·화학폐기물(보관기간 15일) - 폐백신, 폐항암제, 폐화학치료제

「폐기물관리법」에서 정의하고 있지는 않으나 아래와 같은 성분을 포함한 약품으로
부적절하게 관리될 경우 인체에 위해를 줄 수 있는 약품으로서 항생물질[6], 반합성유도
체[7], 화학합성품[8]으로 이러한 물질을 담았던 용기(엠플, 바이알병)에 해당 약품이 남아있
는 경우, 또는 혼합되어 사용한 수액팩, 링겔병도 포함된다. 이는 사업장 폐기물로 분
류되는 폐의약품과 구분되는 것으로 폐의약품 보다 엄격한 관리가 필요하여 생물·화
학 폐기물로 관리한다.

---

6   항생물질: 페니실린G, 테라마이신, 클로로마이세틴, 에르스로마이신, 스트렙토마이신, 카나마이
    신, 겐타마이신, 스펙티노마이신, 폴리믹신, 암포테리신B, 니스타틴, 미토마이신 C, 블레오마이신.

7   반합성유도체: 피실린계, 카르베니실린계, 세팔로틴, 세포티암, 세폭시틴, 세포탁심, 리팜피신.

8   화학합성물: 설파메톡사졸, ST합제, 트리메토프림, 에탐부톨, 파라아미노살리실산, 이소니아지
    드, 피페라진, 니리다졸, 클로로퀸, 에메틴, 알킬화제, 메리캅토푸린, 플로오로우라실.

(3) 일반의료폐기물(보관기간 30일)

혈액·체액·분비물·배설물이 함유되어 있는 탈지면, 붕대, 거즈, 일회용 기저귀, 생리대, 일회용 주사기, 수액세트

Tip!

- 의료폐기물이 아닌 폐기물로서 의료폐기물과 혼합되거나 접촉된 폐기물은 혼합되거나 접촉된 의료폐기물과 같은 폐기물로 본다.
- 채혈 진단에 사용된 혈액이 담긴 검사튜브, 용기 등은 조직물류폐기물로 본다.
- 일반의료폐기물에서 일회용기저귀는 혈액이 함유되어 있거나, 감염병 환자 및 병원체보유자가 사용한 일회용 기저귀가 해당하며 다만, 일회용 기저귀를 매개로 한 전염 가능성이 낮다고 판단되는 감염병의 환자들이 사용한 기저귀는 제외한다.

2 폐기물 전용 용기

전용용기는 환경부장관이 지정한 검사기관이 별도의 검사기준에 따라 검사하여 합격한 제품만 사용하다.

< 도형 및 색상 >

의료폐기물 전용봉투　　합성수지 전용용기　　용기 밀폐 (소독)

환경부(http://me.go.kr/)

의료폐기물 종류	도형색상	
격리의료폐기물	붉은색	
위해의료폐기물(재활용하는 태반은 제외) 및	봉투형 용기	검정색
일반의료폐기물	상자형 용기	노란색
재활용하는 태반	녹색	

3 의료폐기물 배출 방법

의료폐기물은 진찰/치료 및 시험, 검사 등의 행위가 끝났을 때부터 종류별로 분류하여 적합한 전용 용기에 넣어 보관하여야 한다. 전용 용기는 바깥쪽에 도형과 취급 시 주의사항을 표시하고 도형 색상은 의료폐기물 종류별로 상이하다. 의료폐기물은 보관기간,[9] 보관 방법 등에 있어 엄격한 기준을 적용하므로 전용 용기 겉면에 최초로 넣은 날짜를 기재하고 사용 중인 전용 용기는 내부의 폐기물이 새지 않도록 관리하여야 한다. 투입이 끝난 전용 용기는 밀폐 포장하고 한 번 사용하면 재사용을 금지한다. 봉투형 용기는 의료폐기물을 담을 때 그 용량의 75% 이상이 되도록 넣어서는 안 되며 위탁처리 시 상자형 용기에 담아 배출하여야 한다. 단 위탁처리 시 상자형 용기는 75% 이상으로 넣을 수 있다. 골판지류 상자형 용기의 내부에는 봉투형 용기 또는 내부 주머니를 붙이거나 넣어서 사용해야 하며 봉투형 용기는 별도 거치대를 사용하는

9　현행법상 보관기간 초과 시 2년 이하 징역 또는 2000만원 이하 벌금이 부과된다.

것은 가능하나 봉투의 파손을 방지할 수 있는 견고한 재질이면서 내부를 확인할 수 있는 투명한 통이 바람직하며 사용 후 소독이 필요하다. 격리의료폐기물을 넣은 전용 용기는 용기를 밀폐하기 전에 용기의 내부를 약물 소독하고 보관시설 외부로 반출하기 전에 용기의 외부를 약물 소독하여야 한다.

 ## IV. 비콘 태그

비콘 태그란 휴대용 리더기를 통해 의료폐기물 배출자 정보가 무선 블루투스(Bluetooth) 시스템에 의해 자동으로 인식되도록 하는 장치이다. 환경부는 의료폐기물 관리 사각지대를 해소하려는 목적으로 2023년 4월 1일부터 의료단체 등 의료폐기물 배출자의 경우 무선주파수 인식 방법에 해당하는 의료폐기물 비콘 태그를 구매[10], 설치해야만 의료폐기물 배출이 가능하도록 제도를 본격 시행하였다. 기존의 무선주파수 인식방법(RFID)방식은 의료폐기물 수집 운반 업체가 배출자 인증 카드를 소지하면 수집 운반자가 배출장소를 방문하지 않고도 배출 시기나 인계·인수량을 임의대로 한국환경공단의 올바로 시스템에 입력할 수 있었다. 이러한 문제는 비콘 태그 인증방식을 도입한 계기가 되었는데 현재는 수집 운반자가 비콘 태그 부착 배출장소에 직접 방문해야만 배출자 정보를 인식할 수 있게 됨으로써 임의대로 방문 및 인계·인수량 정보를 조작할 수 없도록 보완되었다. 또한 비콘 태그 인증방식의 도입으로 소각업체에서 폐기물을 입고할 때 전자태그 미부착, 인계정보 미입력 등 부적절하게 처리된 의료폐기물을 쉽게 가려낼 수 있다.

---

10 비콘 태그의 구매는 올바른 시스템에서 가능하며 구매비용은 폐기물 배출자 부담이다.

환경부, 의료폐기물 인계·인수 방식 개선안 4일 확정·공포
- 비콘태그 이용 의료폐기물 배출자 정보 인식방식 적용
- 의료폐기물 소각업체에 입고시 전자태그 활용

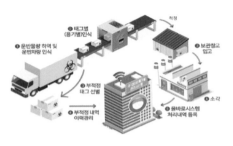

◇의료폐기물 소각장 입고 방식(자료: 환경부)

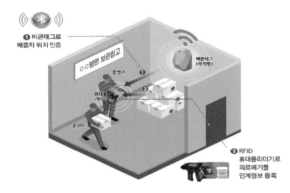

자료: 환경부

SECTION 03 물품관리

    동물병원 물품에는 진료 서비스에 관련된 의료소모품과 진료 외 사업 운영에 필요한 일반 소모품, 고객에게 판매를 위한 반려동물 물품 등이 있다. 고객이 서비스를 구매하는 결정적 순간을 놓치지 않고 원활하게 서비스를 제공하기 위해서 물품의 효율적인 관리가 필요하다. 고객은 동물병원에서 구매할 때 전문가의 신뢰도 있는 조언을 얻어서 서비스를 구매하려는 욕구가 있다. 고객의 요청이 있을 때 물품의 보관 위치를 숙지하고 종류별 사용 방법 및 판매 물품의 정보를 파악하고 있어야 고객에게 즉시 설명할 수 있으므로 동물병원에서 취급하는 물품들은 그 특징과 사용 방법 등을 잘 숙지하도록 한다.

Ⅰ. 원내 물품 종류

  의료 소모품

 반려동물 물품

 일반 소모품

1 의료소모품

동물병원에서 진료나 처치, 수술 등 의료행위에 필요한 물품들을 말한다. 소모품의 종류가 다양한데 동물병원마다, 수의사마다 선호하는 제품의 특성(제조사, 사이즈, 용량)이 각자 다를 수 있으므로 원내 프로토콜을 숙지할 필요가 있다. 의료소모품은 다시 진료 소모품과 임상검사 소모품, 수술기구, 의약품, 약품 조제기구로 다시 세분화가 가능하다.

① 진료소모품: 소모품별 자주 사용하는 사이즈를 확인하여 관리

주사기, 주사침, 수액용품(IV 카테터, 헤파린캡, 수액세트, 수액연장선, Scalp vein set[11]), 거즈, 붕대, 솜, 면봉, 소독제, Micropore(종이반창고), 코반, 처치용 라텍스 장갑(비멸균), 마스크, 요도카테터, Feeding Tube, ET tube(기관튜브), 패드, 엘리자베스 넥칼라 등.

② 임상병리실 소모품: 검체 채취를 위한 기구(채변기, 면봉, 스카치테이프, Swap) 및 용기, 염색시약(종류별), 현미경 검사 소모품(슬라이드글라스, 커버글라스, 이머전오일, 렌즈페이퍼), 혈액검사장비 관련 시약 및 키트, 진단검사키트(질환별 항원·항체, 세균 및 곰팡이배양 배지) 등.

③ 수술기구 소모품: Surgical Blade(수술용 칼날), 종류별 봉합사, Needle(수술용 바늘), 수술복 셋트, 수술 장갑(멸균), 일회용 수술포, Skin stapler, Vet bond, 의료용 산소, 의료용 패드 등.

④ 의약품 및 조제도구: 동물용의약품, 인체용의약품, 생물학적제제(백신), 마약 및 향정신성 의약품, 약포지, 약봉투, 실리카겔(흡습제), 시럽 용기, 차광지퍼백, 연고통 등.

2 반려동물 용품

① 주식: 습식/반건조식/건식으로 구분, 일반/처방사료
② 간식: 다양한 제품(신뢰도 있는 브랜드 제품으로 구비), 처방 간식
③ 의약외품: 질환 관리 및 예방을 위한 각종 영양제(제형별, 종류별, 질환별) 및 외용제
④ 관리용품: 외출 용품(목줄, 리드줄, 하네스, 이동장, 인식표, 배변봉투 등), 위생관리용품(샴

---

11 나비모양 주사침.

푸, 각종 브러쉬, 보습제, 귀세정제, 발톱깎기, 타월 등), **급식용품**(식기, 급수기 등), **장난감·훈련용품** (노즈워크 장난감, 놀이장난감, 입마개, 캣타워, 스크래쳐 등), **배변용품**(패드, 기저귀, 매너벨트, 소취제, 모래, 리터박스 및 모래삽), **의복 및 악세서리**(환자복, 의류, 리본 등)

3 일반소모품

① 전산사무용품: 용지, 잉크 및 토너, 필기류 및 봉투, 메모지
② 생활용품: 식음료, 종이컵, 물티슈, 화장지, 테이프, 손소독제, 비닐봉투(크기별)
③ 청소용품: 소취제, 소변 패드, 1회용 매너벨트, 종량제 및 재활용 봉투, 손소독 제, 고무장갑, 걸레, 청소기 및 공기청정기 필터, 각종 세제 등.

Ⅱ. 물품 재고관리

동물병원은 진료과목이 다양하고 여러 종(種)의 동물을 치료하기 때문에 특성상 관리 대상 물품의 종류가 다양하다. 따라서 체계적으로 관리하지 않으면 재고가 부족하거나 유통기한을 놓치게 된다. 이런 경우 서비스 제공 실패 상황이 발생할 수 있다. 이는 고객 이탈의 원인이 될 뿐만 아니라 동물병원 매출의 손실을 초래할 수 있으므로 운영에 차질이 없도록 자주 확인하여 관리하여야 한다. 근무자가 여러 명일 경우 소통이 잘 되지 않으면 재고수량 확인 시기를 놓칠 수 있으므로 담당자를 지정하거나 재고 파악 주기를 정하여 체크리스트를 작성하고 물품별 회전 주기를 예측할 수 있도록 한다. 원내 프로토콜에 따라 전자차트 프로그램을 활용할 수 있다.

> **Tip!** ● ● ●
>
> 물품별 최소 재고 물량을 설정하고 주로 사용하는 담당자가 최소 재고량 임박 시 별도로 기재하여 지체 없이 발주담당자에게 알리도록 한다.

그림 2 재고조사표. 물품 순환 주기에 따라 재고조사 간격을 달리하여 확인하고 기록한다.

재 고 조 사 표								결재	담당자	실장	사무장	원장
조사일:		보관장소:										

번호	물품명	규격	수량	단위	제조사	단가	금액	유통기한	과부족		재평가
									수량	기준수량	수량

모든 물품은 유통기한에 따라 선입선출(FIFO)[12]방식으로 진열하고 유통기한이 임박한 제품은 원내 프로토콜에 따라 처리계획을 세운다. 거래처에 따라 반품 또는 교환이 가능한 것은 거래처별 정책에 따라 확인 후 교체하고 반품이 불가한 제품은 상위 관리자와 상의 후 유통기한 전에 할인 판매 또는 고객 증정을 통해 처리할 수 있다. 유통기한이 경과한 제품은 폐기하여야 한다. 재고량은 지나치게 많이 두는 경우 판매하지 못했을 때 영업 손실로 돌아온다. 반대로 부족한 경우도 업무가 원활하게 진행되지 않는다. 최근 3~6개월의 사용량 및 판매량 추이를 파악하여 새로 주문하는 상품의 유통기한을 확인 후 소비할 수 있는 적정량을 유지하는 것이 중요하다. 또한 물품마다 제조사에서 제시하는 보관 방법을 확인하여 변질 및 손상되지 않도록 적합한 장소에 보관하도록 한다.

Ⅲ. 원내 물품 발주

발주란 재고 및 수요량 조사를 바탕으로 필요 수량만큼 물건을 주문하는 것을 말한다. 일상적으로 구입하는 물건이 아니라 누군가의 요청에 의해 필요한 물건을 주문할

---

12 선입선출(FIFO, First In First Out): 먼저 들어온 것을 먼저 내보낸다.

때는 '품의서[13]'를 작성하여 상관에 보고하여야 하는데 절차에 따라 승인 후 물품을 구입할 수 있다. 경우에 따라 물품구매 권한을 전적으로 위임 받은 경우 보고 및 확인 절차 없이 능동적으로 처리하되 근거자료를 꼼꼼히 관리하여 필요시 확인이 가능하도록 한다.

(1) 품의서 작성 방법

원내에서 판매되지는 않지만 고객 및 직원의 요청에 의해 특별히 구입해야 하는 물건에 대하여 결재권자에게 허락을 받아야 할 때 작성한다. 품의서 작성은 발주 당일에 작성하고 내용을 정확하게 기입한다. 구매 승인 및 발주가 끝나면 품의서는 기업 내 통상적 서류에 해당하므로 1년간 보관 후 파기한다.

그림 3 구매품의서

품번	품 명	규 격	단 위	수량	단 가	금 액	비 고
구입요구처			발주자				
지불 방법			발주 일자				
1						0	
2						0	
3						0	
4						0	
5						0	
6						0	
7						0	
8						0	
9						0	
10						0	
11						0	
12						0	
13						0	
14						0	
15						0	
16						0	
합 계						0	
특이사항							

---

[13] '품의서'란? 어떠한 일의 집행을 시행하기에 앞서 결재권자에게 특정한 사안을 승인해 줄 것을 요청하는 문서이다.

(2) 발주

물품을 발주할 때 거래처마다 발주 방법이 다를 수 있다. 대리점 담당자에게 전화 및 SNS 등으로 직접 주문하기도 하고 B2B[14]를 통하여 인터넷으로 주문하는 방법도 있다. 회사마다 결제방식 및 반품 정책이 다를 수 있으므로 주로 거래하는 곳은 발주처 리스트를 만들고 세부적인 내용을 기록해놓는다. 또한 세부 내용 변경 시 즉시 업데이트하여 업무에 차질이 생기지 않도록 한다. 납품원이 직접 배송하는 경우는 지정된 날짜를 미리 파악하여 기록해두고 택배 발송되는 제품의 경우 주말 및 공휴일을 포함하여 배송이 지연되는 날을 고려하여 미리 주문한다. 유선상 발주하는 경우 품목 및 용량을 정확하게 전달하고 품목을 다시 한번 확인한다. 주문한 상품이 오배송되는 경우 주문 실수에 대한 책임소재가 발생할 수 있으므로 주문내용을 가급적 문서화하도록 한다. 음성통화 보다는 SNS를 통해 내용 전달 시 보다 정확하게 전달되고 착오 발생 시 내용 확인이 원활하다. 신규 거래처의 경우 사업자등록증, 통장 사본 등 필요한 서류가 있을 수 있다.

 Tip! ● ● ●

주문 시기에 따라 거래처에서 제공하는 프로모션[15](Promotion) 선전 및 판매 촉진 활동을 적극 활용가능하다. 발주 수량 별 할인율이나 추가 증정률이 달라질 수 있는데 프로모션 상품의 경우 교환·반품이 불가능한 경우가 있으므로 무리하여 주문할 필요는 없다.

(3) 발주 물품 수령

주문한 물품이 도착하면 주문한 상품과 일치하는지 제품명, 용량, 수량 등을 확인한다. 거래가 발생할 때마다 거래명세서가 발행되는데 제품명, 수량 및 단가를 확인하여 오기입 여부를 확인한다. 만약 후불 결제 방식의 거래처인 경우 이전 누적거래금액이 이전 명세서와 일치한지 확인하고 금일 거래금액과 합이 정확한지 체크하도록 한다. 물품의 유통기한이 넉넉한지 확인하고 물건을 사용하거나 판매할 때 무리가 있을 정도로 임박하였다면 거래처와 조율하여 적절한 조치를 취하는 것이 좋다. (반품 및 환불 가능 여부 또는 교환가능 시점 확인 필요)

---

14 B2B(Business to Business), 기업과 기업 사이에 거래가 이루어지는 전자상거래를 일컫는 경제용어
15 프로모션(Promotion): 선전 및 판매 촉진 활동

반려동물의
기본 간호

동물병원안전

Ⅰ. 동물환자의 접근, 긴장감 유지하기

동물병원에 내원한 동물환자의 대부분은 심리적으로 불안하고 두려움을 느낀다. 이런 동물들에게 접근할 때는 환자와 보호자, 의료진의 안전을 고려하여야 하며, 최대한 편안한 모습을 보이며 접근한다. 또한 반려동물은 보호자의 심리상태에 영향을 받기 때문에 보호자가 불안한 기색을 표현하지 않도록 컨트롤할 필요도 있다. 따라서 동물에게 다가가기 전에는 동물환자의 행동을 관찰하는 시간이 필요하다. 신체 언어(Body Language), 스트레스 또는 두려움의 징후, 그리고 으르렁거리거나 쉬쉬하는 것과 같이 낯선이가 자신에게 다가오는 것에 대하여 경고를 표시할 수도 있는데 신체 전반적인 자세나 행동을 관찰하여 정확한 심리상태를 파악한다. 만약 동물이 두려워하거나 불안해 보인다면, 보다 안정감을 느낄 수 있는 장소로 이동하여 별도의 공간(이동장 등)을 주고 불안감이 줄어들 때까지 접근하지 않도록 한다. 동물에게 접근할 때는 동물의 종에 따른 진정신호를 표현하면서 천천히 침착하게 접근한다. 갑작스러운 움직임이나 주변에서 발생하는 큰 소음으로 인해 동물은 놀라거나 위협을 느낄 수 있다. 코디네이터는 편안한 자세를 유지하고 눈을 정면으로 마주보는 것을 피한다. 일부 동물들은 이러한 행위가 자신을 향한 도전이나 위협으로 인식할 수도 있다. 공포감을 주지 않는 가장 좋은 접근방법은 동물에게 섣불리 접근하는 것보다 스스로 나에게 다가올 수 있도록 시간을 주어 기다려준다. 몸의 측면을 보이고 시선을 마주치지 않은 상태에서 코 앞으로 천천히 손을 뻗는데 이때 손바닥을 아래로 향하게 하여 내밀도록 한다. 동물들이 천천히 나의 냄새를 맡고 탐색할 수 있도록 하는 것이 좋다. 동물의 머리 위로 손을 뻗거나 갑자기 빠른 행동으로 움직여서 깜짝 놀라지 않도록 한다.

진료의 흐름상 먹이 급여에 대하여 특별히 제한이 없다면 동물이 선호하는 간식을 사용하여 긍정적인 경험을 통해 동물병원에 대한 좋은 인상을 가질 수 있도록 강화를 할 수 있다. 만약 동물이 편안해 보이고 수용적인 시그널을 보이거나 낯선 사람의 손길을 거부하지 않고 잘 받아들인다면 부드럽게 쓰다듬어 주어 해치지 않음을 전달할 수 있다.

먹이 급여에 제한이 있거나 특정 음식에 대한 알레르기가 있을 수 있으므로 간식을 주기 전에 항상 보호자에게 묻거나 차트를 통해 기저질환 정보를 확인한다.

만일 약물이나 치료제 투여가 필요하거나 이를 도와야 하는 경우 수의사의 지시에 따르도록 하고, 부적절한 약물투여는 합병증을 유발하거나 동물환자의 회복을 방해하는 요인이 되기도 한다. 동물병원은 전문적이고 체계적으로 환자를 관리하는 곳이므로 동물병원의 지침에 따라 투약하는 것이 매우 중요하다.

 Ⅱ. 개체별, 질병 유형별 특성 파악

① 인수공통감염병: 어떤 질병들은 동물과 인간이 서로 병원체를 공유함으로 인해 질병에 전염될 수 있다. 동물환자를 다룰 때 장갑을 착용하거나 손을 자주 씻어서 병원체와 접촉을 최소화할 수 있도록 하고 인수공통감염병의 확산을 방지하기 위해 필요한 예방 조치를 취해야 한다. 동물병원의 질병 통제 및 예방 프로토콜은 다음과 같다.

- 예방접종
- 전염성 질환 환자의 격리관리
- 개인위생관리
- 주기적인 환기
- 소독 및 세척
- 폐기물 관리
- 직원교육 및 모니터링

② 알레르기: 자신이 특정 동물에 알레르기가 있는지 알고 있어야 하며, 알고 있다면 반드시 동물병원 관리자 또는 주변에 이를 전달하고 필요한 경우 항히스타민제를 사용하거나 마스크를 착용하는 등 반응을 일으키는 항원에 노출되는 상황을 최소화하기 위한 적절한 조치를 취해야 한다.

③ 개체별 환자 관리: 다양한 품종의 행동양식과 특이성을 숙지하여 동물환자를 다룰 수 있어야 한다. 특정 동물을 다루는 것에 대해 확신이 없다면 경험이 풍부한 직원의 도움을 받아 사고를 미연에 방지한다.

④ 질병 유형별 환자 관리: 동물환자의 질병에 따라 관리상 유의가 필요한 사항이 있는지 사전에 수의사와 동물보건사 등과 함께 확인하여 진행할 수 있도록 한다.

Ⅲ. 개인위생관리와 보호장비

동물병원에 근무하는 개인은 스스로 엄격한 위생관리를 해야 한다. 모든 업무를 시행하기 전에 비누와 물로 자주 손을 씻고 손 세정제를 사용한다. 특히 잠재적으로 전염성 질환 가능성이 있는 동물을 취급할 때는 장갑, 마스크 및 기타 개인보호장비(PPE)[1]를 사용해야 한다.

동물병원이라는 특수한 환경에서 동물들은 스트레스를 받거나, 다치거나, 겁을 먹을 수 있으며, 이것은 예측할 수 없는 움직임으로 나타나므로, 환자와 개인의 안전을 위해 대비할 수 있는 모든 기구들을 주변에 준비하여 두고 필요할 때 장갑이나 마스크와 같은 적절한 PPE를 착용하여 항상 안전에 우선순위를 둔다. 항상 동물에게 다가갈 때는 갑작스럽게 움직이지 않도록 하고 침착하고 부드럽게 접근한다. 불가피하게 동물환자에게 물리거나 발톱에 긁혀 상처가 생겼다면 바로 소독하고 치료를 받도록 한다. 환자가 기질적으로 소심하거나 질병 및 처치로 인해 통증을 느끼게 되면 두려움을 느껴 자기방어를 위해 본능적으로 공격성을 보이기도 하기에 그러한 상황을 인지하고 긴장을 늦추어서는 안 된다.

---

1 개인 보호 장비(個人保護裝備, 영어: personal protective equipment, PPE)는 보호복, 헬멧, 고글 등으로 구성되며, 개인의 부상, 감염을 차단하는 장비이다.

그림 1   동물보건사의 상처

출처: 한국동물보건사협회 제공

 Ⅳ. 시설관리와 정기적 안전 점검

    동물병원의 시설관리 및 정기적인 점검은 안전한 환경을 보장한다. 따라서 원내의 잠재적 위험을 식별하고 해결할 수 있도록 해야 한다. 동물병원 시설의 구조적인 결함이나 전기의 안전, 화재 위험 물질의 보관을 확인하는 등의 주기적인 점검은 안전한 환경을 유지함으로써 사고와 부상 또는 재산 피해발생의 위험을 최소화한다. 동물병원은 각 시·도·군(구)의 규제와 동물 진단용 방사선 발생 장치의 관리, 마약류 통합관리시스템, 폐기물관리법 등 법적 지침이 적용된다. 정기적인 안전 검사는 동물, 고객 및 직원의 복지를 보호하기 위해 마련된 이러한 표준을 준수한다.

중대재해 처벌에 관한 법률

사업 또는 사업장, 공중이용시설 및 공중교통수단을 운영하거나 인체에 해로운 원료나 제조물을 취급하면서 안전·보건 조치의무를 위반하여 인명피해를 발생하게 한 사업주, 경영책임자, 공무원 및 법인의 처벌 등을 규정함으로써 중대재해를 예방하고 시민과 종사자의 생명과 신체를 보호함을 목적으로 하는 중대재해 처벌에 관한 법률은 2024년 1월부터 상시근로자가 5인 이상 50인 미만인 동물병원에도 해당이 된다. 시행령에 따르면 렙토스피라증(Leptospirosis)이나 동물 및 사체, 털과 가죽, 그 밖의 동물성 물체를 취급하여 발생한 탄저(Anthrax), 단독(Erysipelas), 브루셀라증(Brucellosis) 등이 적용대상에 포함된다.

동물병원 내 감염병 확산을 막는 데도 적절한 시설관리가 중요한 역할을 한다. 여기에는 적절한 격리 프로토콜 구현, 깨끗하고 위생적인 구역 유지, 효과적인 폐기물 관리 및 청결한 개인 위생관리가 포함된다.

동물병원은 수술 기구, 마취기, 진단 도구, 방사선 촬영 장비와 같은 다양한 전문 장비에 의존한다. 정기적인 시설관리를 통해 이러한 계측기가 적절하게 유지, 보정 및 양호한 작동 상태를 유지할 수 있다. 이것은 정확한 진단, 효과적인 치료, 그리고 동물과 직원 모두의 안전을 지키고 동물진료서비스의 품질을 향상한다. 잘 정비되고 안전한 동물병원은 직원들과 고객들 사이에서 자신감을 불러일으킨다. 정기적인 안전점검과 시설관리는 신뢰를 높이고 동물병원에 대한 긍정적인 평판을 구축하는 최고 수준의 관리에 대한 의지를 보여줄 수 있다.

시설관리에는 비상 출구, 대피 계획, 비상 조명 및 예비 전력 시스템의 평가 및 유지보수가 있다.

정기적 점검과 관리 부분

동물용 진단, 검진, 의료 기기
전자 차트 및 컴퓨터기기와 프로그램
건물 내·외부 냉난방기, 수도 및 전기, 조명
건물 내·외부 계단 및 문(창문)

요약하면, 동물병원의 시설물 관리와 정기적인 안전점검은 안전하고 준수한 환경 조성, 감염병 예방, 장비 기능 유지, 응급상황에 신속하게 대처하기 위한 대비, 효율적인 작업흐름 보장, 직원과 고객에게 신뢰감을 심어주기 위해 필수적이다.

SECTION 02

보정(Restraint)

인도적이고 안전한 물리적인 보정은 검사, 표본수집, 약물투여, 치료 또는 섬세한 핸들링을 목적으로 동물의 자연스러운 움직임의 일부 또는 전부를 제한한다. 이때 사용하는 방법은 특정한 절차가 적절하게 수행될 수 있도록 최소한의 개입을 하며, 동물에 대한 두려움, 고통, 스트레스 및 상처를 최소화하며, 동물과 사람 모두를 위해로부터 보호한다. 고통과 구속이 최소화할 수 있도록 관련된 사람들이 동물의 보정과 행동에 대한 지속적인 훈련과 교육을 받도록 하다. 때로는 동물이 갖는 두려움과 고통을 최소화하기 위해 물리적 방법이나 화학적 방법을 사용하기도 한다. 이러한 방법은 원활한 의사소통과 계획이 동반되어야 한다.[2]

- 원활한 검사와 진료 진행
- 동물의 고통과 스트레스 최소화
- 검사와 진료의 정확성
- 동물, 보호자, 수의사, 동물보건사, 동물병원코디네이터 등 관련된 모든 사람의 안전확보

위와 같이 미국의 수의사 협회에서 '보정이란 동물을 최소한으로 통제하고 두려움과 고통, 스트레스를 줄이고 동물과 사람을 함께 보호하는 것'으로 정의하고 있다. 따라서 동물병원에서 근무하는 모든 종사자는 동물환자를 올바르게 다루는 방법을 숙지하고 있는 것이 중요하다.

---

2 미국수의사협회(AMVA)의 '동물의 물리적 보정_Physical restraint of animals'
   (https://www.avma.org/resources-tools/avma-policies/physical-restraint-animals)

Ⅰ. 핸들링과 보정: 원활한 진료를 위한 자세 잡기

동물병원에서 진료와 검사를 위한 핸들링(handling)과 보정(straint)은 동물과 상호작용하는 맥락에서는 관련이 있지만 사실상 별개의 개념이다. 핸들링은 다양한 환경에서 동물과 안전하고 효과적으로 상호 작용하기 위해 사용되는 전반적인 접근 방식과 기술을 말한다. 그것은 스트레스와 불편함을 최소화하면서 동물의 복지와 안전을 보장하는 데 사용되는 지식, 기술 및 관행을 포함한다. 적절한 핸들링은 동물의 행동, 신체 언어, 그리고 조용하고 협력적인 환경을 만들기 위한 자연적인 본능을 이해하는 데 초점을 맞춘다. 불필요한 스트레스나 부상을 유발하지 않고 동물에게 접근, 포획, 인도, 안내, 이동 등의 활동을 포함한다.

보정은 동물의 움직임이나 행동을 일시적으로 제한하기 위해 사용되는 특정한 방법과 필요에 따라 사용되는 장비도 포함한다. 일반적으로 건강검진, 치료, 예방접종, 그루밍, 이동 등 다양한 이유로 필요할 때 사용한다. 보정은 부상을 초래할 수 있는 갑작스러운 움직임이나 공격적인 행동을 방지하기 때문에 동물과 관련된 사람 모두의 안전을 보장하는 데 도움이 된다.

요약하자면, 핸들링 안전하고 스트레스 없는 방식으로 동물과 상호 작용하는 데 사용되는 반면, 보정은 특정 목적을 위해 동물의 움직임이나 행동을 일시적으로 제한하는 데 초점을 맞춘다. 두 가지 모두 동물 보호의 중요한 측면이며 동물의 안녕을 최우선으로 하여 수행되어야 한다.

1 적절한 핸들링

동물병원에서 적절한 핸들링을 하기 위해서는 동물의 행동을 이해하는 것이 중요하다. 동물들은 그들만의 독특한 본능과 의사소통 방법을 가지고 있다. 동물병원코디네이터는 이러한 동물의 감정 상태를 평가하고 그에 따라 반응하기 위해 신체 언어, 발성 및 기타 신호를 관찰하고 해석이 가능하여야 한다. 동물을 다룰 때는 부드럽고 차분한 접근법이 필요하다. 부드럽게 말하고, 천천히 움직이며, 동물들을 놀라게 하거나 겁을 줄 수 있는 갑작스럽거나 공격적인 움직임을 피한다. 또 동물의 개인적인 공간을 존중하여야 한다. 동물들이 그들을 보고 통제감을 유지할 수 있도록 옆이나 뒤에서 동물들에게 다가가며, 불편을 느끼면 시간을 두고 접근할 수 있도록 한다.

핸들링의 진행은 동물에게 스트레스를 최소화하고 사람과 동물 모두에게 부상을 방지하기 위함이다. 민감한 부위에 과도한 힘이나 압력을 가하지 않도록 주의하여 동물을 핸들링한다. 동물의 체중을 지탱하고 검사나 시술 중에 서 있거나 누워 있을 수 있는 안정적인 바닥이나 환경을 제공하는 것의 중요하다.

보정자와 동물 사이의 효과적인 의사소통이 필요하다. 명확하고 일관된 명령과 신호, 안도감을 줄 수 있는 부드러운 의사소통 방식을 사용하는 것이 신뢰와 협력을 확립하는 데 도움이 된다.

동물을 존중하고, 복지에 힘쓰며, 가능한 한 예측 가능한 핸들링을 진행하고, 윤리적 고려사항에 대해 고민한다. 무엇보다도 동물의 행복을 우선시할 필요가 있다는 것을 잊지 않고 책임감 있고 전문적인 핸들링을 수행할 수 있도록 한다.

2 동물보정 시 고려사항

보정은 환경을 활용하거나 언어적, 물리적 또는 약물 등을 이용하여 동물의 행동을 억제함으로써 동물이 그 자신 또는 다른 동물에게 상처 입히는 것을 방지하고 훈련, 검사, 약물투여, 처치, 포획 등 모든 절차의 수행을 용이하게 하는 방법이다. 보정 시 실수가 발생되면 모든 절차의 수행이 불편해지거나 어려워지며 예민한 반응을 보이는 동물에게 공격당할 수 있다. 또한, 무리한 억제로 인해 동물의 호흡곤란이나 질식사 등이 발생할 수도 있다. 따라서 효과적인 보정이란 동물의 스트레스를 줄이면서 사고의 위험은 제거하는 행위이며 일시적으로 동물의 움직임을 제어한다. 이를 위해 동물 행동에 대한 전반적인 지식을 습득하고 각 동물에 따른 미묘한 차이를 이해하여야 한다. 다음은 동물과 사람 모두의 안전과 안녕을 보장하기 위한 고려사항이다.

① 안전: 보정자, 절차수행자, 동물 모두를 위한 안전을 우선으로 한다. 부상이나 질병의 확산을 방지하기 위해 필요한 경우 장갑이나 고글과 같은 적절한 개인보호장비를 사용한다. 위생관리와 인수공통감염병, 감염에 대한 통제프로토콜을 따른다.

② 동물 행동에 대한 지식: 동물의 특정한 행동과 신체 언어를 이해하여야 한다. 공격성이나 스트레스의 위험을 줄이면서 동물의 반응을 예측하고 적절하게 반응

하는 데 도움이 된다.

③ 보정기술: 상황과 품종에 맞는 적절한 보정기술을 배우고 적용할 수 있어야 한다. 부적절하거나 과도한 힘은 동물에게 불필요한 스트레스, 부상 또는 심지어 외상을 초래할 수 있다.

④ 스트레스 최소화: 동물병원의 방문과 보정은 동물들에게 스트레스가 될 수 있다. 차분한 환경을 조성하고, 부드러운 보정기술을 사용하며, 동물의 보정 과정에서 서 있거나 누워 있을 수 있는 친숙하고 편안한 자세를 제공함으로써 동물에게 나타나는 긴장과 불안을 소거할 수 있다.

⑤ 신체적, 정서적 상태의 고려: 보정기술 사용 전에 동물의 신체적 상태, 건강 상태, 그리고 감정 상태를 살펴본다. 일부는 특별한 치료나 대안적인 접근이 필요한 질병 상태, 부상 또는 트라우마와 관련된 문제가 있을 수 있다.

⑥ 협동 보정기술: 특정 상황에서(크기가 크거나 잠재적으로 위험한 동물) 추가 인력이 필요할 수 있다. 관련된 사람들의 안전을 보장하기 위해서는 팀원들 간의 협업과 명확한 의사소통이 필수다.

⑦ 훈련 및 경험: 적절한 훈련을 받고 동물보정기술에 대한 경험을 얻는다. 자신감, 숙련도, 그리고 다양한 동물들에 대한 구체적인 기술향상과 고려사항에 대한 이해를 높인다.

⑧ 동물 복지: 항상 동물의 복지에 우선순위에 두어야 한다. 보정은 가능한 한 적은 양의 스트레스나 불편함으로 필요할 때만 이루어져야 한다. 보정이 진행되는 동안 호흡, 심박수, 체온과 같은 동물의 활력징후를 모니터링한다.

동물보정 전 고려사항

동물의 종류 및 품종, 연령 등 기본정보
주 호소증상
동물의 이전 경험
동물의 감정 상태
동물의 건강 상태
검사항목 및 진료절차(신체 부위, 보정이 필요한 정도)
환경구성
보호자의 경험
보호자의 감정 상태

Ⅱ. 보정의 방법 및 도구

보정의 방법

심리적 방법(Psychological restraint)

- 심리상태를 안정시키는 환경, 언어, 쓰다듬기 활용

물리적 방법(Physical restraint)

- 보정자의 신체 및 보정도구의 활용

화학적 방법(Chemical restraint)

- 약물을 사용

1. 심리적 방법(Psychological restraint)

심리적 보정은 동물과 사람 사이의 관계에서 시작된다. 기본적인 훈련이 된 동물은 사람의 시선이나 소리로 된 명령에 따라 반응한다. 이는 보정의 가장 기본적인 형태이다. 하지만 이것만으로 완벽한 보정을 할 수는 없다. 일부 동물은 기본적인 훈련이 되었지만, 전혀 훈련받지 않은 동물을 다루어야 하는 경우도 발생한다. 훈련되어 있는 동물도 병원과 같이 불안감을 주는 장소에서는 따르지 않을 수 있다. 다른 동물이 나타나거나 다른 냄새와 소음으로 인해 따르지 않는 경우도 발생한다. 심리적 보정은 물리적 보정을 보완하는 유용한 방법이다. 불안감을 줄여주는 환경을 구성하고 말소리와 쓰다듬기가 이 역할을 할 수 있다.

(1) 환경적 보정

낮은 스트레스 환경을 제공하고 적절한 보정기술을 활용하는 것은 진료나 치료의 진행 동안 환자와 사람 모두의 건강과 안전을 보장하는 데 필수적인 요소이다.

① 조용하여 평온을 느낄 수 있는 공간 또는 방을 지정한다.

② 적절한 조명을 활용하여 스트레스를 최소화한다.

진료와 검사를 위해 충분한 밝기를 제공하지만, 이를 각 절차나 검사의 특정 요구에 따라 기구를 사용하여 조명 수준을 조정할 수 있는 것을 선택한다. 조명의 색온도가 다르면 환경 인식에 영향을 준다. 주백색(around 4000-5000 Kelvin)[3] 조명은 명확하게 시각적 정확성을 주므로 일반적인 의료 환경에서 사용된다. 또한 동물병원 전체에 고르게 분포되어야 그림자나 눈부심을 최소화한다.

③ 공기의 흐름과 환기를 통해 불쾌한 냄새와 공기오염물질의 농도를 낮춘다.

④ 안전한 바닥표면을 사용하여 미끄럼을 방지하고 불편함을 최소화한다.

⑤ 다른 환자와 분리하여 시선이 분산되는 것을 방지한다.

(2) 언어적 보정과 쓰다듬기

동물을 다루기 위해 사용하는 언어와 의사소통을 언어적 보정이라 한다. 언어적 보정과 쓰다듬기를 잘 활용하면 심리적 안정효과를 통해 최소한의 통제가 가능하다. 다른 보정법들과 함께 활용 가능한 장점이 있다.

언어적 보정을 진행할 때는 동물의 고유한 가치와 존엄성을 인정하는 언어를 사용하고 이에 따른 영향을 확인하면서 수행한다. 쓰다듬기를 통해 보정이 이루어질 때, 동물환자와의 교감과 신뢰가 있다면 효과가 증대된다. 이때 사람의 감정이나 의도를 동물들에게 과도하게 의인화하여 적용하지 않도록 하며 동물의 행동과 능력, 표현을 정확하게 살피는 것이 중요하다. 우리가 원하는 바를 전달할 때는 짧고 단순하고 정확한 언어를 사용하여 공감과 배려의 감정을 포함하도록 한다.

 그림 2   보정자의 마음가짐

---

3   주광색은 5500~7000K, 전구색은 2700~3000K, 주백색은 4000~5000K.

동물에게는 부드럽고 안정된 목소리로 안심시켜야 한다. 예를 들면 개는 낮은 톤의 온화한 목소리를 들려주는 것이 좋고 고양이에게는 작은 음량이지만 조금은 높은 톤으로 상냥하게 말을 걸어 주는 것이 좋다. 고양이는 페로몬이 분비되는 볼과 턱을 스치듯이 쓰다듬는 것을 좋아한다. 개에게도 말소리로 반응한 후 손을 내밀어 친해지고 턱 아래쪽에서 배 쪽으로 쓰다듬어준다. 일부 개는 단호한 목소리와 강한 쓰다듬기가 필요할 수도 있다. 필요한 경우 동물을 통제할 수 있는 보호자와 함께 수행한다.

언어적 보정과 쓰다듬기의 활용방법

이름을 불러주기
부드러운 목소리 사용
천천히 행동하고 조용히 다가가기
신체접촉 시 동물의 얼굴과 보정자의 얼굴은 일정거리 유지
사지말단은 가급적 만지지 않기
긍정적 기억을 남겨주기
칭찬하기

2 물리적 방법(Physical restraint)

물리적 보정은 동물병원에서 가장 많이 활용되는 방법으로 직접적으로 동물의 움직임을 제한하기 위해 보정자의 몸과 손을 이용하거나 도구를 활용하는 방법이다. 보정에 사용하는 도구는 동물의 종, 크기, 기질에 따라 다양하다. 그들은 동물을 안전하게 잡는 것과 같은 신체적 접촉의 사용 또는 끈, 마구, 입마개 또는 압착 케이지와 같은 특수한 장비의 사용을 포함할 수 있다. 물리적 보정은 동물에게 불필요한 스트레스나 해를 끼치지 않도록 최소한의 힘으로 부드럽게 적용하는 것이 중요하다.

미안해요. 차가

그림 3 　부드럽게 보정_새의 급여

(1) 보정자

동물을 보정하기 위해서는 보정자의 숙련정도와 신체적인 힘 그리고 동물의 크기와 행동에 따라 최소의 인원이 필요하다. 작은 동물을 다룰 때 손의 힘을 강하게 주면 동물의 호흡을 방해하거나 골절 등의 상처를 입을 수 있으므로 적절한 압력을 유지한다.

보정자의 신체를 활용해 움직임을 제한할 때는 모두의 안전을 우선으로 한다. 대표적으로 사용되는 보정자의 신체 활용방법은 다음과 같다.

● 안아서 보정 또는 이동

그림 4 　소형견의 안아서 이동하기

● 감싸 안기

그림 5 새의 감싸 안기

그림 6 대형견 감싸 안아 보정

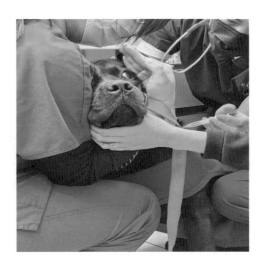

● 가슴으로 받치거나 누르기

그림 7 ✂ 가슴과 손을 활용한 보정

(2) 보정도구의 활용

1) 수건

수건은 시야를 차단하거나 몸의 움직임을 전체 또는 부분적으로 제어하고자 할 때 사용한다. 일부 동물의 경우 시야를 차단하는 것만으로도 몸을 움직이지 않는 경우가 있어 보다 원활한 보정을 할 수 있다. 수건으로 몸 전체를 감쌀 때는 다리 관절이 펴지지 않을 정도로 타이트하게 감싸야 안정감 있게 보정할 수 있다.

그림 8 ✂ 수건을 활용한 감싸안기

수건을 대신하여 보정용 가방을 활용할 수도 있다. 판매되는 cat restraint bag은 얼굴부위와 네 곳의 다리에 각각 지퍼가 달려서 필요한 신체부위만 빼낼 수 있는 장점이 있지만, 가방에 환자를 넣는 것에 어려움이 있기도 하다.

그림 9 고양이 보정 가방

출처: https://www.ebay.com/itm/155039587678

2) 엘리자베스 칼라(Elizabethan collar)

엘리자베스 칼라, E 칼라 또는 넥카라, 깔때기 등의 이름으로 사용한다. 일반적으로 반려동물의 보호용 의료용품이다. 이는 상처부위를 물거나 핥거나 긁는 행위를 방지하기 위해서 사용한다. 동물의 상태나 성격에 따라 다양한 형태의 제품을 사용하는데 보정을 위해 사용하는 것은 플라스틱 제품이다.

그림 10 넥카라 착용한 고양이

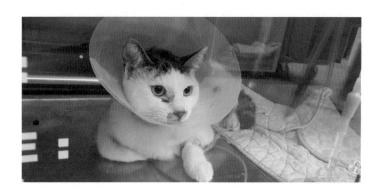

목의 사이즈를 평가할 때는 사람의 손가락 한 개 또는 두 개가 들어가게 둘러준다. 이때 목 부위 둘레가 좁으면 호흡곤란이 발생하고, 넓게 장착하면 얼굴이 빠져나올 수 있다. 잘못 장착했을 때는 턱이나 이빨이 끼어서 흥분이 발생한다. 장착 후 앞으로 당겼을 때 빠지지 않는지 확인하며 이때 정면보다는 약간 아래로 당겨보는 것이 좋다. 적절한 넥칼라 사이즈는 동물의 코끝 보다는 더 길어야 한다.

그림 11 보정 시 사용되기 어려운 쿠션 재질

3) 입마개(Muzzle)

사나운 동물이나 안정을 보장하기 위해 사용하는 입마개는 종류가 다양하게 있다. 입마개 사용 전에는 보호자에게 사전에 동의를 구하고, 보호자가 직접 채워서 진행하면 동물이 받는 스트레스를 최소화할 수 있다. 입마개를 선택할 때는 동물의 주둥이에 맞는 크기를 선택해야 한다. 입을 벌리지 못하는 입마개는 체온조절 또는 호흡 불안정의 문제를 발생시키므로 꽉 조이지 않는 것이 중요하다. 호흡곤란 환자나 산소공급이 원활하지 않아 문제가 되는 질병에 이환된 환자는 적용할 수 없다. 호흡상태와 점막색을 체크하는 것이 중요하다.

표 1   입마개의 종류

| 바구니형 입마개 | 터널형(매쉬,플라스틱) 입마개 | 견종별 입마개 |

짧은 시간이 소요되는 진료나 검사 시에는 테이프머즐(Tape Muzzle)을 활용하도록 한다.

그림 12   테이프머즐(Tape Muzzle)

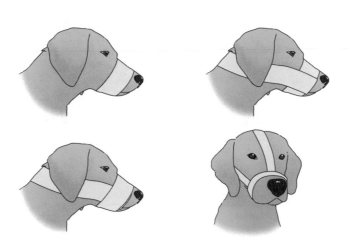

그림 13　붕대(거즈)를 사용하여 입마개 만들기

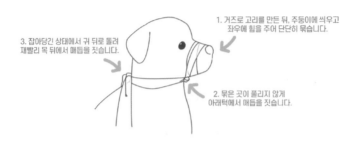

3. 잡아당긴 상태에서 귀 뒤로 돌려 재빨리 목 뒤에서 매듭을 짓습니다.

1. 거즈로 고리를 만든 뒤, 주둥이에 씌우고 좌우에 힘을 주어 단단히 묶습니다.

2. 묶은 곳이 풀리지 않게 아래턱에서 매듭을 짓습니다.

4) 보호 장갑(Protective Gloves, Animal Handling Gloves)

사납거나 예민하여 무는 개, 몸을 유연하게 사용하는 고양이, 강한 발톱이 있는 새의 경우에는 가죽장갑을 활용하여 잡는다.

그림 14　보호 장갑(protective gloves)

출처: https://armorhandglove.com/product/procedure-palpation-protective-glove

5) 이동장(입원장) 또는 줄(line)

이동장은 동물의 움직임을 제한할 수 있으며, 고양이와 같이 환경적으로 예민하게 반응하는 동물은 보호자와의 상담을 통해 사전에 이동장 안에 들어간 채 처치실로 들어갈 수 있도록 한다. 이때 사용되는 이동장 또는 입원장은 사전에 소독하여 준비하고 동물의 크기를 고려한다. 특히 새나 기니피그, 고슴도치, 햄스터 등의 소형동물을 다룰 때는 포획 시 틈 사이로 탈출 할 위험성을 인지하고 있어야 한다.

그림 15 입원실에서 움직임을 제한하는 모습

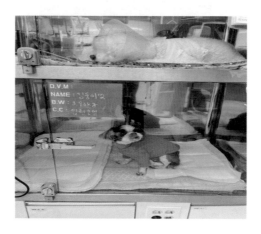

그림 16 이동장으로 움직임을 제한하는 모습

개의 목에 거는 줄을 리드(lead)라고 부른다. 이는 개를 묶어서 끄는 줄을 말한다. 이러한 리드줄을 활용하여 동물의 움직임을 제한하거나 일반 천으로 줄을 만들어서 수술대에 환자의 사지를 고정하는 데 사용한다. 안전하고 미끄러지지 않게 강한 보정을 할 때 사용한다. 움직임을 제한하기 위한 줄의 매듭은 빨리 풀 수 있고, 줄이 엉키거나 느슨하지 않도록 하여야 한다.

그림 17 리드줄을 활용한 보정

3 **화학적 방법**(Chemical restraint)

약물을 사용하여 치료, 검사, 이동, 스트레스 감소와 같은 다양한 이유로 사용하여 동물을 진정 또는 고정할 수 있는 방법이다. 사용되는 구체적인 방법과 약물은 종류, 건강 상태 및 제한의 의도된 목적에 따라 달라진다. 약물은 마약류관리에 관한 법률[4]에 따라 동물병원에서는 수의사만 취급할 수 있다.

 Ⅲ. 개체별 보정 방법 활용

1 **개의 보정**

안전한 보정을 위해서 우선 환자의 현재 건강 상태와 필요한 치료의 종류, 약물에 대한 이해가 필요하다. 이에 따라 구체적인 상황 및 처치를 위한 절차가 달라질 수 있으며, 이를 위해서 상호 지속적인 소통이 필요하다. 국내 동물병원에서는 소형의 반려동물이 대다수여서 대부분 검사와 치료를 테이블 위에서 진행한다. 이때 환자가 흥분하지 않도록 안정시키는 것이 중요하다.

---

4 법률 제18964호 마약류관리법

(1) 개의 이동

1) 들어 올릴 때, 이동할 때

혼자서 소형의 동물(~15kg 미만)을 들어 올릴 때는 환자의 체중을 보정자의 허리와 다리의 힘으로 감당할 수 있도록 하며 환자를 보정자의 가슴으로 밀착시켜 움직임과 탈출을 방지한다.

환자의 체중이 9kg 이상의 경우 한 손으로는 목 아래, 다른 한 손으로는 엉덩이 아래를 받치고 동시에 들어 이동한다.

그림 18 개의 이동 1

그림 19 개의 이동 2

혼자의 힘으로 들어 올릴 수 없을 때는 반드시 2인 또는 다른 도구를 사용하여 환자를 이동한다. 이때 환자의 상처 부위나 신체결함 유무를 확인하여 2차 손상을 입지 않도록 유의한다.

2) 안고 있을 때

그림 20 개를 안고 있는 모습

(2) 개의 기본 보정

1) 앉은 자세 보정

그림 21 앉은 자세 보정

2) 선 자세 보정

그림 22 선 자세 보정1

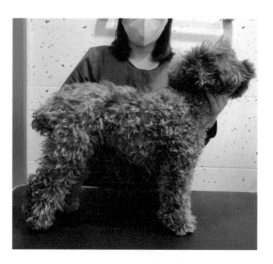

그림 23 선 자세 보정2

3) 누운 자세 보정

횡와위(옆누운자세)보정은 처치대 위에나 바닥에서도 진행할 수 있다. 혼자서 보정을 할 때는 동물의 옆쪽에 서서 양손으로 양쪽 다리를 잡고 보정자의 몸과 환자의 등을 밀착하여 서서히 눕힌다. 움직임을 제한하려면 몸을 숙여 가슴을 환자의 몸으로 밀착하여 가볍게 눌러주고 앞다리를 잡은 팔을 환자의 목 위로 살짝 누른다. 두 사람이 진행할 때는 각각 앞다리와 뒷다리를 나눠서 잡고 호흡을 맞추어 천천히 눕힌다. 이때도 머리를 들지 못하도록 가볍게 고정하면 쉽게 일어나지 못한다.

그림 24 횡와위의 보정

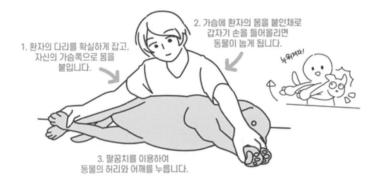

1. 환자의 다리를 확실하게 잡고, 자신의 가슴쪽으로 몸을 붙입니다.

2. 가슴에 환자의 몸을 붙인채로 갑자기 손을 들어올리면 동물이 눕게 됩니다.

3. 팔꿈치를 이용하여 동물의 허리와 어깨를 누릅니다.

그림 25　누운 자세 보정

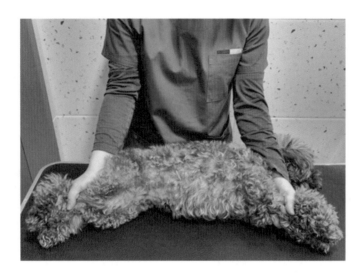

그림 26　몸을 활용하여 누운 자세 보정

(3) 개의 검사 및 치료 시 보정

검사를 위해 개를 보정할 때는 최소한의 보정을 하는 것이 추천되며, 온순한 개의 경우 필요 이상으로 고정하지 않도록 한다. 보정을 위한 물리적인 압력이 강하면 동물 환자는 불안하거나 흥분하는 반응을 나타낼 수 있다. 주사 처치 등 약간의 통증이 유발되는 처치를 진행할 때는 반사적으로 공격성을 보일 수 있으므로 갑작스런 머리의 움직임을 제한하는 방법으로 보정한다.

1) 신체검사 시 보정

동물병원은 동물의 건강과 상태를 평가하기 위해 다양한 종류의 신체검사를 한다. 동물병원에서 실시되는 일반적인 신체검사는 심장 박동수, 호흡수, 온도, 맥박과 같은 활력징후를 확인하고 심혈관, 호흡기, 소화기, 근골격계 및 신경계와 같은 동물의 신체 시스템을 검사하는 것을 포함한다. 이때 검사가 원활하게 진행될 수 있도록 환자를 고정하며, 환자의 스트레스를 최소화하기 위해 최소한의 보정을 진행한다.

그림 27 신체검사를 위한 보정

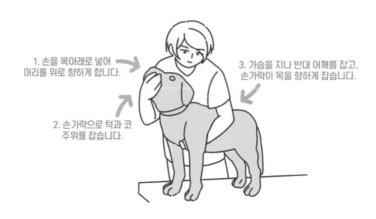

1. 손을 목아래로 넣어 머리를 위로 향하게 합니다.

2. 손가락으로 턱과 코 주위를 잡습니다.

3. 가슴을 지나 반대 어깨를 잡고, 손가락이 목을 향하게 잡습니다.

그림 28 청진 시 보정

그림 29 체온측정 시 보정

● 귀 검사

환자의 귀가 잘 확보되도록 얼굴을 감싸고 다른 한 손으로는 움직임을 제한할 수 있도록 양쪽 앞다리를 모아 잡는다. 이때 팔은 환자의 허리를 감싸서 몸에 밀착시킨다.

그림 30 귀 검사 시 보정

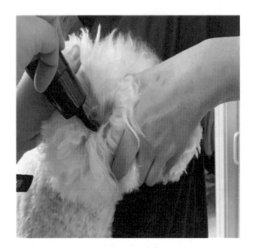

● 안과 검사

안과 검사에서는 안압이 상승하지 않도록 유의하면서 얼굴을 고정하는 자세를 잡는다.

그림 31 안압검사 시 보정

● 방사선 촬영

방사선 촬영에는 다양한 부위를 검사할 수 있고 그에 따라 보정 방법도 각기 다르다. 가장 기본적인 촬영으로 Vental Dosal(복배상)과 Lateral(외측상)의 자세가 있다.

VD(복배상)의 촬영 시에는 환자의 등이 바닥에 닿고 배가 하늘을 보고 누운 자세로 고정한다. 보정자 중 한 사람은 머리 쪽으로 가서 양쪽 두 앞다리를 잡고 당겨주고, 다른 한 사람은 뒷다리를 잡고 꼬리 쪽으로 당겨 척추가 일자가 되고 흉골과 수직이 되도록 한다. 척추가 휘지 않도록 목을 일자로 고정한다. 너무 마른 환자의 경우 바닥에 누웠을 때 도드라진 척추뼈로 인해 통증을 느낄 수 있으므로 바닥면에 압력이 느껴지지 않도록 살짝 들어주는 것이 좋다.

그림 32 흉부 VD

그림 33 복부 VD

Lateral(외측상) 촬영 시에는 오른쪽 몸통이 바닥에 닿게 하고 머리 쪽 보정자는 가슴과 다리가 겹치지 않도록 앞다리를 앞쪽으로 당기고 다른 한 손으로는 머리를 자연스럽게 고정하여 자세를 유지한다. 뒷다리 고정 시에도 한 손으로는 뒷다리를 복부와 겹치지 않도록 뒤로 당기고 다른 한 손으로는 꼬리를 고정한다.

그림 34 흉부 Lateral

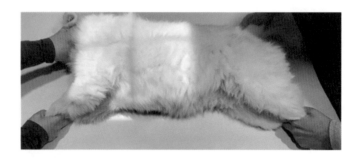

그림 35 복부 Lateral

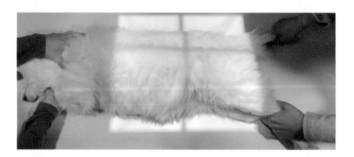

● **초음파 촬영**

대부분 환자를 눕힌 자세로 검사를 진행하는데 1인 보정이 가능하기도 하며 2인이 함께 진행하기도 한다.

그림 36 ⏺ 초음파 촬영 시 보정

심장초음파 검사 시에는 전용 쿠션을 사용하기도 하며, 옆으로 누운 자세를 취할 수 있도록 하여 검사를 진행한다. 검사 진행 시 앞다리를 잘 당겨주어 흉부가 가려지지 않도록 자세를 잡는다. 심장초음파를 진행하는 환자 중에 호흡이 불안정하는 경우가 있으므로 호흡양상을 관찰하면서 진행한다.

그림 37 ⏺ 심장 초음파 보정

2) 채혈, 주사 시 보정

● 정맥 주사

경정맥[5]은 많은 양의 혈액을 사용하는 검사 진행을 위해 채혈한다. 환자를 앉혀서 고개를 살짝 들어 채혈하는 정맥의 반대 방향으로 향하게 돌려준다. 얼굴을 고정한 손은 살짝 받쳐주지만 움직임이 없도록 잡는다.

그림 38 경정맥 채혈 보정

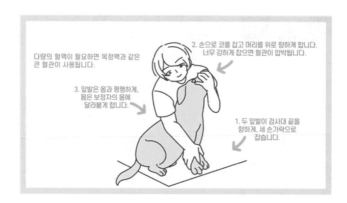

움직임이 많은 동물의 경우 선 자세의 보정을 하며 이때 한 손으로 양쪽 앞다리를 모아 잡고 옆구리에 동물의 몸을 끼운다. 팔꿈치는 가볍게 몸에 밀착한다. 환자의 고개의 방향은 채혈 반대편으로 향하도록 돌려준다. 개체에 따라 고개를 지나치게 들거나 옆으로 돌리는 경우 혈관이 잘 노출되지 않는 경우가 있으며, 앞다리가 아래로 잘 펴지지 않으면 채혈자가 주사기를 조작하는 공간을 확보하기가 어렵다. 채혈자와 의사소통을 통해 적당한 자세를 취할 수 있도록 조정한다.

---

5 Jugular vein: 목정맥은 가슴 부위의 상대정맥과 이어져, 얼굴과 머리의 정맥혈을 심장으로 내려 보내는 혈관.

그림 39 경정맥 채혈 시 앉은 자세 보정

그림 40 경정맥 채혈 시 선 자세 보정

그림 41 경정맥 채혈 시 보정 옆모습

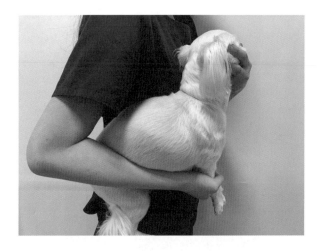

그림 42 앞다리 정맥카테터(Ⅳ) 보정

2. 손가락으로 코와 입 주위를
감아 잡고, 머리를 압박하는 다리의
반대편으로 살짝 돌립니다.

1. 앞다리가 펴지도록
앞다리굽이관절 뒤를
압박합니다.

압박을 하는 이유에는, 혈관이 부풀어
카테터를 장착할 수 있게 하기 위함도 있습니다.

그림 43 앞다리 정맥카테터(Ⅳ) 보정

그림 44 뒷다리 정맥카테터(IV) 보정

● 피하주사

그림 45 피하주사 시 보정

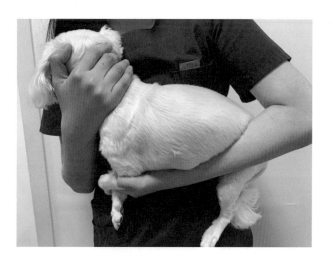

● 근육주사

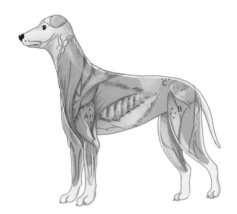

근육주사에 이용되는 근육군
A: 삼두완근 B: 대퇴사두근 C: 요배근

3) 투약 시 보정

● 경구 약물투여

경구 투여를 위한 약물은 알약, 캡슐 또는 액체 형태일 수 있다. 환자가 편안하게 약을 먹을 수 있는 자세를 잡고 한 손으로는 엄지와 검지로 위턱을 잡고 머리를 뒤로 기울인다. 다른 한 손으로는 혀의 안쪽에 알약이나 캡슐을 놓을 수 있도록 벌려서 집어넣는다. 그 즉시 입을 닫고 목을 부드럽게 쓰다듬거나 코에 바람을 세게 불어 삼키도록 돕는다. 필요하다면 알약투약기(필건)를 사용한다.

그림 46 알약 투약 시 보정

그림 47 물약 투약 시 보정

물약의 경우 어금니 뒤쪽의 공간으로 조금씩 주사기를 밀어 넣는다. 이때 기도로 들어가는 것을 방지하려면 환자의 머리를 뒤로 기울이거나 주사기의 물약이 갑작스럽게 주입되지 않도록 한다.

● 점안제 투여

양손으로 귀 뒤쪽으로 머리를 살짝 잡고 고정한다. 혼자서 점안제 투여를 진행하는 경우에는 한 손으로는 환자의 머리 뒤쪽으로 접근하여 받쳐주고 다른 한 손으로는 안약을 엄지와 검지로 들고 중지로 눈꺼풀을 잡아 위쪽에서 넣는다.

그림 48 점안제 투여방법   **그림 49** 공격적인 동물환자 점안제 투여방법

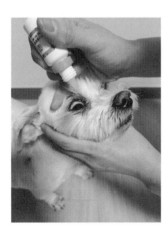

점이제 투여

환자에게 귀약을 투여할 때 최소한의 물리적 제압으로도 약을 넣을 수 있다. 머리부위에 움직임이 많은 경우 정확한 위치에 약물 투여를 위해 환자를 고정하여야 하는데, 보정자가 한 손으로는 환자의 머리를 잡고 다른 한 손으로는 앞다리를 잡아 고정한다.

그림 50 점이제 투여 시 보정

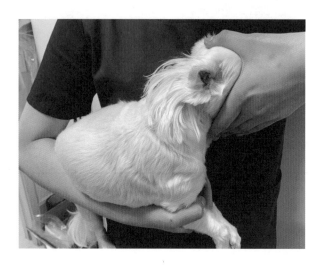

2 고양이의 보정

(1) 최소한의 보정

고양이를 보정 시 일부 환자는 최소한의 보정으로 진료가 가능하다. 과도한 보정은 고양이가 위협을 느끼므로 탈출 시도로 이어질 수 있다. '무릎 냥이'처럼 무릎 위에 편안하게 앉을 수 있는 고양이에게는 과도한 물리적 보정 없이도 자연스럽게 처치가 이루어질 수 있도록 가능한 편안한 환경을 만들어 준다.

링 그립(Ring Grip)

최소한의 구속으로 조정할 수 있는 고양이는 턱 바로 아래에 "링 그립"을 사용하여 잡을 수 있다. 링 그립을 사용할 때는 목의 기관에 압력을 가하지 않는 것이 중요하다. 처치를 하는 사람이 경정맥 또는 고양이 앞의 다른 영역에 접근할 수 있도록 한다.

● 세 손가락 누르기

손 전체가 보정에 사용되며, 세 개의 손가락이 고양이 머리 위에 남도록 배치한다.

(2) 이동장에서 꺼내기

이동장에서 고양이를 안전하게 꺼내기 위해서 이동장의 선택은 상단이 분리되는 하드타입의 형태를 추천한다. 폐쇄된 진료실에서 고양이가 스스로 나올 수 있도록 유도하고 불가능하다면 상단을 분리하여 수건을 덮어준다. 몹시 예민한 경우 상하단 사이에 수건을 밀어넣어 빠져나갈 수 있는 공간을 최소화하여 수건으로 감싸준다. 수건을 덮는 것은 시야를 차단하여 움직임을 제한하는 가장 유용한 방법이다.

그림 51 이동장에서 꺼내는 방법

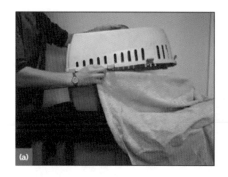 

그림 52 입원실에서 꺼내는 방법

입원실에 있는 고양이를 밖으로 꺼낼 때는 입원실 문을 몸으로 막아 탈출을 방지하고 수건을 환자의 몸 전체에 덮고 고양이의 몸을 돌려 수건을 말아 감싸고 뒤쪽부터 천천히 밖으로 꺼낸다. 이러한 방법은 환자가 놀라 탈출을 시도하더라도 입원실 안쪽으로 들어가게 되어 사고를 방지하고 할퀴거나 무는 상황을 최소한으로 줄일 수 있다.

(3) 수건(Towel wraps)을 활용한 보정

수건이나 담요는 고양이가 더 안정감을 느끼게 할 수 있다. 고양이에게 할 수 있는 수건 랩은 다양하다. 고양이를 완전히 덮을 수 있을 정도로 큰 수건을 선택한다. 수건은 물리거나 긁힐 가능성을 줄여주지만, 사용한다고 해서 이러한 위험을 완전히 예방할 수는 없다.

고양이의 머리와 목이 노출된 상태로 반부리토 랩(half-burrito wrap)은 머리 검사, 경정맥 접근이 가능하다.

그림 53 수건으로 감싸기

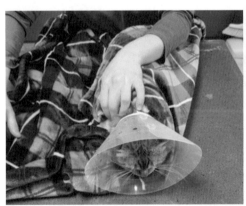

(4) 머즐(cat muzzle)을 활용한 보정

고양이에게 입마개를 사용하여 눈과 입을 함께 가려 감각을 통제하면 움직임을 제지할 수 있다.

고양이의 머즐과 수건을 활용한 보정

3 기타 특수동물의 보정

(1) 햄스터

햄스터는 작은 크기와 빠른 움직임으로 인해 보정이 쉽지 않다. 일반적으로 스크레핑(Scruffing)이라고 하는 햄스터 목 뒤쪽의 늘어진 피부를 잡고 부드럽게 들어 올리는 방법을 사용한다. 이것은 햄스터를 제압하고 물거나 긁는 것을 방지한다. 햄스터의 보호자와 함께 하거나 손을 익숙하게 길들이는 손 길들이기(Hand Taming) 방법은 환자와 함께 시간을 보내고 천천히 손에 익숙해지도록 하는 방법이다. 이러한 방법은 햄스터의 저항을 줄이는 데 도움이 될 수 있으므로 보정이 용이하도록 돕는다.

그림 55 햄스터의 안아서 보정

작은 수건을 활용하여 타올 랩(Towel wrap) 보정을 할 수 있다. 또는 투명한 플라스틱 튜브(Restraining Tubes)를 이용하여 탈출하지 못하도록 보정이 가능하다.

(2) 토끼

토끼의 귀에는 미세혈관이 분포하고 있어 양쪽 귀를 잡아 체중의 부담을 주는 행위는 하지 않는다. 작은 토끼의 경우나 짧은 이동을 하는 경우 한 손으로 부드럽게 목 뒤쪽을 잡아 고정하고(Scruffing) 다른 손으로 엉덩이 쪽을 받쳐서 체중의 부담을 덜어준다. 토끼의 뒷다리는 발로 차는 것을 방지하기 위해 몸 안에 넣어야 한다.

그림 56 토끼 안는 방법

토끼 역시 수건이나 담요를 감싸는 버니 부리또(Bunny Burrito) 방법을 사용할 수 있다. 이것은 토끼를 침착하게 유지하고 탈출을 예방할 수 있다.

(3) 새

새는 섬세한 구조와 매우 민감한 호흡기 시스템으로 다루고 억제하는 것은 어려우므로 조심스러운 접근이 필요하다. 새의 몸 전체를 부드러운 수건으로 감싸면 새를 진정시키고 날개를 펄럭이는 것을 방지할 수 있다. 필요한 절차를 위해 머리와 발이 노출되도록 새를 수건으로 부드럽게 안아야 한다. 새의 경우 손 길들이기를 사용하여 다루는데 능숙할 수 있어야 한다. 부드러운 목소리로 말을 걸고, 만지지 않고 새장 근처에서 시간을 보내는 것부터 시작하면 시간이 지남에 따라 사람과 상호 작용에 더 편안해지고 다루기가 쉬워질 수 있다.

그림 57 앵무새의 손 길들이기 모습

입구가 작은 특수케이지를 사용하여 새를 안전하게 대기하거나 이동할 수 있다.

새가 스트레스를 받지 않도록 새를 다루고 제지할 때 부드럽고 위협적이지 않은 기술을 사용한다. 뼈와 호흡기가 약하기 때문에 새를 조심스럽게 다루는 것이 중요하다.

(4) 뱀과 도마뱀

동물병원에 방문한 뱀이나 도마뱀을 위한 조용하고 조용한 환경을 조성한다. 접촉을 최소화하고 적절한 은신처를 제공하며 갑작스러운 큰 소음이나 방해를 방지한다. 물리는 것을 방지하기 위해 장갑을 착용하도록 한다.

뱀의 보정 시에는 필요한 부위를 '고정시킨다'는 강도를 유지하는 것이 중요하므로 너무 강하게 잡지 않도록 한다.

그림 58 뱀의 보정

1. 엄지와 검지로
입, 눈 뒤쪽의 턱을 잡아줍니다.

2. 다른 손으로는
뱀의 뒤쪽을 잡아
몸을 받쳐줍니다.

그림 59 소형도마뱀의 보정

1. 엄지와 검지로
머리와 아래턱을 고정시켜줍니다.

2. 다른 손으로는
몸체를 고정시켜줍니다.

소형도마뱀의 보정은 보통
한 손으로 합니다.

마케팅

SECTION 01

동물병원 마케팅

Ⅰ. 동물병원 마케팅의 이해

최근 반려동물의 지위가 상승함에 따라 반려동물과 사람이 한 공간에서 가까이 접촉하며 생활하게 되었다. 실내 거주 공간을 공유하며 함께 음식을 나눠 먹거나 잠을 자기도 하는 등 가까워진 만큼 반려동물의 건강에 대한 보호자들의 관심이 높아졌는데, 건강한 상태를 유지하고, 조금 더 오랫동안 곁에 있기를 바라는 마음일 것이다. 이런 시대적 상황으로 반려동물 관련 산업이 급속히 성장하면서 수의사 및 동물 관련 직업군이 인기를 끌게 되었는데 자연스럽게 소동물 임상 동물병원의 개원도 급속히 증가하게 되어 지역의 단위 구역당 동물병원 밀집도가 높아지고 있는 실정이다, 당연한 결과로 현재는 동물병원 간에 과열 경쟁 사태로 치닫고 있다. 최근 통계조사에 따르면 서울에서 개원한 동물병원 중 1년 내에 폐업하는 비율이 50%에 달한다. 동물병원은 고객에게 차별적인 가치를 인정받지 못하면 원활히 유지하기가 어렵고 성장을 위한 가치를 축적하기도 쉽지 않다. 현재는 기술의 발달로 대부분의 동물의료서비스 품질이 적정수준 이상이므로 우리 동물병원만의 독특한 차별점을 내세우지 못하면 고객에게 영향을 미칠 수 없다. 따라서 동물병원 마케팅은 고객의 마음속에 우리병원만의 특별함을 심어주어 잘 자리 잡도록 하는 활동이 필요하다.

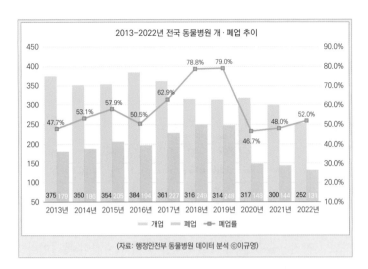

2013-2022년 전국 동물병원 개·폐업 추이

(자료: 행정안전부 동물병원 데이터 분석 ©이규영)

출처: https://www.dailyvet.co.kr/news/practice/179930

1. 마케팅이란?

마케팅이란 판매자가 소비자들의 욕구에 맞는 상품과 서비스를 제공하기 위하여 기획하는 모든 활동이다. 마케팅 활동은 기업이 창출한 가치를 전달한다. 기업은 고객이 원하는 서비스와 상품을 개발하고 유통, 판매 촉진, 광고 등의 과정을 거쳐 최종적으로 소비자에게 전달된다. 이러한 판매과정에서 발생하는 모든 활동이 마케팅에 포함되는 것이다. 지금 이 순간에도 수많은 제품과 서비스가 생산되어 공급을 통해 확산되고 있다. 요즘 소비자들은 기본적으로 합리적인 가격과 우수한 품질뿐만 아니라 자신들의 욕구를 반영하는지, 희소적인 특별한 가치와 그 속에 숨은 이야기가 있는지가 구매를 결정하는 기준이 되는 추세다. 따라서 요즘은 동물병원이 진료만 잘하는 것으로는 성공하기는 힘들다. 고객에게 어떤 가치와 특별함을 보여줄 수 있는지가 경영의 성공 여부를 가르게 되는데, 이렇듯 마케팅은 현 시대의 동물병원 경영에 있어서 필수적인 요소이다. 빠르게 변화하는 시대적 흐름을 잘 파악하여 효율적인 마케팅 전략을 세워야 한다.

2 마케팅 관리

(1) 마케팅 믹스 4P

마케팅 전략을 기획할 때 마케팅 비용은 효율적으로 줄이면서 목표한 효과는 최대치로 낼 수 있는 방법을 고안해야 한다. 마케팅 믹스(4P)는 목표치 달성을 위한 마케팅 활동에 있어서 가장 기본적인 도구들의 집합을 말하며 Price, Product, Promotion, Place가 포함된다. 각 요소의 첫 자를 따서 마케팅 믹스 4P라고 부른다. 마케팅 믹스 4P를 적절히 활용하여 고객에게 동물병원의 일관된 이미지와 특징을 전달하고 고객이 우리를 인지할 수 있도록 하는 것이 중요한데, 궁극적으로는 잠재고객의 Data Base를 확보하고 시장점유율을 높여 매출이익을 증대하는 것이 목적이다.

마케팅 믹스 4p	뜻	내용
Price	가격결정	적정한 판매 가격을 설정하고 가격 조건 등을 결정한다. 상품의 가치보다 고객의 니즈를 파악한다.
Product	제품계획	판매 가격에 적합한 상품 및 서비스를 구성한다. 서비스 제공 수준, 상품의 브랜드, 포장 방식 등을 결정한다.
Promotion	촉진계획	프로모션, 고객에게 인식 심어주기, 지속적인 노출(광고), 온·오프라인 광고 및 언론홍보, 판매 촉진 활동 등을 결정한다.
Place	유통전략	상권(위치), 판매 장소(매장), 종업원(유통망), 매장 인테리어, 유통경로를 설계, 물류 및 재고관리 등을 계획. 고객을 동물병원에 방문하도록 유도한다.

(2) 마케팅 STP 전략

마케팅 4P Mix를 효과적으로 실행하기 위해서는 잠재고객의 특성을 분석하여 시장을 세분화하고 그에 따라 포지셔닝(자리잡기)을 실행해야 한다.

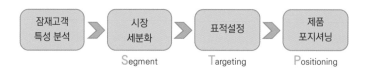

1) 잠재고객 특성 분석

잠재고객은 향후 우리 동물병원에 서비스를 구입할 가능성이 있는 모든 고객이다. 잠재고객의 Needs와 특성을 분석하여 시장을 세분화하여야 하는데 동물병원의 특성(소재 지역, 위치, 상권, 규모, 전문 진료과목, 의료진)에 따라 잠재고객들의 특성도 달라질 수 있다. 극단적인 예로 서울 도심에 위치한 동물병원과 시골 마을에 위치한 동물병원은 잠재고객의 Life 스타일과 특성, 고객의 연령대 및 구매 욕구가 다를 수밖에 없다. 또한 이러한 영향은 동물고객의 특성에도 차이를 나타낸다.

2) 시장 세분화

동물병원이 고객의 욕구(Needs)의 다양성을 전제로 비슷한 욕구를 가진 고객들의 카테고리를 나누어 동질적인 소비집단에 따라 시장을 세분화할 수 있다. 일반적으로 동물병원은 자본과 자원의 한계가 있으므로 고객의 다양한 욕구만큼 모든 고객을 만족시킬 수 없다. 따라서 잠재시장의 특징에 따라 고객의 욕구(Needs)를 파악하여 우리 동물병원만의 특색을 활용할 수 있는 시장을 모색하는 것이 중요하다. 예를 들어 특수동물의 진료를 원하는 보호자들의 욕구에 맞춘다면 특수동물 전문 진료 분야를 모색한다던지, 또는 특정 진료과목에 집중하여 치과, 외과, 행동클리닉 등의 전문 진료 분야로 세분화를 모색할 수 있다. 그러나 고객층이 넓고 다양한 경우 고객의 관심도와 특성에 따라 그 속에서 카테고리를 나누어 세분화할 수 있는데 이러한 과정을 통해 고객의 욕구를 보다 잘 이해할 수가 있어서 마케팅 기회를 포착하기가 쉬워진다. 또한 서비스의 차별화를 통하여 경쟁을 완화하고 동종 업계에서 경쟁우위를 확보할 수 있다. 이렇게 분류된 세분시장은 다음의 다섯 가지 요소를 가지고 있어야 한다.

분류	내용
측정가능성	세분시장의 특성(인구통계적 특성, 규모, 구매력 등...)을 측정할 수 있어야 함.
접근가능성	소비자가 매체를 통해 마케팅 정보에 접근이 가능해야 함.
규모의 적정성	세분시장이 충분한 소비자의 수와 매출 규모를 가지고 있어야 함.
차별화 가능성	집단 내의 다른 세분시장과 이질적인 특징이 있어야 함.
구현 가능성	세분시장 별로 마케팅 프로그램 개발이 가능해야 함.

세분시장이 이러한 요소를 충족하지 않거나, 마케팅 대상이 되는 잠재고객이 세분화가 필요하지 않을 만큼 그 특성이 다양하지 않다면, 무조건 시장을 세분화할 필요는 없다. 이러한 경우 잠재고객의 공통적인 특성을 파악하여 넓은 범위로 마케팅 계획을 수립할 수 있다.

3) 표적 설정

시장세분화 과정이 끝나면 잠재적인 서비스 구매 대상에 따라 표적을 설정한다. 표적화란 어떤 특징을 가진 보호자가 어떤 진료나 서비스를 구매하고, 그들은 왜 그 서비스를 구매하는지, 과연 어디에서 구매하는지 파악하는 과정이라 할 수 있다. 제대로 된 표적화는 고객의 욕구와 그들이 추구하는 가치를 기반으로 설정되어야 하며, 또한 고객의 특성[1], 습관[2], 욕구[3], 활동[4], 지리[5]에 따른 다양성을 근거로 한다. 그들에게 매력적으로 다가갈 수 있는 우리 동물병원만의 특별한 가치와 서비스가 있는지, 다른 곳과는 차별화되는 강점은 무엇인지 찾아야 하며, 그러한 것들을 더 작은 조각으로 분리하여 우리 동물병원을 성장시킬 수 있는 틈새시장을 찾아내야 한다. 예를 들어 병원의 자원이 한정적인 경우는 특정 진료과목을 특화하여 높은 점유율을 노리는 방법을 선택할 수 있고, 시장의 특성에 따라 특별히 잘 할 수 있는 과목이 있다면 선택적으로 전문화하면서 그와 함께 넓은 범위의 다양한 의료서비스를 제공할 수도 있다. 또한 자원이 풍부한 대형병원이라면 진료분야를 완전히 전문화하여 정밀검사 및 인력이 많이 필요한 치료, 또는 고난이도 수술, 중증 환자의 집중 치료를 강점으로 내세울 수도 있을 것이다. 표적을 설정하는 과정에서는 지금까지 이어져 온 우리 동물병원의 활동을 바탕으로 어떤 고객에게 기존의 서비스를 어떻게 제공할 것인지 연구하고 특정 시장의 상황에 따른 기회를 이용하는 방안도 고민해야 한다.

---

1 연령, 소득, 직업, 학력 등에 따라 인구통계학적으로 측정하여 정의된 특성.
2 그들의 가치관과 믿음, 그들이 선호하는 라이프스타일과 관련.
3 타겟 시장이 가지고 있는 수요나 기대 ex) 실력 있는 의료진, 가까운 위치, 청결한 매장, 할인된 가격, 따뜻하고 친절함, 24시 진료 등 그들이 원하는 것.
4 고객들의 전형적인 습관.
5 거주 지역.

4) 포지셔닝

포지셔닝이란 차별화된 동물병원의 이미지를 마케팅을 통하여 고객에게 기억시키는 과정이다. 포지셔닝에서 중요한 요소는 다른 업체와는 구별되는 차별성인데 고객이 동물병원이 필요한 그 순간에 다른 곳과 혼동되지 않는 우리 동물병원만의 명확한 특징이 떠올라야 한다. 그것을 고객의 마음속에 자리 잡는 과정이다. 포지셔닝 실패의 한 사례로 어떤 고객이 우리 동물병원에 예약 없이 내원하는 경우였는데, 3개월 전에 이곳에서 진료받은 이력이 있다고 한다. 그러나 차트를 아무리 검색해 봐도 방문 기록을 찾을 수 없다. 상황을 살펴보니 고객은 인접한 곳에 위치한 다른 동물병원과 장소를 착각한 것이다. 만약 이런 일들이 반복적으로 발생한다면 두 곳의 동물병원 모두 각자의 독특한 차별성을 고객에게 제대로 인식시키지 못했다고 할 수 있다. 포지셔닝에 성공하려면 독특한 병원 이름이나 특징적인 외관, 인상 깊었던 의료진, 특별한 내부 인테리어 등 무엇 하나라도 고객의 마음속에 명확히 자리 잡을 수 있는 요소가 있어야 한다. 그렇다면 경쟁력을 갖기 위해서는 우리 동물병원만의 특별함과 차별적인 가치를 개발하고 이를 고객에게 어떻게 전달하는 것이 좋을까? 포지셔닝을 할 때는 표적시장에 있는 고객의 욕구를 이해하여 고객의 마음을 사로잡기 위한 다양한 홍보 채널을 활용할 수 있는데, 세분화된 시장의 특성에 따라 효과적인 홍보 채널은 다를 수 있다. 인구 통계적 특성을 고려하여 전단지, 아파트 엘리베이터 광고물, 소셜 지역 광고, 대중교통 광고, SNS 및 홈페이지, 블로그 광고, 라디오 및 방송 홍보 등 On·Offline의 다양한 채널을 선택할 수 있다. 적합한 홍보 채널을 선택한다면 이를 통해 브랜드 인지도와 신뢰도를 향상시킬 수 있는데, 이러한 과정을 통해 우리가 제공하는 서비스와 가치가 잠재고객에게 전달되는 것이다. 그 결과로 우리 동물병원의 서비스에 적합한 신규 고객이 유입될 수 있다. 내원한 고객이 반복적으로 긍정적인 경험을 할 수 있도록 이끌어 간다면 신규 고객은 재구매 고객이 되고, 이들은 또 다른 이들에게 구전을 통하여 우리 병원을 추천하게 된다. 즉 신규 고객 유입이 지속적으로 일어나게 되는 것이다. 효과적인 포지셔닝을 위해서 다음의 사항들을 고려할 수 있다.

① 동물의료서비스의 차별화

경쟁 동물병원과 비교하여 강점이 될 만한 요소들을 찾아본다. 뛰어난 의료기술, 차별화된 의료 장비, 쾌적하고 넓은 입원시설, 보호자면회실, 고양이친화병원 인증, 맞춤형 건강검진 프로그램 등 차별화된 마케팅 요소로 활용하여 고객에게 가치를 전달한다.

② 고객서비스의 차별화

SNS 및 전화 예약제도, 해피콜, 고객의 소리 운영, 주차관리 시스템, 고양이 전용 대기실, 대기 중 식음료 제공, 고객이 참여하는 원내 이벤트, 입원실 CCTV 실시간 영상 제공, 기념일 선물 제공 등.

③ 인적서비스의 차별화

전문화된 직원 선발 및 체계적인 직원 교육을 통한 신뢰감 형성, 내부 고객들 간의 유대강화로 소비자들에게 긍정적인 분위기 및 가치 전달, 동물을 사랑하는 따뜻한 의료진의 이미지 전달 등.

④ 이미지 차별화

독특한 병원 이름 설정, 특징적인 외관, 상징성 있는 로고, 대표색(色, Color)을 지정하여 내부적으로는 통일감 있도록 인테리어 한다. 마찬가지로 직원들의 유니폼, 약포지, 약봉투, 라벨 등 다양한 요소들에도 일관되도록 적용하여 강력한 브랜드 이미지를 형성하고 고객이 혼돈되지 않도록 인지시킬 수 있어야 한다.

그림 1 로얄동물메디컬센터강동 홈페이지

블루컬러를 활용하여 로고, 내부 인테리어, 홈페이지, 유니폼, 인쇄물 등에 통일감 있게 적용하였다. 건물 외관에는 반려동물의 그림으로 이곳만의 독특한 이미지를 전달한다.

5) 포지셔닝 확인

동물병원의 특별함이 고객들의 마음속에 포지셔닝되었다면 이것이 지속적으로 유지되고 있는지 주기적인 확인이 필요하다. 고객들이 우리 동물병원에 대하여 어떻게 생각하고 느끼는지 파악해야 하는데 우리가 원하지 않는 방향으로 흘러가고 있다면 재포지셔닝을 위한 계획을 수립할 필요가 있다. 마케팅 계획이 실행될 때는 지속적인 피드백을 통해 성과 도출이 필요한데 이러한 과정에서는 시행착오가 따를 수밖에 없으므로 경험을 통해 마케팅 방법을 수정하고 보완해 나가야 하며 우리는 객관적인 통계를 바탕으로 마케팅 활동을 통제할 수 있는 시스템을 갖추고 있어야 한다. 마케팅 계획의 결과 측정은 대상별로 분류하여 진료 항목별, 품목별, 고객집단별로 나누어 확인하고 결과에 따라 계획과 실행방법을 조정할 수 있어야 한다.

(3) 마케팅 SWOT 환경 분석

- Strength 강점: 의료진의 실력, 영업기술, 상권, 마케팅 전략, 검사장비 등
- Weakness 약점: 예산 및 자본 부족, 인력 부족, 주차 공간 부족, 홍보 부족, 위치 등
- Opportunities 기회: 기술의 발전, 국가의 정책, 문화의 변화, 고객 인식의 변화 등
- Threats 위협: 국가의 정책, 임대료 상승, 법률개정안 시행, 환율 상승, 수입 정체 등

① SO 전략(강점 – 기회): 기회를 활용하기 위해 강점을 활용하는 전략
예) 인터넷의 급속한 발전으로 온라인 마케팅을 활용한다.

반려동물에 대한 보호자 인식이 향상되어 고객의 Needs에 따라 건강검진 패키지를 출시

② TS 전략 (강점 - 위협): 위협을 회피하기 위해 강점을 활용하는 전략

예) 고가임대료 회피하고자 임대료가 저렴한 2층으로 개원하고 다양한 마케팅을 활용하여 위치 및 서비스를 홍보

③ WO 전략 (약점 - 기회): 약점을 극복함으로써 기회를 포착하는 전략

예) 자본 부족으로 고가의 검사장비 미설치로 연구실(Lab)에 검사를 의뢰하는 방법을 선택함.

④ WT 전략 (약점 - 위협): 위협을 회피하고 약점을 최소화 시키는 전략으로 기업의 내·외부 환경이 좋지 않아 위기를 극복해야만 하는 매우 위험한 상황이다(생존전략).

예) 환율 상승에 의한 수입 사료 도매가 상승로 매장의 사료 재고를 최소화하는 전략

3 관여도

관여도란, 주어진 상황에서 특정 대상에 대하여 개인의 중요성, 관심도, 또는 대상을 지각하는 정도를 의미한다. 관여도는 연속적이며 상대적이지만 일반적으로 고관여와 저관여로 구분된다. 마케팅 담당자는 고객의 관여도에 따라 정보수집 행동, 구매행동, 구매 후 평가과정이 어떻게 되는지 이해해야 하며 이에 따라 효과적인 마케팅 방법을 계획할 수 있다.

(1) 고관여 구매 행동

구매 위험이 높다고 지각된 서비스를 구매하기 전 소비자가 많은 시간과 노력을 기울여 정보를 적극적으로 탐색하고 취합하여 비교·분석을 수행하는 경우이다. 비교적 고가이면서 구매 빈도가 낮을수록, 동물병원 간 실력이나 규모의 차이가 뚜렷할수록 고관여 구매 행동이 나타난다. 구매 행동이 일어나기 위해서는 동물의료 서비스에 대한 확실한 구매 의도(목적)의 형성이 선행되어야 하는데 동물병원에 대한 호의적인 태도가 생겨야 확실한 구매 의도가 형성되므로 실제 서비스 구매가 가능하게 된다. 복잡한 구매 행동을 통해 신중하게 구매하기 때문에 구매 후 기대에 부합하는 경우 만족한다. 마케팅 담당자들은 이러한 소비자들의 정보 수집 방법 및 구매 행동, 구매 후 서비스 평가 과정에 대하여 분석하고 정확하게 알 수 있어야 한다(예. 고객 유입경로 및 홍보 매

체 확인). 또한 구매 후 경험하는 부조화 현상을 줄이기 위해서 마케팅 담당자들은 구매 후 구매에 대한 확신을 갖도록 관리해 나가는 것이 중요하다(예. 후기 모니터링 및 해피콜). 고관여 제품은 불만족한 경우 반드시 사후관리가 보장되어야 한다.

예를 들면, 반려동물의 디스크 수술, 십자인대 수술 등을 하기 위해서 여러 곳의 동물병원을 탐색하고 적합한 수술 방법 및 정보를 취합하는 보호자들이 해당된다.

(2) 저관여 구매행동

소비자는 구매 위험이 높지 않아 가볍게 구매할 수 있는 제품 및 서비스를 소비할 때 저관여 구매 행동을 보인다. 제품의 다양성을 추구하므로 습관적 구매행동으로 나타날 수 있다. 동물병원 및 제품의 브랜드에 대한 강력하고 호의적인 태도가 형성되어 있다면 구매하는 시점에 자연스럽게 구매 의도가 발생되므로 굳이 구매 의도의 구축을 위한 커뮤니케이션을 노력할 필요가 없게 된다. 이러한 경우 판매촉진 및 강압적인 판매방식의 마케팅 커뮤니케이션이 오히려 호의적이었던 브랜드 태도 형성에 역효과를 줄 수 있다. 따라서 제품 판매보다는 호의적인 브랜드 태도 형성에 초점을 맞추는 메시지를 전달하는 것이 오히려 자연스러운 구매 의도를 불러일으키는 데 더 효과적일 수 있다. 소비자는 제품 브랜드 간 차이가 적을 때 낮은 관여도를 보이므로 상품 구매과정에서 다양성 추구를 위해 잦은 브랜드 전환을 하게 된다. 저관여 구매행동을 보이는 제품 종류들을 마케팅할 때 담당자는 가격할인, 묶음판매 등 판촉을 유도할 수 있다.

예를 들면, 동물병원을 방문하여 간식이나 관리 용품을 다양하게 구입하는 것은 저관여 구매 행동이다.

🦴 4 마케팅 커뮤니케이션

(1) 구매 의사결정

고객은 욕구가 발생하면 이를 충족시켜 줄 수 있는 수단을 찾게 된다. 반려동물이 치료가 필요한 순간이 발생하면 고객은 동물병원에 대하여 정보탐색을 하게 되는데, 다양한 정보를 비교, 평가하는 과정을 거쳐 동물병원의 방문을 결정하게 된다. 그러나 고객은 수집한 정보와 실제 서비스 구매 경험의 부조화가 발생하면 불만족을 표시하게 되는데, 이는 고객뿐만 아니라 타인의 구매 의사결정에도 큰 영향을 미치게 된다. 이러한 구매 의사결정 과정을 이해해야만 효과적인 마케팅 계획을 수립할 수 있다. 마케팅을 할 때는 고객에게 우리 동물병원에 대하여 자주 정보를 접할 기회를 늘려줌과 동시에, 잘 찾을 수 있도록 하는 방법을 고안해야 한다. 고객이 평소 마케팅 홍보자료에 반복적으로 노출될 수 있도록 하면 "이런 곳에 동물병원이 있었구나!"라고 주의를 기울이게 되고 실제 서비스를 구매한 다른 고객들의 후기를 통해 "동물병원은 OO가 좋구나!"라고 이해하게 되는데 이러한 마케팅 커뮤니케이션을 통해 구매의사를 결정하게 되는 것이다. 이렇듯 구매 의사 결정 과정에서 나타나는 고객의 태도는 저관여 및 고관여 구매 활동을 통해 다시 나타나기도 한다. 고객의 의사 결정 과정을 보다 정확하게 파악하기 위해서는 기업의 관점보다 소비자 관점에서 인지하는 것이 더 효과적이며, 고객에게 동물병원에 대하여 보다 효과적으로 인지시킬 수 있는 방법에 대하여 연구하여야 한다.

(2) 구매의사 결정과정에 영향을 미치는 요인

1) 개인적 요인

고객의 구매양상은 개인적, 심리적 요인에 따라 구매 행동이 달라진다. 표적시장의 잠재고객의 특성에 따라 그들이 원하는 마케팅 전략을 수립해야 한다(나이, 생애주기, 직업, 경제적 상황, 관여도, 개성, 라이프스타일, 동기, 학습, 신념과 태도 등).

2) 사회적 요인

개인의 행동은 본인이 속한 집단으로부터 직·간접적 영향을 받게 된다. 따라서 의견 선도자들의 특성에 따라 그들이 자주 접하는 매체를 통하여 마케팅 활동을 수행할 수 있다(가족, 준거집단, 문화, 사회계층, 주변상황 등).

3) 문화적 요인

문화는 소비자들의 욕구와 행동을 유발하는 근본적인 요인이다. 사회계층별 구매행동을 분석하여 서비스 구성과 비용을 결정하는 데 참고할 수 있다. 문화, 사회계층(소속, 회사, 직업).

Tip! ● ● ●

개인마다 다양한 요인에 의해 가치가 변화한다. 또한 집단 및 개인 별로 각자 추구하는 가치가 다르며, 소비자가 추구하는 가치를 만족시킬 수 있는 서비스를 제공하는 것이 중요하다. 소비자가 느끼는 가치보다 가격이 비싸면 불만족, 저렴하면 만족하는 경향이 있다.

(3) 마케팅 커뮤니케이션 과정

마케팅 대상에게 동물의료서비스에 대한 메시지를 전달할 때 원활한 소통과정을 위해서 실무에서는 어떻게 활용할 것인지 구체적으로 알아보고 적용할 필요가 있다. 우선 전달하고자 하는 메시지의 내용을 구조화하여 형태를 갖추어야 하는데 누구에게 어떤 이야기를 전달할 것인지 고려해야 한다. 그리고 전달된 내용에 대하여 표적 청중이 어떠한 반응을 보이는지 피드백을 관리하는 것도 중요하다.

1) 표적청중 확인

메시지를 전달하고자 하는 대상을 명확히 한다. 언젠가 우리 동물병원에 오게 될 가능성이 있는 잠재고객을 대상으로 하는지, 기존의 고객에게 전달하는 내용인지, 구매 결정자 또는 구매에 영향을 미치는 사람을 대상으로 하는지에 따라 내용이 달라질 수 있기 때문이다.

2) 커뮤니케이션 목표 설정

우리 동물병원을 인지시킨다. → 동물병원의 관한 정보를 전달한다. → 최종결정에 영향을 주는 메시지를 광고, 홍보 매체를 통하여 반복적이고 지속적으로 노출한다. → 고객의 선호도를 높이고 확신을 심어준다. → 서비스 구매 후기를 노출한다.

3) 메시지 설계

가. 내용: 이성/ 감성적 소구를 활용하여 무엇을 말할 것인가?

나. 구조: 어떻게 논리적으로 전달할 것인가?

다. 형태: 어떤 메시지 형태로 전달할 것인가? (TV, 라디오, SNS, 블로그, 홈페이지, 대중교통)

4) 메시지원천: 신뢰성, 전문성, 진실성을 높일 수 있도록 설계한다.

 ## Ⅱ. 마케팅 성과지표

1 마케팅 성과

마케팅 목표설정에 따라 선행된 마케팅 활동 뒤에는 목표에 부합하는 여러 가지 성과가 나타나야 한다. 마케팅 실행 후에도 목표 부합하는 결과물이 따라오지 않는다면 마케팅 성과가 적다고 할 수 있다. 동물병원의 마케팅 자원 배분과 전략은 구체적인 마케팅 프로그램 계획에 따라서 실행되어야 하며 이를 통해서 잠재고객의 인지도를 강화하고 방문을 유도한다. 또한 지속적인 매출 증대를 위해 고객과의 커뮤니케이션을 통해 지속적으로 피드백을 받고 의료서비스 개발에 참고할 수 있도록 노력하여야 한다.

2 마케팅 성과지표의 종류

마케팅 목표를 설정하기 위해서는 기존 마케팅 성과를 측정하여 적정 예산을 분배하는 것이 중요하다. 마케팅 성과지표로 활용할 수 있는 요소들로는 내방 고객 수 증가, 프로모션 및 일시적 이벤트로 인한 특정 의료서비스 결제 건수 및 객단가 증가, 방문 후기 증가, 홈페이지 방문자 수 증가, SNS 등 비대면 상담 문의 증가 외에도 가시화될 수 있는 모든 고객의 반응이 포함될 수 있다. 고객의 유입의 경로를 파악하면 효과적인 마케팅 방법에 보다 집중할 수 있으므로 고객 방문 시 어떤 홍보매체를 통하여 알게 되었는지 파악하는 과정도 중요하다. 또는 방문 후 서비스평가 설문지를 문자 메시지로 전송하여 이러한 정보를 수집하는 방법도 있다. 특정 채널에서 유입이 뚜렷하다면 관련된 고객의 특성을 파악하여 성과지표를 분석한다. 이러한 분석은 객관적으로 이루어져야 하므로 홍보 기간별로 데이터를 수집하여 문서로 가시화하는 과정이 필요하다. 전자차트 프로그램을 적극 활용하면 분기별, 과목별 매출 집계를 쉽게 확인할 수 있다.

SECTION 02 비대면 마케팅전략

　비대면 마케팅이란 말 그대로 고객과 얼굴을 마주하지 않고 행하는 모든 마케팅 활동을 말한다. 최근 Covid-19의 유행으로 비대면 활동이 일상화되기도 하였지만, 국내 인터넷 보급이 보편화되면서 보다 편리하게 정보를 얻고자 하는 고객들이 늘고 있다. 또한 바쁜 일상을 살아가는 현대인들의 시간과 비용이 발생하는 대면 마케팅보다 시간과 장소에 구애받지 않고 필요한 정보를 선택적으로 취할 수 있는 비대면 마케팅을 훨씬 효율적이라 여긴다. 텔레마케팅, 문자메시지, 구전, 이메일, 전단지, 신문, 지역광고, 대중교통 부착 광고, SNS, 블로그, 파워링크, 홈페이지, 현수막, 아파트 부착물 등 다양한 종류의 비대면 마케팅이 있으며 각각의 장단점이 있으므로 타겟층의 특성에 따라 효과적인 방법을 선택할 수 있다.

 I. 텔레마케팅

　텔레마케팅은 전화기를 통해(Tele-) 영업하는(Marketing) 것을 말한다. 시간, 공간, 거리의 장벽을 해소할 수 있고 당사자와 직접 대화를 할 수 있는 쌍방향 미디어로서 리얼타임(Real Time)의 개념이라 할 수 있다. 고객을 직접 찾아가는 것보다 비용과 시간을 절약할 수 있는 장점이 있지만 고객의 정보제공 동의가 있어야 접근이 가능하므로 한 번도 접점이 없었던 고객에게 접근하기는 어렵다. 또한 고객과 통화 연결이 되지 않는 경우 마케팅 활동을 수행할 수 없다는 단점은 있지만 동물병원으로 고객이 발걸음을 옮길 수 있도록 하는 가장 좋은 수단이기도 하다. 텔레마케팅을 성공적으로 이끌기 위해서는 최대한 우리 동물병원이 보유한 DATA BASE를 활용하여야 한다. 고객의 성향이나 Life 스타일에 대한 정보를 기록해 두었다가 활용하는 것이 도움이 되는데. 예를 들어 고객이 전화를 받을 수 있는 시간을 잘 살피지 못하면 주간 근무자에게는 아침 시간이 바쁘고, 야간 근무자인 경우라도 수면을 취하는 아침 시간에 전화를 거는 것은 오히려 고객의 불만을 살 수도 있다. 어린아이를 양육하는 주부인 경우 자녀들이 교육시설에서 하원하는 시간에 통화는 내용에 집중하기가 어렵다. 일반적으로는 이른 오후를 선호하는 경우가 많지만, 개인마다 허용되는 시간이 다를 수 있으므로 평소 보호자와 소통하며 얻은 정보를 차트에 기록해 두고 활용하는 것이 좋다. 텔레마케팅은 크게 Inbound와 Outbound로 나눈다.

1 인바운드(Inbound)

Inbound Telemarketing은 고객으로 부터 전화를 받는 것으로 시작된다. 말 그대로 고객을 안으로(In) 끌어들이는 목적의 마케팅이다. 고객이 다른 채널의 광고를 보고 진료나 상품정보를 얻기 위해 문의하는 경우, 또는 진료를 위해 예약을 접수하는 활동들이 해당한다. 실제로 고객은 동물병원을 탐색하는 과정에서 동물병원에 전화로 문의하는 경우가 많다. 이때 전화를 받는 직원의 응대 태도는 고객이 결정적으로 내원할 것인지를 결정하는 중요한 역할을 하는데, 전문적인 전화 응대를 위해서 동물병원의 매뉴얼을 정하여 체계적이면서 친근하게 상담하여 고객이 환대받고 있다는 느낌을 전할 수 있도록 하는 것이 중요하다. 또한 전화 상담으로 너무 많은 시간을 소모하거나 과도하게 정보를 수집하지 않도록 주의하고 병력에 대한 상담은 고객이 동물병원을 내원하여 의료진과 대면한 상태에서 이루어지도록 유도할 수 있어야 한다. 통화상으로 고객이 원하는 모든 정보를 얻게 되면 고객은 더 이상 내원할 필요가 없게 되므로 고객이 원하는 바가 무엇인지 경청하고 공감한 후에 "내원하시면 최대한 당신이 필요로 하는 부분을 해결하도록 노력하겠습니다"라는 메시지를 전달하는 것이 포인트다.

2 아웃바운드(Outbound)

Outbound Telemarketing은 우리가 먼저 고객에게 전화를 거는 것으로부터 시작한다. 고객을 확보하기 위해 잠재 고객에게 전화를 걸어 동물의료정보를 제공하거나 기존 고객에게 예약내용을 확인하는 것, 또는 분기별 이벤트에 대한 내용을 전달하여 보다 적극적으로 고객의 방문을 유도하기 위한 목적의 텔레마케팅이다. 주로 반려동물의 주기적인 관리가 필요한 예방접종, 스케일링, 건강검진에 대해 고객에게 필요성을 설명하고 내원 가능한 구체적인 일정을 논의한다. 막연히 동물병원 방문을 생각만 하는 것보다 예약이라는 장치를 통해 구체적인 실행 계획을 만듦으로써 조금 더 적극적으로 행동할 수 있도록 할 수 있다. 또한 고객이 동물병원을 니즈(Needs)를 탐색하는 과정에서 얻어낸 정보는 동물의료서비스 제공 상황에서 고객의 만족을 이끌어낼 수 있는 중요한 단서가 되는데, 방문하는 목적과 고객의 성향을 파악하면 그에 따라 빈틈없는 서비스를 준비할 수 있으며 자연스럽게 고객 만족이 뒤따라올 수 있다. Outbound Telemarketing으로 접근하기 위해서는 고객이 제공한 전화번호 등의 개인정보가 필요하다. 따라서 합법적으로 텔레마케팅을 통해 접근이 가능한 잠재적 고객은 우리병원에 방문한 적이 있지만 장기간 내원하고 있지 않은 고객들이 대상이 될 수 있다. 또한 발길이 뜸해진 기존 고객에게는 특별한 정보전달이 없더라도 보호자와 동물환자의 안부를 묻고 친근감을 표시하는 것만으로도 우리 동물병원을 고객에게 인지시킬 수 있으며 고객과 라포(Rappore)가 형성되면 언젠가 진료가 필요한 순간 우리 동물병원을 떠올리게 된다.

Ⅱ. 온라인 마케팅

21세기의 대한민국은 인터넷 보급이 보편화되면서 서비스 산업 전반에 온라인 마케팅에 대한 필요성이 대두되고 있다. 인터넷의 발달은 전 세계인이 손쉽게 온라인 세계에 접속할 수 있게 만들었고, 휴대전화와 태블릿 PC를 소지하고 있는 사람들이 늘어나면서 온라인 매체의 접근성도 매우 높아졌다. 블로그나 SNS(Social Network Service) 활동이 활발해지면서 자신의 경험을 다른 사람들과 소통하는 것이 일상적인 일이 되었고, 이러한 과정에서 소비에 대한 평가를 글과 사진, 동영상 등 다양한 미디어를 활용하여 생생하게 공유한다. 이런 구매 후기를 통해 타인의 공감을 얻는 소비자들이 늘어났고, 이들은 스피커로서 영향력을 가지게 된다. 과거는 동물병원이 일방적으로 제공하는 정보를 수용하였다면 이제는 실제 동물병원 서비스를 구매한 고객들의 경험을 공유하고 있고, 또한 이들의 생생한 후기가 훨씬 더 영향력을 발휘한다. 따라서 고객들이 직접 동물병원이나 서비스, 제품에 긍정적이고 호의적인 정보를 공유하도록 유도하는 것은 비대면 마케팅에서는 매우 중요한 전략이자 목표가 되었다.

온라인 마케팅은 웹 기반의 다양한 채널을 활용하여 동물병원에서 전하고자 하는 가치를 잠재고객 및 기존 고객에게 전파하는 방법이다. 최근 소셜미디어 사용자의 증가로 동물병원들은 다양한 온라인 채널에 집중하고 있는데 단지 정보전달을 위한 내용만을 담는 것이 아니라 우리 동물병원만의 특색 있는 Story를 공유하며 재미와 감동을 곁들여 따뜻하고 친절한 느낌을 전하는 콘텐츠를 제작하고 있다. 고객이 기대하는 동물병원의 이미지를 생각해보면 특성상 일방적인 정보제공의 형식적인 마케팅으로는 고객의 마음을 사로잡을 수 없게 된 것이다. 요즘 경영은 고객과의 관계관리가 매우 중요하게 부각되고 있다. 따라서 온라인 마케팅에서도 고객과의 관계 형성에 포커스를 맞추어 우리병원만의 색깔을 찾아 나가야 한다.

1 검색사이트 업체정보

고객마다 동물병원을 선택하는 기준은 조금씩 다를 수 있으나 집과 동물병원이 가까워 쉽게 방문할 수 있고 치료를 잘하는 것은 물론, 의료진이 친절하면서 좋은 시설과 위생적인 환경에 진료비가 합리적인 곳을 찾게 된다. 대다수의 동물병원들은 이러한 고객의 니즈(Needs)를 반영하여 마케팅을 하고 있지만 요즘 고객들은 마케팅에 대한 불신이 크고, 자신의 잘못된 선택으로 인해 실패를 경험하는 것에 대한 두려움이 있다. 따라서 경험하기 전에 실제로 경험한 사람들의 이야기를 듣고 싶어 한다. 이러한 소비 행태를 가진 사람들을 '체크슈머'라 부르는데 '확인(Check)'과 '소비자(Consumer)'의 합성어로 서비스를 구매하기 전 꼼꼼히 따져보고 소비하는 사람을 말한다. 이들은 넘쳐나는 정보와 불안한 사회 환경 속에서 객관적이고 정확한 증거를 찾아 똑똑한 소비를 하고 싶어 하는 것이다. 최근에는 신규로 내원한 환자를 접수할 때 "저희 병원을 어떻게 알고 오셨나요?"라고 질문하면 네이버로 "OO지역 동물병원"을 검색해서 찾아왔다는 고객이 많았다. 또한 고객이 우리 병원을 선택한 이유를 물어보면 방문 후기(리뷰)가 좋았기 때문이라고 한다. 일부 사이트의 경우 구매영수증을 첨부한 실제 구매자들만 후기를 작성할 수 있는 시스템으로 운영되고 있어 잠재고객에게 검증되지 않은 후기보다 훨씬 신뢰감 있는 정보로 여겨지고 있다. 따라서 리뷰를 통한 유입의 효과를 유지하려면 실제 서비스 판매 상황에서도 최대한 긍정적인 리뷰를 얻을 수 있도록 최선을 다해야 한다. 기대한 것에 비해 실제 서비스 품질이 따라오지 못하면 되려 역효과가 날 수 있기 때문이다. 하지만 모든 고객을 만족시킬 수는 없으므로 때때로 불만이 담긴 후기가 작성되는 경우도 있다. 다만 이런 게시글이 작성된 경우라도 그 글을 방치하기보다 고객의 불만을 경청하고 불편함을 공감하며, 적극적으로 개선을 위해 노력하겠다는 답글을 남겨 불만의 소리도 수용하는 모습을 보여야 한다. 고객은 불만이 있더라도 우리의 태도에 따라 반응이 달라질 수 있다. 또한 업체 정보에 기본적으로 등록하는 내용들은 신규 고객들이 궁금할 만한 내용들로 단순하고 알아보기 쉽게 작성하고 평소 전화로 자주 질문받는 사항들을 기록하는 것도 도움이 된다. 동물병원 운영상 시스템 개편이 있는 경우 즉각 정보를 수정하여 고객이 불편함을 겪지 않도록 자주 확인하고 관리하여야 한다. 예를 들면 동물병원 운영시간 및 점심시간, 각 의료진의 진료 배정 시간, 특별일정으로 인한 휴진에 대한 정보, 입원환자 면회 가능 시간, 주차 안내 및 공사에 관한 내용, 특별 진료과목 변동 등의 내용이 포함될 수 있다.

그림 2   네이버 업체정보에 등록된 로얄동물메디컬강동

 Check Point!

증거 중독

현재는 다양한 온라인 채널을 통해 방대한 정보와 광고 마케팅이 쏟아져 나오고 있다. 따라서 소비자들은 직접 보고 체험하거나, 실제 경험자들의 생생한 이야기를 듣고 구매 의사 결정을 내리는 경향이 강해졌는데 이를 새로운 소비 현상인 '증거 중독형 소비'라 한다. 서비스 제공자들은 새로운 소비트렌드에 맞춰 고객의 마음을 얻기 위한 마케팅 기법을 연구하게 되었는데 고객이 직접 체험하는 것처럼 느껴지도록 시각적 자료를 활용하여 서비스 내용을 오픈하거나, 다수의 사람들에게 선택받은 서비스라는 느낌을 전달하여 사회적 증거[6]를 제시하는 형태의 마케팅을 하게 되었다. 이렇듯 증거 중독형 소비자들은 직접 서비스를 구매한 사람들이 전해주는 생생한 정보를 증거로 삼아 다양한 후기를 찾아보고 서비스의 구성 및 효과에 대해 구체적인 정보를 수집한다.

---

6   사회적 증거: 사람의 행동은 주변 사람들로부터 상당한 영향을 받는데, 사회적으로 대중화된 가치를 따르려는 인간의 심리를 말한다. TV에서 광고하는 제품을 구매하거나 후기가 많은 음식점에서 배달시키는 것은 모두 사회적 증거를 따라가기 때문이다.

2 카카오 채널

최근 카카오톡은 한국인의 88%가 매일 사용하는 메신저프로그램이다. 카카오 채널은 카카오톡 내에서 브랜드나 사업자를 위해 프로필을 생성하여 고객과 1:1 채팅이 가능하도록 무료로 서비스를 제공한다. 우리 동물병원의 카카오 채널 아이디를 생성하면 고객은 검색을 통해 채널을 친구로 추가할 수 있는데 카카오톡 대화 형식으로 채팅창이 열리고 실시간으로 쌍방향 소통이 가능하게 된다. 채널에 포스트를 등록할 수 있는데 고객에게 전하고자 하는 우리병원만의 가치와 최신 소식을 콘텐츠(사진, 글, 영상, 카드 뉴스 등)로 제작하여 게시할 수 있다. 또한 친구로 등록된 고객에게 단체 메시지(유료)를 보낼 수 있는데 시간과 장소와 상관없이 비교적 저렴하고 간편하게 마케팅할 수 있는 장점이 있다. 또한 답변할 수 없는 시간에는 스마트채팅 & 로봇을 활용한 자동 채팅 기능을 활용하면 자주 질문하는 내용과 답변을 등록하여 고객들이 빠르게 궁금증을 해결할 수 있도록 도와준다. 또한 카카오 채널에서 고객의 채널 유입경로를 분석하여 통계자료를 제공한다. 이를 통해 운영 전략에 대하여 피드백을 받을 수도 있다.

그림 3   동물병원의 카카오 채널 사용 예시

3 인스타그램

인스타그램은 Instant Camera와 Telegram을 합쳐 만들어진 이름이다. 인스타그램은 이미지 기반의 소셜 네트워크 서비스이며 2018년도 조사에 의하면 전국민 10명 가운데 7명은 인스타그램을 사용한다는 발표가 있을 정도로 대중화되었다. 주로 30대 이하의 젊은 세대가 주로 이용하며 일상 및 반려동물의 사진과 영상을 게시하여 다른 이용자들의 공감을 얻는다. 사진 촬영 후 자체 필터 등을 이용하여 이미지 편집이 가능하며 이를 페이스북, 트위터, Fickr와 같은 소셜 아이디로 공유할 수 있다. 따라서 설정에 따라 한 번의 업로드를 통해 여러 군데의 SNS에 동시에 게시된다. 각각의 다양한 채널을 관리할 때 시간을 절약하고 편리하게 관리할 수 있는 이점이 있다.

인스타그램은 모바일 환경에 초점이 맞춰져 있어 핸드폰 사용이 보편화된 국내 환경에 유리하다. 또한 게시된 사진은 찾기 쉽도록 해시태그[7] 서비스가 도입되어 마케팅에 적합한 해시태그 키워드를 잘 설정하면 검색에 노출될 때 유리한데, 해시태그의 활용도가 높기 때문에 해시태그 검색을 통한 게시물의 유기적인 노출 확산이 가능하다. 1건의 게시물당 해시태그는 30개까지 가능하며 노출을 최적화하기 위해서는 10~20개 정도가 적당하다. 반려동물을 키우는 사람들은 게시물을 올릴 때 '#캣스타그램, #독스타그램, #펫스타그램, #반려동물스타그램' 등과 같은 신조어를 사용하는데 타겟층의 문화를 이해하면 소통하는 데 많은 도움이 되며 해시태그를 잘 선정하면 팔로워 수를 늘리는 데 도움이 되고 잠재고객과 연결될 수 있게 할 확률이 높아진다.

또한 인스타그램은 이미지 기반이기 때문에 많은 설명을 나열하는 것보다 이미지 기반의 심플한 형태의 정보제공 게시물, 동물병원 의료진들과 귀여운 환자들의 일상적인 사진이나 동영상, 의료진의 채용과 이직, 신규 도입이나 업그레이드된 장비 소식, 특이한 질병 사례, 치료 전, 후 경과에 대한 영상, 동물병원 이벤트, 봉사활동 소식, 재미있는 에피소드 등을 게시하면 동물병원의 소식을 자주 접하게 됨으로써 고객은 더욱 친근함을 느낄 수 있고 쉽게 라포(Rappore)를 형성할 수 있다.

인스타그램은 작성된 내용의 중요성보다는 매일매일 꾸준하게 게시물을 올리는 활동을 하는 것이 더 많은 사람들에게 도달할 수 있게 하므로 사소한 내용을 게시하더라도 지속적으로 관리하는 것이 중요하며 첫 화면은 가급적 통일감 있게 구성하는 것이

---

7 해시태그란? '#' 뒤에 특정단어를 넣어 그 주제에 관한 글이라는 것을 표현한다. 소셜미디어에서 특정 키워드를 편리하게 검색 할 수 있도록 하는 메타데이터의 한 형태이다.

좋다. 더 적극적인 마케팅 활동을 하려면 프로페셔널 계정(유료)으로 등록하여 '홍보하기'가 가능하며 타겟을 설정하고 예산과 기간을 설정하여 게시물의 노출을 최적화할 수 있다.

4 블로그

블로그 마케팅은 최근 몇 년간 가장 인기 있는 디지털 마케팅으로서 온라인 노출의 가장 기본이 된다. 블로그란 웹(Web)+로그(LOG)를 합쳐서 만든 신조어로 네티즌이 웹에 기록하는 일기 형태의 게시물이다. 주로 텍스트 위주의 게시물이지만 사진과 동영상을 함께 게시하여 현실감을 높일 수 있다. 고객은 블로그 게시물을 통해 동물병원 서비스를 간접적으로 경험하고 싶어 한다. 따라서 타겟층에 있는 고객에게 전달하고자 하는 우리 동물병원만의 가치를 명확히 하고 일관된 주제를 정해 꾸준히 게시하는 것이 좋다. 인터넷상에는 많은 블로거들이 있는데 이들을 잘 활용하면 마케팅 효율성은 극적으로 달라질 수 있다. 유익한 뉴스거리를 전해주고 게시글의 소재를 제안한다. 화젯거리가 될 만한 콘텐츠를 만들어 배포하고 소비자들이 우리 동물병원 콘텐츠를 통해 시간을 보내도록 만들어야 한다.

동물병원에서 운영하는 정보전달 형식의 게시물을 작성할 때는 몇 가지 주의할 점이 있는데, 국내 동물 의료 시장에는 아직 정리되지 않은 수의사법과 약사법, 동물보호법의 허점이 있어 보호자들의 무분별한 자가 진료와 약물 오남용의 사례들이 보고되고 있으므로 우리가 게시한 정보로 인해 반려동물들이 이러한 위험에 노출되지 않도록 내용을 선별하여 작성하여야 한다. 예를 들면 혐오성 수술 장면과 병변 부위를 필터 없이 지나치게 노출하는 것, 의약품의 성분이나 명칭, 가격정보를 노출하는 것, 고객의 의료정보를 허락 없이 노출하는 것, 또는 치료 증례나 검사 결과 등을 지나치게 자세하게 다루어 일반인들이 게시물은 보고 수의사의 진료 없이 잘못된 일반화를 할 수 있다. 또한 타 동물병원을 비방하거나 근거가 부족한 내용을 게시하는 것은 오히려 동물병원의 신뢰도를 떨어뜨릴 수 있고, 지나치게 고객을 유인하는 내용도 오히려 고객의 반감을 살 수 있으므로 내용을 작성할 때 유의하도록 한다.

그림 4   N동물의료센터 노원점 블로그

(1) 블로그 노출 순위 결정요인

아무리 좋은 게시물을 올리더라도 노출이 되지 않으면 마케팅 효과를 볼 수 없다. 이른바 검색에 잘 나오는 포스팅을 하려면 네이버 검색 랭킹, 알고리즘을 이해해야 하는데, 시스템이 모든 문서의 내용을 검토하여 정보의 질을 평가하기 어렵기 때문에, 다양한 정보와 패턴을 이용하여 노출 순위를 결정한다. 블로그에 글을 쓰는 사람들 중 이러한 내용을 알고 있는 사람은 많지 않다. 노출 순위에 영향을 주는 요인은 매우 다양하지만 몇 가지 공식이 있다. 예를 들면 얼마나 오랜 기간 자주 상호작용(댓글, 공감 등)을 해왔는지, 각 포스팅의 품질에 따른 네티즌들의 주목도 등이 포함되는데 이러한 공식을 알고 작성하는 글과 무작정 작성하는 글의 노출 순위는 분명한 차이가 있을 수밖에 없다.

1) C-rank

'C-rank'는 검색 랭킹의 정확도를 높이고 좋은 콘텐츠 노출을 위해 문서 자체보다 해당 문서의 출처인 블로그의 신뢰도를 평가한다. 스팸 단어 패턴이나 유사 문자를 찾아내고 업체에 매매된 상위 블로그들과 광고성 포스트를 걸러내고자 하는 것이 목적이다. C-Rank 알고리즘에서 블로그 신뢰도를 평가할 때는 게시글의 맥락(Context)과 내용(Content), 연결된 소비/생산(Chain)을 종합적으로 계산하여 출처의 신뢰도와 인기도(Creator)를 결정하고 그 결과에 따라 블로그 검색 랭킹에 일부 반영하게 된다. C-Rank를 기반으로 높은 순위에 오르려면 한 가지 주제 또는 최대 3가지 이하의 주제로 깊고 전문적인 내용을 다루는 것이 효과적이다. C-rank에 참고하는 항목들은 연관성과 알고리즘의 개선을 위해서 실시간으로 변경 적용되는데 큰 틀이 변하는 것이 아니라 세부적인 내용들이 조금씩 변경되면서 업데이트된다. 다음의 6가지 항목을 준수하여 포스트를 작성한다면 C-rank에 반영되어 우선순위로 노출되는 효과를 기대할 수 있다.

 **그림 5** C-rank 알고리즘

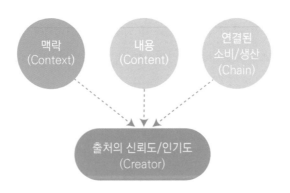

Blog collection	문서의 제목과 본문, 이미지, 작성시각 등을 참고하여 기본 품질을 계산한다. 가급적 유튜브에서 가져온 영상이 아닌 직접 촬영한 영상을 가지고 오는 것이 좋다. 또한 포스트 작성 시간도 평가 기준에 들어가는데 밤 10시부터 아침 7시까지는 글을 쓰지 않는 것이 좋다.
네이버 DB	인물, 영화 정보 등 네이버에서 보유한 콘텐츠 DB를 연동해 출처 및 문서의 신뢰도를 계산한다. 맥락에 맞는 포스팅 작성이 중요하다.
Search Log	이용자의 검색, 로그 데이터를 이용하여 문서와 문서 출처의 인기도를 계산한다. 그중 제목이 차지하는 비중이 80%가 넘기 때문에 제목을 작성할 때는 연관 검색어가 5개 이상 나오는 것이 좋으므로 자동 완성기능이 5개 이상 뜨는 것으로 키워드를 사용하는 것이 좋다.

Chain Score	웹문서, 사이트, 뉴스 등을 통해서 네티즌들의 관심 점도를 분석하여 신뢰도와 인기도를 계산한다.
Blog Activity	블로그가 어느 정도로 활동이 활발한지 계산한다. 1주일에 한 번, 한 달에 한 번 포스팅을 하면 활동 지수가 낮아지므로 매일 1포스팅을 하는 것이 좋다. 댓글과 공감, 스크랩 횟수, 네이버 킵 등이 계산되어 블로그 활동 점수가 반영된다.
Blog Editor	딥 러닝 기술로 문서의 주제를 분류하고 주제에 얼마나 집중하는지 계산한다. 주제 점수는 3개의 주제를 넘지 않는 선에서 압축된 주제를 깊이 있게 다루는 것이 좋다. 링크 사용이 반복되면 패널티를 받을 수 있다.

(2) D.I.A(Deep Intent Analysis) Logic

네이버는 검색어에 적합한 유익한 정보를 선별하는 작업을 하도록 시스템화되어 있다. 질이 낮은 불량정보나 가짜 댓글 등을 잡아내기 위해 인공지능으로 알고리즘을 형성하는 것이다. 이러한 시스템을 가능하게 하는 몇 가지 장치들이 있는데 그중 D.I.A란 네이버의 데이터를 기반으로 하여 키워드별 네티즌들이 선호하는 글에 대해 점수를 매기고, 이것을 랭킹에 반영한다. 또한 글쓴이가 직접 체험한 내용을 바탕으로 작성하였는지, 글의 내용이 전문적인지 판단하고 해당 게시물을 얼마나 오래 읽게 되는지도 랭킹에 반영하는 기준이 된다. 검색어에 가장 적합한 자료를 상위에 노출하기 위해 문서의 표본을 구성한 것이 '검색모델(Search model)'이 되는데, 예를 들어 누군가 '특수동물 전문병원'이라고 검색했을 때 검색 단어가 포함된 모든 문서 중 찾고 있는 정보와 가장 적합할 가능성이 높은 문서를 노출한다. 검색 랭킹에 활용할 수 있는 유의미한 단서가 많을수록 검색어에 더 적합한 결과로 노출되기 때문에 포스팅을 할 때 세부 내용에 주요한 단서를 포함할 수 있도록 작성해야 한다. 또한 최근 뉴스에 보도된 사회적 이슈와 관련된 내용의 포스팅이 우선적으로 노출되는 것 역시 검색모델을 통해 랭킹이 결정되었기 때문이다.

- C-Rank: 하나의 특정 주제에 대한 전문적인 블로그의 신뢰도 중요(맥락, 내용, 연결된 소비 Chain 파악)
- 다이아: 문서 자체의 경험과 정보성 중심

대면 마케팅(고객감동)

비대면 마케팅을 통해 기대를 품고 내원한 고객이 실제 서비스에서 그렇지 못한 경험을 했을 때 느끼는 실망감은 서비스 실패 요인이 된다. 고객의 만족은 주관적이고 감성에 기인하므로 서비스 접점별로 보다 세심하게 관리되어야 할 부분이다. 대면 마케팅이란 말 그대로 고객과 얼굴을 마주하여 행하는 모든 마케팅 활동을 말한다. 고객이 동물병원의 건물 앞에 서는 순간부터 서비스 접점에서 경험하는 모든 순간이 대면 마케팅의 기회가 될 수 있다. 간판과 로고, 옥외 홍보물, 실내 장식과 디스플레이 화면, 고객 편의시설 및 원내 안내문, 약포지, 약봉투, 심지어 의료진의 프로필과 이수증 및 자격증을 포함하여 고객이 직접 눈으로 보게 되는 모든 것들이 포함된다. 서비스 상황에서 고객 관계 관리(CRM)와 고객 체험을 통해 전해질 수 있는 감동과 우리 동물병원만의 특별한 가치는 현재뿐만 아니라 잠재적인 미래에도 고객의 선택과 결정에 영향을 줄 수 있는 부분이다.

🦴 1 고객 관계 관리(Customer Relationship management, CRM)

고객 관계란 좁은 의미에서는 고객과 동물병원 간에 서비스 거래가 발생하는 시점의 상호관계로 볼 수 있다. 그러나 좀 더 넓은 의미로 확장하면 고객이 서비스를 이용하기 전, 이용 중, 이용 후의 시점을 모두 포함한 상호관계이다. 좁은 의미의 거래관계는 일회성, 단기적인 관계라면 넓은 의미에서는 반복 구매를 유도하고, 거래관계를 확대하여 지속적인 관계가 유지될 수 있도록 하는 것을 말한다. 장기적 거래관계는 고객과 동물병원 모두에게 이득을 줄 수 있으므로 동물병원은 고객과의 장기적인 관계 유지를 위해 고객관계관리(CRM) 시스템을 운용해야 한다. 고객과 접촉하는 모든 구성원들은 세분화된 고객의 특성에 따라 신규고객 획득, 우수고객 유지, 고객가치 증진, 잠재고객 활성화, 충성 고객화와 같은 사이클을 통해 고객을 적극적으로 관리하여 동물병원이 가진 역량을 재집결하고 고객 분석을 위한 데이터를 확보해야 한다. 고객 개인별 욕구(Needs)와 가치를 반영하여 정보를 수집하고 전사적으로 공유하고 활용할 수 있도록 해야 하는데, 일반적으로 동물병원에서 활용할 수 있는 데이터베이스는 전자차트 기록 및 항목별 통계 정보 등이 해당되며 고객의 관점에서 그들이 원하는 진정한 욕구가 무엇인지, 고객의 생각과 그들이 표현하는 말 한마디조차도 기록하고 분석하여 전사적으로 DB를 취합한다. 그러한 정보를 바탕으로 고객의 인적, 심리적 특성을 고려한 서비스를 수행한다. 우리가 취합한 DB의 양과 질이 아무리 좋아도 제대로 활용하지 못하면 자료로서 의미가 없기 때문이다. 따라서 이러한 정보를 최대한 활용할 수 있는 전사적인 시스템 활용이 매우 중요하다. 고객 개인별로 신상정보와 성향, 행동 습관과 잠재구매력을 파악하여 기록하고 신규고객과 재진으로 전환된 고객, 기존고객과 이탈 고객의 정보를 수집하여 그 원인 분석하고 개선하여 고객별 차별화 마케팅을 수행하여 대면 마케팅의 성공률을 높일 수 있다. 또한 막연하게 서비스가 좋았다거나 나쁘지 않다는 느낌에서 끝나는 것보다 구체적으로 어떤 부분이 좋았는지, 치료결과가 왜 더 좋은지, 고객에 어떤 부분을 고려해서 치료 방향을 결정했는지를 인지할 수 있도록 만족했던 내용을 피드백 받는 것도 중요하다. 결국 내용을 요약하자면 고객관계관리(CRM)란 고객의 개인별 특성을 고려하여 차별화된 서비스를 제공하고 고객을 만족시켜 고객의 재구매를 지속적으로 유지하고 동물병원의 가치 전달과 목표하는 바를 달성하는 마케팅 기법이다.

(1) CRM 성공 사례1

우리 동물병원의 블로그를 보고 포메라니안 '츄츄'의 보호자가 동물병원에 예약 전화를 했다. 알로페시아 증후군에 관한 포스팅을 봤는데 '츄츄'가 호르몬 질환이 아닌지 걱정되어 진료를 원한다고 하였다. 동물병원과는 거리가 제법 떨어진 외곽지역에서 방문할 예정이라 가능하면 초진에 상담 후 검사까지 모두 진행할 수 있으면 좋겠다는 요청이 있었고 아이가 어린이집에서 돌아오는 시간인 오후 6시 전까지 귀가할 수 있는지 궁금하다고 했다. 또 '츄츄'는 유기동물이었는데 입양 후에도 성인 남자를 무서워하는 특징이 있어 가능하다면 여자 원장님께 진료를 원한다는 부탁이 있었다.

C.C) 본원의 알로페시아 증후군 포스팅을 보고 질환이 의심스러워 진료를 원함 환자는 성인 남자에 대한 공포심이 있어서 여자 수의사 진료 원함 자택이 멀어서 가급적 당일 진료에 검사까지 요청 / 오후 5시 전까지 진료 마무리 원함

고객 개인별 욕구를 서비스 제공에 최대한 반영할 수 있도록 전자 차트에 수집 된 내용을 기록하고 전 직원이 공유하여 고객이 내원했을 때 대면하는 모든 구성원은 사전에 내용을 숙지할 수 있도록 시스템화한다. 진료 시간을 지정하여 예약한 경우라면 담당 의료진은 사전서비스인 전화 상담에서 미리 부탁했던 부분들을 숙지하여 고객이 내원하기 전 환자의 특징과 이름, 고객의 욕구를 이해하고 있어야 할 필요가 있다. 고객은 서비스를 받는 상황에 의료진이 사전에 요청한 부분을 충분히 인지하고 있으며 최대한 이를 고려하고 있음을 알아차릴 때 서비스에 만족할 수 있는데, 반면 사전에 정보를 제공하였음에도 놓치는 부분이 발생한다면 불만족 의사를 표시하게 되거나 재방문이 이뤄지지 않게 되는 결과를 야기하며 심지어 이러한 불편을 잠재고객에게 전파하는 최악의 상황도 발생할 수 있다.

(2) CRM 성공 사례 2

유기견 보호소에서 분양받은 '쭈쭈'의 보호자는 집에서 가까운 동물병원에 줄곧 다니고 있다. 쭈쭈를 분양받기 전 하늘나라에 간 반려견 '모야'가 10년 동안 다니던 동물병원이다. '모야'가 무지개다리를 건너서 슬픔에 빠져있던 때가 있었는데, 원장님께서 마음의 위로가 되는 책을 직접 선물해주기도 했다. 그래서 다른 동물병원을 찾아봐야겠다는 생각조차 해본 적이 없다. 동물병원이 규모가 작고 시설물이 노후되긴 했지만 오랫동안 근무하신 선생님들이 계시고 우리 '모야'를 알고 있기에 예전 기억을 떠올리며 이야기를 나눌 수 있다. 저번 주는 '모야'의 납골당에 간다고 했더니 '모야'가 좋아했던 간식을 챙겨주면서 함께 눈시울을 붉혔다. 그래서 '쭈쭈'를 분양받고 나서도 계속 이곳으로 다니는 것은 매우 당연하다고 생각한다. '쭈쭈'를 데리고 동네 산책을 나갈 때면 주민들에게 여기 동물병원을 적극 추천하고 있다.

(3) CRM 실패 사례 1

말티즈 '뽀야'는 가정에서 귀 청소를 받으면서 보호자를 심하게 물었던 적이 있다. 엎친 데 덮친 격으로 알러지성 외이염을 거의 달고 산다. '뽀야'의 집 근처에 있는 동물병원에 몇 번 방문하였지만 심한 공격성 때문에 귀 드레싱 처치 없이 내복약만 처방해주어서 회복이 더디고 서비스에 만족하지 못해 병원을 옮기고 싶어 내원하였다. 다행히 우리 동물병원에는 재방문이 반복될수록 '뽀야'가 귀 드레싱을 할 때 협조적인 태도로 잘 따라 주었고 특히 잘 따르는 '김보건' 선생님이 있어서 보호자는 올 때마다 그 선생님에게 처치를 맡기고 싶어 했다. 뽀야를 잘 아는 의료진들은 이들의 히스토리를 잘 알고 있어서 보호자의 만족으로 지속적인 재방문이 이뤄지고 있었다. 그러나 어느 날 신규 입사한 선생님이 이런 내용을 숙지하지 못하고 '김보건' 선생님의 연차 휴무 날 '뽀야'의 진료 예약을 받게 된 것이다. 보호자가 동물병원에 방문했을 때 뒤늦게 이러한 사실을 알게 되었고 '뽀야'에게 익숙하지 않은 선생님이 보정을 하는 상황에 심하게 흥분하여 소변 실수와 함께 선생님의 손을 공격하는 상황이 벌어졌다. 보호자와 의료진들은 예상치 못한 상황에 몹시 당황하였고, 수의사는 보호자에게 집에서 귀 드레싱을 해주시는 것이 좋겠다고 말을 하게 되었다. 보호자는 자신의 상황을 알아주지 못하는 동물병원 서비스에 무척 실망하여 스텝에게 불만을 토로하고는 다음 재진 날짜에 나타나지도 않았으며 통화 연결도 되지 않았다.

(4) CRM 실패 사례 2

생후 2개월 된 아기 고양이 '루루'는 이틀 전 길가에서 한 보호자에게 구조되었다. 루루의 보호자는 혹시나 고양이가 아픈 곳은 없는지, 가족과 함께 살아도 문제가 없는지 염려되는 마음에 동물병원부터 데리고 왔다. 약한 설사 증상이 있어 약물을 처방받았고 무증상 곰팡이피부병 감염이 걱정되어 DTM 검사까지 했다. 수의사는 약 7일에서 14일 후에 DTM 검사결과를 알 수 있지만 조기에 결과가 나오면 연락을 주겠다고 했고 예방접종은 7일간 집안 환경에 적응하고 특별한 문제가 발견되지 않으면 가능하다는 말도 전했다. 그런데 루루의 가족 중 한 명이 피부병 증상이 나타나 치료를 받았다. 고양이 때문이라고 생각하지 못하고 있었지만 문득 병원에서 DTM 검사를 했던 것이 기억이 나서 동물병원에 검사 결과 문의를 했다. 동물병원은 그제서야 DTM 검사 결과가 양성으로 판정되어 치료를 위해 내원해달라는 이야기를 전했다. 고객은 확인 전화를 할 때까지 아무런 연락도 없고, 심지어 루루의 설사 증상이 잘 치료되었는지 궁금해 하지도 않는 병원에 화가 났고 입양 7일 후에는 접종이 가능하다고 했지만 구체적인 접종 예정일 안내조차 없는 동물병원의 무관심한 태도에 무척 실망했다.

🦴 2 고객 경험 관리(Customer Experience Management, CEM)

고객 경험 관리란 고객의 생각과 느낌을 파악하는 것에 중점을 두어 동물병원 서비스에 대한 감성적이고 주관적인 경험의 총합을 관리하는 것을 말한다. 과거에는 고객관계관리(CRM)을 중점적으로 하여 고객의 소비 패턴을 기계적으로 분석하는 것에 그쳤다면, 근래 서비스 트랜드의 변화는 고객의 우리 동물병원에 대한 전반적인 경험을 전략적으로 관리하는 형태의 프로세스로 진화하고 있다. 고객경험관리(CEM)란 고객이 다양한 채널을 통해 우리 동물병원을 발견하여 인식하는 것을 시작으로 하며, 긍정적인 서비스 경험을 통해 우리 동물병원을 좋아하게 되고 재구매가 지속적으로 이루어지도록 하는 것뿐만 아니라 그 이상을 넘어 다른 고객들에게 추천하는 단계까지 관리하는 것을 모두 포함한다. 우리 동물병원을 찾아온 고객은 동물병원에 대한 어떠한 느낌을 받게 되는데 접점마다 경험들이 모여 전체적인 이미지를 결정하게 된다. 동물의료서비스 제공 결과로 좋은 치료 성과는 당연하며 그것을 넘어서 고객이 순간순간 경험하는 모든 단계에서 고객 경험 관리가 필요하며, 좋은 경험들의 총합으로 동물병원에 호감을 느낄 수 있어야 충성고객으로 자리 잡게 되고, 향후에도 지속적으로 영향을 미칠 수 있다.

그림 6   고객들과 함께하는 특별한 이벤트

(1) 역지사지(易地思之): 고객의 입장에서 느낄 수 있는 불편함을 찾아 개선하기

필자는 아이를 데리고 소아과를 방문할 때 고객의 입장이 되어 의료서비스를 경험하게 된다. 이런 경험은 우리 동물병원에서 제공하는 서비스가 어땠는지 돌아보는 계기가 되기도 하므로 함께 근무하는 구성원들과 나의 경험에서 느낀 점들을 공유하고 개선점에 대해서 회의하기도 한다. '우리 동물병원에 내원하는 고객들도 이런 느낌을 받을까?', '이런 부분이 불편했을까?', '의료진이 먼저 이렇게 해 주길 바랐을까?'를 생각해보면 객관적으로 개선해야 할 부분들이 분명히 보이기 때문이다. 반려동물이 고통스러워 보여 동물병원까지 발걸음을 옮긴 보호자들은 환자가 겪고 있는 증상에 대해서 잘 모르기 때문에, 무섭고 불안한 마음이 든다. 반려동물과 말이 통하지 않으므로 어디가, 어떻게 불편한지 알 수 없어 답답한 마음도 있다. 동물병원은 '동물의 치료방법을 잘 알고 있는 전문가'라는 믿음과 기대를 갖고 방문하기 때문에 보호자는 전문가의 지식을 빌려 불안한 마음을 달래고 싶어 한다. 우리는 고객의 이러한 마음을 역지사지(易地思之)의 마음으로 이해하고 세심한 서비스를 제공할 필요가 있다. 간혹 고객의 눈높이를 고려하지 않고 의학용어를 남발하며 검사 결과를 설명하거나, 보호자와 눈을 맞추며 정서적인 교감을 전혀 하지 않고 모니터만 바라보며 냉정하게 대화하는 의료진의 행동은 반려동물이 아파서 감정적으로 걱정되고 힘든 상태에 있는 보호자의 심리를 고려하지 않았다고 볼 수 있다. 고객이 마음의 상처를 경험하지 않도록 눈을 바라보고 감정변화를 살피면서 부드럽게 대화를 이끌어 나가고 진심으로 환자를 대하는 모습을 보일 수 있도록 노력해야 한다. 또한 일방적으로 동물병원의 입장만을 강요하기보다 고객(환자와 보호자)의 처지나 형편에서 생각해보고 고객의 상황을 이해하는 것도 매우 중요하다. 무엇보다 고객이 불편함을 호소하기 전에 이러한 불편함이 발생할 수 있는 요소들을 미리 예상하고 알아차리는 것이 더 중요하다.

(2) 측은지심(惻隱之心): 다른 이의 불행을 안타깝게 여기는 마음

동물병원에서 근무하는 이들의 필수 덕목으로 측은지심이 필요하다. 대상은 사람이 될 수도 있고 동물이 될 수도 있지만 다른 이의 고통이나 불행을 목격하면 안타깝게 여기는 마음으로 누가 시키지 않아도 그들을 도울 수 있어야 한다. 예를 들면 비를 맞은 새끼고양이를 구조하여 내원한 보호자가 있다면 대기시간 동안 체온이 떨어지지 않도록 털을 드라이하거나 여의치 않다면 잠시 ICU에서 체온유지를 할 수 있도록 도울 수 있어야 하며, 더운 날에 걸어서 내원한 경우 목이 마를 환자와 보호자에게 시원한 물 한잔 건넬 수 있어야 한다. 또한 고객이 불편함을 표시하거나 도움을 요청하는 경우 최선을 다해 해결하고자 하는 의지를 보여줄 수 있어야 하며 서비스 제공자의 이러한 행동을 통해 만족스러운 고객 경험을 끌어낼 수 있다.

3 원내 마케팅 개발

(1) 내부 광고물

동물병원을 들어서면 사료나 약품, 기기회사에서 제작하여 일률적으로 제공한 포스터와 광고물들이 부착되어 있는 경우가 많다. 대부분 이러한 광고물들은 상호 맥락이 일치하지 않는 내용물인 경고 차별적인 요소가 없어 오히려 동물병원의 전문성이 결여되어 보일 수 있다. 병원 입구부터 대기실에 이르는 주요한 접점에서는 우리 동물병원의 색깔과 강점을 잘 표현할 수 있는 광고물을 배치하는 것이 좋은데, 다른 진료과목 때문에 내원을 하였더라도 우리동물병원만의 특화된 진료나 가치를 높일 수 있는 이미지로 어필하여 병원 포지셔닝을 확실히 하고 고객으로 하여금 기대감을 심어 줄 수 있다.

(2) 의료진 프로필

고객은 동물병원을 선택할 때 내 반려동물의 건강을 담당할 의료진의 전문성에 대해서 중요하게 생각한다. 또한 많은 동물병원 중 이곳을 선택한 것에 대해서 확신을 갖고 싶어 하는데, 그러한 것에 영향을 주는 요소 중 하나가 의료진의 정보가 될 수 있다. 동물병원 내부에 액자 및 디스플레이를 통해 의료진 프로필을 게시할 수 있는데, 경력과 사실 위주의 평범한 프로필 보다는 경쟁력 있고 가치가 돋보이는 이미지와 의미 있는 메시지를 포함하여 연출하는 것이 효과적이다. 또한 대표 원장 프로필만 게시하는 것보다 고객이 대면하는 주요한 직원의 프로필을 함께 제작하여 게시하는 것이 좋고 꼭 화려한 경력이 아니더라도 기본적으로 신뢰성과 진정성이 잘 드러날 수 있는 방향으로 의미 있게 구성할 수 있다. 특히 우리 동물병원에서 추구하는 가치와 정체성에 맞는 이미지 연출로 고객에게 보다 효율적으로 인지되도록 한다.

(3) 보호자 설명 안내문

충성 고객이 아닌 이상 동물병원과 라포(rapport)[8]가 형성되기 전 단계에 고객은 특정 질병에 대해 진단을 받고 적합한 치료 방법을 제안받았을 때 수의사의 설명만으로 단번에 수용하기가 쉽지 않다. 특히 비용이 많이 발생하고 위험부담이 큰 고관여 진료일수록 다른 병원을 방문하거나 커뮤니티 등을 통해 같은 질병을 가진 다른 환자의 치료 경험을 찾아보는 일도 꽤 흔하다. 때문에 고객의 신뢰를 확보할 수 있는 자료를 활용하여 상담의 질을 높일 수 있는 시스템이 필요하다. 고객은 설명을 들을 때 다양한 감각에 노출될수록 쉽게 이해하고 기억하는 특성이 있다. 설명을 들을 때 말로만 내용을 듣는 것보다 사진이나 동영상, 비슷한 증상으로 내원한 다른 환자들의 치료 성공 스토리를 함께 듣는 것이 훨씬 이해도가 높기 때문에 공신력 있는 기관에서 제작한 자료나 비슷한 질환을 진단을 받은 환자들의 실제 치료 사례를 스크랩하여 참고할 수 있도록 설명하는 것이 전문성과 신뢰도를 높일 수 있다. 또한 고객의 대부분은 동물병원에서 설명 들은 내용 중 30%도 채 기억하지 못한다. 생소한 질병명과 머릿속으로 그려지지 않는 신체 기관의 구조는 설명을 듣더라도 시간이 경과하면 자신이 듣고 싶어하는 내용들 위주로 기억이 왜곡된다. 보호자는 홈케어를 위해 병원에서 알려준 수칙들이 복잡하고 어렵다고 느끼는 경우도 많다. 때문에 실제 근무상황에서는 설명한 내

---

8 상호신뢰관계를 의미하는 것으로 두 사람 사이에 감정교류를 통한 공감이 형성되어 있는 상태.

용을 전화로 다시 묻는 경우가 매우 흔하다. 따라서 단순히 병원에서 보유한 설명 자료를 활용하는 것에서 끝나는 것이 아니라 고객이 집으로 돌아가서 기억을 되새길 수 있는 안내문을 함께 제공하는 것이 바람직하다.

(4) 비용 팸플릿

동물병원에서 근무 시 고객으로부터 가장 많이 듣는 불만이 '치료비가 비싸다'일 것이다. 대부분의 동물병원의 치료비용은 획일화되어 있지 않다. 동물병원 의료진의 전문성, 인적자원의 수, 상권, 투자비용, 운영시간, 의약품과 재료의 품질 및 보유한 장비의 종류와 성능 등 다양한 요소를 고려하여 경영상황에 맞는 진료 수가가 결정된다. 상황이 이렇다 보니 고객들은 천차만별인 동물병원 진료비에 대해 불신을 갖는 경우가 많고 예측하지 못한 비용이 청구되면 당혹감마저 들 수 있다. 따라서 가격이 합리적이지 않다고 생각하여 불만족을 표하거나 비싼 병원이라고 입소문을 내기도 한다. 따라서 치료계획이 세워지면 예상되는 처치별 세부 가격을 사전에 설명하는 것이 현명하다. 보통의 경우 특별한 변수가 거의 없는 예방적 중성화수술 및 예방접종, 건강검진 등은 항목별 금액을 표시할 수 있고 성별과 나이대별 추천되는 검사 항목을 리스트화하여 고객의 이해를 도와 조금 더 쉽게 결정할 수 있도록 할 수 있다. 또한 획일화되어있지 않은 질병 치료 시에도 일반적인 프로토콜 외에 예상을 벗어나는 상황이 있다. 환자의 상태는 워낙 다양하고 치료 중 발생할 수 있는 변수에 따라 추가검사나 처치가 필요할 수 있으므로, 이러한 부분을 고객에게 충분히 인지시키는 것 또한 중요하며 정해진 가격표 리스트 하단부에 이러한 내용을 명시하여 고객에게 한 번 더 설명할 수 있도록 한다.

가변적인 치료비 정책과 할인정책은 고객의 신뢰를 떨어뜨리고 정당성을 인정받기 어렵다. 따라서 진료비용 팸플릿 활용을 통해 고객이 납득할 수 있도록 시스템화한다면 비용으로 인한 고객 이탈을 줄일 수 있다.

취업 준비

SECTION 01

취업 준비와 커리어 관리

Ⅰ. 기업이 원하는 인재상

기업이 원하는 인재상은 기업의 인사부서에서 결정하고 평가한다. 특히 동물의 관리 업무를 포함하여 운영하는 동물병원 등의 기업의 인사부서는 기업의 목표와 비전뿐만 아니라 업종 특성에 따라 반려동물에 대한 애정과 경험 등을 중요시하기도 한다. 반려동물산업의 경쟁 환경 등을 고려하면 마케팅과 실무능력 등이 기업이 원하는 인재상의 요건으로 요구될 수 있으며, 실제로 이를 기반으로 채용하기도 한다. 채용 프로세스에서는 이력서 검토, 면접, 인성 검사 등 다양한 방법을 통해 지원자의 역량을 평가하게 되는데, 이를 통해 기업이 원하는 인재상에 부합하는 인재인지를 판단하게 된다. 또한, 기업은 채용 후에도 직원의 역량 평가와 성과 측정을 통해 해당 직원이 기업이 요구하는 인재상에 부합하는지를 지속적으로 확인한다. 성과측정 및 역량평가는 기간 단위마다 반복적으로 진행되며, 직원의 근무태도, 신뢰성, 건강과 체력, 업무 성과, 역량 발전, 기여도, 조직 융화력 등 다양한 요소를 고려할 수 있다.

한국의 기업들은 최근 책임 의식과 도전정신을 갖춘 인재를 선호한다. 대한상공회의소가 발표한 국내 매출 상위 100대 기업의 인재상 분석 결과에 따르면, 기업들이 요구하는 3대 인재상은 책임 의식, 도전정신, 소통·협력으로 조사되었다. 이외에도 창의성, 원칙·신뢰, 전문성, 열정, 글로벌 역량, 실행력, 사회공헌 등이 직원에게 요구하는 10대 요건에 포함된다. 기업은 올바른 인성과 가치관, 도전정신과 창의력, 진취성을 가지고 국제감각과 능력, 명확한 목표와 목적의식을 가진 인재를 채용하기를 희망한다. 이러한 역량을 개발하기 위해서는 다양한 경험을 쌓는 것이 중요하다. 새로운 도전을 하고, 다양한 상황에서 본인만의 논리와 역량을 발휘하여 문제를 해결하는 경험들을 통해 본인만의 논리가 있는 사람이 되어 회사 조직에 융화되기 위해서는 잘 적응하고, 기업은 이러한 본인만의 논리가 있는 사람을 데려오고 싶은 것이다. 또한, 다양한 사람들과 소통하고 협력하는 경험도 중요한 요인이다. 기업에서는 팀원들과 의견을 나누고, 서로의 의견을 존중하며 함께 문제를 해결해나가는 과정이 이루어져야 하므로 소통과 협력의 중요성을 한 덕목으로 포함한다. 다양한 경험들을 통해 책임의식과 도전정신, 그리고 소통과 협력의 역량을 함양할 수 있다. 다음은 기업에서 원하는 인재상에 대한 항목을 나열하였다.

1 패기

어떤 어려운 일이라도 해내려는 굳센 기상이나 정신을 뜻하는 패기는 다양한 상황을 마주할 때 겁을 내지 않고 자신감으로 나서는 의지를 의미한다. 매사 밝고 긍정적으로 생각하고 실천을 앞세워 일하는 사람은 기업에서 패기 있는 사람으로 평가되기도 한다.

2 책임감

주어진 일을 정확하게 해내는 사람을 "책임감 있는 사람"으로 평가한다. 기업의 책임감은 환경경영, 윤리경영, 사회공헌과 근로자를 비롯한 지역사회 등 사회 전체에 이익을 동시에 추구하며 그에 따른 의사결정 및 활동을 하게 된다. 또한 기업에서의 책임감 있는 인재는 자신의 업무에 대한 책임을 다하고, 회사의 목표와 비전을 이해하고 이를 실천하는 사람을 이야기한다. 이러한 인재는 기업의 성장과 발전을 위해 노력하고 기업의 목표와 비전을 달성하려 한다. 최근 경영환경의 불확실성이 커짐에 따라 위기 극복 능력을 요구하고 있다. 이에 기업은 책임감 있는 인재를 역량 있는 인재보다 더 원하고 있다.[1]

---

1   달라진 기업 인재상... 전문성보다 책임감(2023.01.30.) 한경산업_황정수 기자, https://www.hankyung.com/economy/article/202301301734i

3 원활한 대인관계

타인의 의견을 존중하고 다른 사람들과 협력을 잘하는 사람들은 원활한 대인관계를 가지고 있다. 이들은 사람들과의 관계에서 적극적이고 긍정적인 태도를 보이며, 서로에게 이익이 되는 상호작용을 추구한다. 타인의 감정과 생각을 이해하고 공감하며, 그들의 입장으로 생각하는 능력이 뛰어나다.

원활한 대인관계를 위한 방법

- 의사소통 능력
- 존중과 배려
- 협력적인 태도
- 긍정적인 태도
- 갈등 해결 능력

4 건강한 몸과 마음

몸과 마음은 서로 연관되어 있다. 세계보건기구(WHO)의 헌장에서 '건강이란 질병이 없거나 허약하지 않은 것만 말하는 것이 아니라 신체적·정신적·사회적으로 완전히 안녕한 상태에 놓여있는 것'이라고 정의하고 있다. 또한 각자의 최적의 상태에서 사회적인 역할을 정상적으로 수행하는 능력이라고도 할 수 있다. 건강한 몸은 신체적으로 질병이 없는 건강한 상태를 말하며, 이는 정기적인 운동과 건강한 식습관, 충분한 수면 등을 통해 유지할 수 있다. 또한 정신적 건강은 우울증이나 불안장애 등의 정신질환이 없는 상태로 마음이 건강한 상태를 말한다. 이는 스트레스 관리, 긍정적인 사고, 적절한 감정 표현 등을 통해 유지할 수 있으며, 신체적으로 건강한 상태는 정신적으로 건강한 상태에 기여하며, 반대로 정신적으로 건강한 상태는 신체적으로 건강한 상태에 기여한다. 따라서 신체와 정신의 건강은 상호 밀접한 연관이 있다. 기업에서 건강한 몸과 마음을 가진 근로자가 필요한 이유는 다음과 같다

① 생산성 향상: 건강한 몸과 마음을 가진 근로자는 일에 집중하고, 더 높은 생산성을 발휘할 수 있다. 이는 기업의 전반적인 생산성을 향상시킨다.

② 병가 감소: 건강한 몸과 마음을 가진 근로자는 병가를 적게 내고, 일을 더 잘할

수 있다. 이는 기업의 인력 관리 비용을 절감하고, 인력 부족 문제를 해결하는 데 도움이 된다.

③ 직원 만족도 향상: 건강한 몸과 마음을 가진 근로자는 일에 만족하고, 일에 대한 열정이 높다. 이는 직원 만족도를 높이고, 직원들의 일에 대한 충성도를 높인다.

④ 기업 이미지 개선: 건강한 몸과 마음을 가진 근로자를 고용하는 기업은 사회적으로 책임감 있는 기업으로 인식된다. 이는 기업의 이미지를 개선하고, 기업의 경쟁력을 높인다.

건강한 몸과 마음을 유지하는 방법

- 정기적인 운동
- 건강한 식습관
- 충분한 수면
- 스트레스 관리
- 긍정적 사고
- 적절한 감정 표현

5 자기개발 능력

개인이 스스로 자신의 역량을 발전시키고 성장하는 능력을 자기개발 능력이라 한다. 스스로 자신의 강점과 약점을 파악하고, 이를 극복하고 발전시키기 위해 노력을 기울이는 능력으로 다양한 방법으로 발전시킬 수 있다. 예를 들어, 새로운 지식을 습득하거나 기술을 연습하는 것, 다양한 경험을 쌓는 것, 다른 사람들로부터 피드백을 받는 것 등이 있다. 개인의 성장과 발전에 중요한 역할을 하고 새로운 도전에 임할 수 있도록 돕는다.

자기개발 능력을 발전시키는 방법

- 목표설정
- 계획수립
- 실행
- 피드백
- 지속적 학습
- 경험 쌓기

6 표현능력과 의사소통 기술

표현능력과 의사소통 기술은 다른 사람들과의 관계 형성에 중요한 역할을 한다. 의사소통을 통해 서로의 의견을 조율하고 필요한 정보를 공유할 수 있다. 또한 갈등 상황에서 서로의 의견을 명확하게 전달하고 입장의 차이를 이해하며 문제 해결에 초점을 맞추는 데 도움을 준다. 리더십에서도 중요한 역할을 하는데 자신의 비전과 목표를 명확하게 전달하고 함께 일하는 팀원들의 의견을 경청하며 필요한 정보를 제공한다. 그리고 다른 사람들로부터 피드백을 받아 자신의 역량을 발전시킬 수 있다.

표현과 의사소통 기술의 향상 방법

- 명확한 의사전달
- 경청
- 비언어적 의사소통 방법
- 문제(갈등)분석과 해결
- 실전연습

7 유연한 사고와 창의력

새로운 상황이나 문제에 대한 적응력과 다양한 관점에서 생각하는 능력을 요구한다. 유연한 사고를 가진 사람은 기존의 관점이나 방법에 얽매이지 않고 새로운 방법을 찾아내고 적용하는 능력이 뛰어나다. 창의력은 새로운 아이디어나 해결책을 찾아내는 능력으로 기존의 방법이나 관점에서 벗어나, 독창적인 아이디어나 해결책을 제시할 수 있다. 유연한 사고와 창의력은 서로 연관되어 있다. 유연한 사고를 하는 사람은 다양한 관점에서 생각하는 능력이 뛰어나기 때문에, 창의적인 아이디어를 찾아내는 데 도움이 된다. 반대로 창의력을 가진 사람은 새로운 아이디어나 해결책을 찾아내는 능력이 뛰어나기 때문에, 유연한 사고를 발전시키는 데 도움을 준다.

유연한 사고와 창의력 발전을 위한 방안

- 다양한 경험
- 새로운 지식 습득
- 문제해결
- 창의적 활동
- 긍정적 사고
- 피드백을 통한 강점과 약점의 파악

8 올바른 가치관

올바른 가치관을 가진 사람은 옳고 그른 것에 대한 명확한 기준이 있다. 이러한 기준은 기분에 따라 달라지는 것이 아니라 확고한 원칙들에 근거하므로 다른 사람이 보지 않을 때도 그 원칙들에 따라 행동한다. 동물과 함께하는 사람들은 이러한 가치관과 윤리의식을 명확하게 가지고 있어야 동물의 건강과 복지를 책임지고 관리하며 이를 통해 사람들의 건강과 안전도 보호할 수 있다. 또한 기업에서 일의 성격과 종류에 따라 다르게 적용될 수 있으나 일반적으로는 책임감, 정직성, 협조성, 전문성 등에 대한 가치관을 명확하게 가진 사람을 선호한다. 일단 자신이 중요하게 생각하는 가치들을 정의하고 이를 실천하는 것이 중요하다. 다른 사람들의 의견을 경청하고 존중하는 태도를 갖고 자신의 행동이 다른 사람들에게 어떤 영향을 미치는지 생각하고 이에 따라 적절한 행동을 취하는 것이 좋다. 이러한 방법들을 통해 올바른 가치관을 갖는 데 도움이 될 수 있다.

9 진취적인 사람

진취적인 사람이란 적극적으로 목표를 추구하고 새로운 도전을 두려워하지 않는 사람이다. 이러한 사람들은 자신의 목표를 달성하기 위해 노력하고 적극적으로 행동하고 새로운 기회와 도전을 즐기며 변화를 두려워하지 않는다. 일반적으로 열정적이고 활기찬 에너지를 가지고 있다.

 ## Ⅱ. 목표 찾기

1 즐거운 일 찾기

즐거운 일을 찾기 위한 방법은 다양하다. 일단 자신이 좋아하는 것들을 찾아보고 이를 즐기는 것이 좋다. 반려동물을 좋아해서 동물과 관련된 직무를 찾는다면 간호하는 것에서 만족을 느끼는지 돌보는 것에서 만족을 느끼는지 보호자에게 정보를 전달하면서 성취감을 느끼는지를 파악하고 이에 맞는 활동을 찾아보는 것이 좋다. 새로운 활동이나 도전을 시도해보는 것도 즐거움을 찾는 데 도움이 될 수 있다. 유기동물을 위한 봉사 활동이나 관련 업종의 경험 또는 여행 등을 통해 다양한 접근을 통해 스스로 어떠한 것에 즐거움을 느끼는지 확인할 수 있는 좋은 방법이다.

2 나의 IDENTITY 명료화

IDENTITY 명료화를 위한 방법은 다양하다. 일단 자신이 누구인지, 자신의 가치관과 성격, 취향 등을 깊이 파악하는 것이 중요하다. 이를 위해 자기성찰을 통해 자신의 내면을 들여다보고 이해하는 것이 좋다. 또한 다른 사람들의 의견을 듣고 이를 참고하는 것도 도움이 될 수 있다. 이러한 방법들을 통해 자신의 정체성을 명확하게 이해하고 명료화할 수 있다. IDENTITY 명료화의 중요성은 매우 크다. 이는 자신의 삶을 이해하고 방향을 잡는 데 매우 중요하며, 자신이 무엇을 좋아하고 무엇을 싫어하는지, 어떤 가치관을 가지고 있는지 등을 명확하게 파악할 수 있다. 이를 통해 자신의 삶의 방향을 잡고 적절한 선택을 할 수 있다. 따라서 IDENTITY 명료화는 자신의 삶을 이해하고 행복한 삶을 살아갈 수 있다.

3 커리어 관리

(1) 눈에 보이는 Specification

1) 학점 관리 방법

학점의 기본은 출석이라고 할 수 있다. 출석 점수는 10%에서 많게는 20% 이상을 차지하며, 성실하게 수업에 참여해 필기해 가며 하는 공부와 뒤늦게 교재만 보거나 필기를 베껴서 하는 공부의 질은 차이가 있을 수밖에 없다.

시간 엄수는 기본 중의 기본이다. 수업시간에 맞춰 자리에 미리 앉아 수업준비를 하고, 레포트 제출은 아슬아슬한 타이밍보다는 여유를 두고 기한 내에 마치는 것이 정신건강과 학점관리에 영향을 준다.

시간표를 짤 때부터 시험에 대비한다. 시험 역시 해당 강의시간에 치러지므로, 3~4개의 강의를 연강으로 듣는다는 것은 시험도 연속으로 치러야 하기 때문에 신중하게 시간표를 짜야 한다.

2) 자격증

자격증은 인적 자원의 직무 수행 능력이 산업계의 수요에 맞게 개발되었는지, 개발되었다면 그 숙련도는 어느 정도나 되는지를 자격 관리자가 일정한 기준과 절차에 따라 평가하여, 인정의 의미로 개인에게 발급해주는 증서이다. 이는 자신이 그 분야의 기술이 자격이 있다는 것을 보여줄 수 있는 증서이기도 하다. 따라서 자격증 취득은 커리어 관리에 있어서 전문성을 갖춘 경력을 개발하기 위한 중요한 요소로 잘 짜인 커리어 플랜은 모든 경력 개발의 단계에서 방향성을 제시하며, 동기 부여를 위한 좋은 수단이 될 수 있다. 반려동물과 관련된 다양한 자격증취득은 지원자의 업무 방식과 성취 능력에도 영향을 미치기 때문에, 면접에서 대표적으로 묻는 질문 중 하나이다.

(2) 눈에 보이지 않는 Specification

1) 대외활동

대외활동은 대학 밖에서 이뤄지는 모든 대학생 참여 프로그램을 이야기한다. 반려동물과 관련된 학과에서는 유기동물 봉사활동, 지역문화활동 봉사 등 다양하게 참여가 가능하다. 대외활동은 취업에도 영향을 미친다. 최근 수년간 직무 경험 중심의 채용 트렌드가 확산하면서, 직무 경험은 물론 인턴 활동 기회, 서류 전형 가산점까지 얻을 수 있는 대외활동의 인기가 나날이 높아지고 있다. 하지만 대외활동을 선택할 때는 내용, 기간, 혜택 등 자신에게 도움이 되는 요소를 꼼꼼히 확인해 봐야 한다. 다양한 대외활동을 통해 자신이 어떤 직무, 어떤 기업에 더 맞는지 알 수 있는 계기가 될 수 있다.

2) 아르바이트

아르바이트는 사회생활에 있어 많은 것을 배울 수 있다. 수평관계에서는 동료들과의 어울림으로써 사람과 관계를 맺는 방법을 알게 되고, 다양한 인맥을 형성한다. 수직관계에서는 상사와의 상하관계를 경험하기 때문에 취업 시 기업에 빠른 적응을 할 수 있도록 도와준다. 또한, 아르바이트를 하면서 자신의 삶과 아르바이트를 병행하는 경험을 쌓게 되어 다양한 역할을 수행하는 능력이 길러질 수 있다. 이 외에도 약속시간에 대한 개념과 시간의 구조를 체득하고 돈에 대한 가치를 알 수 있는 경험을 가질 수 있다.

또한 아르바이트 경험은 직업가치관에 영향을 미칠 수 있다. 대학생들의 아르바이트 경험 유무, 자아탄력성, 사회적 지지가 진로스트레스에 어떠한 영향을 미치는지를 알아보는 연구에서 아르바이트 경험 유무는 진로스트레스에 유의한 영향을 미쳤다.[2] 아르바이트 경험이 없는 대학생이 아르바이트 경험이 있는 대학생에 비해 진로스트레스가 높게 나타난다.

2　김정아, 김인아(2018), 「전문대학생의 아르바이트 경험과 사회적 지지, 자아탄력성이 진로스트레스에 미치는 영향」

SECTION 02 이력서

Ⅰ. 이력서란

이력서와 자기소개서는 면접관이 지원자의 경력과 업적을 파악하는 데 중요한 역할을 하므로 간결하고 명확하게 작성하는 것이 중요하다. 지원자의 경력, 학력, 자격증 등 중요한 정보만을 포함한다. 이력서의 내용은 지원하는 회사와 직무에 맞게 작성한다. 예를 들어, 동물병원의 원무행정 직무에 지원한다면 서비스 관련 직종의 경험과 반려동물학과에서의 봉사 등의 업적을 강조하는 것이 좋다. 이력서는 지원자의 장점을 잘 보여주어야 하고, 면접관 및 인사담당자에게 성공적인 직장생활을 할 수 있다는 확신을 줄 수 있어야 한다. 이력서의 디자인은 깔끔하고 전문적으로 만들어야 하고 가독성이 좋은 폰트와 적절한 여백을 사용하는 것이 좋다.

Ⅱ. 이력서의 작성

이력서가 따로 정해진 양식이 없으면 일반적인 표준 이력서를 사용하는 것이 좋다. 또한 자신이 지원하는 직무 역량이 최대한 잘 드러나도록 작성한다. 이력서의 기본적인 양식은 표6과 같다. 아래의 양식은 개인 정보와 학력 및 경력 사항을 시간에 따라 작성하고 관련 활동과 자격증, 수상경력, 가족사항 등을 한 번에 보여주어 종합적 판단을 할 수 있는 장점이 있다. 그러나 페이지를 넘어갈 경우 산만해질 수 있으므로 효율적으로 이력을 정리하려는 노력이 필요하다.

그림 1   이력서 예시

사진	이름(한글)		이름(영문)	
	주민번호		나이	
	휴대폰		이메일	
	주소			

학력 사항

기간	학교	전공	학점

경력 / 활동 사항

기간	기관 및 장소	직위	활동 내용

수상 내역

기간	상세 내용	기관

자격증 / 면허증

가족 사항

관계	성명	연령	학력	근무처	직무 사항

위에 기재한 사항은 사실과 틀림없습니다.

년   월   일

성 명 :   (인)

Ⅲ. 이력서 작성 시 주의사항

- 이력서는 최대한 간결하고 일관성 있게 작성
- 이력서 제출 시 오탈자, 맞춤법 정렬 반드시 확인
- 이력서의 자격증 취득 연도나 교육 이수 과목명 등 정확히 명시
- 취업 합격을 위해 이력서와 자기소개서, 면접까지 전체 내용의 일관성 유지
- 과장 없이 거짓 없이 정직하게 사실대로 작성

자기소개서

　자기소개서는 지원자의 성격, 업적, 지원동기 등을 소개하는 글로 자신이 살아온 과정을 어떠한 말의 틀이나 형태를 가지지 않고 자유롭게 써나가는 글이다. 자신의 경력, 학력, 성취, 목표 등을 소개하는 문서로 사용되며 흥미를 일으키거나 매력을 드러내는 형식으로 사용한다. 자기소개서는 지원하는 회사와 직무에 맞게 작성해야 한다. 예를 들어, 서비스 마인드가 중요한 직무에 지원한다면 고객에게 감동 서비스를 제공한 경험과 업적을 소개하는 것이 좋다.

　자기소개서는 자신의 지위, 경험, 능력, 특성, 작성자가 갖는 목표, 관심 분야 등을 소개하여 자기 자신을 최대한 어필하고, 지원자의 개성이 잘 드러나도록 작성해야 한다. 자신의 능력과 환경을 재정화하고, 자신의 가치와 독특함을 부각하여 남에게 어필하는 중요한 문서이므로 지원자만의 특별한 경험과 생각을 소개하는 것이 좋다.

Ⅰ. 자기소개서 종류

1 자기 성찰적 형태

- 개인 정보(이름, 연락처, 학력, 경력 등) 등 지원자의 정보를 소개, 과거의 경력 또는 학력을 간략하게 소개하고 그로 인해 쌓인 능력과 경험을 서술
- 자신이 관심이 있는 분야와 그에 대한 목표를 작성
- 자신의 특성, 가치관, 인성 등을 소개하여 자신의 개성을 표현
- 자신의 취미, 특기, 별도의 경력 사항 등을 소개

자기 성찰적 자기소개서 사례

사례1.

저는 2000년 0월 0일 1남1녀의 장남으로 00시에서 태어났습니다. 부모님은 15년간 마트를 운영하시면서 저와 여동생을 키우셨습니다. 친구들은 부모님께서 마트를 운영하기에 아이스크림과 과자를 마음껏 먹을 수 있을 것이라며 부러워하기도 하였습니다.

중학교 때부터 키웠던 말티즈 소담이는 가족회의를 거쳐서 유기견 보호소에서 데려온 아이입니다. 우리집 막내인 소담이 덕분에 가족들은 함께 산책하는 날들이 많았습니다. 소담이의 입양처인 유기견 보호소에 대한 관심은 봉사활동으로 이어졌습니다.

사례2.

저의 좌우명은 '사랑하며 살자'입니다. '사랑'한다는 것은 모든 생명이 포함됩니다. 제가 가장 많이 사랑하는 대상은 8년간 함께하고 있는 시추 둥이입니다. 둥이는 제가 기분이 좋을 때면 함께 뛰며 산책하였고, 기분이 좋지 않을 때면 무릎 위에서 가만히 제 옆을 지켜주기도 하였습니다. 둥이와 산책하는 날들이 늘어나면서 걷기가 취미가 되었습니다. 걷기를 많이 하다 보니 저와 둥이 모두 건강한 체력을 유지하고 있습니다. 또한 강아지와 교감하며 조건 없는 사랑을 느끼면서, 저 역시 사랑을 실천할 수 있는 넓은 마음을 가지게 되었습니다.

(1) 성장과정

지원자의 태어난 날부터 지금까지의 내용을 기술하면서 함께했던 활동을 함께 작성한다. 단순한 나열식은 자신의 특색을 드러낼 수 없으므로 부모님의 교육철학이나 가풍, 속담과 격언, 자신에 대한 인상 등을 함께 서술한다.

성장과정 작성 예시

사례1.

저는 강원도 OO에서 태어나 어린 시절부터 자연과 함께 하였습니다. 농업을 하시는 아버지 밑에서 새로운 품종 개량을 하는 모습을 지켜보면서 인생은 배움과 발전의 끊임없는 여정이라 느꼈습니다. 또한 저의 개인적인 성장은 그 여정의 필수적인 부분이라고 믿습니다. 중고등학교 시절 동안, 아버지를 도우면서 새로운 경험을 찾고, 지속적으로 제 시야를 넓히는 데 전념해 왔습니다. 이 과정을 통해 저는 가치 있는 '인생은 배움과 발전의 여정이다'라는 교훈을 발견했고 이는 세상에 나아가서 제 몫을 하는 발판이 되었습니다.

사례2.

저는 2000년 0월 0일 서울 **에서 외동딸로 태어났습니다. 중학교 선생님인 어머니께서는 어떤 활동을 하더라도 늘 배우는 자세로 그 일을 대하라고 말씀하셨습니다. 고등학교 시절 친구들과 함께 음악동아리에 참여하면서 저는 단순히 키보드만 배운 것이 아니라 화합과 조율 그리고 관계의 중요성을 배우는 자세로 활동하였습니다. 저의 성장 과정을 되돌아볼 때, 나는 미국의 작가이자 교육자인 존 듀이의 인용구를 떠올리게 됩니다. 그는 "교육은 삶을 위한 준비가 아니라 교육은 삶 그 자체이다." 이는 삶이라는 여행의 필수적인 부분으로서 지속적인 학습과 개인적인 성장의 중요성을 강조하기 때문에 저에게 깊은 울림을 주었습니다.

(2) 성격의 장단점

자신의 성격과 관련된 부분은 자신에 대한 성찰로부터 시작된다. 자신의 성격을 스스로 잘 알지 못하는 부분에는 적극적으로 타인의 도움을 받을 수 있어야 한다. 장점은 최대한 부각하고 지원하는 분야와 접목하여 어떻게 활용할 수 있을지 서술하는 것이 좋다. 단점은 극복하기 위한 노력과 변화 또한 장점으로 변화할 수 있는지에 대한 내용을 작성한다.

성격의 장단점 예시

사례1.

모든 사람들처럼, 저는 제 성격을 형성하는 독특한 강점과 약점을 가지고 있습니다. 저는 제 성격의 긍정적인 면과 부정적인 면을 모두 인식함으로써 개인의 성장과 발전을 위해 끊임없이 노력합니다. 저의 주목할 만한 장점 중 하나는 어려운 상황에서도 침착함과 침착함을 유지하는 능력입니다. 이러한 특성은 동물병원에서 고객의 예측하지 못한 반응이나 고압적인 상황에 직면했을 때에도 이성적으로 생각하고 정보에 입각한 결정을 내릴 수 있게 해줍니다. 그리고 세부적인 것에 세심한 주의를 기울이는 매우 조직적인 사람입니다. 이러한 특성을 통해 원내의 원무행정업무를 효과적으로 관리하여 정확하고 효율적으로 수행할 수 있습니다.

사례2.

저의 장점으로는 공감하고 동정심이 많습니다. 아픈 동물들을 데리고 내원하는 고객들에게 진심으로 그들 가족의 건강에 관심을 가지고 지원적이며, 불편한 부분을 빠르게 해결할 수 있도록 포용적인 환경을 만들기 위해 노력이 가능합니다. 이점은 제가 어느 부서에 속하더라도 강한 관계를 형성하고 팀워크를 기를 수 있게 해줍니다. 타인의 다양한 관점을 이해하고 다양한 사람들과 효과적으로 협력할 수 있는 훌륭한 청취자입니다.

제가 매우 꼼꼼하고 완벽주의적일 수 있다는 것을 알고 있으며, 이는 때때로 업무 완료에 시간적 문제를 일으킬 수 있습니다. 이러한 단점을 보완할 수 있도록 세부적인 부분에 주의를 기울이는 동시에 업무의 질을 저하시키지 않고 마감일을 준수할 수 있도록 정확성과 시기적절한 실행 사이의 균형을 찾기 위해 적극적으로 노력하고 있습니다.

(3) 학교생활

많은 시간을 보내는 공간인 학교에서 경험하는 활동과 생활은 지원자의 개성을 드러내고 개인의 역할과 생활을 표현하여 자신만의 이야기를 작성할 수 있다.

(4) 지원동기와 포부

지원동기는 단순한 희망이 아닌 지원하고자하는 기업의 철저한 분석을 통해 내가 이곳에 필요한 인재라는 것을 명확하게 보여줘야 한다. 해당 기업문화나 추구하는 인재상, 기업을 나름의 분석을 통한 결과를 가지고 있어야 한다. 이는 기업에 대한 관심과 채용을 위한 어떠한 노력을 하였는지 보여줄 수 있다. 이를 통해 지원자가 수행할 수 있는 업무에 대해서 명확하게 서술한다.

자기소개서에 지원동기를 적을 때 유의해야 할 몇 가지 핵심 사항은 다음과 같다.

- **구체적으로 설명**: 특정 기회나 직위에 지원하려는 동기가 부여된 이유를 명확히 설명한다. 역할, 조직 또는 프로젝트의 측면에서 공감을 얻고 관심사, 기술 및 목표와 일치하도록 강조하고 이를 조사하므로 지원자가 열정적이라는 것을 보여준다.
- **정렬, 간결, 설득력 있는 서술**: 지원자의 배경, 경험, 그리고 개인적인 자질이 어떻게 그 자리나 기회에 강하게 적합한지 나열한다. 정렬된 고유한 가치와 자신의 기술과 전문 지식이 역할 또는 조직의 요구 사항과 목표에 어떻게 부합하는지 강조하도록 한다. 글은 간결하게 작성하고 명확하고 설득력 있는 언어를 사용하여 열정을 효과적으로 전달한다. 지나치게 일반적이거나 모호한 진술을 피하고 구체적인 예나 일화를 제공한다.
- **열정**: 현장이나 산업에 대한 열정, 지원하는 곳의 분야에 긍정적인 영향을 주고자 하는 열망을 작성한다. 이러한 동기를 가지게 된 관련 프로젝트, 경험 또는 성과의 예를 공유함으로써 지원자의 열정을 보여줄 수 있다.

- **개인과 기업의 연결**: 채용의 기회가 지원자와 기업의 개발 목표와 어떻게 일치하는지 설명한다. 역할 또는 조직이 경험, 학습 기회 및 성장과 발전을 위한 기회임을 알리고, 자신이 기여할 수 있는 부분을 설명한다. 그리고 지원자에게 제공되는 기회가 자신의 성장과 포부에 어떻게 연결되고 있는지 작성하도록 한다.

표 1 이력서 예시

이력서 제목: ** 분야에 지원하는 **대학교 ***입니다.
소제목: 성장 과정 소개 또는 자신의 장단점
소제목: 동물과 관련된 활동 소개
소제목: 기업에 지원하는 각오 및 기술사항

🦴 2 전략적 형태

자기소개서는 잘 구성하고 풍부하게 작성하면, 자신의 능력을 부각하고 돋보이게 하여 고용 기회를 얻는 데 도움을 줄 수 있다. 따라서, 각각의 상황에 돋보이게 자신을 잘 어필하는 내용을 작성하여 높은 효과를 기대할 수 있다.

(1) SWOT

SWOT 분석은 비즈니스나 특정 프로젝트의 강점, 단점, 기회, 위협을 식별하기 위해 사용하는 기법이다. 이러한 기법을 취업 또는 진학 등을 위해 작성하는 자기소개서에도 적용할 수 있다.

표 2 ── 전략적 형태의 자기소개서 사례

△△동물메디컬센터 원무행정팀에 지원하는 A대학교 2학년 정맑음

	강점	약점	기회	위협
기업분석	- **시 유일한 24시 동물병원 - 고객 충성도가 높음	지역 내 인지도 약함	마케팅 강화로 기회 창출 돌파구 가능	동물병원이 밀집된 지역에 위치
지원자 활동	• A대학교 반려동물학과 졸업 예정 • 학과 학생회 활동 - 홍보부장, SNS 마케팅담당 • 유기동물 봉사동아리 활동 • 관련 자격증 취득 - 동물병원코디네이터 - 반려동물관리사 - 핸들러 3급			

사고와 표현(2015)참고

(2) Presentation

Presentation을 활용한 자기소개는 간단하게 10페이지 이내로 작성하는 것이 좋다. 표지와 목차, 종지를 제외하면 실제 내용은 6~7페이지 정도가 적당하다.

자기소개서 구성은 해당 기업에서 요구하는 내용에 따라 다르지만 일반적으로 인적사항, 경력사항, 핵심역량, 포트폴리오, 지원동기 및 포부를 작성한다.

PPT 자기소개서는 시각적인 요소를 고려해야 한다. 질문에 대한 답변을 막연하게 길게 풀어쓰기보다는 한 문장이나 단답형으로 깔끔하게 끊어 쓰고 폰트 종류와 컬러, 픽토그램과 차트, 다이어그램 등을 사용하여 인사담당자에게 어필하고 싶은 부분이 무엇인지 시각적으로 강조하여 보여줄 수 있다.

SECTION 04 면접

I. 면접 전 준비

면접 전 준비에는 이력서와 자기소개서 작성 방법을 숙지하고, 면접 전 실제 면접과 동일 환경을 구성하여 연습하고, 입사하고 싶은 회사 정보를 사전에 조사한다.

면접 전에는 자주 나오는 질문들에 대한 답변을 준비하고, 가족이나 친구들 앞에서 연습한다. 이를 통해 긴장을 풀고, 답변을 더 자연스럽게 할 수 있다. 예를 들어, '지원 동기는 무엇인가요?', '장단점은 무엇인가요?' 등의 질문에 대한 답변을 미리 작성하고 가족이나 친구들 앞에서 실전처럼 이야기한다. 이러한 과정을 통해 긴장을 풀고 답변을 자연스럽게 할 수 있다. 면접에서는 자세와 얼굴 표정도 중요하다. 거울 앞에서 자세와 표정을 살펴본다.

면접 전에는 지원하는 회사의 업종, 제품, 경쟁사 등에 대해 알아두는 것이 좋다. 이를 통해 면접관이 회사에 대해 물어봤을 때 답변할 수 있고, 지원동기를 더 명확하게 전달할 수 있다.

II. 면접 당일

- 면접 시 복장과 기본예절, 첫인상을 좋게 만드는 방법, 긴장을 풀고 자신감을 가지는 방법 등을 준비
- 예상되는 질문과 그에 대한 답변, 상황별 질문과 답변 방법 등을 숙지

면접 질문 예시

지원동기는 무엇인가요?

지원자의 장단점은 무엇인가요?

회사에 대해 얼마나 알고 있나요?

지원하는 직무에 관심을 갖게 된 계기는 무엇인가요?

지난 경험 중 가장 기억에 남는 경험은 무엇인가요?

5년 후의 목표는 무엇인가요?

이 회사에서 일하게 된다면 어떤 일을 하고 싶나요?

- 면접 시간에 늦지 않도록 미리 도착(만약 약속을 지키지 못하는 경우 미리 연락하여 사과)
- 예의 바른 인사: 면접관과 만나면 예의 바르게 인사하고, 면접이 끝난 후에도 감사 인사를 한다.
- 예의 바른 말투: 면접 시에는 예의 바른 말투로 답변해야 한다. 지나치게 소리를 크게 하거나, 거친 말투는 사용하지 않는다.
- 적절한 복장: 면접 시에는 단정하고 전문적인 복장을 착용해야 한다. 지나치게 화려하거나 캐주얼한 복장은 피하는 것이 좋다.
  - 남성의 경우 정장과 넥타이, 여성의 경우 스커트 정장이나 팬츠 정장
  - 적절한 색상: 면접 복장의 색상은 지나치게 화려하지 않아야 한다. 검정색, 남색, 회색 등의 차분한 색상
  - 깔끔한 신발: 면접 시에는 깔끔하고 단정한 신발을 착용. 운동화나 샌들 등의 캐주얼한 신발은 가급적 지양
  - 면접 복장은 지원하는 회사의 분위기와 직무에 따라 다를 수 있다. 따라서 면접 전에 회사의 분위기와 직무를 고려하여 복장을 선택하는 것이 좋다.

그림 2   면접복장 예시

참고문헌

학술자료

강순화, 이미옥, 「병원코디네이터 직무역할이 고객만족 및 조직성과에 미치는 영향」, 한국자치행정학보 26.2, 2012.

김현아, 「의사-환자 간 커뮤니케이션 유형이 병원평판에 미치는 영향연구」, 국내석사학위논문, 숙명여자대학교 대학원, 2013.

샤룬쩌, 「동물병원 의료서비스 품질이 이미지 및 재이용의도에 미치는 영향: 상하이시 동물병원 이용자를 중심으로」, 국내석사학위논문, 건국대학교, 2020.

송낙중, 「커뮤니케이션 매체 유용성과 이용이 의료소비자 지식과 대학병원 호감도에 미치는 영향에 관한 연구」, 국내석사학위논문, 성균관대학교 언론정보대학원, 2011.

윤남순, 「병원 직원의 커뮤니케이션 능력과 유형이 고객만족과 재방문의사에 미치는 영향」, 국내석사학위논문, 경희대학교 언론정보대학원, 2019.

이민경, 「병원종사자의 조직커뮤니케이션 특성이 조직몰입에 미치는 영향」, 국내석사학위논문, 연세대학교 보건대학원, 2005.

정지은, 「의사-환자 커뮤니케이션과 병원-환자 관계성이 병원 재방문 및 구전 의도에 미치는 영향에 관한 연구」, 국내석사학위논문, 한국외국어대학교 대학원, 2010.

Fugazza, C., Moesta, A., Pogány, Á. 외, 「Social learning from conspecifics and humans in dog puppies」, Sci Rep 8, Article number: 9257, 2018.

Fugazza, C., Temesi, A., Coronas, R. 외, 「Spontaneous action matching in dog puppies, kittens and wolf pups」, Sci Rep 13, Article number: 2094, 2023.

Kimberly A. Greer, Sarah C. Canterberry, Keith E. Murphy, 「Statistical analysis regarding the effects of height and weight on life span of the domestic dog」, Research in Veterinary Science Volume 82, Issue 2, 2007, 208-214.

Lloyd, Janice KF, 「Minimising stress for patients in the veterinary hospital: why it is important and what can be done about it」, Veterinary Sciences 4.2, 2017.

Mag. David Riedl, PhD, Univ.-Prof. Dr. Gerhard Schüßler, 「The Influence of Doctor-Patient Communication on Health Outcomes: A Systematic Review」, Published Online: Jun 2017.

Mondino, A., Khan, M., Case, B. 외, 「Activity patterns are associated with fractional lifespan, memory, and gait speed in aged dogs」, Sci Rep 13, Article number: 2588, 2023.

단행본

강동원 외, 『그림으로 보는 개와 고양이의 응급처치』, Vet Choice.

대한병원코디네이터협회, 『NCS 병원안내 기반 병원코디네이터(제4판)』, 계축문화사.

다니구치 아키코, 『동물간호사를 위한 임상 테크닉』, 조성진, 황학균, 박우대(역), OKVET.

김남중 외, 『애견질병학』, 21세기사.

김옥진 외, 『동물해부생리학 개론』, 범문에듀케이션.

김옥진, 김현주, 정태호, 황인수, 홍선화 공저, 『동물질병학』, 동일출판사.

김유용 외, 『동물영양학』 제2판, 라이프사이언스.

김유정, 전미경 공저, 『기본간호실무』, 도서출판전국간호.

김영주 외, 『열린 사고와 표현』, 부산대학교출판문화원.

김현태 외, 『반려동물 영양학 아틀라스』, 농경애니텍.

팸 존슨 배넷, 『고양이처럼 생각하기』, 최세민(역), 페디앙북스.

박정은, 김경민, 김태완, 『고객가치기반 마케팅』, 박영사.

박종윤, 『내 운명은 고객이 결정한다』, 쏭북스.

서울특별시 수의사회, 『동물병원 임상 프로토콜』.

서울특별시 수의사회, 『사람과 동물의 행복한 관계 만들기』.

송재도, 『마케팅 지배사회(소진, 파괴 그리고 불평등)』, 들녘.

상명대학교 사고와 표현 편찬위원회, 『사고와 표현』, 역락.

연성대학교, 『서비스 비즈니스 커뮤니케이션』.

연성대학교, 『의사소통을 위한 글쓰기와 말하기』.

주잔네쇠츠, 『고양이언어학』, 책세상.

조나단 실버맨 외, 『환자와 소통하는 기술』, 박기흠, 성낙진 외(역), 동국대학교출판부.

조영대, 『서비스학개론』, 세림출판.

조우재 외, 『반려동물 영양학』, 라이프사이언스.

최동락, 김송병 공저, 『반려동물 산업의 이해』, 동문사.

카민 갤로, 『어떻게 말할 것인가』, 유영훈(역), 알에이치코리아.

투리드루가스, 『카밍시그널』, 다니엘K.엘더(역), 혜다.

황인수, 『동물간호학개론』, 아카데미아.

한국동물보건사협회, 『동물 보건 비법노트』, 도서출판 선비북스.

왕태미, 『개와 고양이를 위한 반려동물 영양학』, 어니스트북스.

윤세남, 김화연, 최은영, 『SMAT 서비스 마케팅 세일즈』, 박문각.

정혜연, 『리뉴얼 병원 브랜딩 마케팅 실무』, 리즈앤북.

기타

「국가직무능력표준(NCS) 학습모듈-동물보건」, 교육부(https://ncs.go.kr/index.do).

법제처 「폐기물관리법」, 한국의료폐기물 공제조합(http://www.kiwaa.com/).

송은영, 한국강사신문 [이미지경영] 오해를 부르는 첫인상의 특성.

「수의동물영양학회 자료집」(2022).

우리엔 인투벳 차트 프로그램.

질병관리본부 「소독멸균 지침」.

해마루 「수의사 세미나 자료집」(김미선, 2021).

환경부 공식 홈페이지(https://www.me.go.kr/home/web/main.do).

저자약력

• 김수연

현) 사단법인 한국동물보건사협회 회장
현) 로얄동물메디컬센터강동 부장
현) 연성대학교 겸임교수
전) 대구한의대학교 외래교수
전) 혜전대학교 외래교수
전) 칼빈대학교 외래교수
전) 서울연희실용전문학교 동물보건교수
전) 서울동물메디컬센터(강동) 사무장
전) 서울동물메디컬센터(오포) 총괄실장
전) 광진동물의료센터 동물간호실장

한국동물보건학회 부회장
한국동물보건사대학교육협회 회원
건국대학교 응용수의학 석사
대구한의대 동물보건학 박사과정

• 김향미

현) 디지털서울문화예술대학교 반려동물학과 전임교수
전) 호서직업전문학교 강의교수
전) 24시아이동물메디컬센터 수의사
전) 현대동물병원 수의사
전) 부부동물병원 수의사

대한수의사회 정회원
한국수의영양학회 정회원
한국동물보건학회 편집위원
한국동물매개심리치료학회 이사
한국동물보건사대학교육협회 정회원
사단법인 한국동물보건사협회 특별회원
한국반려동물산업경제협회 고문

- 김지수

현) 사단법인 한국동물보건사협회 부회장
현) 한국동물보건학회 학술위원
현) 24시팔용Feel동물병원 동물보건사/실장

디지털서울문화예술대학교 반려동물학과 학사
경상국립대학교 수의학 석사과정

- 황다설

현) 한국동물보건사협회 이사
현) 현대종합동물병원 간호팀장
현) 혜전대학교 외래교수
전)연희실용전문학교 동물보건 외래교수

동물병원코디네이터

초판발행   2024년 8월 30일

지은이   김수연·김향미·김지수·황다설
펴낸이   노   현

편 집   소다인
기획/마케팅   김한유
표지디자인   이영경
제 작   고철민·김원표

펴낸곳   ㈜ 피와이메이트
              서울특별시 금천구 가산디지털2로 53, 210호(가산동, 한라시그마밸리)
              등록 2014. 2. 12. 제2018-000080호
전 화   02)733-6771
f a x   02)736-4818
e-mail   pys@pybook.co.kr
homepage   www.pybook.co.kr
ISBN   979-11-6519-436-9 93520

정 가   38,000원

박영스토리는 박영사와 함께하는 브랜드입니다.